工业和信息化部"十二五"规划教材
21世纪高等学校计算机规划教材
21st Century University Planned Textbooks of Computer Science

微型计算机接口技术

Microcomputer Interface Technique

刘乐善 陈进才 主编
刘乐善 卢萍 陈进才 李畅 编著
周可 主审

名家系列

人 民 邮 电 出 版 社
北 京

图书在版编目（CIP）数据

微型计算机接口技术 / 刘乐善，陈进才主编 ；刘乐善等编著. -- 北京 ：人民邮电出版社，2015.9（2019.2 重印）
21世纪高等学校计算机规划教材
ISBN 978-7-115-40028-4

Ⅰ. ①微… Ⅱ. ①刘… ②陈… Ⅲ. ①微型计算机—接口技术—高等学校—教材 Ⅳ. ①TP364.7

中国版本图书馆CIP数据核字(2015)第186925号

内 容 提 要

本书根据当前微型计算机（简称微机）技术的发展与应用发生深刻变化的形势，对接口技术的教学内容进行了调整与更新，在保持传统接口技术基本内容的基础上，增加了无线通信接口等新技术。对接口电路的配置方式明确提出外置式接口与内置式接口两种布局，这两种布局各有优势，对台式微机与嵌入式微机是各得其所。对接口技术的应用开发，本书提出了接口技术分层次的概念，把接口技术划分为上层设备接口与底层总线接口两个层次，不仅厘清与延伸了接口技术的内容，也指明了在不同层次进行接口技术应用开发的要求与任务。在接口技术学习方法上，采用接口芯片与接口模块的编程模型方法，有力地化解了学习硬件的难度。

因此，这是一本内容实用、方法具体、应用可鉴、编写思路新颖与编写风格独特的微型计算机接口技术教材。本书内容组织遵循教学内容与教学方法并重的原则，具有可读性好、可操作性强的特点。

本书适用面广，既可作为普通高等院校和职业技术学院理工科所有专业的接口技术教材，又可作为广大从事微型计算机应用与开发人员的自学参考书。

◆ 主　　编　刘乐善　陈进才
编　　著　刘乐善　卢　萍　陈进才　李　畅
主　　审　周　可
责任编辑　邹文波
责任印制　沈　蓉　彭志环

◆ 人民邮电出版社出版发行　　北京市丰台区成寿寺路 11 号
邮编　100164　　电子邮件　315@ptpress.com.cn
网址　http://www.ptpress.com.cn
北京七彩京通数码快印有限公司印刷

◆ 开本：787×1092　1/16
印张：17.75　　　　2015 年 9 月第 1 版
字数：469 千字　　　2019 年 2 月北京第 2 次印刷

定价：42.00 元

读者服务热线：(010)81055256　印装质量热线：(010)81055316
反盗版热线：(010)81055315

前言

目前对接口技术课程内容的讨论很热烈，主要集中在两个方面：一是讲台式微机系统还是讲嵌入式微机系统的接口技术；二是讲单个分立式的接口芯片还是讲多个接口并与处理器集成在一起的接口模块。主张后者观点的主要理由是，实际应用中（指在计算机的控制应用领域中）后者比前者多，尤其是在当今“互联网+”、物联网以及设备智能化应用中，ARM、MCU有着明显的优势。

这一话题的讨论，涉及两个层面的问题，一是接口技术所依附的微处理器，是选基于X86处理器的台式微机，还是选基于ARM处理器的嵌入式微机；二是微机接口电路本身及其布局，即接口电路的配置方式是采用分立式接口芯片并放在CPU外部，构成外置式接口电路，还是采用接口模块的形式与CPU集成在一块，形成内置式接口电路。

本书以讲台式微机系统的外置式接口为主。为什么要这样安排？首先，台式微机通用性强，体系结构完整，作为教材具有典型性，而嵌入式微机多为量身定制，典型性、代表性不够，作为教材不好选型。其次，台式微机与嵌入式微机配置的接口所起的作用与基本工作原理相同，只是接口电路的布局与组织结构不尽相同，各有所长。一般来说，前者接口电路的功能完整、全面，具有通用性，因而结构复杂，常常做成单独分立的接口芯片，布局在CPU外部，通过总线与CPU进行连接，形成外置式接口电路。后者接口电路功能单一，针对性强，因而结构简单，往往以接口模块形式与CPU放在一起，形成内置式接口电路，无需通过总线在外部进行连接，简化了芯片之间的连线，系统整体结构紧凑。所以，从系统结构上来看，台式微机采用外置式接口，嵌入式微机采用内置式接口，可以说是各得其所。但从教学的观点来看，采用分立式接口芯片，构成外置式接口电路，然后通过系统总线与接口连接，使接口与系统的边界清晰，而内置式接口模糊了接口与系统总线的边界，不利于对接口电路工作原理的理解。为此，在本书中，讲接口设计时，增加了接口电路设计解决方案的分析，以加强对接口电路配置方式问题的考虑。

对在教材中要不要讲那么多接口芯片，也有不同的看法，对此，还是来简单地回顾接口芯片的来历与作用。在早期的计算机系统中并没有设置独立的接口电路，对外设的控制与管理完全由CPU直接操作。随着微机技术的发展，其应用越来越广泛，外设门类、品种大大增加，且性能各异，操作复杂，CPU再也无力直接操作如此庞杂的外部设备，需要在外部设置支持电路来协助CPU处理外设的问题，从而导致了接口的出现，有了接口也就有了实现接口功能的接口芯片，所以讲接口技术就回避不了接口芯片。问题是如何讲，为此本书提出接口芯片的编程模型方法，其基本思路是，分析一个接口芯片，不论它是简单还是复杂，主要注重其内部寄存器编程特性——寄存器格式、寄存器的端口地址以及装入寄存器的信息，而不深究芯片的逻辑结构，这样既降低了学习硬件的难度，又不失对芯片的应用。

从接口技术应用角度来看，做原创性开发与做二次应用设计所涉及的接口技术问题是不同的。为此，本书提出接口分层次的概念，把接口分为两个层次：上层设备接口和底层总线接口——总线桥。上层设备接口是面向设备的，因此也称设备接口，包括用户总线与设备之间的接口和用户应用程序。底层总线接口是面向总线的，也称总线接口，包括用户总线与PCI总线之间的总线桥和设备驱动程序，两者形成一个完整的接口。一般用户在已有的平台上进行接口应用设计，只做上层接口（因为底层接口已经由平台供应商给做好了），若要开发新设备的接口，则还需要进行总线桥和设备驱动程序设计。显然，开发底层接口的难度与复杂度比上层接口要高得多，由于篇幅原因，本书不展开讨论，可参见文献［7］～［11］，［23］，［24］。

按接口技术的层次，本书只讲了上层接口，且以接口技术基本原理与接口设计方法为主，因为读者若真正掌握了这些接口技术基本知识，能举一反三，在实际应用中，遇到更复杂的接口问题就会知道如何下手了。在校学生作为初学者，学习一门课程时，还是应从基本的知识开始，逐步深入为宜。例如第5章例5.1和例5.2中断技术举例时，只举了用按键申请中断的例子，设备虽然简单，但可以从中领会到可屏蔽中断的全过程以及学习编写中断服务程序的方法，突出了中断技术知识点的核心。然后到第9章A/D、D/A转换器接口中，采用中断方式的数据采集的例9.2举例时又把中断技术的应用提升了一些，进一步加深对中断技术的认识。这种以基本原理与方法为牵引，循序渐进、逐步深入的安排，可能更易被读者接受。

微机接口技术是一门实践性很强的课程，除了课堂理论学习之外，还需要强有力的实践性环节与之配合。对于接口技术课程，如果只有理论知识学习，而无实验实践，其学习效果与收获会大打折扣。为此，我们编写了实验教材，研制并推出了“微机接口与汇编语言实验平台”，适于配合课堂教学实验和课程设计、毕业设计、实习和实际动手能力的实训等多种实践环节。实验系统和本书的内容紧密配合，相互补充，书中例举的接口实例，可以通过实验平台进行实际操作和实验，真正做到课堂原理讲授和实践环节一脉相承。

本书共13章，其中第12章无线通信接口和第13章基于FPGA的接口电路设计是新增加的教学内容，其余各章均在原有教学内容的基础上进行了大幅度修改和补充，尤其是在本书编写的思路和内容的组织方面有新的提升，以期为读者提供一本（对读者）可读性好、（对教师）可操作性强、内容基本、方法具体、应用可鉴的微机接口技术教材。

本书由刘乐善、陈进才主编，周可主审。其中，卢萍、陈进才编写第13章，李畅编写了第11章和第12章，其余章节由刘乐善编写。全书由刘乐善统稿。本书的出版得到了华中科技大学计算机科学与技术学院大力支持，在此表示衷心的谢意。同时要特别感谢参考文献的作者，他们提供了丰富多彩的技术文献。

由于计算机技术发展神速，加之编者水平有限，书中难免存在不足之处与错误，诚挚希望读者赐正，不胜感激。

编　者

2015年5月于华中科技大学

目　录

第1章 概述

在微机系统中，微处理器的强大功能必须得到外设的支持才能实现，而外设与微处理器之间的信息交换是通过接口来实现的，接口技术已成为直接影响微机系统功能和微机推广应用的关键技术之一。因此，微机接口（以下简称接口）技术已成为当代理工科大学生必须学习的基本知识和科技与工程技术人员必须掌握的基本应用技术。

本章将对接口技术的基本概念进行介绍和讨论。

1.1 接口的基本任务与接口技术的发展概况

1.1.1 接口的基本任务

在微机系统中，接口处于总线与I/O设备之间，负责CPU与I/O设备之间的信息交换。接口在微机系统所处的位置决定了它在CPU与设备之间所起到的桥梁作用。因此，接口技术是随CPU技术及总线技术的变化而发展的，也与被连接的I/O设备密切相关。

在实际应用中，人们总是利用接口来加入用户自己的设备或模块构成应用系统，可见接口技术是应用系统开发必不可少的关键技术。

微机接口技术的基本任务有两个：一是实现I/O设备与总线的连接；二是连接起来以后，CPU通过接口对I/O设备进行访问，即操作或控制I/O设备。因此，接口技术的研究就是围绕I/O设备与总线如何进行连接以及CPU如何通过接口对I/O设备进行操作展开的。这涉及接口的连接对象及通过什么方式与途径去访问设备等一系列问题。

例如，对I/O设备的连接问题，涉及微机的总线结构是单总线还是多总线；对设备的访问问题，涉及微机采用何种操作系统。这些都是接口技术需要进行分析和讨论的内容。

1.1.2 接口技术的发展概况

接口技术的发展是随着微机体系结构和被连接的对象，以及操作系统的发展而发展的。当接口应用环境发生了变化，作为中间桥梁的接口也必须变化。这种变化与发展，过去是如此，今后仍然如此。

早期的计算机系统，接口与I/O设备之间无明显的边界，接口与I/O设备控制器做在一起。到8位计算机系统，在接口与I/O设备之间有了边界，并且出现了许多“接口标准”。8/16位计算机系统，接口所面向的对象与环境是XT/ISA总线、DOS操作系统。现代微机系统，接口所面向的对象与环境是 PCI 总线、Windows 等操作系统。这使得接口技术面临许多新概念、新方法与新技术，而且出现了层次结构。下面简要地说明接口技术的变化发展过程。

在早期的计算机系统中并没有设置独立的接口电路，对外设的控制与管理完全由 CPU 直接操作。这在当时外设品种少、操作简单的情况下，是一种简单可行的方法。然而，随着微机技术的发展，其应用越来越广泛，外设门类、品种大大增加，且性能各异，操作复杂，从而导致了接口的出现，其原因如下：首先，如果仍由 CPU 直接管理外设，会使 CPU 完全陷入与外设打交道的沉重负担中，导致 CPU 工作效率低下；其次，由于外设种类繁多，且每种外设提供的信息格式、电平高低、逻辑关系各不相同，因此，主机对每一种外设都要配置一套相应的控制和逻辑电路，使得主机对外设的控制电路非常复杂，不易扩充，这极大地阻碍了计算机的发展。为了解决以上问题，开始在 CPU 与外设之间设置简单的接口电路，后来逐步发展成为独立功能的接口和 I/O 设备控制器，把对外设的控制任务交给接口和 I/O 设备控制器去完成，这样极大地减轻了主机的负担，简化了 CPU 对外设的控制和管理。同时，有了接口之后，研制 CPU 时就无须考虑外设的结构特性如何，反之，研制外设时也无须考虑它是与哪种 CPU 连接。CPU 与外设按照各自的规律更新，形成 CPU 和外设产品的标准化和系列化，促进了微机系统的发展。

接口经历了固定式简单接口、可编程复杂接口和智能接口几个发展阶段。各种高性能接口标准的不断推出和使用，超大规模接口集成芯片的不断出现，以及接口控制软件固化技术的应用，使得接口向更加智能化、标准化、多功能化及高集成度化的方向发展。市场上还流行一种紧凑的 I/O 子系统结构，就是把接口与 I/O 设备控制器及 I/O 设备融合在一起，而不单独设置接口电路，正如高速 I/O 设备（硬盘驱动器和网卡）中那样。

由于微机体系结构的变化及微电子技术的发展，微机系统所配置的接口的物理结构也发生了变化，以往在微机系统板上能见到的一个个单独的接口芯片，现在集成在一块超大规模的外围芯片中，也就是说原来的那些接口芯片在物理结构上已“面目全非”。但它们相应的逻辑功能和端口地址仍然保留下来，基本上与原来的兼容。因此，尽管微机系统的接口的物理结构发生了变化，但用户在编程时，仍可以照常使用它们。

值得注意的是，尽管外设及接口有了很大的发展，但比起微处理器突飞猛进的发展，差距仍然很大，尤其是数据传输速率方面，还存在尖锐的矛盾。近年来，工业界推出了不少新型外设、总线技术、接口标准及芯片组，正是为了解决系统 I/O 瓶颈问题，相信今后还会出现功能更强大、技术更先进、使用更方便的外设及接口。

CPU、外设及接口在微机系统中所起的作用不同，因而对它们的要求也不一样。例如，8 位数据宽度，基本上可以满足一般工业系统对外设和接口的要求，而微处理器内部数据处理则要求 32 位或 64 位甚至更高。集成度的提高与物理结构上的改变，并不意味着否定接口在逻辑功能上的兼容性。有人说，现在的主板上已找不到分立的接口芯片，它们都已集成到超大规模的接口芯片中去了，因此，现在还讨论单个的接口芯片没有什么意义。而实际上，一些接口电路的逻辑端口及命令格式均得以沿用，初学者最好从基本接口电路开始，充分理解了分立的接口芯片的工作原理、方法及特点之后，才能更好地了解并掌握高集成度接口芯片的工作原理与使用方法。

目前，越来越多的接口设计人员，采用大规模可编程逻辑阵列芯片把多个接口电路集中做在一个芯片中。例如，用一个 FPGA 或 CPLD 芯片设计包含并行接口、串行接口，定时计数器以及 I/O 端口地址译码电路，这些都只是接口电路结构上的变化，而接口的功能与工作原理并未改变。

1.2 接口的分层次概念

从早期 PC 微机发展到现代微机，影响接口变化的主要有两大因素。一是总线结构不同，属于硬件上的变化。早期微机是单总线，只有一级总线，如 ISA 总线；现代微机是多总线，有三级总线，即 Host 总线、PCI 总线、用户总线（如 ISA）。二是操作系统不同，属于软件上的变化。早期微机上运行的是 DOS 系统，现代微机上运行的是 Windows 等操作系统。

这种变化使接口在完成连接和访问设备的任务时产生了根本不同的处理方法，形成了接口的层次概念，把接口分为上层设备接口与下层总线接口两个层次。这大大促进了接口技术的发展，丰富了接口技术的内容。

接口分层次是接口技术在观念上的改变，是接口技术随总线技术的发展而提升的新概念，对全面认识接口技术具有重要意义。在考虑设备与 CPU 连接时，不能停留在过去传统观念上，而必须面向两个不同层次的接口，这是学习现代接口技术与早期接口技术的差别之处。

1.2.1 硬件分层

早期微机采用单级总线如 ISA 总线，设备与 ISA 总线之间只有一层接口。现代微机采用多级总线，总线与总线之间用总线桥连接。例如，PCI 总线与 ISA 总线之间的接口称为 PCI-ISA 桥。因此，除了设备与 ISA 总线之间的那一层设备接口之外，还有总线与总线的接口——总线桥。在这种情况下，作为连接总线与设备之间的接口就不再是单一层次的，就要分层次了。设备与 ISA 总线之间的接口称为设备接口；PCI 总线与 ISA 总线之间的接口称为总线接口。与早期微机相比，现代微机的外设进入系统需要通过两级接口才行，即通过设备接口和总线接口把设备连接到微机系统。

1.2.2 软件分层

早期微机采用 DOS 操作系统，应用程序享有与 DOS 操作系统同等的特权级，因此，应用程序可以直接访问和使用系统的硬件资源。以 Windows 操作系统为例，现代微机在使用 Windows 操作系统时，由于保护机制，不允许应用程序直接访问硬件，在应用程序与底层硬件之间增加设备驱动程序，应用程序通过调用驱动程序去访问底层硬件，把设备驱动程序作为应用程序与底层硬件之间的桥梁。因此，在访问用户新添加的设备时除了写应用程序之外，还要写设备驱动程序。在 Windows 操作系统下，作为操作与控制设备的接口程序就不再是只有单一的应用程序了，程序也要分层次。访问设备的 MS-DOS 程序和 Win32 程序称为上层用户态应用程序，直接操作与控制底层硬件的程序称为底层核心态驱动程序。与早期微机相比，现代微机对外设的操作与控制需要通过两层程序才行，即通过应用程序和设备驱动程序才能访问设备。

1.2.3 接口技术内容的划分

按照接口分层次的概念，不难把接口技术的内容分为两部分：一部分是接口的上层，包括设备接口及应用程序，构成接口的基本内容；另一部分是接口的下层，包括总线接口及设备驱动程序，构成接口的高级内容。这两部分是现代接口技术的整体内容，或者说一个完整的接口是由基本内容和高级内容构成的。因篇幅原因，本书只讨论接口技术的基本内容。

设备接口（Device Interface），是指I/O设备与本地总线（如ISA总线）之间的连接电路并进行信息（包括数据、地址及状态）交换的中转站。例如，源程序或原始数据要通过数据接口从输入设备送进去，运算结果要通过数据接口向输出设备送出来；控制命令通过命令接口发出去，现场状态通过状态接口取进来，这些来往信息都要通过接口进行变换与中转。这里的I/O设备包括常规的I/O设备及用户扩展的应用系统的接口。可见，设备接口是接口中的用户层的接口，是本书要讨论的内容。

总线桥（Bus Bridge），是实现微处理器总线与PCI总线，以及PCI总线与本地总线之间的连接与信息交换（映射）的接口。这个接口不是直接面向设备，而是面向总线的，故称为总线桥，例如，CPU总线与PCI总线之间的Host桥，PCI总线与用户总线（如ISA）之间的Local桥等。系统中的存储器或高速设备一般都可以通过自身所带的总线桥挂到Host总线或PCI总线上，实现高速传输。

早期的PC微机采用的是单级总线，只有一种接口，即设备接口，所有I/O设备和存储器，也不分高速和低速都通过设备接口挂在一个单级总线（如ISA总线）上。

现代微机采用多总线，出现了设备接口和总线桥两种接口，外设分为高速设备和低速设备，分别通过两种接口挂到不同总线上，使不同速度的外设各得其所，都能在一个微机系统中运行，大大增强了系统的兼容性。正是因为现代微机采用了多总线技术，引出不同总线之间的连接问题，使得现代微机系统的I/O设备和存储器接口的设计变得复杂起来。

1.3 设备接口

1.3.1 设备接口的功能

设备接口是CPU与外界的连接电路，并非任何一种电路都可以叫做接口电路，它必须具备一些条件或功能，才称得上是接口电路。那么，接口应具备哪些功能呢？从完成CPU与外设之间进行连接和传递信息的任务来看，一般有如下功能。

（1）执行CPU命令

CPU对被控对象外设的控制是通过接口电路的命令寄存器解释与执行CPU命令代码来实现的。例如，并行接口82C55A对外设的按位控制命令执行过程。

（2）返回外设状态

接口电路在执行CPU命令过程中，外设及接口电路的工作状态是由接口电路的状态寄存器报告给CPU的。

（3）数据缓冲

在CPU与外设之间传输数据时，主机高速与外设低速的矛盾是通过接口电路的数据寄存器缓冲来解决的。

（4）信号转换

微机的总线信号与外设信号的转换是通过接口的逻辑电路实现的，包括信号的逻辑关系、时序配合及电平匹配的转换。

（5）设备选择

当一个 CPU 与多个外设交换信息时，通过接口电路的 I/O 地址译码电路选定需要与自己交换信息的设备端口，进行数据交换或通信。

（6）数据宽度与数据格式转换

有的外设（如串行通信设备）使用串行数据，要求按照协议的规定，以一定的数据格式传输，如异步通信的起止式数据格式、同步通信的面向字符数据格式等。为此，接口电路就应具有数据并-串转换和数据格式转换的能力。

上述功能并非每种设备接口都要求具备，对不同的微机应用系统，所使用的设备不同，其接口功能不同，接口电路的复杂程度大不一样，应根据需要进行设置。

1.3.2　设备接口的组成

为了实现上述功能，就需要物理基础——硬件，予以支撑；还要有相应的程序——软件，予以驱动。所以，一个能够实际运行的接口，应由硬件和软件两部分组成。

1．硬件电路

从使用角度来看，接口的硬件部分一般包括以下 3 部分。

（1）基本逻辑电路

包括命令寄存器、状态寄存器和数据缓冲寄存器。它们担负着接收执行命令、返回状态和传送数据的基本任务，是接口电路的核心。目前，可编程大规模集成接口芯片中都包含了这些基本电路，是接口芯片编程模型中的主要对象。若采用 FPGA 自行设计接口电路模块至少也必须包含这几个寄存器。

（2）端口地址译码电路

它由译码器或能实现译码功能的其他芯片，如 GAL（PAL）器件、普通 IC 逻辑芯片构成。它的作用是进行设备选择，是接口中不可缺少的部分。这部分电路不包含在集成接口芯片中，要由用户自行设计。

（3）供选电路

这是根据接口不同任务和功能要求而添加的功能模块电路，设计者可按照需要加以选择。在设计接口时，当涉及数据传输方式时，要考虑中断控制或 DMA 控制器的选用；当涉及速度控制和发声时，要考虑定时/计数器的选用；当涉及数据宽度转换时，要考虑到移位寄存器的选用等。

以上这些硬件电路不是孤立的，而是按照设计要求有机结合在一起，相互联系、相互作用，实现接口的功能。

2．软件编程

接口软件实际上就是用户的应用程序，由于接口的被控对象的多样性而无一定模式，但从实现接口的功能来看，一个完整的接口控制程序大约包括如下一些程序段。

（1）初始化程序段

对可编程接口芯片（或控制芯片）都需要通过其方式命令或初始化命令设置工作方式、初始条件以及确定其具体用途，这是接口程序中的基本部分。有人把这个工作叫做可编程芯片的“组态”。

（2）传送方式处理程序段

只要有数据传送，就有传送方式的处理。查询方式有检测外设或接口状态的程序段；中断方式有中断向量修改、对中断源的屏蔽/开放以及中断结束等的处理程序段，且这种程序段一定是主程序和中断服务程序分开编写。DMA 方式有传输参数的设置、通道的开放/屏蔽等处理的程序段。

（3）主控程序段

这是完成接口任务的核心程序段，包括程序终止与退出程序段。如数据采集的程序段，包括发转换启动信号、查转换结束信号、读数据以及存数据等内容。又如步进电机控制程序段，包括运行方式、方向、速度以及起启/ 停控制等。

（4）辅助程序段

该程序段包括人-机对话、菜单设计等内容。人-机对话程序段能增加人-机交互作用；设计菜单使操作方便。

以上这些程序段是相互依存的，是一体的，只是为了分析一个完整的接口程序而划分成几个部分。

1.3.3　设备接口与 CPU 交换数据的方式

设备接口与 CPU 之间的数据交换，一般有查询、中断和 DMA 三种方式。不同的交换方式对接口的硬件设计和软件编程会产生比较大的影响，故接口设计者对此颇为关心。三种方式简要介绍如下。

（1）查询方式

查询方式是 CPU 主动去检查外设是否“准备好”传输数据的状态，因此，CPU 需花费很多时间来等待外设进行数据传输的准备，工作效率很低。但查询方式易于实现，在 CPU 不太忙的情况下，可以采用。

（2）中断方式

中断方式是 I/O 设备做好数据传输准备后，主动向 CPU 请求传输数据，CPU 节省了等待外设的时间。同时，在外设做数据传输的准备时，CPU 可以运行与传输数据无关的其他指令，使外设与 CPU 并行工作，从而提高 CPU 的效率。因此，中断方式用于 CPU 的任务比较忙的场合，尤其适合实时控制及紧急事件的处理。

（3）DMA 方式

DMA（直接存储器存取）方式是把外设与内存交换数据的那部分操作与控制交给 DMA 控制器去做，CPU 只做 DMA 传输开始前的初始化和传输结束后的处理，而在传输过程中 CPU 不干预，完全可以做其他的工作。这不仅简化了 CPU 对输入/输出的管理，更重要的是大大提高了数据的传输速率。因此，DMA 方式特别适合高速度、大批量数据传输。

1.3.4　分析与设计设备接口电路的基本方法

1. 接口芯片的编程模型方法

接口技术离不开或免不了与各种芯片、器件、设备打交道，这也是有些读者学习接口技术时颇感困难的部分，这主要有以下几点原因。一是硬件基础知识不够，如电子技术、数字逻辑等先行课没有学过或实践太少。二是有畏惧心理，一见到芯片，尤其是复杂的芯片就不知如何下手，觉得很难。遇到这种情况怎么办？首先，下定决心，要学习接口，就无法回避与硬件打交道，要学好接口就要去了解与熟悉相关的硬件知识。其次是不要畏惧硬件技术，其实它和软件技术一样，是完全可以熟悉与掌握的。其三是讲究方法。与接口技术息息相关的微机系统所包括的微处理器、存储器、接口芯片及总线桥，特别是微处理器和总线桥，其内部逻辑结构非常复杂，而且更新换代很快。面对如此庞大而复杂的硬件资源，应采用何种方法来学习，就成为了解与掌握现代接口技术必须考虑的问题。本书采用编程模型的方法。

编程模型也叫软件模型，是对任何一种硬件对象，如一个接口芯片（不管是复杂的还是简单的），主要是了解、掌握芯片的功能、外部特性和编程使用方法，而不在意其内部结构。芯片的功能是制定接口设计方案时选择芯片的依据，了解了芯片的功能后，就可以知道采用什么样的接口芯片更合适；芯片的外部特性（即芯片引脚的功能与逻辑定义）是接口硬件设计时如何进行连接的依据，了解了外部特性后，就可以知道芯片怎样在系统中进行硬件连接；芯片的编程使用方法是接口软件设计时如何进行编程的依据，了解了编程使用方法后，就可以知道怎样编程来实现芯片的功能。因此，更具体地说，编程模型是指芯片内部可访问的寄存器及其命令、状态，数据格式和分配给寄存器的端口地址 3 个元素。了解与掌握了一个芯片这 3 个方面的内容，也就可以利用它进行接口的软件设计了。

软件模型方法的实质是强调对硬件对象的应用，而不在意其内部结构，这大大简化了对硬件对象复杂结构的了解，而又不失对硬件的应用。因此，本书对接口芯片与外围支持芯片的内部逻辑结构不作介绍。

本书提出的这种从应用的角度了解硬件外部特性和编程用法而不在意内部硬件细节的方法，也是当前硬件系统设计（或硬件系统集成）与分析时常用的方法，接口技术课程更应该如此，因为它与电子线路、数字逻辑或计算机组成原理等课程的教学目的与要求不同，它更注重应用系统，而对系统中的各个模块只关心它的功能、外部特性、连接方法及其编程。因此，在接口技术课程中应该抛弃那种深究芯片内部工作逻辑和硬件细节的做法，把精力放到微机应用系统的构建和芯片的编程上来。

2. 接口两侧分析方法

设备接口是连接 CPU 与 I/O 设备的桥梁。在分析接口设计的需求时，显然应该从接口的两侧入手。CPU 一侧，接口面向的是本地总线的数据、地址和控制三总线，情况明确。因此，主要是接口电路的信号线要满足三总线在时序逻辑上的要求，并进行对号入座连接即可。

I/O 设备一侧，接口所面对的是种类繁多、信号线五花八门、工作速度各异的外设，情况很复杂。因此，对 I/O 设备一侧的分析重点放在两个方面：一是分析被连 I/O 设备的外部特性，即外设信号引脚的功能与特点，以便在接口硬件设计时，提供这些信号线，满足外设在连接上的要求；二是分析被控外设的工作过程，以便在设计接口软件时，按照这种过程编写程序，满足外设工作条件与要求。这样，接口电路的硬件设计与软件编程就有了依据。

3. 硬软结合法

以硬件为基础，硬件与软件相结合是设计设备接口电路的基本方法。

（1）硬件设计方法

对于台式微机的硬件设计主要是合理选用外围接口芯片和有针对性地设计附加电路。目前，在接口设计中，通常采用可编程通用或专用接口芯片，因而需要深入了解和熟练掌握各类芯片的功能、特点、工作原理、使用方法及编程技巧，以便合理地选择芯片，把它们与微处理器正确地连接起来，并编写相应的控制程序。

外围接口芯片并非万能，因此，当接口电路中有些功能不能由接口的核心芯片完成时，就需要用户添加某些电路，予以补充。

（2）软件设计方法

从整体来讲，接口的软件设计，应该包括上层用户程序和底层驱动程序。一般用户只需编写用户层的应用程序，而对原创性开发，就要涉及核心态的设备驱动程序设计。就用户应用程序而言，又有 MS-DOS 应用程序和 Win32 应用程序。

MS-DOS 应用程序一般采用直接面向硬件编程与调用 DOS 功能相结合的方法编写。直接面向硬件编程的好处是设备接口的工作过程清晰，并且能够充分发挥底层硬件的潜力和提高程序代码的效率。但这样就要求设计者必须对相应的硬件细节十分熟悉，这对一般用户难度较大。如果在用户应用程序中，涉及使用系统资源（如键盘、显示器、打印机、串行口等），则可以采用 DOS 功能调用，而无须做底层硬件编程。但这只是对微机系统配置的标准设备有用，而对接口设计者来说，常遇到的是一些非标准设备，所以需要自己动手编写接口用户程序的时候居多。

Win32 应用程序主要利用 API 函数调用，并且使用 C/C++语语言来编写。虽然 Win32 程序好理解，但它隐去与屏蔽了许多接口操作过程，这对初学者学习与掌握接口的工作原理来讲，难以得到清晰的认识。

本书主要分析与讨论设备接口的 MS-DOS 应用程序设计。编程语言使用汇编语言和 C 语言两种语言同时编程，并列于本书之中，以便相互参照，有助于化解学习汇编语言难的问题。设备接口 Win32 程序和设备驱动程序的编写可参见文献[23]、[24]。

1.4　接口电路设计的解决方案

所谓接口电路设计的解决方案是指在微机接口电路总体设计时，对接口电路的配置方式和接口电路芯片的选择进行分析与认定。解决方案与微处理器类型有关，台式微机（PC 机）、嵌入式微机、MCU 各不相同。

1.4.1　接口电路的配置方式

接口电路的配置方式，是指把接口电路安排在微机系统的什么地方，有外置式与内嵌式之分。

（1）外置式是把接口电路分立出来，作为独立的电路放在微处理器之外，形成各种外围接口芯片和外围支持芯片，如并行接口芯片、串行接口芯片、定时/计数器芯片、中断控制器芯片等。使用这种外围接口芯片和支持芯片进行 I/O 设备的接口设计时，不仅需要与 I/O 设备连接，而且还需要通过系统总线与微处理器连接，连接复杂一些。

（2）内置式是把接口电路当做一个接口功能模块与微处理器放在一起，如 ARM 和单片机内部包含的并行接口模块、串行接口模块、定时/计数器模块、中断控制器模块等。由于接口模块与微处理器同在一个芯片内部，CPU 与 I/O 设备之间的接口结构是一组寄存器，CPU 通过读写这些寄存器来与设备通信，在外部只需与 I/O 设备连接。

显然内置式接口电路与 I/O 设备连接简单，结构紧凑牢固，硬件开销小，有利于智能化产品的小型化与微型化，因而得到广泛应用。在 ARM 甚至在一些普通的器件中也都包含接口模块。例如，在 LCD 显示器控制器芯片 PCF8566 内就含有 I^2C 串行接口模块，可与主设备进行串行通信，以实现 CPU 对 LCD 显示器的控制。本书是以外置式接口芯片和支持芯片为主，内置式接口在第 11 章与第 12 章有所应用。

1.4.2　接口电路芯片的选择

组成接口电路的元器件有多种，可采用一般的 IC 电路、可编程的通用/专用接口芯片或可编程的逻辑阵列器件。

（1）一般的 IC 芯片

利用一般 IC 芯片中的三态缓冲器和锁存器即可组成简单的 I/O 端口。例如，采用三态缓冲器 74LS244 构造 8 位输入端口，读取 DIP 开关的开关状态；采用锁存器 74ALS373 构造 8 位输出端口，发出控制信号，使 LED 发光。具体见 9.4 节例 9.1 的图 9.1。

（2）可编程通用/专用接口芯片

可编程通用/专用接口芯片功能强、可靠性高、通用性好/针对性强，并且使用灵活方便，因此成为台式微机系统接口设计的首选。

（3）FPGA 器件

采用 FPGA/CPLD 器件，利用 EDA 技术来设计接口，可以实现复杂的接口功能，并且可以将接口功能模块与其他应用电路集成在一起。其结构紧凑、灵活多样，可满足不同复杂度接口电路的要求，因此成为嵌入式微机系统和微控制器 MCU 接口设计的首选。

目前，在实际应用中，采用 FPGA 进行微机应用系统开发时，将多种外设接口功能模块与 CPU 集成于一体构成内嵌式接口电路，已成为 ARM 和 MCU 接口设计的一种趋势。但在校学生作为初学者学习接口技术原理与方法时，采用各种分立接口芯片构建外置式接口电路的解决方案是可取的，因此本书以外置式接口为主。往后，各章在讨论各类接口电路设计之前，都要介绍解决方案中所采用的外置式接口芯片。

习　题　1

1. 接口技术在微机应用中起什么作用？

2. 接口技术的基本任务是什么？

3. 什么是接口分层次的概念？这一概念是基于什么原因提出的？

4. 按照接口的层次概念，接口技术的整体内容可划分为哪两部分？

5. 什么是设备接口？

6. 设备接口一般应具备哪些功能？

7. 一个能够实际运行的设备接口由哪几部分组成？

8. 设备接口与 CPU 之间交换数据有哪几种方式？它们各应用在什么场合？

9. 什么是总线桥？总线桥与设备接口有什么不同？

10. 总线桥的任务是什么？

11. 什么是接口两侧分析方法？

12. 接口芯片的编程模型方法是什么？采用编程模型方法对分析与应用微机系统的硬件资源有什么意义？

13. 接口电路设计解决方案的内容是什么？

第2章 总线技术

本章讨论的微机系统内部总线是组成微机的重要成员，是各种外部设备接口电路的直接连接对象，与接口技术关系极为密切。现代微机的总线出现了许多新结构，推出了各种新标准与新技术。这一章在介绍总线基本概念与现代微机总线新技术的基础上，简要讨论了两种不同用途的总线——ISA总线和PCI总线，并重点分析了PCI总线的核心技术——配置空间及其访问方法。

2.1 总线的作用与组成

2.2.1 总线的作用

作为微处理器、存储器和I/O设备之间信息通路的总线，是微机体系结构的重要组成部分和微机系统信息链的重要环节。CPU通过总线传送运行程序所需要的地址、数据及控制（指令）信息，因此，总线最基本的任务是进行微机系统各成员之间的连接与传输信息。

总线是接口的直接连接对象，与接口的关系直接而密切，接口设计者都应该了解并熟悉它。

2.1.2 总线的组成

总线，笼统来讲，就是一组传输信息（指令、数据和地址）的信号线。微机系统所使用的总线都由以下4部分信号线组成。

1. 数据总线

传输数据，采用双向三态逻辑。ISA总线是16位数据线，PCI总线是32位或64位数据线。数据总线宽度表示总线数据处理能力，反映了总线的性能。

2. 地址总线

传输地址信息，采用单向三态逻辑。总线中的地址线数目决定了该总线构成的微机系统所具有的寻址能力。例如，ISA总线有20位地址线，可寻址1MB。PCI总线有32位或64位地址线，可寻址4GB（2^{32}B）或64TB（2^{64}B）。

3. 控制总线

传输控制和状态信号，如I/O读/写信号线、存储器读/写线、中断请求/回答线、地址锁存线等。控制总线有的为单向，有的为双向；有的为三态，有的为非三态。控制总线是最能体现总线特色的信号线，它决定了总线功能的强弱和适应性。一种总线标准与另一种总线标准最大的不同就在控制总线上，而它们的数据总线、地址总线往往都是相同或相似的。

4. 电源线和地线

决定总线使用的电源种类及地线分布和用法，如 ISA 总线采用 ± 12V 和 ± 5V，PCI 总线采用 +5V 或+3V，笔记本电脑早期 MCIA 采用+3.3V。电源种类已在向 3.3V、2.5V 和 1.7V 方向发展，这表明计算机系统正在向低电平、低功耗的节能方向发展。

2.2　总线的性能参数

评价一种总线的性能一般有如下几个方面。

1. 总线频率

总线的工作频率，以 MHz 表示，它是反映总线工作速率的重要参数。

2. 总线宽度

数据总线的位数，用 bit（位）表示，如 8 位、16 位、32 位和 64 位总线宽度。

3. 总线传输率

单位时间内总线上可传输的数据总量，用每秒最大传输数据量表示，单位是 MB/s。

总线传输率=（总线宽度 ÷ 8 位）× 总线频率

例如，若 PCI 总线的工作频率为 33MHz，总线宽度为 32 位，则总线传输率为 132Mbit/s。

4. 同步方式

有同步和异步之分。在同步方式下，总线上主模块与从模块进行一次传输所需的时间（即传输周期或总线周期）是固定的，并严格按系统时钟来统一定时主、从模块之间的传输操作，只要总线上的设备都是高速的，总线的带宽便允许很宽。

在异步方式下，采用应答式传输技术，允许从模块自行调整响应时间，即传输周期是可以改变的，故总线带宽减少。

5. 多路复用

若地址线和数据线共用一条物理线，即某一时刻该线上传输的是地址信号，而另一时刻传输的是数据或命令，则将这种一条线作多种用途的技术，叫做多路复用。若地址线和数据线是物理上分开的，就属非多路复用。采用多路复用，可以减少总线的线数。PCI 总线标准采用地址与数据分时复用总线，ISA 总线标准为非多路复用总线。

6. 负载能力

一般采用“可连接的扩增电路板的数量”来表示。其实这并不严密，因为不同电路插板对总线的负载是不一样的，即使是同一电路插板在不同工作频率的总线上，所表现出的负载也不一样，但它基本上反映了总线的负载能力。

7. 信号线数

表明总线拥有多少信号线，是数据、地址、控制线及电源线的总和。信号线数与性能不成正比，但与复杂度成正比。

8. 总线控制方式

如传输方式（猝发方式）、设备配置方式（如设备自动配置 PNP）和中断分配及仲裁方式等。

9. 其他性能指标

如电源电压等级、能否扩展 64 位宽度等。

2.3 总线传输的操作过程

总线传输信息是在主模块的控制下进行的，只有CPU及DMA这样的主模块才有控制总线的能力，从模块则没有，但可对总线上传来的地址信号进行地址译码，并且接收和执行主模块的命令。总线完成一次数据传输操作（包括CPU与存储器之间或CPU与I/O设备之间的数据传输），也就是一个传输周期，一般经过4个阶段。

1. 申请与仲裁阶段

当系统中有多个主模块时，要求使用总线的主模块必须提出申请，并由总线仲裁机构确定把下一个传输周期的总线使用权授权给哪个主模块。

2. 寻址阶段

取得总线使用权的主模块通过总线发出本次打算访问的从模块的存储器地址或 I/O 端口地址，并通过译码选中参与本次传输的从模块，开始启动。

3. 传输阶段

主模块和从模块之间进行数据传输，数据由源模块发出，经数据总线流入目的模块（主模块和从模块都可能是数据的源模块或目的模块）。

4. 结束阶段

主从模块的有关信息均从系统总线上撤除，让出总线，为下一次传输做好准备或让给其他模块使用。

2.4 总线标准及总线插槽

1. 总线标准

组成微机系统的各成员之间通过总线进行连接与传输信息时，应遵守的一些协议与规范，称为总线标准，包括硬件和软件两个方面，如总线工作时钟频率、总线信号线功能定义、总线系统结构、总线仲裁机构与配置机构、电气规范、机械规范和实施总线协议的驱动与管理程序等。平时通常说的总线，实际上指的是总线标准，简称为总线，如ISA总线、EISA总线、PCI总线。不同的标准，就形成了不同类型和同一类型不同版本的总线。

由于有了总线标准，用户要想在微机系统中添加功能模块或I/O设备，则只需按照总线标准的要求，在I/O设备与总线之间设置一个接口同总线连接起来即可。

除了上述微机系统内部的总线还有外部总线，它们是系统之间或微机系统与I/O设备之间进行通信的总线，也有各自的总线标准。例如，微机与微机之间所采用的 RS-232C/RS-485 串行通信总线，微机与智能仪器之间所采用的IEEE-488/GPIB/VXI智能仪器总线，以及目前流行的微机与I/O设备之间的USB和IEEE 1394通用串行总线等，它们都不是微机系统内部的总线。

2. 总线插槽

组成系统总线的信号线，一般都做成标准的插槽形式，插槽的每个引脚都定义了一根总线的信号线（数据、地址、控制信号线及电源线与地线），并按一定的顺序排列，把这种插槽叫做系统总线插槽。微机系统内的各种功能模块（插板）就是通过总线插槽连接的。系统总线插槽都安装在微机的主（母）板上。例如，微机主板的 PCI 总线标准插槽如图 2.1 所示。

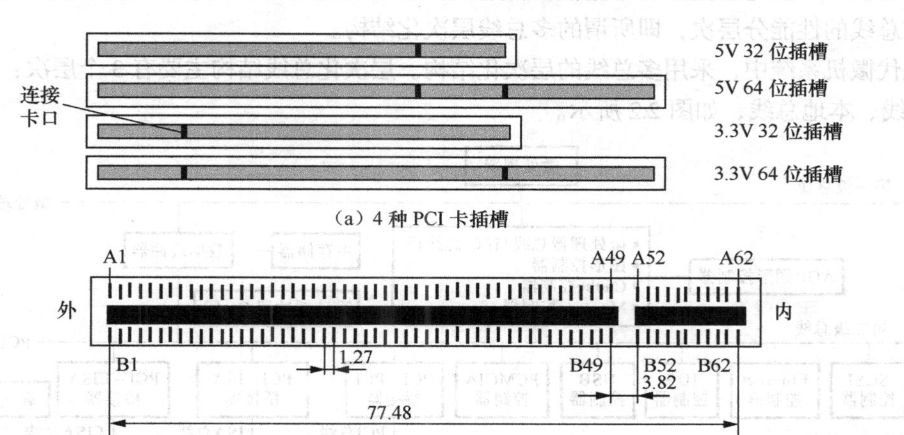

（a）4 种 PCI 卡插槽

（b）5V 32 位 PCI 插槽

图 2.1 PCI 总线标准插槽

外部总线也有相应的总线标准插槽，外部总线标准插槽都安装在微机机箱的前或后面板上，以便用户随时插/拔自己需要的外部设备。

2.5 现代微机总线的新技术

现代微机总线出现了许多新技术、新概念与新名词术语，需要我们去学习与理解。例如，多总线技术、总线结构层次化、总线桥、配置空间、即插即用、PCI 总线及 PCI 设备等。总线的这些新特点，反映了现代微机总线技术的发展，使总线的功能大大提升，也使与总线密切相关的接口技术扩展了新内容，对微机接口设计产生了重大影响，接口设计者必须用新的观念和新的方法分析处理接口问题。这里只介绍几个基本技术与概念。

1. 多总线技术

随着微机应用领域的扩大，所使用的 I/O 设备门类不断增加，且性能的差异性越来越大，特别是传输速度的差异，微机系统中传统的单一系统总线的结构已经不能适应发展的要求。为此，现代微机系统中采用多总线技术，以满足各种应用要求。因此，在继多处理器、多媒体技术之后，又出现了多总线技术。

所谓多总线技术是在一个微机系统中同时存在几种性能不同的总线，并按其性能的高低分层次构成总线系统的技术。高性能的总线如 PCI 总线，安排在靠近 CPU 总线的位置；低性能的总线如 ISA 总线，放在离 CPU 总线较远的位置。这样可以把高速的新型 I/O 设备通过桥挂在 PCI 总线上，慢速的传统 I/O 设备通过设备接口挂在本地用户总线（如 ISA 总线）上。这种分层次的多总线结构，能容纳不同性能的设备，并各得其所。因此，多总线技术的应用使微机系统的先进性与兼容性得到了比较好的结合。那么，面对这种多总线的需求，如何进行组织呢？为此，人们提出了总线的层次化结构。

2. 总线结构层次化

作为微处理器、存储器和 I/O 设备之间的信息通路的总线，往往成为微机系统中信息流的瓶颈，因此需要有高性能的总线；另一方面，由于 I/O 设备的多样性，外设中包含了一些低速的 I/O

设备，它们又不能适应高性能的总线。为了解决这一矛盾，首先是在系统中增加总线的类型，其次是按总线的性能分层次，即所谓的多总线层次化结构。

现代微机系统中，采用多总线的层次化结构。层次化总线结构主要有 3 个层次：CPU 总线、PCI 总线、本地总线，如图 2.2 所示。

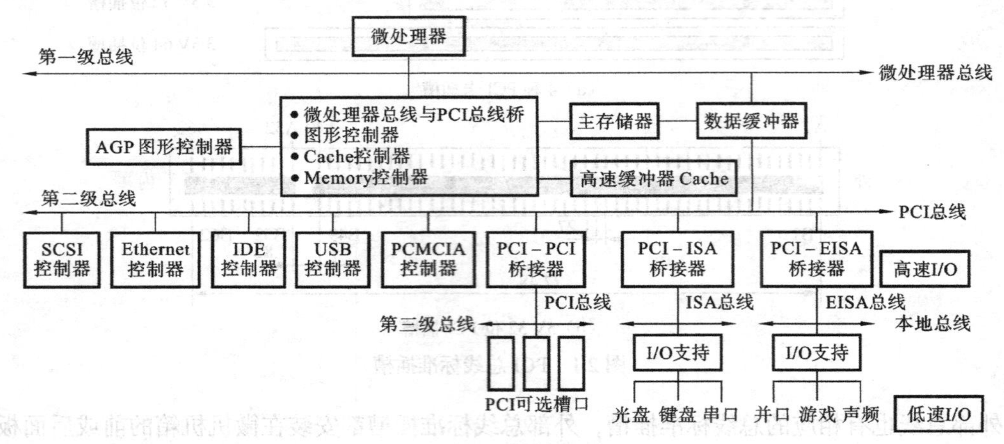

图 2.2 总线的层次化结构

（1）CPU 总线

CPU 总线提供系统的数据、地址、控制、命令等“原始”信号线，构成 CPU 与系统中各功能部件之间信息传输的最高速度的通路，因此又称系统的 Host 总线。Host 总线与存储器及一些超高速外围设备（如图形显示器）相连，充分发挥系统的高速性能。

（2）PCI 总线

PCI 总线是系统中信息传输的高速通路，它处于 CPU 总线和本地总线之间，提供高速外设与 CPU 之间的通路，一些高速外设（如磁盘驱动器、网卡）挂在 PCI 总线上。由于 PCI 总线的高性价比和跨平台特点，已成为不同平台的微机乃至工作站的标准总线。

（3）本地总线

本地总线又称为用户总线，如 ISA 总线，是早期微机使用的系统总线。提供系统与一般速度或慢速设备的连接，一般用户自己开发的应用模块可挂在本地总线（ISA）上。

实际上，PCI 总线是为了适应高速 I/O 设备的需求而推出的一个总线层次，而 ISA 总线是为了延续传统的、低速 I/O 设备而保留的一个总线层次。那么，在多总线结构中，总线与总线之间是如何进行连接与沟通的？是通过总线桥。下面介绍总线桥。

3. 总线桥

（1）总线桥的概念

在采用多个层次的总线结构中，由于各个层次总线的频宽不同，总线协议也不同，故在总线的不同层次之间必须有“桥”过渡，也就是要使用总线桥。

所谓总线之间的桥，简单来说就是一个总线转换器和控制器，也可以叫做两种不同总线之间的“总线接口”，它实现 CPU 总线到 PCI 总线、PCI 总线到本地总线（如 ISA 总线）的连接与转换，并允许它们之间相互通信。桥的内部包含有一些相当复杂的兼容协议及总线信号和数据的缓冲电路，以便把一条总线映射到另一条总线上，实现 PNP 即插即用的配置空间也放在桥内。桥可以是一个独立的电路，即一个单独的、通用的总线桥芯片，也可以与内存控制器或 I/O 设备控制器组合在一起，如高速 I/O 设备的接口控制器中就包含有总线桥的电路。

桥与接口之不同，除了它们所连接的对象不一样，最大的区别是传递信息的方法不同。桥是间接传递信息，桥两端的信息是一种映射的关系，因此可动态改变。接口是直接传递信息，接口两端的信息通过硬件直接传递信息，是一种固定的关系。实现桥两端信息映射关系的是桥内的配置空间，它既不是 I/O 空间，也不是存储器空间，而是专门用于为两种总线之间进行资源动态配置的特殊地址空间，正是由于这种资源的可动态分配，才使现代微机的即插即用技术得以实现。

（2）PCI 总线芯片组

实现这些总线桥功能的是一组大规模集成专用电路，称为 PCI 总线芯片组或 PCI 总线组件。随着微处理器性能的迅速提高及产品种类增多，在保持微机主板的结构不变的前提下，只改变这些芯片组的设计，即可使系统适应不同微处理器的要求。

为了使高速 I/O 设备能直接与 PCI 总线连接，一些 I/O 设备专业厂商推出了一大批 PCI 总线的 I/O 设备控制器大规模集成芯片。这些芯片带有 PCI 接口，将高速 I/O 设备通过桥挂到 PCI 总线上。

4. 多级总线结构中接口与总线的连接

多级总线层次化总线结构，总线分层次，各类接口与总线的连接也分层次，如图 2.3 所示，它与后面的图 2.5 中单级总线下把所有的外设接口与一个总线连接的情况不同。从图 2.3 可以看出，各类外设和存储器都是通过各自的接口电路连到 3 种不同的总线上去的。用户可以根据自己的要求，选用不同性能的外设，设置相应的接口电路或总线桥，分别挂到本地总线或 PCI 总线上，构成不同层次上的、不同用途的应用系统。

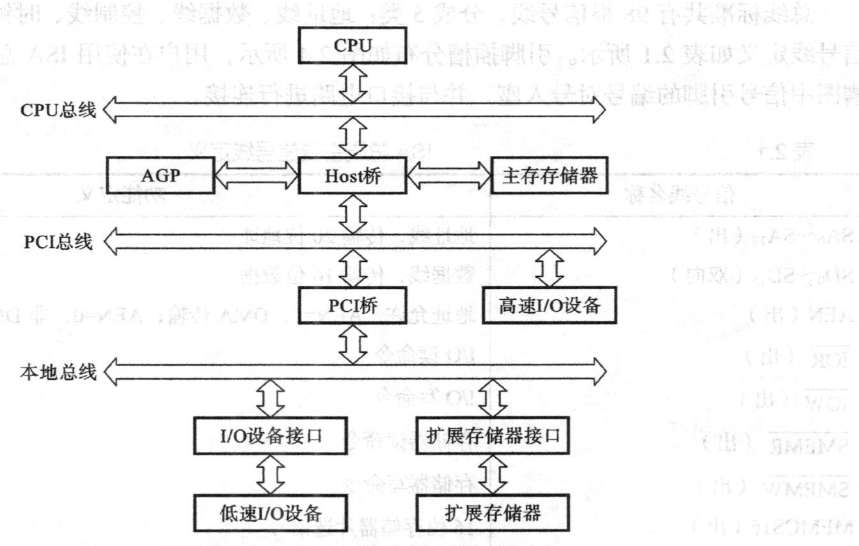

图 2.3 现代微机多级总线与各类外设接口的连接

图 2.3 所示的低速 I/O 设备接口包括并行、串行、定时/计数、A/D、D/A 转换及各类输入/输出设备接口，它们与本地总线（如 ISA）相连接。而高速外设通过其内部的总线桥直接挂在 PCI 总线上。另外，扩展存储器的接口与慢速 I/O 设备的接口类似，处在本地总线与扩展存储器之间。而高速主存储器通过自身的总线桥直接连到 Host 桥。

现代微机按高速和低速设备分别连在不同层次的总线上，充分发挥各类总线的优势，大大提高了微机整体性能。

2.6 ISA 总线

2.6.1 ISA 总线在多总线结构中的作用

ISA 总线在早期 16 位微机系统的单一总线结构中，它是微机系统总线，而在现代微机系统的多总线结构中，已不是系统总线，称为本地总线或用户总线。ISA 总线是现代微机系统中为了延续传统的低速 I/O 设备而保留的一个总线层次。因此，在现代微机系统中就把 ISA 总线作为用户自己开发的上层设备接口的直接连接对象，包括本书中所分析和设计的接口都是直接面向本地总线即 ISA 总线的，而不是直接面向 PCI 总线的。

当现代微机使用 PCI 高速总线成为主流之后，ISA 低速总线还有其用途。因为在实际应用中还有不少工作速度要求不高的设备存在，尤其是用户自行开发的微机应用模块有相当一部分是常规的设备或装置，它们不能直接挂到高速总线上，需要利用原来的 ISA 总线，再通过桥与 PCI 总线连接，构成一种分层次的多总线结构。高速设备挂到 PCI 总线，低速常规设备挂到 ISA 总线。可见，ISA 总线还在使用，只不过它不是系统总线了，而是作为用户总线来连接用户开发的低速设备，处于现代微机多总线结构中较低的层次（第 3 层），直接面向传统的 I/O 设备。

2.6.2 ISA 总线的信号线定义及插槽

总线标准共有 98 根信号线，分成 5 类：地址线、数据线、控制线、时钟线和电源线。其主要信号线定义如表 2.1 所示。引脚插槽分布如图 2.4 所示，用户在使用 ISA 总线时，要按照引脚插槽图中信号引脚的编号对号入座，并与接口电路进行连接。

表 2.1　ISA 总线主要信号线定义

信号线名称	功能定义
$SA_0 \sim SA_{19}$（出）	地址线，传输 20 位地址
$SD_0 \sim SD_{15}$（双向）	数据线，传输 16 位数据
AEN（出）	地址允许，AEN=1，DMA 传输；AEN=0，非 DMA 传输
$\overline{IOR}$（出）	I/O 读命令
$\overline{IOW}$（出）	I/O 写命令
$\overline{SMEMR}$（出）	存储器读命令
$\overline{SMEMW}$（出）	存储器写命令
MEMCS16（出）	16 位存储器片选信号
I/OCS16（出）	16 位 I/O 设备片选信号
SBHE（出）	总线高字节允许信号
$IRQ_2 \sim IRQ_7$（入）	INTR 中断请求线，连到主中断控制器
$IRQ_{10} \sim IRQ_{15}$（入）	INTR 中断请求线，连到从中断控制器
$DRQ_1 \sim DRQ_3$（入）	DMA 请求线，连到主 DMA 控制器
$DRQ_5 \sim DRQ_7$（入）	DMA 请求线，连到从 DMA 控制器
$\overline{DACK_1} \sim \overline{DACK_3}$（出）	主 DMA 控制器回答信号，表示进入 DMA 周期

续表

信号线名称	功能定义
$\overline{DACK_5}$ ～ $\overline{DACK_7}$（出）	从 DMA 控制器回答信号，表示进入 DMA 周期
$\overline{MASTER}$（入）	请求占用总线，由有主控能力的 I/O 设备卡驱动
STDRV（出）	系统复位信号，复位和初始化接口和 I/O 设备
$\overline{IO/CHCK}$（出）	I/O 通道检查信号，当 I/O 奇偶校验错时，产生 NMI 中断
I/OCHRDY（入）	I/O 通道就绪信号，当该信号变低，请求插入等待状态周期
OWS（入）	零等待状态信号，该信号为低电平时，无需插入等待周期
OSC/CLK（入）	时钟
± 12V、± 5V（入）	电源

2.6.3　ISA 总线的特点及应用

1. ISA 总线的特点

ISA 总线，也称为 AT 总线，是由 Intel 公司、IEEE 和 EISA 集团联合开发的。它具有 16 位数据宽度、20 位地址宽度，最高工作频率为 8MHz，数据传输率为 16Mbit/s。其主要的使用特点如下。

（1）支持 16MB 存储器地址的寻址能力和 64KB I/O 端口地址的访问能力。

（2）支持 8 位和 16 位数据读/写能力。

（3）支持 15 级外部硬件中断处理和 7 级 DMA 传输能力。

（4）支持的总线周期，包括 8/16 的存储器读/写周期、8/16 I/O 读/写周期、中断周期和 DMA 周期。

可见，ISA 总线是一种 16 位并且兼容 8 位微机系统的总线，曾经得到广泛的应用，而现在主要作为与低速 I/O 设备进行连接的本地用户总线。

2. ISA 总线的应用

下面简要介绍用户开发的应用模块（包括添加与扩展的 I/O 设备）如何与 ISA 总线进行连接以及使用 ISA 总线时需要考虑的问题。

（1）I/O 设备接口与 ISA 总线的连接

传统的外设和扩展存储器，都是通过各自的接口电路连到同一个总线上去，因此用户可以根据自己的需要，选用不同类型的外设，设置相应的接口电路，把它们挂到 ISA 总线上，构成不同用途、不同规模的应用系统。图 2.5 所示为 I/O 设备包括系统配置的常规外部设备和用户自行开发的应用模块。

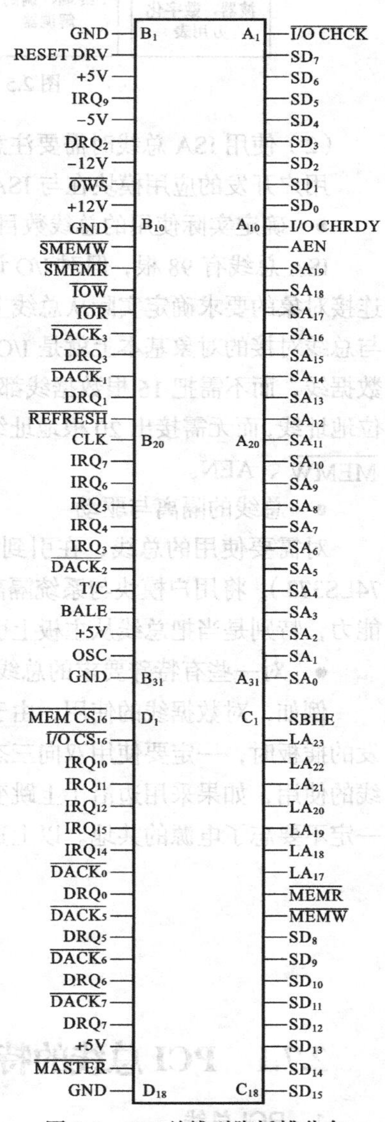

图 2.4　ISA 总线引脚插槽分布

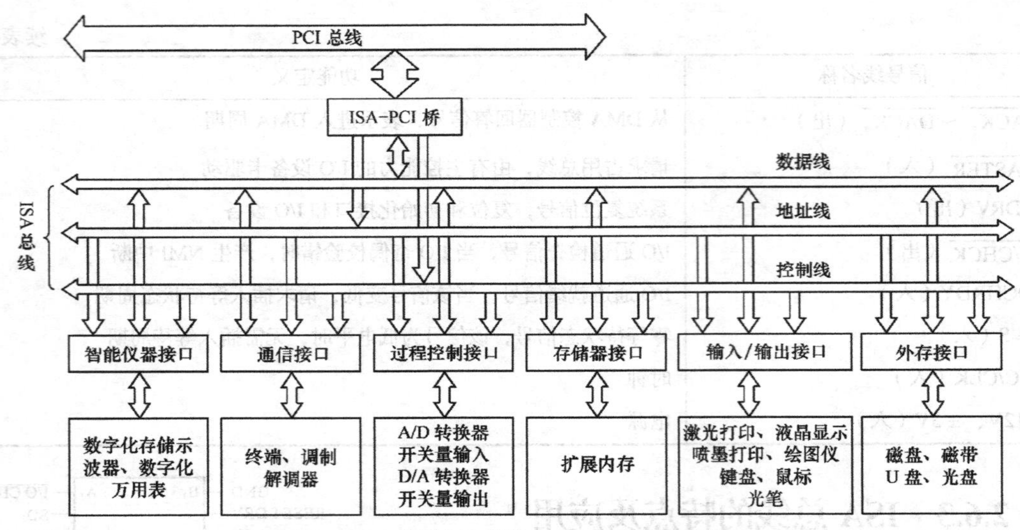

图 2.5　ISA（用户）总线与 I/O 设备接口的连接

（2）使用 ISA 总线时需要注意的问题

用户开发的应用模块在与 ISA 总线连接时，有几点值得注意。

- 确定实际使用的总线数目

ISA 总线有 98 根，但对 I/O 设备控制的实际应用中不会同时使用这么多信号线，应按照总线连接对象的要求确定实际从总线上引出来使用的数据线、地址线及控制线根数。微机接口技术中，与总线对接的对象基本上就是 I/O 接口芯片或存储器芯片，如果芯片是 8 位数据，就只用低 8 位数据线，而不需把 16 根数据线都接出来；如果芯片的 I/O 地址范围为 1024 个端口，就只用低 10 位地址线，而无需接出 20 根地址线；控制总线使用得较少，用得最频繁的是 $\overline{\text{IOR}}$、$\overline{\text{IOW}}$、$\overline{\text{MEMR}}$、$\overline{\text{MEMW}}$、AEN。

- 总线的隔离与驱动

对需要使用的总线，在引到插板时，必须增加驱动器或锁存器等元件（如 74LS245/244、74LS373），将用户模块与系统隔离，防止用户信息对系统的干扰，同时也增加总线信号线的驱动能力，特别是当把总线从主板上引出来使用长线连接到插板时，加驱动器件是必不可少的。

- 对一些有特殊要求的总线的使用

例如，对数据线的使用，由于数据总线上传输的数据是双向的，因此将数据总线引到用户开发的插板时，一定要使用双向三态驱动元器件（如 74LS245）进行驱动与隔离。又如，中断请求线的使用，如果采用边沿（上跳变）触发，就要加下拉电阻，防止误触发。还有电源线的使用，一定不要忘了电源的共地。以上这些问题都要谨慎处理。

2.7　PCI 总线

2.7.1　PCI 总线的特点

1. PCI 总线

PCI（Peripheral Component Interconnect）的含义是外围元器件互连。PCI 是现代微机系统的

多总线结构中的总线，已广泛用于当前高端微机、工作站及便携式微机。

PCI 总线技术仍在不断发展与提升，继 PCI 总线之后又有 PCI-X 总线和 PCI Expres 总线。PCI-X 总线采用分离事物处理方式，消除了等待状态，大幅度地提高了总线的利用率，它有很好的向下兼容性，目前所有的 PCI 设备都可以利用 PCI-X 插槽，不会因为 PCI-X 本身的提升而要求更换已有的 PCI 设备。PCI Expres 是基于串行差动传输、高带宽、点对点的总线技术。它与 PCI 和 PCI-X 的并行传输不同，采用 4 根信号线，两根差分信号线用于发送，另外两根差分信号线用于接收，信号频率为 2.5GHz，理论上最高传输速率可达 16Gbit/s，适用于高速设备，如图像处理。但考虑到在低端和低利润的商用机上实现 PCI 的组件及制造成本，PCI 标准将会继续采用下去，PCI Expres 总线在软件层保持与 PCI 及 PCI-X 总线兼容。

2. PCI 总线的主要特点

（1）独立于微处理器

PCI 总线是独立于各种微处理器的总线标准，不依附于某一具体微处理器。为 PCI 总线设计的外围设备是针对 PCI 总线协议的，而不是直接针对微处理器的，因此，这些设备的设计可以不考虑微处理器。PCI 总线支持多种微处理器及将来新发展的微处理器，在更改微处理器品种时，只需更换相应的总线桥组件即可。

（2）多总线共存

PCI 总线可通过桥与其他总线共存于一个系统中，容纳不同速度的设备一起工作。通过 Host-PCI 桥芯片，使 PCI 总线和 CPU 总线连接；通过 PCI-ISA 桥芯片，PCI 总线又与 ISA 总线连接，构成一个分层次的多总线结构，使高速设备和低速设备挂在不同的总线上，既满足了新设备的发展要求，又继承原有资源，扩大了系统的兼容性。

（3）支持突发传输

PCI 总线的基本传输是突发传输。突发传输与单次传输不同，单次传输要求每传输一个数据之前都要在总线上先给出数据的地址，而突发传输只要在第一个数据开始传输之前将首地址发到总线上，然后，每次只传输数据而地址自动加 1，这样就减少了地址操作的开销，加快了数据传输的速度。突发传输方式适合从某一地址开始顺序存取一批数据的场合，但要求这批数据一定是连续存放，中间不能有间隔。

（4）支持即插即用

所谓即插即用，就是一块符合 PCI 协议的 PCI 扩展卡，一插入 PCI 插槽就能用，不需要用户做资源的选择和配置，即无需用户去设置各种跳线和开关。配置软件会自动扫描与识别新插入的设备，并根据资源的使用情况进行配置，避免可能出现的资源冲突。即插即用的功能大大方便了用户对计算机的使用。

（5）支持三类地址空间访问

PCI 总线的访问支持存储器地址空间、I/O 地址空间和配置地址空间三类地址的访问。

2.7.2　PCI 总线的信号线

使用 PCI 总线的设备，有主设备和从设备之分。主设备是指取得了总线控制权的设备，而被主设备选中进行数据交换的设备称为从设备或目标设备。

PCI 总线标准所定义的信号线分成必备的和可选的两大类。必备的信号线，主设备有 49 条，目标设备有 47 条。可选的信号线有 51 条，主要用于 64 位扩展、中断请求、高速缓存支持等。利用这些信号线便可以传输数据、地址，实现接口控制、仲裁及系统的功能。PCI 协议 2.2 定义的

PCI 总线信号如图 2.6 所示，主设备（图 2.6（a））和从设备（图 2.6（b））分别列出。其中，信号线的输入/输出方向是站在 PCI 设备（包括主设备与从设备）的立场来定义的，而不是站在中央处理器或仲裁器的立场。因此，有些信号线对于主设备和从设备，其方向不同。

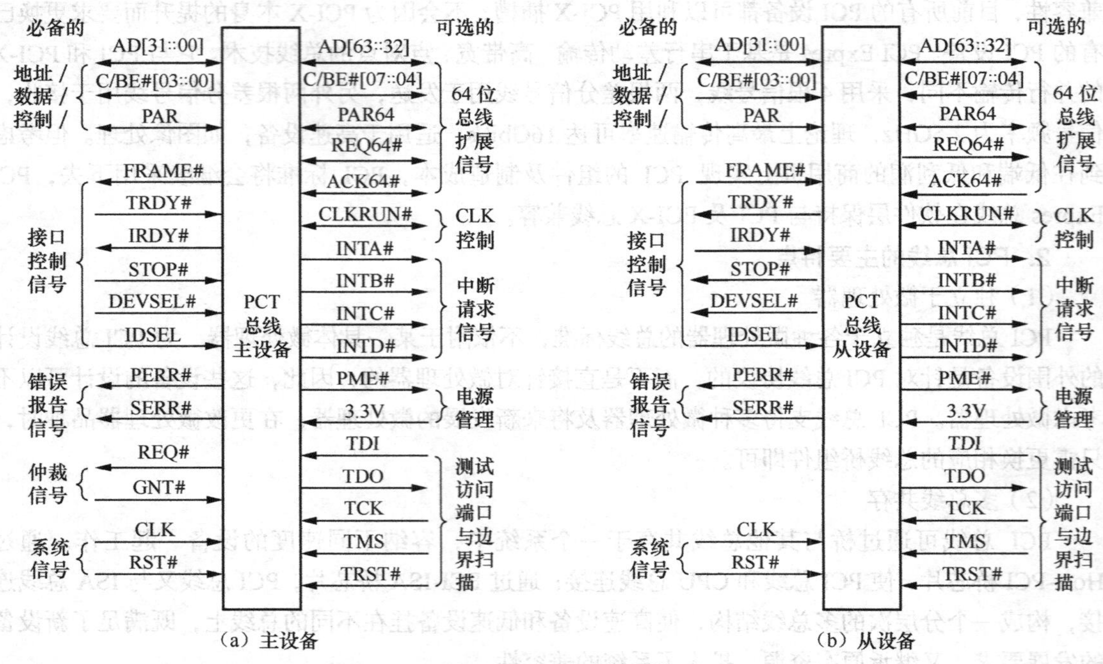

图 2.6　PCI 总线信号线

请注意，上述总线信号中，对一般用户在设计 PCI 总线接口电路时，只使用了其中的一部分，它们是地址/数据线 AD［31∷00］，命令/字节使用线 C/BE#［03∷00］，接口控制信号线（FRAME#、TRDY#、IRDY#、STOP#、DEVSEL#、IDSEL#），中断请求线 INTA#～INTD#以及仲裁信号线 REQ#、GNT#，这些要重点学习与理解。下面仅介绍这几种信号线的定义，其他信号线可参考文献[7]～[9]。

（1）地址和数据信号

- AD[31∷00]：地址和数据复用的输入/输出信号。PCI 总线上地址和数据的传输，必须在 FRAME#有效期间进行。当 FRAME#有效时的第 1 个时钟，AD[31∷00]上传输的是地址信号，称地址期。地址期为一个时钟周期。对于 I/O 空间，仅需 1 个字节的地址；而对存储器空间和配置空间，则需要双字节地址。当 IRDY#和 TRDY#同时有效时，AD[31∷00]上传输的为数据信号，称数据期。

一个 PCI 总线传输周期中包含一个地址期和接着的一个或多个数据期。数据期由多个时钟周期组成。数据分 4 个字节，其中 AD[07∷00]为最低字节，AD[31∷24]为最高字节。传输数据的字节数是可变的，可以是 1 个字节、2 个字节或 4 个字节，这由字节允许信号来指定。

- C/BE #[03∷00]：总线命令和字节允许复用信号。在地址期，这 4 条线上传输的是总线命令（代码）；在数据期，它们传输的是字节允许信号，用来指定在整个数据期中，AD[31∷00]上哪些字节为有效数据。其中，C/BE#[0]对应第一个字节（最高字节），C/BE#[1]对应第二个字节，C/BE#[2]对应第三个字节，C/BE #[3]对应第四个字节（最低字节）。

（2）接口控制信号

- FRAME#：帧周期信号，由当前主设备驱动，表示一次传输的开始和持续。当 FRAME#

有效时，预示总线传输开始，并且先传地址，后传数据。在 FRAME#有效期间，数据传输继续进行。当 FRAME#无效时，预示总线传输结束，并在 IRDY#有效时进入最后一个数据期。

- IRDY#：主设备准备好信号。IRDY#要与 TRDY#（从设备准备好）联合使用，只有二者同时有效时，数据方能传输，否则，进入等待周期。在写周期，IRDY#有效时，表示数据已由主设备提交到 AD[31∷00]线上；在读周期，IRDY#有效时，表示主设备已做好接收数据的准备。
- TRDY#：从设备准备好信号。同样，TRDY#要与 IRDY#联合使用，只有二者同时有效，数据才能传输，否则，进入等待周期。在写周期，TRDY#有效时，表示从设备已准备好接收数据；在读周期内，该信号有效时，表示数据已由从设备提交到 AD[31∷00]线上。
- IDSEL IN：初始化设备选择信号。在参数配置读/写传输期间，用作片选信号。
- DEVSEL#：设备选择信号。该信号有效，说明总线上某处的某一设备已被选中，并作为当前访问的从设备（即表示驱动它的设备已成为当前访问的从设备）。

（3）仲裁信号

- REQ#：总线占用请求信号。该信号有效，表明驱动它的设备要求使用总线。例如，在 DMA 控制器要求占用 PCI 总线时，就可以利用该信号提出请求。它是一个点到点的信号线，任何主设备都有它自己的 REQ#信号，从设备没有 REQ#信号。
- GNT#：总线占用允许信号。该信号有效，表示申请占用总线的设备的请求已获得批准。它也是一个点到点的信号线，任何主设备都有自己的 GNT#信号，从设备没有 GNT#信号。

（4）中断信号

PCI 有 4 条中断线，它们是 INTA#、INTB#、INTC#和 INTD#。中断信号是电平触发，低电平有效，使用漏极开路方式驱动，此类信号的建立和撤销与时钟不同步。

中断在 PCI 总线中是可选项。单功能设备只有一条中断线，并且只能使用 INTA#，其他 3 条中断线没有意义。多功能设备最多可以使用 4 条中断线。一个多功能设备中的任何功能都可以连接到 4 条中断线中的任何一条上，两者的最终对应关系由配置空间的中断引脚寄存器定义。对于多功能设备，可以多个功能共用同一条中断线，也可以各自占用一条中断线，或者两种情况的组合。但对单功能设备，只能使用 INTA#发中断请求。

2.7.3　PCI 总线的三种地址空间

PCI 总线定义了 3 个物理地址空间：内存地址空间、I/O 地址空间和配置地址空间。其中，内存地址空间和 I/O 地址空间是通常意义的地址空间，而配置地址空间用于支持硬件资源配置和进行地址映射，并且被安排存放在总线桥（总线接口）内。三者地址的寻址范围、寻址数据的宽度及所处的位置不同。一般用户不使用配置空间地址。

1. I/O 地址空间

在 I/O 地址空间中，要用 AD[31∷00]译码得到一个以任意字节为起始地址的 I/O 端口的访问。即 32 位 AD 线全部用来提供一个统一的字节地址编码去寻址 I/O 端口。可见，PCI 的 I/O 端口地址是以字节为单位寻址，并且拥有 4G 字节地址空间。

2. 内存地址空间

在存储器地址空间中，要用 AD[31∷02]译码得到一个以双字边界对齐为起始地址的存储器空间的访问。在地址递增方式下，每个地址周期过后地址加 4（4 个字节），直到传输结束。可见，PCI 的存储器地址是以双字为单位寻址，并且拥有 1G 双字地址空间。

3. 配置地址空间

在配置的地址空间中，要用AD[07∷02]译码得到一个双字配置寄存器的访问。可见，PCI的配置地址是以双字为单位寻址，并且只有64个双字地址空间，即64个双字配置寄存器。配置空间是既非I/O地址也非存储器地址的特殊地址空间，因此对配置空间的访问与一般的I/O或存储器访问不同，具体访问方法将在2.7.6节讨论。

2.7.4 PCI设备

简单来讲，PCI设备是能够理解PCI协议和支持标准的PCI操作，并且拥有由PCI SG分配的唯一固定的厂商标志码的各类设备。PCI设备必须具有相应的配置空间，存放设备配置信息来表示该设备所需要的资源及如何对其进行操作。在PCI总线系统中所说的设备都是指PCI设备。

PCI设备可以通过设备总线直接挂到PCI总线，包括嵌入在PCI总线上的PCI器件或者是插入PCI插槽上的PCI卡，如PCI-ISA总线接口卡、高速PCI硬盘接口控制器卡、高速PCI显示器卡等。而那些低速设备，如键盘、打印机、鼠标、LED显示器等不具备PCI设备的条件，就不能叫做PCI设备，它们也不能与PCI总线直接连接，而是与本地总线如ISA总线直接连接，叫做ISA设备。ISA设备要经过ISA总线和PCI-ISA桥才能与PCI总线连接而进入微机系统中来，如图2.7所示。

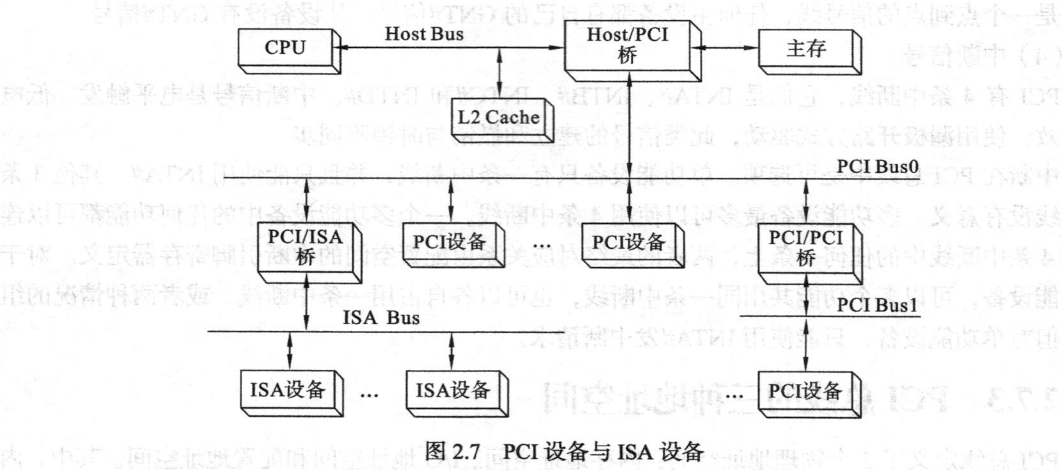

图2.7 PCI设备与ISA设备

PCI功能是一个PCI物理设备可能包含的具有独立功能的逻辑设备，一个PCI设备可以包含1～8个PCI功能。例如，一个PCI卡上可以包含一个独立的打印机模块，两个独立的数据采集器和一个独立的RS-485通信模块等。这个打印机、采集器和通信模块就是PCI功能，它们可以在一个PCI卡上同时工作而不会互相干扰。PCI规范要求对每个PCI功能都配备一个256个字节的配置空间。

可见，PCI设备和PCI功能在PCI协议中是有其不同的界定含义的，但人们一般都把PCI功能和PCI设备一起看成PCI设备，这对单功能设备是可以的，对多功能设备就要分开处理。

2.7.5 PCI设备配置空间

1. 配置空间的作用

配置空间是PCI设备和PCI功能专用的地址空间，按照PCI协议，所谓PCI配置空间是指PCI设备的配置空间，或PCI功能的配置空间。

为什么在 PCI 设备中要设置配置空间，其主要原因有三。一是为了支持设备的即插即用，设备通过配置空间提出资源需求，实现系统对资源的动态配置；二是多总线的应用，使得不同总线之间的信息不能直接传输，而采用映射的方法传递，通过配置空间建立本地用户总线与 PCI 总线资源的映射关系。三是与 PCI 总线本身的含义是外围设备（器件）互连有关，用 PCI 总线连接而构成的微机系统中，会把所有的部件都当做设备，包括微处理器、存储器、外围设备和扩展插卡，统统都是 PCI 总线连接的设备，只有主设备和目标设备之分。因此，PCI 协议要求给系统中每个设备设置一个统一格式和大小的配置空间，存放一些必要的配置信息，以便分别作个性化处理。

2. 配置空间的格式

每个 PCI 设备，即每个 PCI 卡都有 64 个双字配置空间，PCI 协议定义了这个配置空间的开头 16 个双字的格式和用途，称为 PCI 设备的配置空间头区域或配置首部区或首部空间，剩下的 48 个双字的用途根据设备支持的功能不同而进行配置。目前 PCI 协议 2.2 定义了 3 种类型的头区域格式，0 类用于定义标准 PCI 设备，1 类用于定义 PCI-PCI 桥，2 类用于 PCI-CardBus 桥。一般用户都使用 0 类配置空间。0 类配置空间头区域的布局格式如图 2.8 所示。

所谓配置空间头区域的布局格式，是指配置空间内部所设置的配置寄存器以及配置寄存器在配置空间所处位置的地址分配。从图 2.8 可以看出，配置空间头区域实际上是由一些寄存器组成的，其中有 8 位寄存器、16 位寄存器、24 位寄存器和 32 位寄存器（但访问时都是以 32 位进行读/写），因此，配置空间头区域所支持的功能主要就由这些寄存器来实现。对配置空间的访问也就是对配置寄存器的访问，并且，以后凡是提到配置空间的“双字”“双字地址”，就是指“配置寄存器”。因此，要特别注意分清楚这些配置寄存器所处的位置，即每个配置寄存器在头区域的偏移地址，以便去寻址和访问它们。

31　24	23　16	15　8	7　0	
设备标志		厂商标志		00H
状态寄存器		命令寄存器		04H
分类代码			版本标志	08H
内含自测试	头区域类型	延时计时器	Cache行大小	0CH
0 基地址寄存器				10H
1 基地址寄存器				14H
2 基地址寄存器				18H
3 基地址寄存器				1CH
4 基地址寄存器				20H
5 基地址寄存器				24H
CARDBUS CIS指针				28H
子系统标志		子系统厂商标志		2CH
扩展ROM基地				30H
保留		新功能指针		34H
保留				38H
MAX-LAT	MIN-GNT	中断引脚	中断线	3CH

图 2.8　0 类配置空间头区域布局格式

3. 配置空间的功能

利用配置空间头区域的配置寄存器提供的信息，可以进行设备识别、设备地址映射、中断申请、设备控制以及提供设备状态等，这些信息为在 PCI 总线系统中搜索 PCI 设备和进行资源动态配置准备了条件。其中，设备识别、设备地址映射、设备中断申请几种功能与 PCI 总线接口设计者关系密切，故作重点介绍。在了解这些配置寄存器时，一定要对照图 2.8 进行查看。

（1）设备识别功能

设置配置空间的目的之一是为了支持设备即插即用（PnP）和进行系统地址空间与 Locl 地址空间之间的映射。系统加电后会对 PCI 总线上所有设备（卡）的配置空间进行扫描，检测是否有新的和是什么样的设备（卡），然后根据各设备（卡）所提出的资源请求，给它们分配存储器及 I/O 基地址、地址范围和中断资源，对其进行初始化，实现设备即插即用。

共有 7 个寄存器（字段）支持设备的识别。所有的 PCI 设备都必须设置这些寄存器，以便配置软件读取它们，来搜索与确定 PCI 总线上有哪些设备和是什么样的设备。

● 厂商标志（Vendor ID）寄存器（16 位，偏移地址为 00H）

用于存放设备的制造厂商标志。一个有效的厂商标志由 PCI SIG 来分配，以保证它的唯一性。若从该寄存器读出值为 0FFFFH，则表示 PCI 总线未配置任何设备。

● 设备标志（Device ID）寄存器（16 位，偏移地址为 02H）

用以存放设备标志，具体代码由厂商来分配。

● 版本标志（Revision ID）寄存器（8 位，偏移地址为 08H）

用来存放一个设备特有的版本号，其值由厂商来选定。

● 分类码（Class Code）寄存器（24 位，偏移地址为 09H）

用于存放设备的分类码。该寄存器分成 3 个 8 位的字段。偏移地址 0BH 处，是一个基本分类代码；偏移地址 0AH 处，是子分类代码；在 09H 处，是一个专用的寄存器级编程接口。

● 头区域类型（Header Type）寄存器（8 位，偏移地址为 0EH）

有两个作用：一是用来表示配置空间偏移地址 10H～3FH 的布局类型，该寄存器的位 6～0 指出头区域类型，头区域类型根据 PCI 规范 2.2 有三类：0 类，1 类和 2 类。例如，0 类头区域对应图 2.8 的布局格式。二是用来指出设备是否包含多功能，该寄存器的位 7 指示单功能还是多功能设备，位 7 为 0，则表示单功能设备；位 7 为 1，则表示多功能设备。

● 子系统厂商标志（Subsystem Vendor ID）寄存器和子系统标志（Subsystem ID）寄存器

分别在配置空间的偏移地址 02CH 处和 2EH 处，16 位，用于唯一标志设备所驻留的插卡和子系统。利用这两个寄存器，即插即用管理器可以定位正确的驱动程序，加载到存储器。

系统利用上述寄存器可以配置和搜索系统中的 PCI 设备。例如，PLX 公司生产的 PCI 桥芯片 PLX9054，由 PCI SIG 分配给它的厂商标志为 10B5H，公司分配给它的设备标志为 5406H，子系统厂商标志为 10B5H，子系统标志为 PLX9054。PLX9054 属于其他桥路设备，它的设备分类码为 0680H。将这些参数分别写入配置空间的 Vendor ID 寄存器、Device ID 寄存器、Subsystem Vendor ID 寄存器、Subsystem ID 寄存器和 Class Code 寄存器。当系统加电后，对 PCI 总线上所有 PCI 设备（卡）的配置空间进行扫描时，利用设备和厂商标志 540610B5H，就可以检测到 PCI 总线上是否有 PLX9054 这种 PCI 设备，具体检测方法见例 2.1。

（2）设备地址的映射功能

① 地址空间映射

PCI 设备可以在地址空间中浮动，即 PCI 设备的起始地址不固定，是 PCI 总线中最重要的功能之一，它能够简化设备的配置过程。系统初始化软件在引导操作系统之前，必须要建立起一个统一的系统地址空间与本地空间之间地址映射关系。也就是说，必须确定本地有多少存储器和 I/O 控制器，它们要求占用多少地址空间。在这些信息确定之后，系统初始化软件就可以把本地的存储器和 I/O 控制器映射到适当的系统地址空间，并引导系统。

为了使地址映射能够做到与相应的设备无关，在配置空间的头区域中安排了一组供映射时使用的 6 个 32 位的基址寄存器。在配置空间中，从偏移地址 10H 开始，到偏移地址 24H，为基址寄存器分配了 6 个双字（DWORD）单元的位置。0 号基址寄存器位于偏移地址 10H 处，1 号基址寄存器位于偏移地址 14H 处，以此类推，5 号基地址寄存器位于偏移地址 24H 处。

② 基址寄存器格式

基址寄存器为 32 位，所有的基址寄存器的位 0 作为标志位，用来标记是将 PCI 设备所需的地址空间映射到系统的存储空间还是 I/O 空间。若为 0，则表示映射到存储器空间；若为 1，则表示映射到 I/O 地址空间。该位只能读，不能写。注意要在读取该寄存器的内容中去除标志位才是实际的映射 I/O 基地址（参见例 2.1 的程序）。

● 映射到系统 I/O 地址空间的基址寄存器

映射到系统 I/O 地址空间的基址寄存器，其格式如图 2.9 所示。位 0 为标志位，恒为 1，表示是映射到系统的 I/O 空间。位 1 为保留位，并且保留位的读出值必须为 0。其余各位用来把 PCI 设备的 I/O 空间的基地址映射到系统 I/O 空间的基地址。

● 映射到系统存储器地址空间的基址寄存器

映射到存储器空间的基址寄存器，其格式如图 2.10 所示。位 0 为标志位，恒为 0，表示是映射到系统的存储器空间。位 2 和位 1 两位用来表示映射类型，即映射到 32 位或是 64 位地址空间；至于位 3，若数据是可预取的，就应将它置为 1，否则清 0。其余各位用来将 PCI 设备的存储器空间的基地址映射到系统存储器空间的基地址。

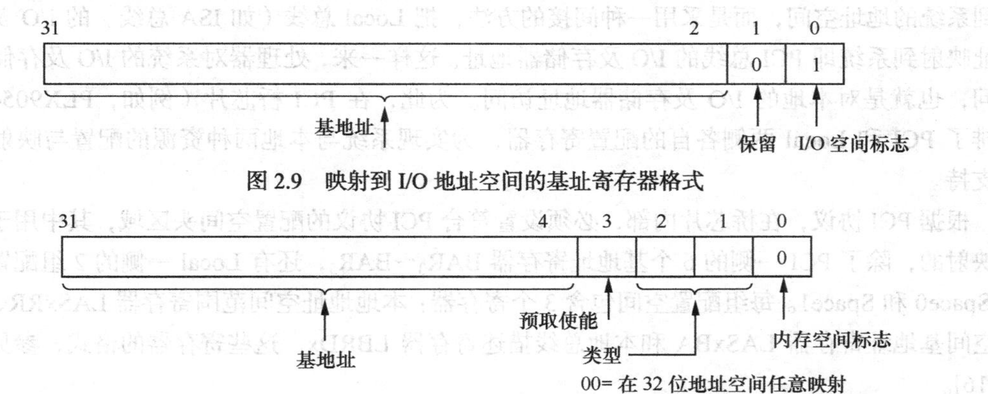

图 2.9　映射到 I/O 地址空间的基址寄存器格式

图 2.10　映射到存储器地址空间的基址寄存器格式

③ 扩展 ROM 基址寄存器（32 位，偏移地址 3CH）

有些 PCI 设备，需要自己的 EPROM 作为扩展 ROM。为此，在配置空间定义一个双字的寄存器，用来将 PCI 设备的扩展 ROM 映射到系统存储器空间。该寄存器与 32 位基地址寄存器相比，除了位的定义和用途不同之外，其映射功能一样。凡是支持扩展 ROM 的 PCI 设备，必须设置这个寄存器。

（3）设备中断处理功能

用于中断处理的寄存器，在配置空间有中断线寄存器和中断引脚寄存器。

① 中断线寄存器（8 位，偏移地址 3CH）

用于存放 PCI 设备的中断号，也就是设备的中断请求与中断控制器 82C59A 的哪一个中断输入线 IR 相连接。这个寄存器的 0～15，对应 IRQ_0～IRQ_{15}，16～254 之间的值为保留值，255 表示没有中断请求。POST 例程在系统进行初始化和配置时，要将这些信息写入该寄存器。设备驱动程序和操作系统可以利用中断线寄存器的信息来确定中断的优先级和向量。凡是使用了一个中断的 PCI 设备都必须配置这个寄存器。

② 中断引脚寄存器（8 位，偏移地址 3DH）

用于存放系统分配给 PCI 设备使用的中断申请线，也就是 PCI 总线的中断引脚（Interrupt Pin）。该寄存器的值为 1 表示使用 INTA#，为 2 表示使用 INTB#，而 3 和 4 分别表示使用 INTC#和 INTD#。单功能设备只能使用 INTA#。如果设备不使用中断，则必须将该寄存器清 0。

4．配置空间的映射关系

（1）PCI 配置空间整体结构

首先，了解一下用于资源动态配置和地址映射的配置空间整体结构。实际上，配置空间有两套寄存器：PCI 配置寄存器和 Local 配置寄存器。其中，PCI 配置寄存器是 PCI 协议标准规定的格式，即配置空间头区域的格式，如图 2.8 所示 0 类配置空间头区域布局格式。Local 配置寄存器是 PCI 接口芯片（桥）生产厂家（如 PLX 公司的 9054）设计的，包括两个 Local 地址空间：Local Spase0 和 Local Spase1。此外，为了在 PCI 总线下处理中断和 DMA 传输，在总线接口芯片（桥）内部还设置了中断控制/状态寄存器以及 DMA 控制器的若干个 32 位寄存器，这些寄存器在 PCI 配置空间头区域并不出现，它们的偏移地址是以 Local 配置空间的基地址为起始地址的。

由于系统的与本地的地址空间的大小和描述方式不同，不能把用户所访问的本地地址直接传送到系统的地址空间，而是采用一种间接的方法，把 Local 总线（如 ISA 总线）的 I/O 及存储器地址映射到系统即 PCI 总线的 I/O 及存储器地址。这样一来，处理器对系统的 I/O 及存储器地址访问，也就是对本地的 I/O 及存储器地址访问。为此，在 PCI 桥芯片（例如，PLX9054）内部安排了 PCI 和 Local 两侧各自的配置寄存器，为实现系统与本地两种资源的配置与映射提供硬件支持。

根据 PCI 协议，在桥芯片内部，必须设置符合 PCI 协议的配置空间头区域，其中用于地址空间映射的，除了 PCI 一侧的 6 个基地址寄存器 BAR_0～BAR_5，还有 Local 一侧的 2 组配置地址空间 Space0 和 Space1。每组配置空间包含 3 个寄存器：本地地址空间范围寄存器 LASxRR、本地地址空间基地址寄存器 LASxBA 和本地总线描述寄存器 LBRDx。这些寄存器的格式，参见参考文献[16]。

（2）实现设备地址映射的基本方法

有了 PCI 和 Local 两侧的配置寄存器，设计者就可以利用 Local 一侧的两组寄存器提出（设置）要求使用的地址空间，而系统则利用 PCI 一侧的 6 个基地址寄存器分配（配置）用户所要求的地址空间。以此方法，对桥芯片的内部配置寄存器进行初始化，通过初始化，在桥芯片内部建立起系统与本地之间地址空间的对应关系，以便实现 PCI 与 Local 两者地址的映射，如图 2.11 所示，图 2.11 中数字含义如下。

1——Local 的配置空间存储器映射（定位到系统的存储空间）。

2——Local 的配置空间 I/O 映射（定位到系统的 I/O 空间）。

3——Local 的设备 I/O 映射（定位到系统的 I/O 空间）。

4——Local 的设备存储器映射（定位到系统的存储空间）。

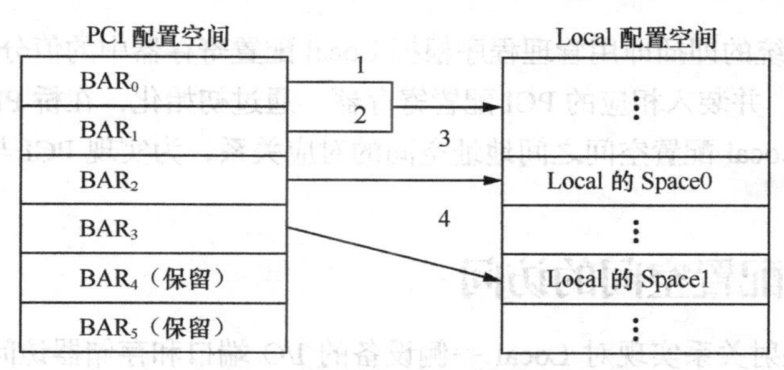

图 2.11　PCI 与 Local 映射关系图

现在以桥芯片 PCI9054 为例说明本地用户地址空间与系统地址空间的映射关系。在 PCI9054 桥芯片设计时，已经给其内部 PCI 与 Local 两侧的配置寄存器分配了任务，并确定了两侧配置寄存器对应的固定关系，如图 2.11 中的箭头连线所示。其中，PCI 的基地址寄存器 BAR_2 与 Local 的 Space0 对应，实现本地设备的 I/O 端口地址与系统 I/O 端口地址的映射。基地址寄存器 BAR_3 与 Local 的 Space1 对应，实现本地设备的存储器地址与系统存储器地址空间的映射。基地址寄存器 BAR_4～BAR_5 未使用。下面分别说明本地 I/O 地址和存储器地址是如何映射到系统的 I/O 地址和存储器地址的。

设备在系统与本地之间对 I/O 端口的映射，首先要根据本地设备的端口地址的要求设置 PLX9054 桥内部 Space0 的寄存器 LAS0RR、LAS0BA 和 LBRD0。例如，对本地设备的 I/O 端口地址（300H～31FH）的访问，其基地址为 300H，地址范围为 1FH，因此 LAS0RR 的值为 E0H（1F 的反码），LAS0BA 的值为 300H。系统初始化过程中，会动态分配一个映射到 300H 的系统基地址，并存放在 PCI 配置空间的 2 号基地址寄存器 BAR_2 中（见图 2.11）。这样，当访问本地的 I/O 设备时，位于底层的设备驱动程序就可以根据 BAR_2 中动态分配的地址访问本地的外设了。

同理，设备在系统与本地之间对存储器的映射也是如此。首先要设置 PLX9054 桥内部 Space1 的寄存器 LAS1RR、LAS1BA 和 LBRD1。如对本地设备的 SRAM 的访问，其基地址为 20000000H，地址范围为 0001FFFFH。因此，SRAM 的 LAS0RR 的值为 FFFE0000H，LAS0BA 的值为 20000000H，LBRD0 的值为 00000143H。系统初始化过程中，会动态分配一个映射到 20000000 的 PCI 基地址，并存放在 PCI 配置空间的 3 号基地址寄存器 BAR_3 中（见图 2.11）。这样，当访问本地设备的的存储器 SRAM 时，位于底层的设备驱动程序就可以根据 BAR_3 中动态分配的地址访问本地的存储器了。

另外，在图 2.11 中，PCI 的 BAR_0 和 BAR_1 两个基地址寄存器都可以与 Local 配置空间的基地址对应，用于将 Local 配置空间本身定位在系统的什么位置，以便 CPU 对它进行访问。有两种定位方法，一是把 Local 配置空间定位在系统的存储器空间，其基地址与 BAR_0 对应，用存放在 BAR_0 中（见图 2.11）的系统分配的存储器基地址作为 Local 配置空间的基地址。另一种方法是把 Local 配置空间定位在系统的 I/O 地址空间，其基地址与 BAR_1 对应，用存放在 BAR_1 中（见图 2.11）的系统分配的 I/O 基地址作为 Local 配置空间的基地址。在 PLX9054 桥中是采用后一种方法，即把 Local 配置空间映射到系统的 I/O 空间，其基地址与 PCI 的 BAR_1 的内容对应。

5. 配置空间的初始化过程

现在以桥芯片 PLX9054 内部配置空间的初始化为例介绍配置空间初始化过程。PLX9054 需要由一片串行 EEPROM 对其内部配置寄存器进行初始化。事先把用户所需要用到的资源作为初始值烧入 EEPROM 中，在系统启动时，桥 PLX9054 自动将 EEPROM 中的值读出并装入 Local

配置寄存器，然后系统的即插即用管理程序根据 Local 配置寄存器中的值分配中断号、内存空间、I/O 空间等系统资源，并装入相应的 PCI 配置寄存器。通过初始化，在桥 PLX9054 芯片内部建立起 PCI 配置空间与 Local 配置空间之间地址空间的对应关系，为实现 PCI 与 Local 两者地址空间的映射提供支持。

2.7.6 PCI 配置空间的访问

如何利用这种映射关系实现对 Local 一侧设备的 I/O 端口和存储器访问是本节将要讨论的内容。首先分析配置空间的访问与通常的 I/O 及存储器访问有什么不同的特点，然后讨论配置空间的访问方法。

1. 配置空间的访问特点

配置空间是 PCI 协议要求为每个 PCI 设备设置的特殊地址空间，它既不同于 I/O 空间，也不同于通常的存储器空间。首先，微处理器不具备执行配置空间读/写的能力，它只能对存储器和 I/O 空间进行读/写，因此要通过特殊的机构进行转换，将某些由微处理器发出的 I/O 或存储器访问转换为配置访问，这称为配置机构。PCI 协议 2.2 定义了这种配置机构，以便通过微处理器发出 I/O 访问驱使 Host/PCI 桥进行配置访问。可见，PCI 桥的配置机构的作用是将微处理器对 I/O 访问转换成对配置空间的访问。关于访问配置空间的配置机构见参考文献[7][8]。

其次，访问配置空间就是访问配置空间的配置寄存器，而要访问配置寄存器必须先找到配置空间，然后再在配置空间内找到要访问的配置寄存器进行读/写。因此，对配置寄存器的访问都经过两次寻找。这有点类似于访问存储器时，要先找到存储器段，再在段内找要访问的存储单元进行读/写。在此要说明的是，因为配置空间是 PCI 设备的配置空间，所以，找到 PCI 设备也就是找到了配置空间，就能确定配置空间本身在系统中的地址。那么，PCI 设备的地址是怎么分配的？原来，在 PCI 总线结构中，系统给挂在 PCI 总线上的每个 PCI 设备分配一个总线号与设备号（指单功能设备），并以此作为 PCI 设备在系统中的地址，为此专门设置了一个配置地址寄存器为寻找 PCI 设备提供地址。配置地址寄存器的格式如图 2.12 所示。

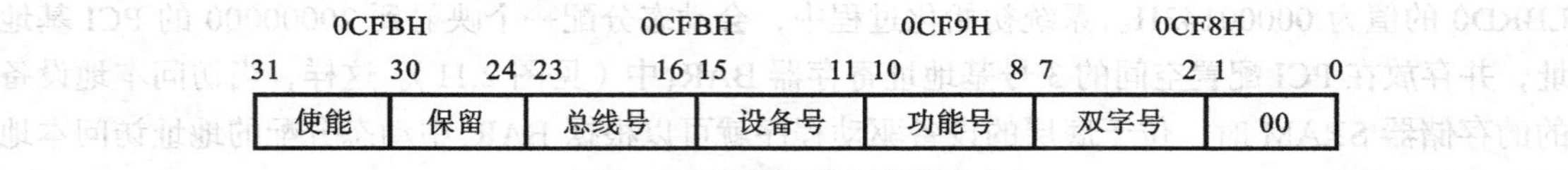

图 2.12 配置地址寄存器格式

配置地址寄存器的最高位（第 31 位）是使能位，允许访问配置空间标志位，它必须为 1，当该位为 1 时，才是对 PCI 总线上的设备及其配置寄存器访问，如果第 31 位为 0，则只是一般的 PCI I/O 访问；位 30～位 24 保留，只读，且读时必须返回 0；位 23～位 16 共 8 位，存放总线号；位 15～位 11 共 5 位，存放设备号；位 10～位 8 共 3 位，存放功能号；位 7～位 2 共 6 位，存放双字寄存器号；位 0～位 1，写 00。

从图 2.12 可看出，这个配置地址寄存器包括 8 位总线号，故最多可寻址 256 条总线，每个总线包含 5 位设备号，故可挂 32 个设备，每个设备包含 3 位功能号，可包括 8 个功能，每个功能有 64 个双字（配置空间的配置寄存器）。

可见，图 2.12 配置地址寄存器的内容为 PCI 设备在系统中的定位提供了地址，在稍后的例 2.1 中可以看到，为了在系统中找到 PCI 卡就是把总线号、设备号作为 PCI 卡的地址进行搜索的。这个地址也就是 PCI 卡的配置空间的基地址。

2. 配置空间的访问方法

通过配置机构访问配置空间的方法是使用两个32位I/O端口寄存器来访问PCI设备的配置空间，一个叫配置地址（ConfigAddress）寄存器，其I/O地址为0CF8H～0CFBH四个字节，另一个叫配置数据（ConfigData）寄存器，其I/O地址为0CFCH～0CFFH四个字节，可以通过这两个32位端口寄存器来搜索要访问的目标PCI设备（卡）和获取配置信息。所以，为了找到PCI设备（卡）和访问配置寄存器，以获取PCI配置空间的配置信息，就要分两步进行：第一步向配置地址寄存器写目标地址；第二步从配置数据寄存器读数，即从指定的地址读数据。

第一步，执行一次对32位配置地址寄存器的写操作，将0号总线、0号设备作为初始值写到32位配置地址寄存器。

第二步，执行一次对32位配置数据寄存器的读操作，检查读取的值是不是目标设备，若不是，则改变配置地址寄存器的设备号，再写入地址寄存器，然后再读配置数据寄存器，以此循环下去，直至获得要找的PCI设备（卡）。

下面举例说明查找PCI设备（卡）的方法。要特别指出，下面访问PCI配置空间的程序采用32位汇编语言编写的原因有二：其一，配置空间的配置寄存器是双字格式；其二，采用汇编语言更能描述配置空间的细节，了解配置寄存器的功能，对实际使用配置空间很有帮助。关于32位汇编语言程序编写可参考文献[3]、[22]。为了读懂和理解这些汇编语言程序，在每个汇编语言程序的后面写出对应的C语言程序，以供参考。

3. 查找PCI设备（卡）举例

例2.1 在PCI总线系统中查找PCI设备（卡）。

1. 要求

通过两个32位I/O端口寄存器在PCI总线系统中查找目标PCI设备——PLX9054接口卡，PLX9054卡的Device ID为0x5406、Vendor ID为0x10B5，且其是单功能设备。

2. 分析

要访问PCI设备的配置空间，必须要先找到PCI设备，然后再去访问该设备的配置空间。要查找PCI设备，其实就是查找PCI设备的配置空间，也就是确定配置空间在系统中的基地址，可以按照上述访问配置空间的两步法去做。

3. 程序

下面是为搜索PLX9054卡的程序段，分别用汇编语言和C语言编写。

汇编语言找PCI设备（卡）的程序段如下。

```
;------------------------配置端口-----------------------------------------------
CONF_ADDR      EQU 0CF8H                    ;配置地址寄存器端口
CONF_DATA      EQU 0CFCH                    ;配置数据寄存器端口
;------------------------设备标识-----------------------------------------------
PLX9054_ID      EQU 540610B5H       ;PCI卡设备及厂商ID
;------------------------数据段定义---------------------------------------------
DATA SEGMENT
;提示信息定义
Msg_No_FindPCI DB 0DH,0AH,'PCI Card have not findend!',0DH,0AH, '$'
;变量定义
dwPCICardBaseAddr DB 4 DUP(0)           ;PCI卡的基地址暂存区
DATA ENDS
;-------------------------堆栈段定义--------------------------------------------
STACK1 SEGMENT PARA STACK 'STACK'
   DW 200 DUP(?)
STACK1 ENDS
```

```
;------------------------代码段定义------------------------------------------
CODE SEGMENT
    ASSUME CS:CODE,DS:DATA,ES:DATA
.386                                          ;80386 指令
START:
        MOV AX,DATA
        MOV DS,AX
        MOV ES,AX
        MOV AX,STACK1
        MOV SS,AX
        CALL Sub_FindPCICard
;------------------------------------------------------------------
;功能:查找 PCI 卡子程序  Sub_Find PCIcard
;输出变量:dwPCICardBaseAddr
;------------------------------------------------------------------
Sub_FindPCICard PROC
        PUSHAD                               ;所有通用寄存器进栈
        PUSHFD                               ;标志寄存器进栈
        MOV EBX,80000000H                    ;取配置地址寄存器的初值送 EBX
FINDLOOP:
        MOV DX,CONF_ADDR                     ;配置地址寄存器端口
        MOV EAX,EBX                          ;向配置地址寄存器写入地址
        OUT DX,EAX
        MOV DX,CONF_DATA                     ;配置数据寄存器端口
        IN EAX,DX                            ;从配置数据寄存器读取数据
        CMP EAX,PLX9054_ID                   ;读取的数据与 PCI 卡的标志比较，是否相同
        JZ  FOUND                            ;是，则找到 PCI 卡，转 FOUND
        ADD EBX,800H                         ;不是，则未找到，设备号+1
        CMP EBX,80FFF800H                    ;总线号与设备号是否达到最大值(找遍了)
        JNZ FINDLOOP                         ;未到最大值，则继续
        MOV DX,OFFSET Msg_No_FindPCI         ;找遍了，尚未发现 PCI 卡，则显示找不到
        MOV AH,09H
        INT 21H
        JMP OVER
FOUND:
        MOV EAX,EBX
        SUB EAX,800H                         ;得到总线号与设备号，它就是 PCI 卡的基地址
        MOV DWORD PTR dwPCICaedBaseAddr,EAX  ;保存 PCI 卡的基地址
OVER:
        POPFD
        POPAD
        RET
Sub_FindPCICard ENDP
CODE ENDS
        END START
```

//C 语言找 PCI 设备（卡）的程序段如下。

```
bool FindPCIDevice()
#define _PCI9054 0x540610B5                  //PCI 卡的设备识别标志码
static DWORD PCIBaseAdd=0;                   //存放 PCI 卡基地址的变量
bool FindPCIDevice()                         //搜索 PCI 卡的函数
{
    DWORD PCI_DeviceVendorID = _PCI9054;     //PCI 卡设备号和厂商号
    DWORD Conf_Addr;                         //配置空间访问的地址变量
    DWORD Conf_Data;                         //配置空间访问的数据变量
    Conf_Addr=0x80000000;           //允许配置空间访问,并置总线号、设备号及功能号的初值为 0
    do
    {
        outportd(0xcf8,Conf_Addr);           //写配置地址寄存器，双字操作
        Conf_Data = inportd(0xcfc);          //读配置数据寄存器，双字操作
        Conf_Addr+=0x800;                    //设备号加 1,查找下一设备
```

```
    }while((Conf_Data!= PCI_DeviceVendorID)&&(Conf_Addr<0x80FF800));
                                            //未找到卡，并且未搜索完
  if(Conf_Data == PCI_DeviceVendorID)       //已找到卡，则保存卡的基地址
  {
      PCIBaseAdd = Conf_Addr - 0x800;       //卡的基地址存入 PCIBaseAdd
      return true;
  }
  else
      return false;
}
```

4. 讨论

在上述搜索过程中并未包括对功能号进行搜索，这是因为单功能设备从 0 号设备开始就可以了，无需从 0 号功能号开始。如果是多功能设备，就必须从 0 号功能开始，此时的搜索程序需稍加修改。

在上述程序段中，先设置配置地址初值为 0x80000000，其含义是：使能位=1，总线号、设备号为 0，表示从 0 号总线的 0 号设备开始进行设备搜索。每次从配置数据寄存器读出的设备和厂商标识与已知的 PLX 公司 PCI9O54 的设备和厂商标志 540610B5 比较，若相同，则找到设备；若不相同，则设备号加 1，即 ADD EBX,800H 或 Conf_Addr+=0x800，继续查找直到配置地址寄存器的值达到 0x80FFF800，即遍历所有总线上的设备后还没找到，表示该 PCI 设备不存在。可见，查找 PCI 设备，实际上是在 PCI 总线系统中寻找该设备的总线号、设备号（注意，不是它的厂商标志），把这个编号作为该 PCI 设备的基地址，即这个 PCI 设备（卡）配置空间的基地址。

习　题　2

1. 总线在微机系统中的作用是什么？
2. 微机系统中的总线一般由哪几种信号线组成？
3. 评价一种总线的性能一般有哪些性能指标？
4. 什么是总线标准？制订总线标准有什么好处？
5. ISA 总线在现代微机系统的多总线结构中有什么用途？使用 ISA 总线要注意哪些问题？
6. 什么是多总线技术？多总线层次化总线结构主要有哪几个层次？
7. 什么是（总线）桥？为什么要使用桥？桥与接口有什么不同？
8. 试比较图 2.3 和图 2.5 之间的主要不同特点。
9. 现代微机层次化总线结构对接口技术有什么影响？
10. PCI 总线有哪些特点？
11. PCI 总线协议规定数据线与地址线复用，在实际操作时是如何分时使用的？
12. PCI 总线使用哪三种物理地址空间？这三种地址空间的寻址范围、寻址单元长度、存放位置有何不同？
13. 什么是 PCI 设备？什么是 PCI 功能？
14. 什么是 PCI 配置空间？为什么要设置配置空间？
15. PCI 配置空间有多大？其中 0 类 PCI 配置头区域的布局格式是怎样的？它是由哪些寄存器组成的？

16. PCI 配置空间头区域的 6 个基地址寄存器 BAR_0～ BAR_5 在 PCI 设备地址映射中各起什么作用？

17. 基地址寄存器的格式是怎样的？映射到 I/O 地址空间的基址寄存器与映射到存储器地址空间的基址寄存器如何识别？

18. 什么是设备地址映射？实现 Local 总线地址空间与 PCI 总线地址空间映射的硬件支持是什么？

19. 配置空间的初始化的内容与目的是什么？

20. 微处理器不具备执行配置空间读/写的能力，那么，采用什么方法来访问配置空间？

21. 访问配置空间的方法与步骤是什么？

22. PCI 配置空间的哪些配置寄存器是用于设备识别的？如何利用它们去寻找 PCI 设备？

23. 如何实现在 PCI 总线系统中查找一个 PCI 设备？（参见例 2.1）

第3章 I/O端口地址译码技术

设备选择功能是接口电路应具备的基本功能之一，因此，进行设备端口选择的I/O端口地址译码电路是每个接口电路中不可缺少的部分。本章在介绍I/O端口基本概念和I/O端口译码基本原理与方法的基础上，着重讨论译码电路的设计，其中包括采用GAL（PAL）器件的译码电路设计。

3.1 I/O地址空间

如果忽略I/O地址空间的物理特征，仅从软件编程的角度来看，和存储器地址空间一样，I/O地址空间也是一片连续的地址单元，可供各种外设与CPU交换信息时，存放数据、状态和命令代码之用。实际上，一个I/O地址空间的地址单元是对应接口电路中的一个寄存器或控制器，所以把它们称为接口中的端口。

I/O地址空间的地址单元可以被任何外设使用，但是，一个I/O地址一经分配给了某个外设（通过I/O地址译码进行分配），那么，这个地址就成了该外设固有的端口地址，系统中别的外设就不能同时使用这个端口，否则，就会发生地址冲突。

I/O端口地址与存储器的存储单元一样，都是以数据字节来组织的。无论是早期微机还是现代微机的I/O地址线都只有16位，因此I/O端口地址空间范围为0000H～FFFFH，是连续的64KB地址，每一个地址对应一个8位的I/O端口，两个相邻的8位端口可以构成一个16位的端口；4个相邻的8位端口可以构成一个32位的端口。16位端口应对齐于偶数地址，在一次总线访问中传输16位信息；32位端口对齐于能被4整除的地址，在一次总线访问中传输32位信息。8位端口的地址可以从任意地址开始。

3.2 I/O端口

3.2.1 什么是端口

端口（Port）是接口（Interface）电路中能被CPU访问的寄存器的地址。微机系统给接口电路中的每个寄存器分配一个端口，因此，CPU在访问这些寄存器时，只需指明它们的端口，不需指明什么寄存器。这样，我们在输入/输出程序中，只看到端口，而看不到相应的具体寄存器。也就是说，访问端口就是访问接口电路中的寄存器。可见，端口是为了编程从抽象的逻辑概念来定义的，而寄存器是从物理含义来定义的。

CPU 通过端口向接口电路中的寄存器发送命令、读取状态和传输数据，因此，一个接口电路中可以有几种不同类型的端口，如命令（端）口、状态（端）口和数据（端）口。并且，CPU 的命令只能写到命令口，外设（或接口）的状态只能从状态口读取，数据只能写（读）至（自）数据口。3 种信息与 3 种端口类型一一对应，不能错位。否则，接口电路就不能正常工作，就会产生误操作。

3.2.2 端口的共用技术

一般情况下，一个端口只接收一种信息（命令、状态或数据）的访问，但有些接口芯片，允许同一端口既作命令口用，又作状态口用，或允许向同一个命令口写入多个命令字，这就产生端口共用的问题。

例如，串行接口芯片 8251A 的命令口和状态口共用一个端口，其处理方法是根据读/写操作来区分。向该端口写，就是写命令，作命令口用；从该端口读，就是读状态，作状态口用。

又如，当多个命令字写到同一个命令口时，可采用两种办法解决：其一，在命令字中设置特征位（或设置专门的访问位），根据特征位的不同，就可以识别不同的命令，加以执行，82C55A 和 82C79A 接口芯片就是采用这种办法；其二，在编写初始化程序段时，按先后顺序向同一个端口写入不同的命令字，命令寄存器就根据这种先后顺序的约定来识别不同的命令，8251A 接口芯片采用这种方法。另外，还有的是采用前面两种方法相结合的手段来解决端口的共用问题，如 82C59A 中断控制器芯片。

3.2.3 I/O 端口地址编址方式

CPU 要访问 I/O 端口，就需要知道端口地址的编址方式，因为不同的编址方式，CPU 会采用不同的指令进行访问。端口有两种编址方式：一种是 I/O 端口和存储器地址单元统一编址，即统一方式，或存储器映射 I/O 方式；另一种编址方式是 I/O 端口与存储器地址单元分开独立编址，即独立 I/O 方式。

1. 独立编址

独立编址方式是接口中的端口地址单独编址而不和存储空间合在一起，大型计算机通常采用这种方式，有些微机，如 INTEL 系列微机也采用这种方式。

独立编址方式的优点是：I/O 端口地址不占用存储器空间。使用专门的 I/O 指令对端口进行操作，I/O 指令短，执行速度快。对 I/O 端口寻址不需要全地址线译码，地址线少，也就简化了地址译码电路的硬件。并且，由于 I/O 端口访问的专门 I/O 指令与存储器访问指令有明显的区别，使程序中 I/O 操作与其他操作的界线清楚，层次分明，程序的可读性好。另外，因为 I/O 端口地址和存储器地址是分开的，故 I/O 端口地址和存储器地址可以重叠，而不会相互混淆。

独立编址方式的缺点是：I/O 指令类型少，只使用 IN 和 OUT 指令，对 I/O 的处理能力不如统一编址方式。由于单独设置 I/O 指令，故需要增加 $\overline{\text{IOR}}$ 和 $\overline{\text{IOW}}$ 的控制信号引脚，这对 CPU 芯片来说是一种负担。

2. 统一编址

统一编址方式是从存储空间中划出一部分地址空间给 I/O 设备使用，把 I/O 接口中的端口当做存储器单元一样进行访问。

统一编址方式的优点是：由于对 I/O 设备的访问是使用访问存储器的指令，不设置专门的 I/O

指令，故对存储器使用的部分指令也可用于端口访问。例如，用 MOV 指令，就能访问 I/O 端口。用 AND、OR、TEST 指令能直接按位处理 I/O 端口中的数据或状态。这样就增强了 I/O 处理能力。另外，统一编址可给端口带来较大的寻址空间，对大型控制系统和数据通信系统是很有意义的。嵌入式微机系统广泛采用这种方式。

统一编址方式的缺点是：端口占用了存储器的地址空间，使存储器容量减小。另外，指令长度比专门的 I/O 指令要长，因而执行时间较长。统一编址方式对 I/O 端口寻址必须全地址线译码，增加了地址线，也就增加了地址译码电路的硬件，相应地也就增加了成本。

3.2.4　I/O 端口访问

在对独立编址方式的 I/O 端口访问时，需要使用专门的 I/O 指令，并且需要采用 I/O 地址空间的寻址方式进行编程。下面讨论 I/O 指令及其寻址方式。

1. I/O 指令

访问 I/O 地址空间的 I/O 指令有两类：累加器 I/O 指令和串 I/O 指令。本节只介绍累加器 I/O 指令。

累加器 I/O 指令 IN 和 OUT 用于在 I/O 端口和 AL、AX、EAX 之间交换数据。其中，8 位端口对应 AL，16 位端口对应 AX，32 位端口对应 EAX。

IN 指令是从 8 位（或 16 位、32 位）I/O 端口输入一个字节（或一个字、一个双字）到 AL（或 AX、EAX）。OUT 指令刚好与 IN 指令相反，是从 AL（或 AX、EAX）中输出一个字节（或一个字、一个双字）到 8 位（或 16 位、32 位）I/O 端口。例如：

```
IN  AL,0F4H         ;从端口 0F4H 输入 8 位数据到 AL
IN  AX,0F4H         ;将端口 F4H 和 F5H 的 16 位数据送 AX
IN  EAX,0F4H        ;将端口 F4H、F5H、F6H 和 F7H 的 32 位数据送 EAX
IN  EAX,DX          ;从 DX 指出的端口输入 32 位数据到 EAX
OUT DX,EAX          ;EAX 内容输出到 DX 指出的 32 位数据端口
```

通常所说的 CPU 从端口读数据或向端口写数据，仅仅是指 I/O 端口与 CPU 的累加器之间的数据传输，并未涉及数据是否传输到存储器的问题。

若要求将端口的数据传输到存储器，在输入时，则除了使用 IN 指令把数据读入累加器之外，还要用 MOV 指令将累加器中的数据再传输到内存。例如：

```
MOV DX,300H         ;I/O 端口
IN  AL,DX           ;从端口读数据到 AL
MOV [DI],AL         ;将数据从 AL→存储器
```

在输出时，数据用 MOV 指令从存储器先送到累加器，再用 OUT 指令从累加器传输到 I/O 端口。例如：

```
MOV DX,301H         ;I/O 端口
MOV AL,[SI]         ;从内存取数据到 AL
OUT DX,AL           ;数据从 AL→端口
```

2. I/O 端口寻址方式

I/O 端口寻址有直接 I/O 端口寻址和间接 I/O 端口寻址，其差别表现在 I/O 端口地址是否经过 DX 寄存器传输。不经过 DX 传输，直接写在指令中，作为指令的一个组成部分的，称为直接 I/O 寻址；经过 DX 传输的，称为间接 I/O 寻址。例如：

```
输入时   IN  AX,0E0H          ;直接寻址，端口号 0E0H 在指令中直接给出
         MOV DX,300H
         IN  AX,DX            ;间接寻址，端口号 300H 在 DX 中间接给出
输出时   OUT 0E0H,AX          ;直接寻址
```

```
MOV DX,300H
OUT DX,AX        ;间接寻址
```

使用这两种不同寻址的实际意义在于对 I/O 端口地址的寻址范围不同。直接 I/O 寻址方式只能在 0～255 范围内应用，而间接 I/O 寻址可以在 256～65536 范围内应用。也就是说，I/O 端口的寻址范围小于 256 时，采用直接寻址方式；而 I/O 端口的寻址范围大于 256 时，采用间接寻址方式。PC 微机中，系统板上可编程接口芯片的端口地址采用直接寻址，而常规外设接口控制卡的端口地址采用间接寻址。允许用户使用的 I/O 地址一般是 300H～31FH，因此也采用间接寻址。

3. I/O 指令与 I/O 读/写控制信号的关系

它们是完成 I/O 操作这一共同任务的软件（逻辑）和硬件（物理），是相互依存、缺一不可的两个方面。$\overline{IOR}$ 和 $\overline{IOW}$ 是 CPU 对 I/O 设备进行读/写的硬件上的控制信号，低电平有效。该信号为低，表示对外设进行读/写；该信号为高，则不读/写。但是，这两个控制信号本身并不能激活自己，使自己变为有效去控制读/写操作，而必须由软件编程，在程序中执行 IN/OUT 指令才能激活 $\overline{IOR}$ 和 $\overline{IOW}$，使之变为有效（低电平）实施对外设的读/写操作。在程序中，执行 IN 指令使 $\overline{IOR}$ 信号有效，完成读（输入）操作；执行 OUT 指令使 $\overline{IOW}$ 信号有效，完成写（输出）操作。在这里，I/O 指令与读/写控制信号 $\overline{IOR}$ 和 $\overline{IOW}$ 的软件与硬件对应关系表现得十分明显。

3.3 I/O 端口地址分配及选用的原则

I/O 端口地址是微机系统的重要资源，搞清楚 I/O 端口地址的分配对接口设计者十分重要，因为要把新的 I/O 设备添加到系统中去，就要在 I/O 地址空间占一席之地，给它分配确定的 I/O 端口地址。只有了解了哪些地址被系统占用，哪些已分配给了别的设备，哪些是计算机厂商申明保留的，哪些地址是空闲的等情况之后，才能做出合理的地址选择。

3.3.1 早期微机 I/O 地址的分配

当初设计 PC 主板及规划接口卡时，只使用了低 10 位地址线 A_0～A_9，故其 I/O 端口地址范围是 0000H～03FFH，总共只有 1024 个端口。其 I/O 端口地址的使用情况是：把 I/O 空间分成系统板上可编程 I/O 接口芯片的端口地址和常规外设接口控制卡的端口地址两部分。I/O 接口芯片和外设接口卡的端口地址分配分别如表 3.1 和表 3.2 所示。

表 3.1 系统的 I/O 支持芯片端口地址

I/O 支持芯片名称	端口地址
DMA 控制器 1	000H～01FH
DMA 控制器 2	0C0H～0DFH
DMA 页面寄存器	080H～09FH
中断控制器 1	020H～03FH
中断控制器 2	0A0H～0BFH
定时器	040H～05FH
并行接口芯片	060H～06FH
RT/CMOS RAM	070H～07FH
协处理器	0F8H～0FFH

表 3.2 系统的外设接口卡端口地址

I/O 接口卡名称	端口地址
并行口控制卡 1	378H ~ 37FH
并行口控制卡 2	278H ~ 27FH
串行口控制卡 1	3F8H ~ 3FFH
串行口控制卡 2	2F8H ~ 2FFH
原型插件板（用户可用）	300H ~ 31FH
同步通信卡 1	3A0H ~ 3AFH
同步通信卡 2	380H ~ 38FH
彩显 EGA/VGA	3C0H ~ 3CFH
硬驱控制卡	320H ~ 32FH

表 3.1 和表 3.2 所示的 I/O 地址分配，是根据早期微机的配置情况定下来的，后来发展到现代微机，添加了许多新型外设，有些已经被淘汰，如单显、软驱等设备。但有一部分作为接口上层应用程序的 I/O 设备的地址仍被保留，如 CPU 的 I/O 支持芯片 82C37A、82C59、82C54A 和 82C55A，它们的 I/O 地址可以一直沿用到现代微机，因此分配给它们的端口地址仍然有效。虽然随着集成度的提高，原来分散的 I/O 设备接口和 CPU 的 I/O 支持芯片，已集成到超大规模的芯片组，但并不对它们端口地址的分配产生影响，在逻辑上是兼容的。

另外，从接口技术分层次的观点来看，现代微机接口分为设备接口和总线接口两个层次，上述 I/O 地址的分配属于接口上层设备接口的资源分配，是整体接口不可缺少的一部分，因此，即使在现代微机系统中，这些 I/O 地址对上层应用程序可照常使用。

需要指出的是，由于早期微机系统没有即插即用的资源配置机制，因此，上述 I/O 端口地址的分配是固定的。操作系统不会根据系统资源的使用情况来动态地重新分配用户程序所使用的 I/O 地址，即用户程序所使用的 I/O 端口地址与操作系统分配的 I/O 端口地址是一致的，中间无动态改变。

3.3.2　现代微机 I/O 地址的分配

现代微机 Windows 操作系统具有即插即用的资源配置机制，因此，作为系统重要资源的 I/O 端口地址的分配是动态变化的。操作系统根据现代微机系统资源的使用情况来动态地重新分配用户应用程序所要求使用的 I/O 地址，即用户程序所使用的 I/O 端口地址与操作系统分配的系统端口地址是不一致的，两者之间通过 PCI 配置空间进行映射，即操作系统利用 PCI 配置空间对用户程序要求所使用的 I/O 端口地址进行重新分配。用户在原创性开发时使用现代微机系统的地址（通过驱动程序使用），而在二次性开发时使用原来早期微机系统的地址，两种不同系统的地址之间进行映射。

这种 I/O 地址映射或者说是 I/O 地址重新分配的工作对用户来讲是透明的，不影响用户对端口地址的使用，在用户程序（如 MS-DOS 程序）中仍然使用早期微机原来的 I/O 地址对端口进行访问。有关 I/O 地址映射已在第 2 章 PCI 总线中介绍，也可参考文献[23] [24]。

3.3.3　I/O 端口地址选用的原则

用户在使用 PC 微机系统的 I/O 地址时，为了避免端口地址发生冲突，应遵循如下原则。

（1）凡是由系统配置的外部设备所占用了的地址一律不能使用。

（2）原则上讲，未被占用的地址，用户可以使用，但计算机厂家申明保留的地址不要使用，否则，会发生 I/O 端口地址重叠和冲突，造成用户开发的产品与系统不兼容而失去使用价值。

（3）一般情况下，用户可使用 300～31FH 的地址，这是早期微机留作原型插件板用的，用户可以使用。但是，由于每个用户都可以使用，所以在用户可用的这段 I/O 地址范围内，为了避免与其他用户开发的插板发生地址冲突，最好采用可选式地址译码，即开关地址，进行调整。

根据上述系统对 I/O 端口地址的分配情况和 I/O 端口地址的选用原则，在本书接口设计举例中使用的的端口地址分为两部分：涉及系统配置的接口芯片和接口卡，使用表 3.1 和表 3.2 中分配的 I/O 端口地址；用户扩展的接口芯片，使用表 3.3 中分配的 I/O 端口地址。

表 3.3　用户扩展的接口芯片 I/O 端口地址

接口芯片	端口地址
82C55A	300H～303H
82C54A	304H～307H
8251A	308H～30BH
82C79A	30CH～30DH

3.4 I/O 端口地址译码

CPU 通过 I/O 地址译码电路把地址总线上的地址信号翻译成所要访问的端口，这就是所谓的端口地址译码。

3.4.1 I/O 端口地址译码的方法

微机系统的 I/O 端口地址译码有全译码、部分译码和开关式译码 3 种方法，其中全译码很少使用。

1. 全译码

所有 I/O 地址线全部作为译码电路的输入参加译码。一般在要求产生单个端口时采用，在台式 PC 微机中很少使用。

2. 部分译码

部分译码的具体做法是把 I/O 地址线分为两部分：一是高位地址线参加译码，经译码电路产生 I/O 接口芯片的片选 $\overline{CS}$ 信号，实现接口芯片之间的寻址；二是低位地址线不参加译码，直接连到接口芯片，进行接口芯片的片内端口寻址，即寄存器寻址。所以，低位地址线，又称接口电路中的寄存器寻址线。

低位地址线的根数取决于接口中寄存器的个数。例如，并行接口芯片 82C55A 内部有 4 个寄存器，就需要 2 根低位地址线；串行接口芯片 8251A 内部只有 2 个寄存器，就只需 1 根低位地址线。

3. 开关式译码

开关式译码是指在部分译码方法的基础上，加上地址开关来改变端口地址，一般在要求 I/O 端口地址需要改变时采用。地址开关不能直接接到系统地址线上，而必须通过某种中介元件将地址开关的状态（ON/OFF）转移到地址线上，能够实现这种中介转移作用的有比较器、异或门等。

3.4.2 I/O 端口地址译码电路的输入与输出信号线

微机系统中，通过 I/O 地址译码电路把来自地址总线上的地址信号翻译成所要访问的端口，因此 I/O 地址译码电路的工作原理实际上就是它的输入与输出信号之间的关系。

1. I/O 地址译码电路的输入信号

I/O 地址译码电路的输入信号，首先是地址信号，其次是控制信号。所以，在设计 I/O 地址译码电路时，其输入信号除了 I/O 地址线之外，还包括控制线。

参加译码的控制信号有 AEN、$\overline{IOR}$、$\overline{IOW}$ 等。其中，AEN 信号表示是否采用 DMA 方式传输，AEN=1，为 DMA 方式，系统总线由 DMA 控制器占用；AEN=0，为非 DMA 方式，系统总线由 CPU 占用。因此，当采用查询和中断方式时，就要使 AEN 信号为逻辑 0，并参加译码，作为译码有效选中 I/O 端口的必要条件（AEN 的作用可查看第 6 章的 6.4.1 节）。其他控制线（如 $\overline{IOR}$、$\overline{IOW}$），可以作为译码电路的输入线，参加译码，来控制端口的读/写；也可以不参加译码，而作为数据总线上的缓冲器 74LS244/245 的方向控制线，去控制端口的读/写。

2. I/O 地址译码电路的输出信号

I/O 地址译码电路的输出信号中只有 1 根 $\overline{CS}$ 片选信号，且低电平有效。$\overline{CS}$=0，有效，芯片被选中；$\overline{CS}$=1，无效，即芯片未被选中。

3.4.3 $\overline{CS}$的物理含义

$\overline{CS}$的物理含义是：当$\overline{CS}$有效，选中一个接口芯片时，这个芯片内部的数据线打开，并与系统的数据总线接通，从而打通了接口电路与系统总线的通路；而其他芯片的$\overline{CS}$无效，即未被选中，于是芯片数据线呈高阻抗，自然就与系统的数据总线隔离开来，从而关闭了接口电路与系统总线的通路。此时虽然那些未选中的芯片的数据线与系统数据总线在外部表面看起来是连在一起的，但因内部并未接通，呈断路状态，也就不能与 CPU 交换信息。每一个外设接口芯片都需要一个$\overline{CS}$信号去接通/断开其数据线与系统数据总线，从这个意义来讲，$\overline{CS}$是一个起开/关作用的控制信号。

3.5　设计 I/O 端口地址译码电路应注意的问题

1. 合理选用 I/O 端口地址范围

根据系统对 I/O 地址的分配情况和用户对 I/O 端口地址选用的原则，合理选用 I/O 端口地址范围，即选用用户可用的地址段，或未被占用的地址段，避免地址冲突。

2. 正确选用 I/O 地址译码方法

根据用户对端口地址的设计要求，正确选用译码方法。一般情况下单端口地址译码采用全译码法；多个端口地址译码采用部分译码法。

3. 灵活选用 I/O 地址译码电路

I/O 地址译码电路设计的灵活性很大，产生同样端口地址的译码电路不是唯一的，可以多种多样。首先，电路的组成，可以采用不同的元器件；其次，参加译码的地址信号和控制信号之间的逻辑组合可以不同。因此，在设计 I/O 地址译码电路时，对元器件和参加译码的信号之间的逻辑组合，可以不拘一格，进行恰当的选择，只要能满足 I/O 端口地址的要求就行。

I/O 地址译码电路设计包括采用不同元器件（IC 电路、译码器、GAL 器件），不同译码方法，以及不同电路结构形式（固定式、开关式）的地址译码电路设计。

下面从不同译码方法、不同译码电路结构形式以及采用不同元器件的几个侧面举例来讨论 I/O 端口地址译码电路设计。

3.6　单个端口地址译码电路的设计

例 3.1　单个端口地址译码电路的设计。

1. 要求

设计 I/O 端口地址为 2F8H 的只读译码电路。

2. 分析

由于是单个端口地址的译码电路，不需产生片选信号$\overline{CS}$，故采用全译码方法。地址线全部作为译码电路的输入线，参加译码。为了满足端口地址是 2F8H，10 位输入地址线每一位的取值必须是如表 3.4 所示。另外，还需要几根控制信号（AEN、$\overline{IOR}$和$\overline{IOW}$）参加译码。

表 3.4　　固定式单端口地址 2F8H 的地址线取值

地 址 线	0 0 A_9 A_8	A_7 A_6 A_5 A_4	A_3 A_2 A_1 A_0
二进制	0 0 1 0	1 1 1 1	1 0 0 0
十六进制	2	F	8

3. 设计

能够实现上述地址线取值的译码电路有很多种，一般采用 IC 门电路就可以实现，而且很方便。本例采用门电路实现地址译码，译码电路如图 3.1 所示。

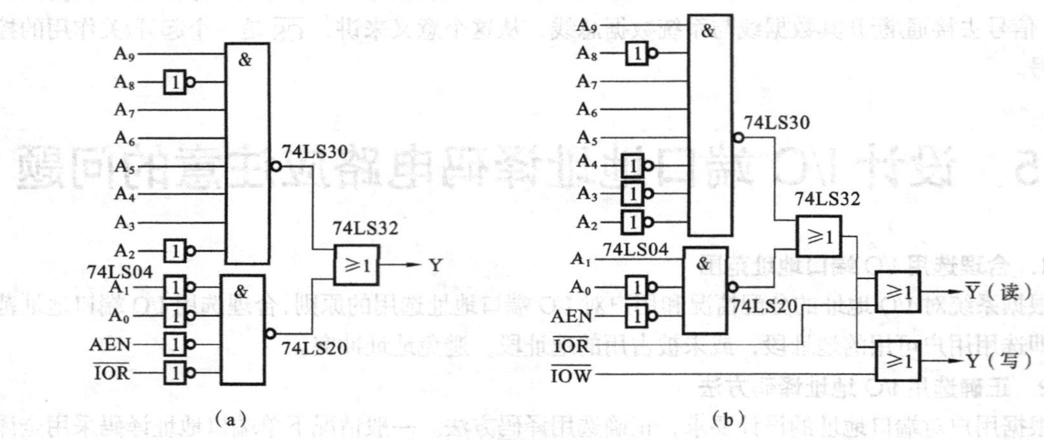

图 3.1　固定式单端口地址译码电路

图 3.1 中 AEN 参加译码，它对端口地址译码进行控制，只有当 AEN=0 时，即不是 DMA 操作时译码才有效；当 AEN=1 时，即是 DMA 操作时，译码无效。图 3.1 中要求 AEN=0，表明是非 DMA 方式传送的 I/O 端口。图 3.1（a）中读信号 $\overline{IOR}$ 用来实现该端口可读。

如果要求设计既能执行读操作又可执行写操作的 2E2H 端口地址的译码电路，则 $\overline{IOR}$ 和 $\overline{IOW}$ 都参加译码，同一个端口可读又可写，如图 3.1（b）所示。

若接口电路中需使用多个端口地址，则采用译码器译码比较方便。译码器的型号很多，如 3-8 译码器 74LS138，4-16 译码器 74LS154，双 2-4 译码器 74LS139、74LS155 等。

3.7　多个端口的 I/O 地址译码电路的设计

例 3.2　多个端口的 I/O 地址译码电路的设计。

1. 要求

使用 74LS138 设计一个系统板上的 I/O 端口地址译码电路，要求可选 8 个接口芯片并且让每个接口芯片内部的端口数目为 32 个。

2. 分析

由于系统板上的 I/O 端口地址分配在 000～0FFH 范围内，故只需使用低 8 位地址线，这就意味着 A_9 和 A_8 两位应赋值为 0。为了让每个被选中的芯片内部拥有 32 个端口，只要留出 5 根低位地址线不参加译码，其余的高位地址线作为 74LS138 的输入线，参加译码，或作为 74LS138 的控制线，控制 74LS138 的译码是否有效。由上述分析可以得到译码电路输入地址线的取值，如表 3.5 所示。

表 3.5 译码电路输入地址线的取值

地址线	$0\,0\,A_9\,A_8$	$A_7\ A_6\,A_5$	$A_4\,A_3\,A_2\,A_1\,A_0$
用途	控制	片选	片内端口寻址
十六进制	0H	0～7H	0～1FH

对于译码器 74LS138 的分析有两点。一是它的控制信号线 G_1、$\overline{G_{2A}}$ 和 $\overline{G_{2B}}$，只有当满足控制信号线 $G_1=1$，$\overline{G_{2A}}=\overline{G_{2B}}=0$ 时，74LS138 才能进行译码。二是译码的逻辑关系，输入（C、B、A）与输出（$\overline{Y_0}\sim\overline{Y_7}$）的对应关系，74LS138 输入/输出的逻辑关系即真值表，如表 3.6 所示。

表 3.6 74LS138 的真值表

输入						输出							
G_1	$\overline{G_{2A}}$	$\overline{G_{2B}}$	C	B	A	$\overline{Y_7}$	$\overline{Y_6}$	$\overline{Y_5}$	$\overline{Y_4}$	$\overline{Y_3}$	$\overline{Y_2}$	$\overline{Y_1}$	$\overline{Y_0}$
1	0	0	0	0	0	1	1	1	1	1	1	1	0
1	0	0	0	0	1	1	1	1	1	1	1	0	1
1	0	0	0	1	0	1	1	1	1	1	0	1	1
1	0	0	0	1	1	1	1	1	1	0	1	1	1
1	0	0	1	0	0	1	1	1	0	1	1	1	1
1	0	0	1	0	1	1	1	0	1	1	1	1	1
1	0	0	1	1	0	1	0	1	1	1	1	1	1
1	0	0	1	1	1	0	1	1	1	1	1	1	1
0	×	×	×	×	×	1	1	1	1	1	1	1	1
×	1	×	×	×	×	1	1	1	1	1	1	1	1
×	×	1	×	×	×	1	1	1	1	1	1	1	1

从表 3.6 可知，若满足控制条件 G_1 接高电平，$\overline{G_{2A}}$ 和 $\overline{G_{2B}}$ 接低电平时，则由输入端 C、B、A 来决定输出：当 CBA=000，则输出端 $\overline{Y_0}=0$，其他输出端为高电平；当 CBA=001，则输出端 $\overline{Y_1}=0$，其他输出端为高电平……当 CBA=111，则输出端 $\overline{Y_7}=0$，其他输出端为高电平。由此可分别产生 8 个译码输出信号（低电平），可选 8 个接口芯片。若控制条件不满足,则输出全为 “1”，不产生译码输出信号，即译码无效。

3. 设计

采用 74LS138 译码器设计微机系统板上的端口地址译码电路，如图 3.2 所示。

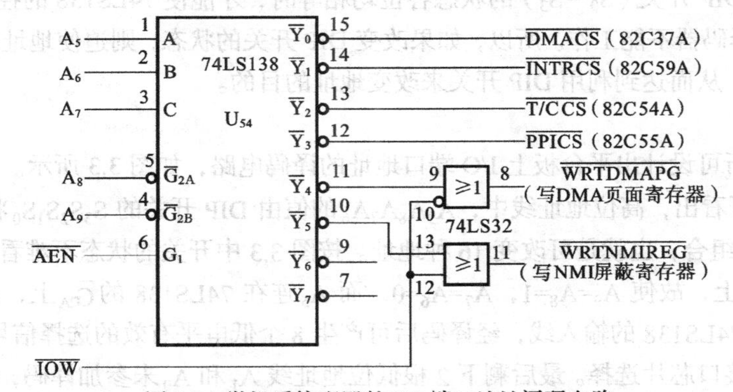

图 3.2 微机系统配置的 I/O 端口地址译码电路

图 3.2 中的地址线的高 5 位参加译码，其中 $A_5\sim A_7$ 经 3-8 译码器，分别产生 $\overline{DMACS}$（82C37A）、

$\overline{INTRCS}$（82C59A）、$\overline{T/CCS}$（82C54A）、$\overline{PPICS}$（82C55A）的片选信号，而地址线的低 5 位 A_0～A_4 作芯片内部寄存器的访问地址。从 74LS138 译码器的真值表可知，82C37A 的端口地址范围是 000～01FH，82C59A 的端口地址范围是 020～03FH 等，正好与前面表 3.1 中所列出的系统端口地址分配表一致。

另外，图 3.2 中的 A_9、A_8 和 $\overline{AEN}$ 分别连接到 $\overline{G_{2A}}$、$\overline{G_{2B}}$ 和 G_1 端作 138 工作的控制信号；$\overline{IOW}$ 信号用来控制 DMA 页面寄存器与不可屏蔽中断寄存器只能写不能读，而其他 4 个支持芯片即可写又可读。

如果用户要求自己设计的接口卡的端口地址能适应不同的地址分配场合，或者为以后扩充留有余地，则采用开关式端口地址译码。下面讨论开关式 I/O 端口地址译码电路的设计。

3.8 开关式 I/O 端口地址译码电路的设计

例 3.3 开关式 I/O 端口地址译码电路的设计。

开关式译码电路可由译码器、地址开关、比较器或异或门几种元器件组成。

1. 要求

设计某微机实验平台板的 I/O 端口地址译码电路，要求平台上每个接口芯片的内部端口数目为 4 个，并且端口地址可选，其地址选择范围为 300H～31FH。

2. 分析

先分析构成可选式端口地址译码电路的地址开关、比较器和译码器 3 个元器件的工作原理，然后根据题目要求进行电路设计。

DIP 开关有两种状态，即合（ON）和断（OFF）。所以，要对这两种状态进行设定，可以设置 DIP 开关状态为 ON=0，OFF=1。

对于比较器有两点要考虑，一是比较的对象；二是比较的结果。我们采用 74LS85 4 位比较器，把它的 A 组 4 根线与地址线连接，B 组 4 根线与 DIP 开关相连，这样就把比较器 A 组与 B 组的比较，转换成了地址线的值与 DIP 开关状态的比较。74LS85 比较器比较的结果有 3 种：$A>B$，$A<B$，$A=B$。我们采用 $A=B$ 的结果，并令当 $A=B$ 时，比较器输出高电平。这意味着，当 4 位地址线的值与 4 个 DIP 开关的状态相等时，比较器输出高电平，否则，输出低电平。

将比较器的 $A=B$ 输出线连到译码器 74LS138 的控制线 G_1 上，因此，只有当 4 位地址线（A_6～A_9）的值与 4 个 DIP 开关（S_0～S_3）的状态各位均相等时，才能使 74LS138 的控制线 $G_1=1$，译码器工作，否则，译码器不能工作。所以，如果改变 DIP 开关的状态，则迫使地址线的值发生改变，才能使两者相等，从而达到利用 DIP 开关来改变地址的目的。

3. 设计

根据上述分析可设计出平台板上 I/O 端口地址的译码电路，如图 3.3 所示。

从图 3.3 中可看出，高位地址线中，$A_9A_8A_7A_6$ 的值由 DIP 开关的 $S_3S_2S_1S_0$ 状态决定，4 位开关有 16 种不同的组合，也就是可改变 16 种地址。按图 3.3 中开关的状态不难看出，由于 S_3 和 S_2 断开，S_1 和 S_0 合上，故使 $A_9=A_8=1$，$A_7=A_6=0$，而 A_5 连在 74LS138 的 $\overline{G_{2A}}$ 上，故 $A_5=0$。$A_4A_3A_2$ 三根地址线作为 74LS138 的输入线，经译码后可产生 8 个低电平有效的选择信号 $\overline{Y_0}$～$\overline{Y_7}$，作为实验平台板上的接口芯片选择。最后剩下 2 根低位地址线 A_1 和 A_0 未参加译码，作为寄存器选择，以实现每个接口芯片内部拥有 4 个端口。完全满足 300H～31FH 端口地址范围和每个接口芯片内部具有 4 个端口的设计要求，正好与前面表 3.3 中所列出的端口地址分配表一致。

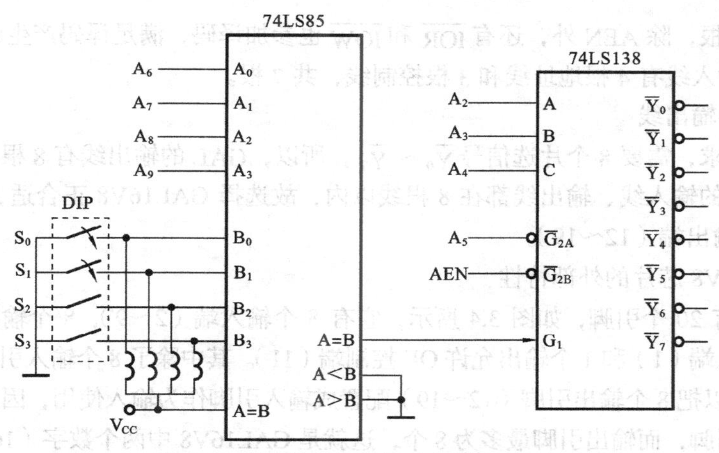

图 3.3　用比较器组成的可选式译码电路

3.9　采用 GAL 的 I/O 端口地址译码电路设计

例 3.4　采用 GAL 的 I/O 端口地址译码电路设计。

采用 GAL 器件设计 I/O 端口地址译码电路的主要工作有两点，一是选择 GAL 芯片；二是编写 GAL 编程输入源文件中的逻辑表达式，其中输入输出信号之间的逻辑表达式的编写是译码电路设计的关键。另外就是借助于编程工具生成 GAL 器件熔丝状态分布图及编程代码文件，并“烧到”GAL 内部。

1．要求

利用 GAL 器件设计 MFID 多功能微机接口实验平台的 I/O 端口地址译码电路，其地址范围为 300H～31FH，包括 8 个接口芯片，每个接口芯片内部拥有 4 个端口，每个端口可读可写。

2．分析

本例要求使用 GAL（Generic Army Logic）器件作译码器。先讨论如何选用 GAL 器件，再讨论如何利用所选的 GAL 来设计译码电路。一般是根据所需输入线和输出线的数目，来选用 GAL 器件的型号。

（1）GAL 的输入线

根据题目的要求，参加译码的有地址线和控制线，从地址范围 300H～31FH 可知，10 根地址线取值如表 3.7 所示。

表 3.7　　GAL 器件的 300H～31FH 范围的译码器地址线取值

0　0	A_9　A_8　A_7　A_6　A_5	A_4　A_3　A_2	A_1　A_0
	1　1　0　0　0	I_X　I_X　I_X	？　？

在表 3.7 中，10 位地址线的设置是：高 5 位地址为 A_9=A_8=1，A_7=A_6=A_5=0，固定不变，保证起始地址 3000H；中间三位 A_4～A_2（$I_XI_XI_X$）由 GAL 内部译码，产生 8 个片选；最低两位 A_1A_0（？？）不参加译码，由接口芯片内部产生 4 个端口。为了减少送到 GAL 的输入线数目，将参加译码的 8 根地址线做了一些处理，把其中 A_9～A_5 五根地址线经过与非门之后，其输出线 YM 接到 GAL 芯片（见图 3.5），因此，实际上送到 GAL 参加译码的只有 4 根地址线。

控制线有 3 根，除 AEN 外，还有 $\overline{IOR}$ 和 $\overline{IOW}$ 也参加译码，满足译码产生的端口可读可写。所以，GAL 的输入线有 4 根地址线和 3 根控制线，共 7 根。

（2）GAL 的输出线

根据题目要求，需要 8 个片选信号 $\overline{Y_0}$ ～ $\overline{Y_7}$，所以，GAL 的输出线有 8 根。

由于所要求的输入线、输出线都在 8 根线以内，故选择 GAL16V8 正合适，它有 8 个输入端（2～9）和 8 个输出端（12～19）。

（3）GAL16V8 芯片的外部特性

GAL16V8 有 20 个引脚，如图 3.4 所示，它有 8 个输入端（2～9），8 个输出端（12～19），1 个时钟 CLK 输入端（1）和 1 个输出允许 OE 控制端（11）。其中除了 8 个输入引脚（2～9）固定作输入之外，还可以把 8 个输出引脚（12～19）配置成输入引脚作为输入使用，因此，这个芯片最多可有 16 个输入引脚，而输出引脚最多为 8 个，这就是 GAL16V8 中两个数字（16 和 8）的含义。

3. 设计

（1）硬件设计

根据上述分析，采用 GAL16V8 设计的 MFID 多功能微机接口实验平台 I/O 端口地址译码电路如图 3.5 所示。

（2）软件设计

使用 GAL 器件进行译码电路设计，与以往的 SSI、MSI 的 IC 器件不同，除了进行硬件设计外，还要根据所要求的逻辑功能和编程工具所要求的格式编写 GAL 的编程输入源文件。该文件把逻辑变量之间的函数关系（输入与输出的关系）变换为阵列结构的与-或关系（和-积式）。再借助于编程工具生成 GAL 器件熔丝状态分布图及编程代码文件，最后将编程代码“烧到”GAL 内部。

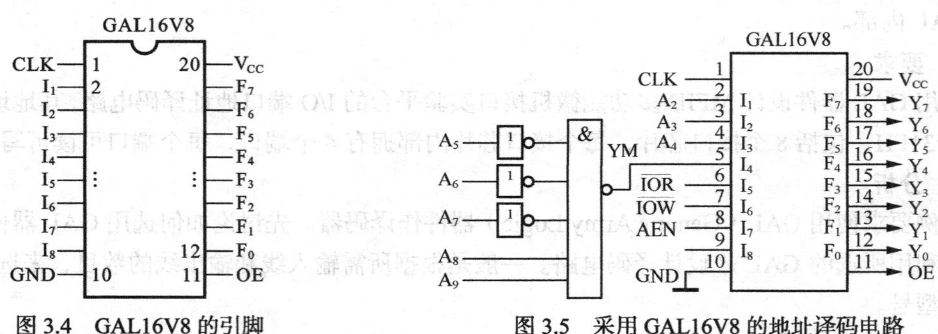

图 3.4　GAL16V8 的引脚　　　图 3.5　采用 GAL16V8 的地址译码电路

下面讨论 GAL 编程输入源文件中，产生 8 个输出信号（$\overline{Y_0}$ ～ $\overline{Y_7}$）的逻辑表达式[1]。

$\overline{Y}_0$ =A_9*A8*/A7*/A6*/A5*/A4*/A3*/A_2*/AEN*/IOR+ A_9*A8*/A7*/A6*/A5*/A4*/A3*/A_2*/AEN*/IOW

$\overline{Y}_1$ =A_9*A8*/A7*/A6*/A5*/A4*/A3*A_2*/AEN*/IOR+ A_9*A8*/A7*/A6*/A5*/A4*/A3*A_2*/AEN*/IOW

$\overline{Y}_2$ =A_9*A8*/A7*/A6*/A5*/A4*A3*/A_2*/AEN*/IOR+ A_9*A8*/A7*/A6*/A5*/A4*A3*/A_2*/AEN*/IOW

$\overline{Y}_3$ =A_9*A8*/A7*/A6*/A5*/A4*A3*A_2*/AEN*/IOR+A_9*A8*/A7*/A6*/A5*/A4*A3*A_2*/AEN*/IOW

[1] 按照 GAL 器件编程输入源文件的格式要求，表达式中的逻辑符号“非”采用斜杠“/”，而不使用上划线。

$\overline{Y}_4=A_9*A8*/A7*/A6*/A5*A4*/A3*/A_2*/AEN*/IOR+A_9*A8*/A7*/A6*/A5*A4*/A3*/A_2*/AEN*/IOW$

$\overline{Y}_5=A_9*A8*/A7*/A6*/A5*A4*/A3*A_2*/AEN*/IOR+A_9*A8*/A7*/A6*/A5*A4*/A3*A_2*/AEN*/IOW$

$\overline{Y}_6=A_9*A8*/A7*/A6*/A5*A4*A3*/A_2*/AEN*/IOR+A_9*A8*/A7*/A6*/A5*A4*A3*/A_2*/AEN*/IOW$

$\overline{Y}_7=A_9*A8*/A7*/A6*/A5*A4*A3*A_2*/AEN*/IOR+A_9*A8*/A7*/A6*/A5*A4*A3*A_2*/AEN*/IOW$

每个表达式的右边都是两个与或式，而前后两个与式中的不同在于读项和写项的差别，前者是读有效（$\overline{IOR}=0$），后者是写有效（$\overline{IOW}=0$），这表示该端口既可读又可写。各表达式的左侧 Y 项是与或式的输出值，即 GAL 器件译码输出的片选信号。

由 $\overline{Y}_0$～$\overline{Y}_7$ 产生 8 个接口芯片的片选信号，再加上不参加译码的最低 2 位 00～11 变化可得：$\overline{Y}_0$=300H～303H，$\overline{Y}_1$=304H～307H，$\overline{Y}_2$=308H～30BH，$\overline{Y}_3$=30CH～30FH…… $\overline{Y}_7$=31CH～31FH。

习　题　3

1. PC 微机系统的 I/O 地址空间有多少字节？
2. 什么是端口？
3. 什么是端口共用技术？采用哪些方法来识别共用的端口地址？
4. I/O 端口的编址方式有几种？各有何特点？
5. 输入/输出指令 IN/OUT 与 I/O 读写控制信号 $\overline{IOR}$ / $\overline{IOW}$ 是什么关系？
6. 设计 I/O 设备接口卡时，为防止地址冲突，用户选用 I/O 端口地址的原则是什么？
7. I/O 端口地址译码电路在接口电路中起什么作用？
8. 微机系统的 I/O 端口地址译码有哪几种译码方法？各用在什么场合？
9. 设计 I/O 端口地址译码电路应注意一些什么问题？
10. 在 I/O 端口地址译码电路中常常设置 AEN=0，这有何意义？
11. 试说明 I/O 地址译码电路的输出信号 $\overline{CS}$ 的物理含义。
12. I/O 地址线的高位地址线和低位地址线在 I/O 地址译码时分别有何用途？
13. 可选式 I/O 端口地址译码电路一般由哪几部分组成？
14. 采用 GAL 器件进行 I/O 地址译码电路设计的关键是什么？
15. 若要求 I/O 端口读/写地址为 374H，则在图 3.1（b）中的输入地址线要作哪些改动？
16. 图 3.2 是 PC 机系统板的 I/O 端口地址译码器电路，它有何特点？试根据图中地址线的分配，分别写出 DMA 控制器 DMAC、中断控制器 INTR、定时/计数器 T/C 以及并行接口 PPI 等芯片的地址范围。
17. 在图 3.3 译码电路中，若将地址开关的状态改为 S_3 和 S_0 断开，S_2 和 S_1 合上，则此时译码电路译出的地址范围是多少？
18. 要求在例 3.4 中，将 I/O 地址范围为从 300H～31FH 改为 340H～34FH，其他不变，此时 GAL 器件输入源文件中的逻辑表达式应如何改写？（可参考例 3.4）

第 4 章 定时/计数技术

在计算机系统、工业控制领域乃至日常生活中，都存在定时、计时和计数问题，尤其是计算机系统中的定时技术特别重要，因为 CPU 内部各种操作的执行都是严格按时间间隔定时完成的。微机的许多应用，如实时监测与控制系统的实现都与定时/计数技术有关。本章主要讨论外部定时系统，包括定时器和计数器的应用设计。

4.1 定时与计数

1. 定时

定时和计时是最常见和最普通的事情。例如，一天 24 小时的计时，称为日时钟；长时间的计时（日、月、年直至世纪的计时），称为实时钟；在监测系统中，对被测点的定时取样；在打印程序中，查忙（BUSY）信号一般等待 10ms，若超过 10ms，还是忙，就作超时处理；在读键盘时，为了去抖，一般延迟 10ms 再读；在步进电机速度控制程序中，利用在前一次和后一次发送相序代码之间延时的时间间隔来控制步进电机的转速等。

2. 计数

计数使用得更多，如在生产线上对零件和产品的计数，对大桥和高速公路上车流量的统计等。

3. 定时与计数的关系

定时的本质是计数，只不过这里的“数”的单位是时间单位，如以 ns（纳秒）、μs（微秒）、ms（毫秒）和 s（秒）为单位。如果把一小片一小片的计时单位累加起来，就可获得一段时间。例如，日常生活中，以 s（秒）为单位来计数，计满 60s 为 1min（分钟），计满 60min 为 1h（小时），计满 24h（小时）即为 1d（天）。但在微机系统中，以 s 为单位来计时太大，一般都在 ns 级，而在微机的一些应用系统中，计时单位才到 ms 级。

正因为定时与计数在本质上一样，且都是计数，因此，在实际应用中，有时把定时与计数“混为一谈”，或者说把定时操作当做计数操作来处理。例如，若 82C54A 用于音乐发生器中的节拍定时，就可采用 BIOS 软中断 INT1CH 的调用次数（注意，这是计数）来定时。

4.2 微机系统中的定时系统

微机中的定时，可分为内部定时和外部定时两种定时系统。

1. 内部定时

内部定时产生运算器、控制器等 CPU 内部的控制时序，如取指周期、读/写周期、中断周期等，主要用于 CPU 内部指令执行过程的定时。计算机的每个操作都要按严格的时间节拍（周期）执行。内部定时是由 CPU 硬件结构决定的，并且 CPU 一旦设计好了，就固定不变，用户无法更改。另外，内部定时的计时单位比外部定时的计时单位要小得多，一般是 ns 级。

2. 外部定时

外部定时是外设在实现某种功能时所需要的一种时序关系。例如，打印机接口标准 Centronics，就规定了打印机与 CPU 之间传输信息应遵守的工作时序。又如，82C55A 的 1 方式和 2 方式工作时有固定的时序要求。A/D 转换器进行数据采集时也有固定的工作时序。外部定时可由硬件（外部定时器）实现，也可由软件（延时程序）实现，并且定时长短由用户根据需要决定。外部硬件定时系统不受 CPU 控制而独立运行，这给使用带来了很大的好处。外部定时的计时单位比内部定时的计时单位要大，一般为毫秒（ms）级，甚至秒（s）级。

内部定时和外部定时是彼此独立的两个定时系统，各按自身的规律进行定时操作。在实际应用中，外部定时与用户的关系比内部定时更密切，这是我们学习的重点。

内部定时是由 CPU 硬件决定的，固定不变。由于外设或被控对象的任务不同，外部定时功能各异，因此不是固定的，往往需要用户根据外设的要求进行定时。当用户在把外设和 CPU 连接组成一个微机应用系统，且考虑两者的工作时序时，不能脱离计算机内部的定时规定，即应以计算机的时序关系（即内部定时）为依据来设计外部定时机构，使其既符合计算机内部定时的规定，又满足外部设备的工作时序要求，这就是所谓的时序配合。

4.3 外部定时方法及硬件定时器

4.3.1 定时方法

为实现外部定时，可采用软件定时和硬件定时两种方法。

1. 软件定时

软件定时是利用 CPU 内部定时机构，运用软件编程，循环执行一段程序而产生的等待延时。例如，延时程序段：

```
        MOV BX,0FFH
DELAY:  DEC BX
        JNZ DELAY
```

其中，BX 的值称为延时常数，它决定延时的长短。加大 BX 的值，使延时增长；减小 BX 的值，使延时缩短。同样的一段延时程序，在不同工作频率（速度）的机器上运行，所产生的延时时间也会不同。所以，延时长短不仅与延时程序中的延时常数有关，而且会随主机工作频率不同而发生变化。

软件定时的优点是不需要增加硬件电路，只需编制相应的延时程序以备调用。其缺点是 CPU 执行延时程序增加了 CPU 的时间开销，只适用于短时间延时，并且，延时的时间与 CPU 的工作频率有关，随主机频率不同而发生变化，定时程序的通用性差。

2. 硬件定时

硬件定时是采用外部定时器进行定时。由于定时器是独立于 CPU 而自成系统的定时设备，因此，硬件定时不占用 CPU 的时间，定时时间可长可短，使用灵活。其定时时间固定，不受 CPU 工作频率的影响，定时程序具有通用性。

4.3.2 定时器

硬件定时器有不可编程定时器和可编程定时器两种。

1. 不可编程定时器

不可编程定时器是采用中小规模集成电路器件构成的定时电路。常见的定时器件有单稳触发器和 555、556 定时器等，利用其外接电阻、电容的组合，可实现一定范围的定时。例如，可采用 555 定时器来设计 watch dog。很明显，这种定时不占用 CPU 的时间，且电路简单，但是电路一经连接好后，定时间隔和范围就不再改变，使用不灵活。

2. 可编程定时器

可编程定时器的定时间隔和定时范围可由程序进行设定和改变，使用方便灵活。可编程定时电路一般都是用可编程定时/计数器外围支持芯片，如 Intel 82C54A 来实现的。

外部定时器对时间的计时有两种方式：一是正计时，将当前的时间加 1，直到与设定的时间相等时，提示设定的时间已到，如闹钟就是使用这种工作方式；二是倒计时，将设定的时间减 1，直到为 0，提示设定的时间已到，如微波炉、篮球比赛计时器等就是使用这种计时方式。

4.4 实现外部定时/计数的解决方案

采用可编程定时/计数器外围支持芯片构成外置式的定时电路作为本章实现外部定时/计数的解决方案。生产微处理器的厂商各自都推出了与 CPU 配套的外围定时电路支持芯片，如 Intel 的 8253/8254/82C54A、Motorola 的 MC6840、Zilog 的 CTC 等。它们的基本功能与工作原理相同。我们选用 82C54A 作为外围定时电路的核心芯片。它是一个通用型、功能强且成本低的外围支持芯片，可与任意一个需要定时/计数的 I/O 设备相连接。

82C54A 的基本特点是，一旦设定某种工作方式并装入计数初值，启动后，便能独立工作；当计数完毕时，由输出信号报告计数结束或时间已到，完全不需要 CPU 再做额外的控制。所以，82C54A 是微处理器处理实时事件的重要支持芯片，在实时时钟、事件计数以及速度控制等方面都非常有用。下面先分析 82C54A 的外部特性、工作方式、编程模型，然后讨论几种应用举例。

4.4.1 定时/计数器 82C54A 的外部特性

82C54A 的外部引脚信号如图 4.1 所示，它分面向 CPU 和面向 I/O 设备的两类连接信号线，如表 4.1 所示。了解这些信号线是为了将 82C54A 在 CPU 和 I/O 设备之间进行连接。

表 4.1　82C54A 定时/计数器外部引脚信号定义

面向 CPU 的信号线	面向 I/O 设备的信号线
D_0～D_7：数据线（双向）	CLK_0～CLK_2 时钟信号（输入）
$\overline{CS}$：片选信号（入）	$GATE_0$～$GATE_2$ 门控信号（输入）
A_0A_1：寄存器选择信号（入）	OUT_0～OUT_2 波形输出信号（输出）
$\overline{RD}$：读信号（入）	
$\overline{WR}$：写信号（入）	

4.4.2　定时/计数器 82C54A 的工作方式

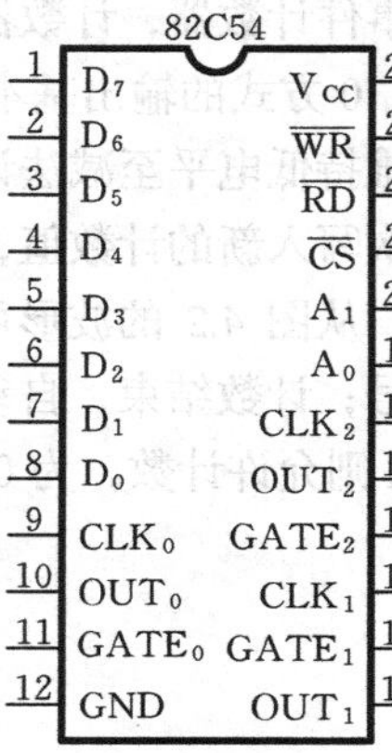

为了满足不同的应用要求，82C54A 设置了 6 种工作方式，其中，2 方式和 3 方式比较常用，应重点掌握。不同工作方式的计数器的启动/停止方式、计数过程、输出波形和典型应用都有差别。使用 82C54A 时，可根据不同的用途来选择不同的工作方式，以充分发挥其作用。为此，首先介绍 82C54A 在不同工作方式下如何启动与停止计数，然后再看它们的用途及输出波形。

图 4.1　82C54A 的外部引脚

1．82C54A 不同工作方式下定时/计数的启动与停止

82C54A 计数过程的启动分为软件启动和硬件启动两种，计数过程的停止分为强制停止和自动停止两种，它们与工作方式有关。

（1）计数过程的启动

不论是定时还是计数，82C54A 都需要一个起点，即从什么时候开始。这就需要一种启动（触发）信号进行控制，并且满足一定的条件才能开始定时或计数，这就是所谓的启动方式。82C54A 有两种启动方式，分别描述如下。

①“软件”启动。

在 GATE=1 时，一旦计数初值写入减法计数器，就开始计数。很明显，这种启动是由 CPU 的写命令（$\overline{IOW}$）信号在内部执行 OUT 指令实现的，因此称为软件启动。软件启动的条件有二：一，GATE=1，允许计数；二，当计数初值写到减法计数器时，即开始计数。若 GATE=0，则不能启动，GATE 由 0→1 的上升沿也不能启动。

82C54A 的 0、2、3、4 方式采用软件启动来开始定时/计数过程。

②“硬件”启动。

计数初值写入减法计数器并不立即开始计数，而是一定要等到 GATE 信号由 0→1 的上升沿出现，才开始计数。可见，这种启动是由外部的信号来控制的，因此称为硬件启动。硬件启动的条件有二：一，计数初值已写到减法计数器；二，GATE 信号由 0→1 的上升沿，即开始计数。若不写入计数初值，则不能启动；GATE=1（高电平）或 GATE=0（低电平），也不能启动。

82C54A 的 1 方式和 5 方式采用硬件启动来开始定时/计数过程。

（2）计数过程的停止

① 强制停止。

对于重复计数或定时过程，由于能自动重装计数初值，计数过程会反复连续进行，故不能自动停止计数过程。所以，若要最后停止计数，就一定要外加控制信号，其方法是置 GATE=0。

82C54A 的 2 方式和 3 方式，需要采用强制停止来结束定时/计数过程。

② 自动停止。

对单次计数或定时过程，一旦开始计数或定时，就一直到计数完毕或定时已到，并自动停止，不需要外加停止的控制信号。但是，如果要求在计数过程中，暂时中止计数，则需要外加中止的控制信号。其方法也是置 GATE=0 来中止计数。

82C54A 的 0、1、4、5 方式，不需外加停止信号而自动停止定时/计数过程。

2．82C54A 不同工作方式的用途与输出波形

（1）0 方式

0 方式是计数结束输出正跳变信号（Out Signal on End of Count）方式，0 方式的典型应用是做事件计数器，计数器的大小就是计数初值，改变计数初值就可以改变计数器的大小。

0 方式的输出基本波形是：当写入计数初值后，启动计数器开始计数，OUT 信号变为低电平，并维持低电平至减法计数器的内容减到 0 时，停止工作，OUT 信号变为高电平，并维持高电平到再次写入新的计数值，可见 0 方式输出单次波。其输出波形如图 4.2 所示，图中计数初值为 4。

从图 4.2 的波形可以看出：计数过程由软件启动，写入计数初值后开始计数，不需外加启动信号；计数结束，自动停止，不需外加停止信号。门控信号 GATE 用于允许或禁止计数，GATE 为 1 则允许计数，为 0 则禁止计数。

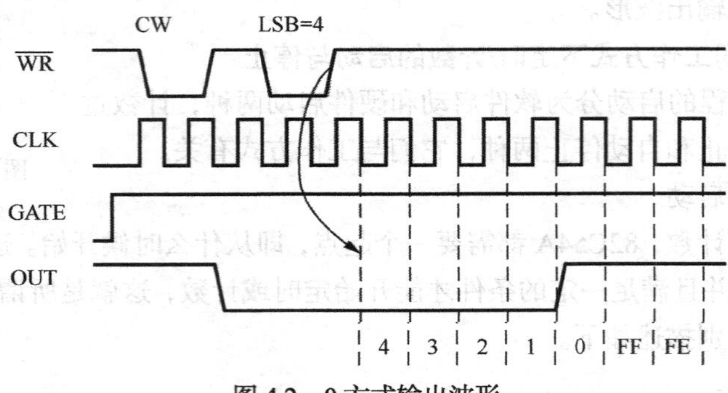

图 4.2　0 方式输出波形

（2）1 方式

1 方式是可重触发单稳（Hardware Retriggerable One-Shot）方式。1 方式的典型应用是作可编程单稳态触发器，单稳延迟时间=计数初值 × 时钟脉宽，延时期间输出的是低电平，低电平的宽度可以由程序控制，即改变计数初值就可以改变延时时间。其输出波形如图 4.3 所示，图中计数初值为 3。

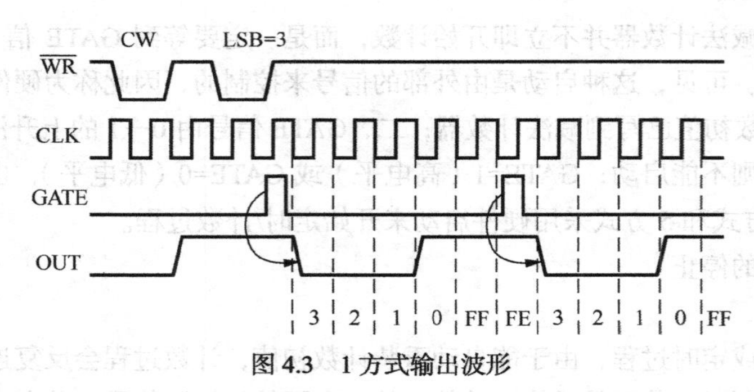

图 4.3　1 方式输出波形

1 方式的输出基本波形是：当写入计数初值后，再由 GATE 门信号启动计数，OUT 变为低电平，每来一个 CLK，计数器减 1 直到计数值减到 0 时，停止工作，OUT 输出高电平，并维持高电平到 GATE 门信号再次启动。1 方式输出单次波。

从图 4.3 的波形可以看出：计数过程由硬件启动，门控信号 GATE 用于计数过程的启动，即在 GATE 出现 0→1 的跃变后开始计数；计数结束，自动停止，不需外加停止信号。

（3）2 方式

2 方式是 *N* 分频器方式或速率波发生器（Rate Generator）方式，2 方式的典型应用是做分频器，分频系数就是计数初值。改变计数初值就可以改变输出负脉冲波形的频率。其输出波形如图 4.4 所示，图中计数初值为 3。

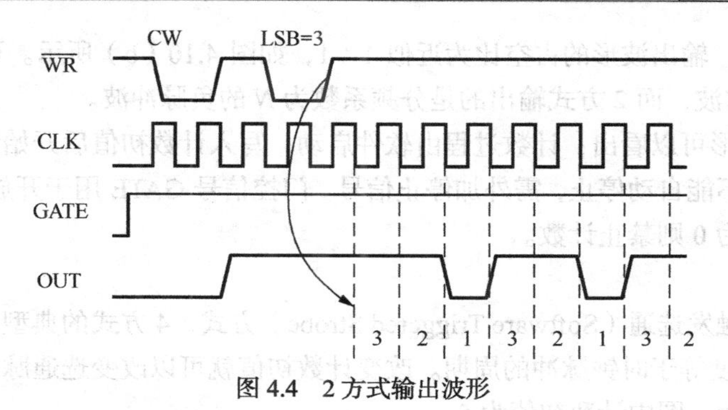

图 4.4 2 方式输出波形

2 方式的输出基本波形是：当写入计数初值后，启动计数器开始减 1 计数，直到减到 1 时，OUT 输出一个宽度为时钟 CLK 周期的低电平，接着又变为高电平，且计数初值自动重装，开始下一轮计数，如此往复，不停地工作。因此，2 方式输出连续波形。

从图 4.4 的波形可以看出：计数过程由软件启动，写入计数初值后开始计数，无需外加启动信号；计数结束，不能自动停止，需外加停止信号。门控信号 GATE 用于开放或禁止计数，GATE 为 1 则允许计数，为 0 则禁止计数。

（4）3 方式

3 方式是方波发生器（Square Wave Output）方式，3 方式的典型应用是做方波发生器，产生方波，方波的周期=计数初值×时钟脉冲的周期。改变计数初值就可以改变输出方波的频率。其输出波形如图 4.5 所示，图中计数初值为 4。

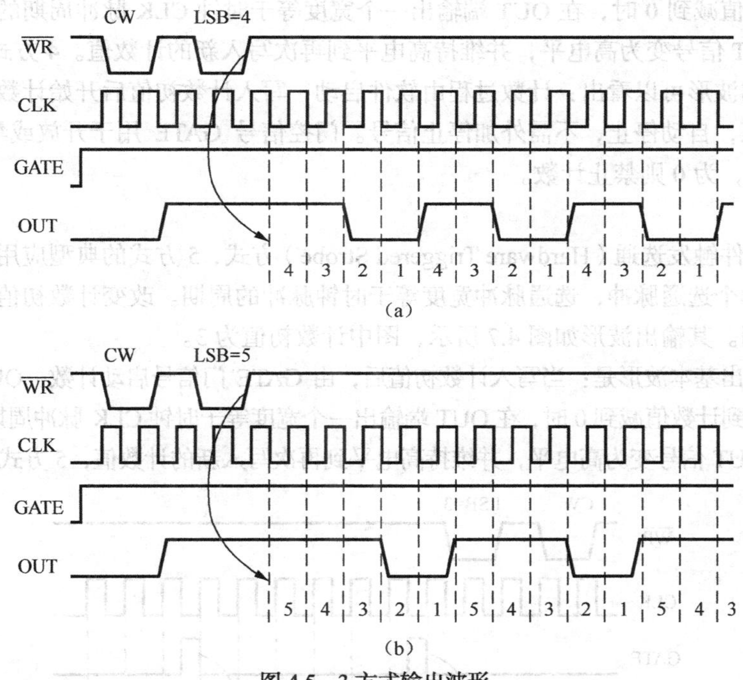

图 4.5 3 方式输出波形

3 方式的输出基本波形是：当写入计数初值后，启动计数器开始计数，OUT 输出占空比为 1∶1 或近似 1∶1 的连续方波，且计数初值自动重装，开始下一轮计数，如此往复，不停的工作，因此，3 方式输出连续波形。当计数初值为偶数时，输出波形的占空比为 1∶1，如图 4.10（a）所示。当计数初值为奇数时，输出波形的占空比为近似 1∶1，如图 4.10（b）所示。可见 3 方式输出的是占空比为 1∶1 的方波，而 2 方式输出的是分频系数为 N 的负脉冲波。

从图 4.5 的波形可以看出：计数过程由软件启动，写入计数初值后开始计数，无需外加启动信号；计数结束，不能自动停止，需外加停止信号。门控信号 GATE 用于开放或禁止计数，GATE 为 1 则允许计数，为 0 则禁止计数。

（5）4 方式

4 方式是软件触发选通（Software Triggered Strobe）方式，4 方式的典型应用是做单个负脉冲发生器，负脉冲宽度等于时钟脉冲的周期。改变计数初值就可以改变选通脉冲产生的时间。其输出波形如图 4.6 所示，图中计数初值为 5。

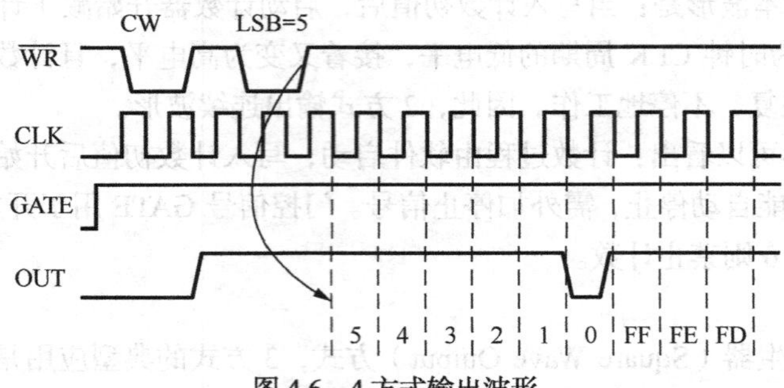

图 4.6　4 方式输出波形

4 方式的输出基本波形是：当写入计数初值后，启动计数器开始计数，OUT 输出高电平，减 1 计数直到计数值减到 0 时，在 OUT 端输出一个宽度等于时钟 CLK 脉冲周期的负脉冲，并停止工作。然后 OUT 信号变为高电平，并维持高电平到再次写入新的计数值。4 方式输出单次波形。

从图 4.6 的波形可以看出：计数过程由软件启动，写入计数初值后开始计数，无需外加启动信号；计数结束，自动停止，不需外加停止信号。门控信号 GATE 用于开放或禁止计数，GATE 为 1 则允许计数，为 0 则禁止计数。

（6）5 方式

5 方式是硬件触发选通（Hardware Triggered Strobe）方式，5 方式的典型应用是做单个负脉冲发生器，产生单个选通脉冲，选通脉冲宽度等于时钟脉冲的周期。改变计数初值就可以改变选通脉冲产生的时间。其输出波形如图 4.7 所示，图中计数初值为 3。

5 方式的输出基本波形是：当写入计数初值后，由 GATE 门信号启动计数，OUT 输出高电平，开始减 1 计数直到计数值减到 0 时，在 OUT 端输出一个宽度等于时钟 CLK 脉冲周期的负脉冲，并停止工作。然后 OUT 信号变为高电平，并维持高电平到再次写入新的计数值，5 方式输出单次波形。

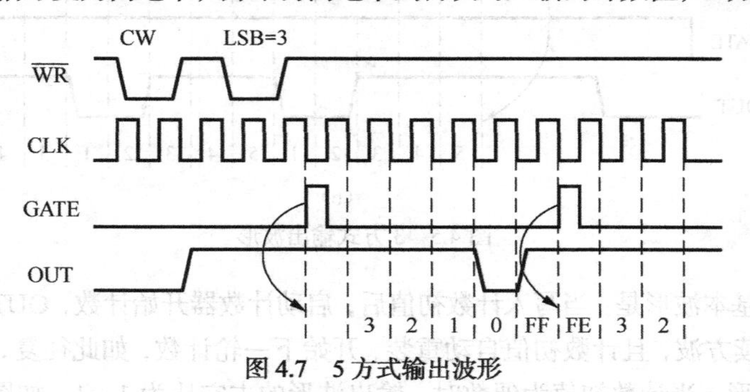

图 4.7　5 方式输出波形

从图 4.7 的波形可以看出：计数过程由硬件启动，门控信号 GATE 用于计数过程的启动，GATE 出现 0→1 的跃变后开始计数；计数结束，自动停止，不需外加停止信号。

4.4.3　定时/计数器 82C54A 的编程模型

82C54A 的编程模型包括内部可访问的寄存器及其端口地址、工作方式、命令字。用户可利用这个编程模型对 82C54A 进行编程。

1. 82C54A 的内部寄存器

82C54A 内部寄存器如图 4.8 所示，有 1 个命令寄存器和 3 个独立的计数器（0～2），也叫做计数器通道。3 个独立的计数器中，每个计数器内部又包含 3 个不同功能的 16 位寄存器：计数初值寄存器、减法计数器和当前计数值锁存器，如图 4.9 所示。下面分别介绍这 3 个寄存器的作用。

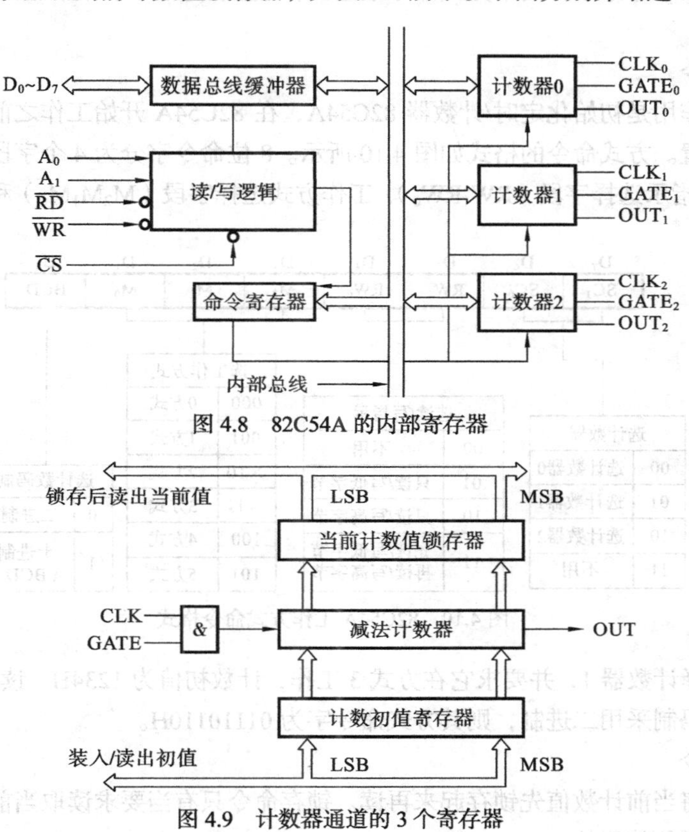

图 4.8　82C54A 的内部寄存器

图 4.9　计数器通道的 3 个寄存器

（1）计数初值寄存器，用于存放计数初值，其长度为 16 位，故最大计数值为 65536（64KB）。计数初值寄存器的计数初值在计数过程中保持不变，其用途是在自动重装操作过程中为减法计数器提供计数初值，以便重复计数。

（2）减法计数器，用于进行减法计数操作，计数初值在装入计数初值寄存器的同时也装入减法计数器，然后，每来一个计数脉冲，它就减 1，直至将计数初值减为零。如果要继续进行计数，则将计数初值寄存器的内容重装到减法计数器即可。

（3）当前计数值锁存器，用于锁存减法计数器的内容，以供读出和查询当前计数值。由于减法计数器的内容会随时计数脉冲的输入而不断改变，所以为了读取这些不断变化的当前计数值，只有先把它送到暂存寄存器锁存起来，然后再读。因此，如果要想知道计数过程中的当前计数值，则必须将当前值锁存后，从暂存寄存器读出，不能直接从减法计数器中读出当前值。为此，在82C54的命令字中，设置了锁存命令和读回命令，不过，实际应用中很少使用。

2. 82C54A 的端口地址

82C54A 的 3 个命令使用同一个命令端口，即端口共用，按方式命令在先、其他命令在后的顺序写入命令端口，并且在后面两个命令字中设置特征位，以示区别。82C54A 的 3 个计数器，分别独立使用 3 个不同的数据端口。因此 82C54A 需要占用 4 个 I/O 端口地址，对于用户扩展的 82C54A 其端口地址见表 3.3，分别为 304H（计数器 0）、305H（计数器 1）、306H（计数器 2）、307H（命令寄存器）。对系统配置的 82C54A 其端口地址见表 3.1。

3. 82C54A 的编程命令

82C54A 有 3 个命令字，其中方式命令最重要，应重点学习，其他两个命令很少使用，可一般了解。

（1）方式命令

方式命令的作用是初始化定时/计数器 82C54A，在 82C54A 开始工作之前都要用方式命令对它进行初始化设置。方式命令的格式如图 4.10 所示。8 位命令字分为 4 个字段：计数器选择字段（SC_1SC_0）、读/写指示选择字段（RW_1RW_0）、工作方式选择字段（$M_2M_1M_0$）和计数码制选择字段（BCD）。

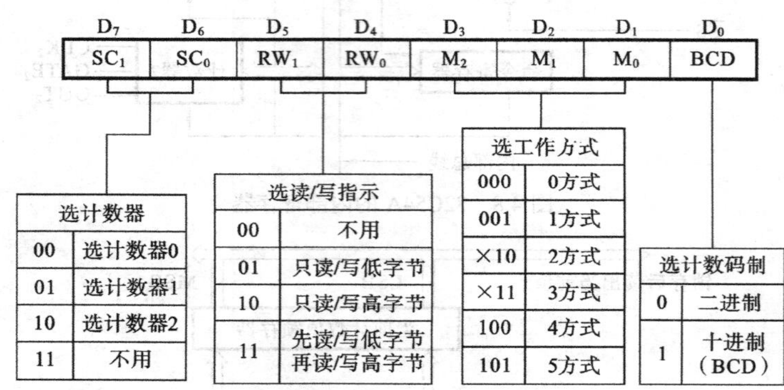

图 4.10　82C54A 工作方式命令格式

例如，当选择计数器 1，并要求它在方式 3 工作，计数初值为 1234H，读写指示为先低 8 位、后高 8 位，计数码制采用二进制，则其方式命令字为 01110110H。

（2）锁存命令

锁存命令是将当前计数值先锁存起来再读。锁存命令只有当要求读取当前计数值时才使用，因此不是程序中必须使用的。

8 位命令字分两个字段，计数器选择字段（D_7D_6）和锁存命令特征值（D_5D_4）。当 D_5D_4=00 时，就是锁存命令；当 $D_5D_4 \neq 00$ 时，就是方式命令的读/写指示位。其余位（$D_3 \sim D_0$）与锁存命令无关。其格式如图 4.11 所示。

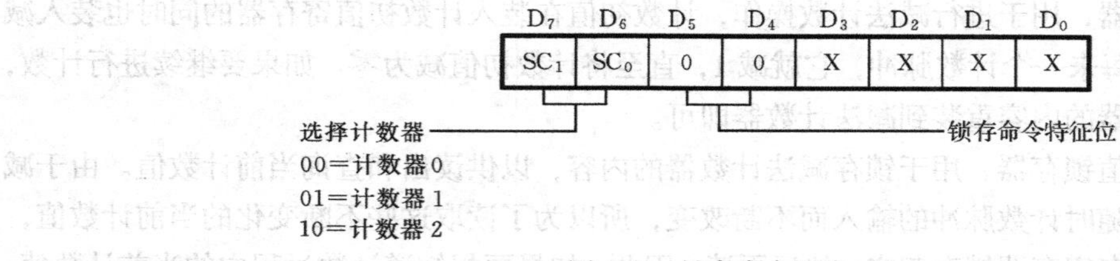

图 4.11　锁存命令格式

执行锁存命令只是把计数器的当前值锁存到暂存寄存器，为了读出被锁存的内容，还要发一条读命令从暂存寄存器中读取。

例如，要求读取计数器 1 的当前计数值，并把读取的计数值送入 AX 寄存器中。试编写实现这一要求的程序段。

首先将计数器 1 的内容进行锁存，然后从暂存寄存器读取。

汇编语言程序段如下。

```
MOV AL,0100XXXXB          ;锁存计数器 1，XXXXB 必须是在前面方式命令中已经规定的内容
OUT 307H,AL
IN  AL,305H               ;读低字节
MOV BL,AL
IN  AL,305H               ;读高字节
MOV AH,AL
MOV AL,BL
```

//C 语言程序段如下。

```
unsigned int tmp;           //定义无符号整型数据用于存放读取的当前计数值(16 位)
unsigned char *p;           //定义无符号字符类型指针，
unsigned char temp;         //定义无符号临时变量，存放读入锁存器的值(8 位)
p=(unsigned char*)&tmp;     //将 p 指向 tmp 的首地址，以便存储获取的低 8 位字节数据
outportb(0x307,0x4X);       //发送锁存命令，锁存计数器 1
temp=inportb(0x305);        //读锁存器低 8 位
*p=temp;                    //将读取的低 8 位数据存放到 tmp 的低 8 位中
p++;                        //p 指针指向 tmp 的高 8 位地址
temp=inportb(0x305);        //读取当前计数值的高 8 位
*p=temp;                    //将读取的高 8 位数据存放到 tmp 的高 8 位中，最后的结果存放到 tmp 中
```

（3）读回命令

读回命令与前面的锁存命令不同，它既能锁存计数值又能锁存状态信息，而且一条读回命令可以锁存 3 个计数器的当前计数值和状态。其格式如图 4.12 所示。

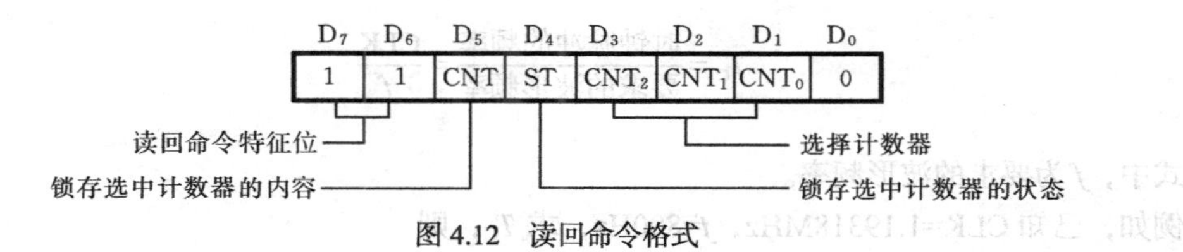

图 4.12　读回命令格式

8 位读回命令的格式，最高两位是特征位，D_7D_6=11 表示的是读回命令。最低 1 位是保留位，必须写 0。剩下的 5 位的定义是：D_1、D_2、D_3 三位分别用于选择 3 个计数器，并且写 1，表示选中；写 0，表示未选中。D_4 和 D_5 分别用于选择是读取当前的状态还是读取当前的计数值，写 0，表示要读取；写 1，表示不读取。例如：

读取计数器 2 的当前计数值，则读回命令=11011000B；

读取计数器 2 的当前状态，则读回命令=11101000B；

读取计数器 2 的当前计数值和状态，则读回命令=11001000B；

读取全部 3 个计数器的当前计数值和状态，则读回命令=11001110B。

与执行锁存命令一样，执行读回命令只是把计数器的当前值与状态信息锁存到暂存寄存器，为了读出被锁存的内容，还要发一条读命令从暂存寄存器中读取。

4.5 外部定时/计数器的计数初值计算及装入

4.5.1 计数初值的计算

由于 82C54A 内部采用的是减法计数器，因此，在它开始计数/定时之前，一定要根据计数/定时的要求，先计算出计数初值/定时常数，并装入计数初值寄存器。然后，才能在门控信号 GATE 的控制下，由时钟脉冲 CLK 对减法计数器进行减 1 计数，并在计数器输出端 OUT 产生波形。当计数初值/定时常数减为 0 时，计数结束/定时已到，如果要求继续计数/定时，就需要再次重新装入计数初值/定时常数。可见，计数初值/定时常数是决定 82C54 的计数多少和定时长短的重要参数。

下面讨论计数初值/定时常数的计算。

初值的计算分两种情况：若 82C54A 作计数器用时，则将要求计数的次数作为计数初值，直接装入计数初值寄存器和减法计数器，无须计算；若作定时器用时，则计数初值，也就是定时常数需要经过换算才能得到。其换算方法如下。

（1）要求产生定时时间间隔的定时常数 T_C

$$T_C=\frac{\text{要求定时的时间}}{\text{时钟脉冲周期}}=\frac{\tau}{1/\text{CLK}}=\tau\times\text{CLK} \tag{4-1}$$

式中，τ为要求定时的时间；CLK 为时钟脉冲频率。

例如，已知 CLK=1.19318MHz，τ=5ms，求 T_C，则

$$T_C=5\times10^{-3}\text{s}\times1193180/\text{s}=5965$$

（2）要求产生频率为 f 的信号波形的定时常数 T_C

$$T_C=\frac{\text{时钟脉冲的频率}}{\text{要求的波形频率}}=\frac{\text{CLK}}{f} \tag{4-2}$$

式中，f 为要求的波形频率。

例如，已知 CLK=1.19318MHz，f=800Hz，求 T_C，则

$$T_C=\frac{1.19318\times10^6\text{Hz}}{800\text{Hz}}=1491$$

4.5.2 计数初值的装入

由于 82C54A 内部的减法计数器和计数初值寄存器是 16 位，而 82C54A 外部引脚数据信号线只有 8 位，故 16 位计数初值要分两次装入，并且按先装低 8 位、后装高 8 位的顺序写入计数器的数据口。

若需要重复计数或定时，则应重新装入计数初值。82C54A 的 6 种工作方式中，只有 2 方式和 3 方式具有自动重装计数初值的功能，其他方式都需要用户通过程序人工重装计数初值。因此，只有 2 方式和 3 方式能输出连续波形，其他方式只能输出单次波形。

4.5.3　计数初值的范围

由于计数初值寄存器和减法计数器是 16 位，故计数初值的范围以二进制数表示为 0000H～FFFFH；以十进制数（BCD）表示为 0000～9999。其中，0000 为最大值，因为 82C54A 的计数是先减 1 后判断，所以，0000 代表的是二进制数中的 2^{16}（65536）和十进制数中的 10^4（10000）。

在实际应用中，若所要求的计数初值或定时常数大于计数初值寄存器的范围，则单个计数器就不能满足要求。此时，采用 2 个或多个计数器串联起来进行计数或定时，如把 0 号计数器与 1 号、2 号计数器串联使用（如何进行串联，请思考）。

4.6　外部定时/计数器的初始化

所谓 82C54A 的初始化，就是根据用户的设计要求，利用方式命令，写一段程序，以确定使用 82C54A 的哪一个计数器通道、采用哪一种工作方式、哪一种读/写顺序及哪一个计数码制。值得注意的是，若同时使用 82C54A 的 2 个（或 3 个）计数器通道，则需要分别写 2 个（或 3 个）不同的初始化程序段，这是因为 82C54A 内部 3 个计数通道是相互独立的。但是，这 2 个（或 3 个）初始化程序段都使用同一个方式命令端口，因此，82C54A 的命令端口是共用的，只有计数器的数据端口是分开的。

82C54A 初始化的内容有以下两项。

1．设置方式命令字

选择某一计数器（即计数通道），首先要向该计数器写入方式命令字，以确定该计数时器的工作方式，方式命令格式如图 4.10 所示。

2．设置计数初始值

在写入了方式命令字后，按方式命令字中读写先后顺序，即按 RW_1RW_0 字段的规定写入计数初始值，具体如下。

当 RW_1RW_0=01 时，只写入低 8 位，高 8 位自动置 0；

当 RW_1RW_0=10 时，只写入高 8 位，低 8 位自动置 0；

当 RW_1RW_0=11 时，写入 16 位，先写低 8 位，后写高 8 位。

例如，选择 2 号计数器，工作在 3 方式，计数初值为 533H（2 个字节），采用二进制计数。

汇变语言初始化程序段如下。

```
MOV DX,307H             ;命令口
MOV AL,10110110B        ;2 号计数器的方式命令字
OUT DX,AL
MOV DX,306H             ;2 号计数器数据口
MOV AX,533H             ;计数初值
OUT DX,AL               ;先送低字节到 2 号计数器
MOV AL,AH               ;取高字节送 AL
OUT DX,AL               ;后送高字节到 2 号计数器
```

//C 语言初始化程序段如下。

```
outportb(0x307,0xb6);      //向命令口发送计数器的方式命令字
outportb(0x306,0x33);      //向数据口先发送数据初值的低 8 位
outportb(0x306,0x05);      //向数据口发送数据初值的高 8 位
```

4.7 定时/计数器的应用

在实际中，用户对定时/计数器的应用分两种情况：一种是利用系统配置的定时/计数器资源来开发自己的应用项目；另一种是利用用户扩展的定时/计数器来开发应用系统。两者的不同之处有二。其一，端口地址不同；其二，用途设置及初始化不同。

4.7.1 系统配置的定时/计数器应用

1. 微机系统配置的 82C54A 应用设置

在微机中，82C54A 是 CPU 外部定时系统的支持电路，作为微机的系统资源，它的 3 个计数器通道在 PC 台式微机系统中的用途分别是：OUT_0用做系统时钟中断，OUT_1 用做动态存储器定时刷新，OUT_2用做发声系统音调控制，如图 4.13 所示。系统分配给 82C54A 的端口地址见表 3.1。4 个地址为：0 号计数器=40H，1 号计数器=41H，2 号计数器=42H，方式命令寄存器=43H。以上用途设置及地址的分配用户不能更改。系统提供个时钟脉冲频率为 1.19318MHz。

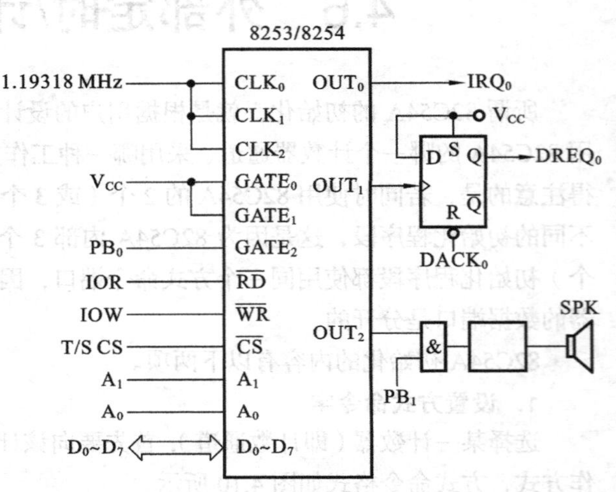

图 4.13 微机系统配置的 82C54A 应用

为了实现上述应用功能，对系统配置的 82C54A 进行了相应的初始化和计数初值的设置，如表 4.2 所示。这些设置数据放在 ROM-BIOS 中，可以被用户使用，并且向上兼容。

表 4.2 82C54A 在系统中的应用设置

计数通道	读/写方式	工作方式	计数码制	计数初值	CLK/MHz	GATE	T_{out}	F_{out}	OUT	用途
0	高/低字节	3	二进制	0000H	1.19318	+5V	55ms	18.2Hz	IRQ_0	日时钟中断请求
1	只写低字节	2	二进制	12H	1.19318	+5V	15μs	66.3kHz	$DREQ_0$	DRAM 刷新请求
2	高/低字节	3	二进制	533H	1.19318	PB_0控制	1.5s	896Hz	SPK	扬声器发声

2. 微机系统配置的 82C54A 初始化程序段

微机系统中 3 个计数器通道的汇编语言与 C 语言初始化程序段如下。

（1）计数器 0：用于定时中断（约 55ms 申请 1 次中断）

汇编语言程序段如下。

```
MOV AL,00110110B            ;初始化方式命令
OUT 43H,AL
MOV AX,00H                  ;初值为 0000H（最大值）
OUT 40H,AL                  ;先写低字节
MOV AL,AH
OUT 40H,AL                  ;再写高字节
```

//C 语言程序段如下。

```
outportb(0x43,0x36);        //写入初始化方式命令
outportb(0x40,0x00);        //写入计数初值的低 8 位
outportb(0x40,0x00);        //写入计数初值的高 8 位
```

（2）计数器 1：用于 DRAM 定时刷新（每隔 15μs 请求 1 次 DMA 传输）

汇编语言程序段如下。

```
MOV AL,01010100B            ;初始化方式命令
OUT 43H,AL
MOV AL,12H                  ;初值为 12H
OUT 41H,AL                  ;只写低字节
```

//C 语言程序段如下。

```
outportb(0x43,0x54);        //初始化方式命令
outportb(0x41,0x12);        //初值为 12H，只写低字节
```

（3）计数器 2：用于产生约 900Hz 的方波使扬声器发声

汇编语言程序段如下。

```
MOV AL,10110110B            ;初始化方式命令
OUT 43H,AL
MOV AX,533H                 ;初值为 533H
OUT 42H,AL                  ;先写低字节
MOV AL,AH
OUT 42H,AL                  ;再写高字节
```

//C 语言程序段如下。

```
outportb(0x43,0xb6);        //初始化方式命令
outportb(0x42,0x33);        //先写低字节
outportb(0x42,0x05);        //再写高字节
```

4.7.2　用户扩展的定时/计数器应用

端口地址见表 3.3。4 个地址为：计数器 0=304H，计数器 1=305H，计数器 2=306H，方式命令寄存器=307H。扩展的定时/计数器的用途设置、端口地址分配及初始化均由用户使用时确定。扩展的定时/计数器 82C54A 所使用的时钟脉冲频率为 1.19318MHz。

4.8　定时/计数器的应用设计举例

4.8.1　定时/计数器用作测量脉冲宽度

例 4.1　利用 82C54A 测量脉冲宽度。

1．要求

某应用系统中，要求测量脉冲的宽度。系统提供的输入时钟 CLK=1MHz，采用二进制计数。

2. 分析

首先确定脉冲宽度的测量方案，从 82C54A 的工作方式中可以发现，在软启动时，门控信号 GATE 的作用是允许或禁止计数。例如，0 方式就有这种特点，因此可以利用 GATE 门进行脉冲宽度测量，把被测的脉冲作为 GATE 门信号来控制计数器的计数过程，即控制计数的启/停。在被测脉冲信号为低电平时，装计数初值，当被测脉冲信号变高电平时，开始计数，直至被测脉冲信号再次变低电平，停止计数，并锁存。然后读出计数器 1 的当前值 n，最后得到被测脉冲宽度是（65536-n）μs。

3. 设计

为此，选择计数器通道 1，工作方式为 0 方式。82C54A 用于脉冲宽度测量的原理如图 4.14 所示。

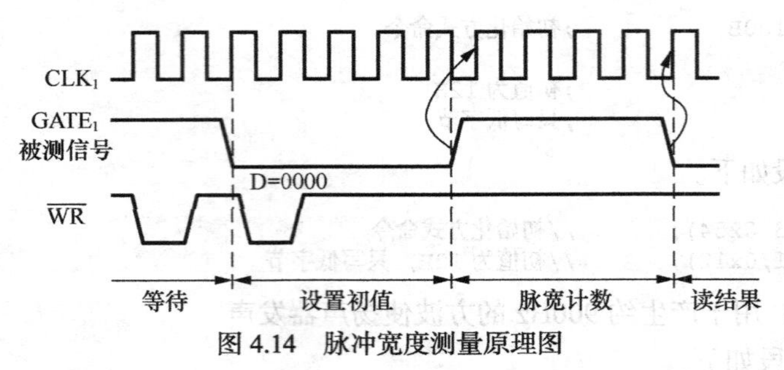

图 4.14 脉冲宽度测量原理图

图 4.14 表示计数器通道 1，工作在 0 方式的波形。从波形中可以看出，当 $GATE_1$ 门信号也就是被测信号为低电平时，即使写入计数初值也不开始计数，只有当 $GATE_1$ 门信号也就是被测信号变为高电平时才开始计数操作，并且直到 $GATE_1$ 门信号也就是被测信号再次变为低电平时才结束。于是把这一段计数过程中所累积的时钟计数脉冲的个数乘以脉冲的周期就得到被测信号的宽度。

为了充分利用计数器的长度，尽可能地多计数，将计数初值设为最大值 0000H，设时钟脉冲为 1MHz，所测得的脉冲宽度的单位是 μs，故能够测得的最大脉冲宽度为 65536μs。

脉宽测量汇编语言程序段如下。

```
MOV DX,307H             ;82C54A 的命令口
MOV AL,70H              ;方式命令
OUT DX,AL
MOV DX,305H             ;1 号计数器的数据口
MOV AX,0000H
OUT DX,AL               ;定时常数低字节
MOV AL,AH               ;定时常数高字节
OUT DX,AL
MOV DX,307H             ;82C54A 的命令口
MOV AL,40H              ;1 号计数器的锁存命令
MOV DX,305H
IN AL,DX                ;从 1 号计数器读当前计数值(先低字节，后高字节)，保存到 BX
MOV BL,AL
IN AL,DX
MOV BH,AL
MOV AX,0000H
SUB AX,BX               ;65536-BX,可得被测脉冲的宽度
```

//脉宽测量 C 语言程序段如下。

```
unsigned int result;          //存放被测脉冲宽度的结果(16 位)
unsigned char tmp;            //临时存放获取的当前计数值(8 位)
```

```
unsigned char *p;                  //用于数据类型转换的指针变量
p=(unsigned char *)&result;        //指向结果变量的首地址
outportb(0x307,0x70);              //写方式命令字
outportb(0x305,0x00);              //写计数初值低 8 位
outportb(0x305,0x00);              //写计数初值高 8 位
outportb(0x307,0x40);              //发通道 1 锁存命令
tmp=inportb(0x305);                //读当前通道 1 的计数值的低 8 位
*p=tmp;                            //将获取的低 8 位值存放到结果变量的低 8 位中
p++;                               //将指针移向结果变量的高 8 位
tmp=inportb(0x305);                //读取当前通道 1 的计数值的高 8 位
*p=tmp;                            //将获取的高 8 位值存放到结果变量的高 8 位中
result=65536-result;               //用 65536 减去获取的当前计数值的内容,即为测量的脉冲宽度
```

4.8.2 定时/计数器用作定时

例 4.2 利用 82C54A 定时。

1. 要求

某应用系统中，要求定时器每隔 5ms 发出一个扫描负脉冲，系统提供的时钟 CLK 为 20kHz，使用十进制计数。试写出定时器的初始化程序。

2. 分析

（1）选择工作方式

为了产生每隔 5ms 一次的连续的定时脉冲，选择 82C54A 的 2 方式是合适的。为此，利用 82C54A 的计数器 2，将它的 OUT_2 作为定时脉冲输出。

（2）计算计数初值

将系统提供的 CLK 作为通道 2 的输入时钟 CLK_2，其周期 T=1/20kHz=0.05ms，按照要求定时时间为 5ms，根据式（4-1），可得定时常数为

$$T_C=5ms/0.05ms=100$$

3. 初始化程序

定时器汇编语言初始化程序段如下。

```
MOV DX,307H        ;82C54A的命令口
MOV AL,95H         ;方式命令
OUT DX,AL
MOV DX,306H        ;计数器 2 的数据口
MOV AL,100         ;定时常数
OUT DX,AL
```

//定时器 C 语言初始化程序段如下。

```
outportb(0x307,0x95);             //写方式命令
otportb(0x306,0x100);             //写定时常数
```

4.8.3 定时/计数器用作分频

例 4.3 利用 82C54A 进行分频。

1. 要求

某应用系统中，要求方波发生器产生 f=1000Hz 的方波，系统提供的输入时钟 CLK=1.19318MHz，采用二进制计数。试写出分频器的初始化程序。

2. 分析

（1）选择工作方式

为了产生方波，选择 82C54A 的 3 方式是合适的。为此，利用 82C54A 的计数器 0，将它的

OUT_0 作为方波输出。

（2）计算计数初值

将系统提供的 CLK 作为计数器 0 的输入时钟 CLK_0，按照要求输出 OUT_0=1000Hz 的方波，根据式（4-2），可得定时常数为

$$T_C=CLK_0/OUT_0=1.19318MHz/1000Hz=1193=4A9H$$

3. 初始化程序

分频器汇编语言初始化程序段如下。

```
MOV DX,307H          ;82C54A 的命令口
MOV AL,36H           ;方式命令
OUT DX,AL
MOV DX,304H          ;计数器 0 的数据口
MOV AX,4A9H
OUT DX,AL            ;装入定时常数低字节
MOV AL,AH
OUT DX,AL            ;装入定时常数高字节
```

//分频器 C 语言初始化程序段如下。

```
outportb(0x307,0x36);          //写入工作方式命令
outportb(0x304,0xA9);          //写入低 8 位计数初值
outportb(0x304,0x04);          //写入高 8 位计数初值
```

4.8.4 定时/计数器同时用作计数与定时

例 4.4 利用 82C54A 在生产线进行计数与定时。

1. 要求

某罐头包装流水线，一个包装箱能装 24 罐，要求每通过 24 罐，流水线要暂停 5s，等待封箱打包完毕，然后重启流水线，继续装箱。按 Esc 键则停止生产。

2. 分析

为了实现上述要求，有两个工作要做：一是对 24 罐计数；二是对 5s 停顿定时。并且，两者之间又是相互关联的。因此，选用 82C54A 的计数器 0 作计数器，计数器 1 作定时器，并且把计数器 0 的计数已到（24）的输出信号 OUT_0 连到计数器 1 的 $GATE_1$ 线上，作为外部硬件启动信号触发计数器 1 的 5s 定时，去控制流水线的暂停与重启。其工作流程中的计数与定时之间的关系如图 4.15 所示。

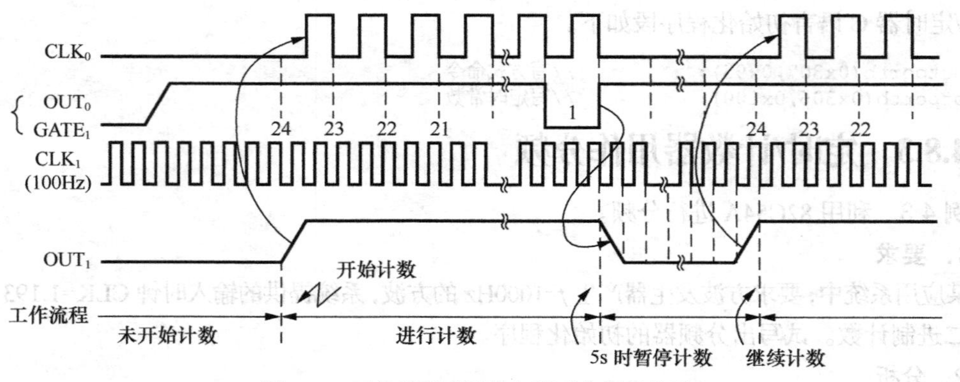

图 4.15 工作流程中计数与定时之间的关系

3. 设计

（1）硬件设计

硬件设计的电路结构原理如图 4.16 所示。82C54A 的端口地址见表 3.3。

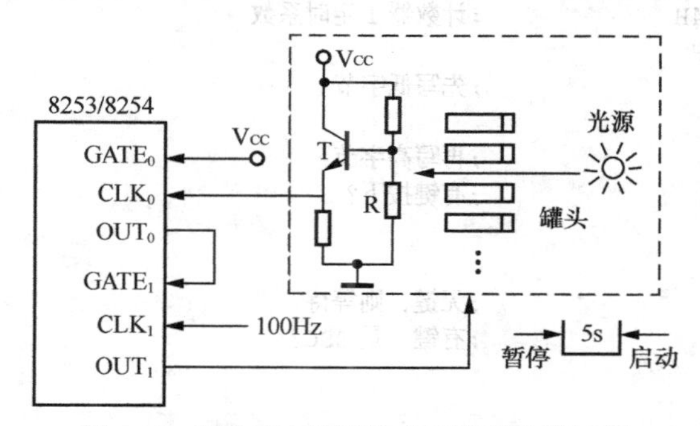

图 4.16　包装流水线计数-定时装置电路原理

图 4.16 中虚线框是流水线工作台示意图，其中罐头计数检测部分的原理是：罐头从光源和光敏电阻（R）之间通过时，在晶体管（T）发射极上会产生罐头的脉冲信号，此脉冲信号作为计数脉冲，接到计数器 0 的 CLK_0，对罐头进行计数。

计数器 0 作为计数器，工作在 2 方式，它的输出端 OUT_0 直接连到计数器 1 的 $GATE_1$，用作计数器 1 定时器的外部硬件启动信号，这样就可以实现一旦计数完 24 罐，OUT_0 变高，使 $GATE_1$ 变高，去触发计数器 1 的定时操作。

计数器 1 作为定时器，工作在 1 方式，$GATE_1$ 由计数器 0 的输出 OUT_0 控制，CLK_1 为 100Hz 时钟脉冲。输出端 OUT_1 送到流水线工作台，进行 5 s 的定时。OUT_1 的下降沿使流水线暂停，计数器 0 也停止计数，经 5 s 后变高，其上升沿使流水线重新启动，继续工作，计数器 0 又开始计数。

流水线的工作过程是，在向计数器 0 写入计数初值时，即开始对流水线上的罐头进行计数。计满 24 个罐头，计数器输出波形 OUT_0（即 $GATE_1$）的上升沿触发计数器 1 开始定时。定时器输出波形 OUT_1 的下降沿使工作台暂停，经过 5 s 后，OUT_1 的上升沿启动工作台，流水线又开始工作，计数器 0 又继续进行计数。

为了方便读数，计数器 0 和计数器 1 均采用十进制计数。

（2）软件设计

根据上述硬件设计的安排和设计目标的要求，可作如下设定。

- 计数器 0 的方式命令为 00010101B=15H，因为每箱只装 24 个罐头，故通道 0 的计数初值为 24=18H；
- 计数器 1 的方式命令为 01110011B=73H，因为每次只暂停 5 s，根据式（4-1），可得计数器 1 的定时常数为 $T_C=\tau\times \text{CLK}=5\times 100=500=1F4H$。

包装流水线汇编语言程序段（只写出代码段）如下。

```
CODE SEGMENT
ASSUME CS:CODE, DS:DATA
START: MOV DX,307H                          ;计数器 0 初始化
       MOV AL,15H
       OUT DX,AL
       MOV DX,304H                  ;写计数器 0 计数初值
       MOV AL,24
```

```
        OUT DX,AL
        MOV DX,307H              ;计数器 1 初始化
        MOV AL,73H
        OUT DX,AL
        MOV AX, 1F4H             ;计数器 1 定时系数
        MOV DX,305H
        OUT DX,AL                ;先写低字节
        MOV AL,AH
        OUT DX,AL                ;再写高字节
CHECK:  MOV AH,0BH               ;有键按下?
        INT 21H
        CMP AL,00H
        JE  CHECK                ;无键，则等待
        MOV AH,08H               ;有键，是 ESC?
        INT 21H
        CMP AL,1BH
        JEN CHECK
        MOV AX,4C00H             ;是 ESC，则返回 DOS
        INT 21H
CODE    ENDS
        END START
```

//包装流水线 C 语言程序段如下。

```
#include <conio.h>
void main()
{
    outportb(0x307,0x15);
    outportb(0x304,0x24);
    outportb(0x307,0x73);
    outportb(0x305,0xf4);
    outportb(0x305,0x1);
    while(getch()!=0x1b);        //当按下 Esc 键时退出程序
}
```

4. 讨论

本例是 82C54A 既作计数器使用，又作定时器使用，并且把计数器 0 的 OUT_0 的上升沿作为计数器 1 的启动信号 $GATE_1$，去启动定时器开始定时，两者相互作用。

应该指出的是：82C54A 作计数器使用时，计数的次数（如本例的 24 罐）就是计数初值，不需经过换算，直接把计数次数写入计数器通道即可；而作定时器使用时，定时的时间（如本例的 5s）不能直接作为计数初值（定时常数），需按式（4-1）把定时的时间换算成定时常数（如本例的 500），然后再写入计数器通道。

4.8.5 定时/计数器用作发声器

例 4.5 发声器设计。

1. 要求

利用系统配置的定时/计数器 82C54A 设计一个发声器，发 600Hz 的长/短音，按任意键，开始发声；按 ESC 键，停止发声。82C54A 的输入时钟 CLK 的频率为 1.19318MHz。

2. 分析

根据题意，有两个工作要做：一是声音的频率应满足 600Hz；二是发声持续长短的控制。对于前者，只需利用式（4-2）计算 82C54A 的计数初值；对于后者，则需设置两个延时不同的延时

子程序。为了打开和关闭扬声器，还需设置电子开关。

（1）计数初值计算

根据式（4-2），可求得产生 600Hz 方波的计数初值（定时常数）为

$$T_C=1.19318\times10^6\text{Hz}/600\text{Hz}=1983$$

（2）长/短音的控制

设置一个延时常数寄存器（如 BL），改变寄存器的内容，就可改变延时时间。该寄存器的内容就是调用延时子程序的入口参数。

（3）扬声器开/关控制

设置一个与门，并利用系统并行接口芯片 82C55A 的 PB_0 和 PB_1 引脚分别作为 82C54A 的 GATE2 和与门的输入信号，控制扬声器的启/停。

3. 设计

（1）硬件设计

发声器的电路原理如图 4.17 所示。图中采用 82C54A 的 2 号计数器的输出信号 OUT_2 发出不同频率的声音。

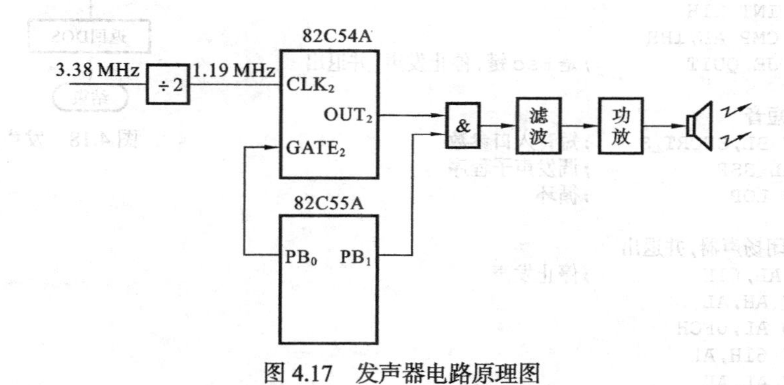

图 4.17 发声器电路原理图

（2）软件设计

发声程序由主程序和子程序组成。主程序流程图如图 4.18 所示。

发声器汇编语言程序段如下。

```
CODE SEGMENT
      ASSUME CS:CODE,DS:CODE
            ORG 100H
   START: JMP BEGIN
         LONG_S EQU 6
         SHORT_S EQU 1
BEGIN:   MOV AX,CODE
         MOV CS,AX
         MOV DS,AX

         ;初始化 82C54
         MOV AL,10110110B;方式命令
         OUT 43H,AL      ;命令口

         ;装计数初值
         MOV AX,1983     ;输出 600Hz 的计数初值
         OUT 42H,AL      ;先装低字节
         MOV AL,AH       ;后装高字节
         OUT 42H,AL
```

```
            ;关闭扬声器
            IN AL,61H          ;读入 82C55A 的 PB 口原输出值
            AND AL,0FCH        ;置 PB0 和 PB1 为零,关闭 GATE2 和与门
            OUT 61H,AL

            ;查任意键，启动发声器
WAIT1:      MOV AH,0BH         ;查任意键
            INT 21H
            CMP AL,0H
            JE  WAIT1          ;无键按下，等待;有键按下，发出长音

            ;发长音
LOP:        MOV BL,LONG_S      ;长音入口参数
            CALL SSP           ;调发声子程序

            ;查 Esc 键,停止发声
            MOV AH,0BH         ;功能调用
            INT 21H
            CMP AL,0H
            JE LOP1            ;无键按下,再发短音
            MOV AH,08H         ;有键按下,检测是否为 Esc 键
            INT 21H
            CMP AL,1BH
            JE QUIT            ;是 Esc 键,停止发声,并退出

       ;发短音
LOP1:  MOV BL,SHORT_S          ;短音入口参数
       CALL SSP                ;调发声子程序
       JMP LOP                 ;循环

       ;关闭扬声器,并退出
QUIT:  IN AL,61H               ;停止发声
       MOV AH,AL
       AND AL,0FCH
       OUT 61H,AL
       MOV AL,AH
       OUT 61H,AL
       MOV AX,4C00H            ;退出,返回 DOS
       INT 21H

       ;发声子程序
SSP PROC NEAR
          PUSH AX              ;现场保护
          PUSH BX
          PUSH CX
          IN AL,61H            ;读取 PB 口的原值
          OR AL,03H            ;置 PB0 和 PB1 为高,打开 GATE2 和与门
          OUT 61H,AL           ;开始发声

       ;延时
       SUB CX,CX               ;设 CX 的值为 2^16
L:     LOOP L
       DEC BL                  ;BL 为子程序的入口参数
       JNZ L
       POP CX                  ;现场恢复
       POP BX
       POP AX
       RET
SSP   ENDP
CODE  ENDS
      END START
```

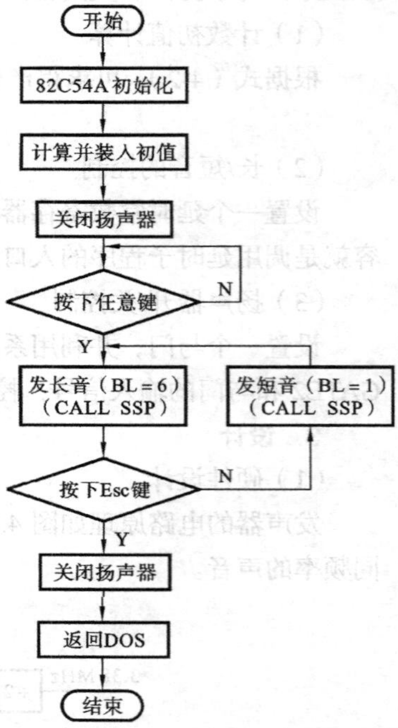

开始
82C54A 初始化
计算并装入初值
关闭扬声器
按下任意键
N
Y
发长音（BL=6）（CALL SSP）
发短音（BL=1）（CALL SSP）
按下Esc键
N
Y
关闭扬声器
返回DOS
结束

图 4.18　发声主程序流程图

//发声器 C 语言程序段如下。

```
#include <stdio.h>
#include <conio.h>
#include <dos.h>
void main()
{
    unsigned char tmp,long_s=6,short_s=1;
    outportb(0x43,0xb6);          //写方式命令字
    outportb(0x42,0x0BF);         //输出 600Hz 的计数初值低 8 位(1983)
    outportb(0x42,0x07);          //输出 600Hz 的计数初值高 8 位
    tmp=inportb(0x61);                        //读入 82C55 的 PB 口原输出值
    tmp &=0x0fc;                              //置 PB0 和 PB1 为零，关闭 GATE2 和与门
    outportb(0x61,tmp);
    while(!kbhit());                          //查任意键，启动发声器
    while(1)
    {
        Sound(long_s);                        //调发声子程序,发长音
        if(kbhit())                           //有键按下
        {
            if(getch()==0x1b)                 //检测是否为 Esc 键
            {
                tmp=inportb(0x61);            //是 Esc 键,停止发声,并退出
                tmp &=0x0fc
                outportb(0x61,tmp);
                return;                       //退出程序
            }
        }
        else                                  //无键按下,再发短音
            Sound(short_s);                   //发短音
    }
}
void Sound(unsigned char type)
{
    unsigned int n=0;
    unsigned char i,tt;
    tt=inportb(0x61);                         //读取 PB 口的原值
    tt |=0x03;                                //置 PB0 和 PB1 为高,打开 GATE2 和与门
    outportb(0x61,tt);                        //开始发声
    for(i=0;i<type;i++)                       //延时
    {
        for(n=0;n<65536;n++);
    }
}
```

习 题 4

1. 定时与计数技术在微机系统中有什么作用？
2. 定时与计数是什么关系？
3. 微机系统中有哪两种不同的定时系统？各有何特点？
4. 何谓时序配合？
5. 微机系统中有哪两种外部定时方法？各有何优缺点？
6. 可编程定时/计数器 82C54A 的基本特点是什么？
7. 用编程模型的方法来分析定时/计数器 82C54A，它内部包含哪些寄存器？如何对其进行编

程访问？

8. 82C54A 有 6 种工作方式，其中使用最多的是哪几种方式？区分不同工作方式应从哪 3 个方面进行分析？

9. 定时常数或计数初值有什么作用？如何计算 82C54A 的定时常数？

10. 计数初值可自动重装和不可自动重装对 82C54A 的输出波形会有什么不同？

11. 82C54A 初始化编程包含哪两项内容？

12. 若要求产生 1ms 的定时，应向定时器写入的计数初值是多少？定时器工作在 0 方式，GATE=1，CLK=1.19318MHz。

13. 计数通道 2，工作在 4 方式，CLK_2=1.19318MHz，$GATE_2$=1。如果写入计数初值为 120，那么在选通负脉冲输出之前将出现多长的延迟时间？

14. 采用计数通道 0，设计一个循环扫描器。要求扫描器每隔 10ms 输出一个宽度为 1 个时钟的负脉冲。定时器的 CLK_0=100kHz，$GATE_0$=1，端口地址为 304H～307H。试编写初始化程序段和计数初值装入程序段。

15. 采用计数通道 1，设计一个分频器。输入的时钟信号 CLK_1=1000Hz，要求 OUT_1 输出是高电平和低电平均为 20ms 的方波。$GATE_1$=1，端口地址为 304H～307H。试编写初始化程序段和计数初值装入程序段。

16. 已知 82C54A 的计数时钟频率为 1MHz，若要求 82C54A 的计数通道 2，每隔 8ms 向 CPU 申请 1 次中断，如何对 82C54A 进行初始化编程和计数初值的计算与装入？

17. 试利用 82C54A 设计一个定时器。（可参考例 4.2）

18. 试利用 82C54A 设计一个分频器。（可参考例 4.3）

19. 试利用 82C54A 设计一个在生产线上既作计数又作定时用的装置。（可参考例 4.4）

20. 试利用 82C54A 设计一个发长短声音的发声器。（可参考例 4.5）

第5章 中断技术

中断技术是微处理器处理外部或内部事件最常用和最重要的方法与手段，特别是对实时处理一些突发事件很有效，因而是系统最重要的资源。本章在介绍中断技术的基本概念、工作原理的基础上，重点对系统配置的中断资源的应用，包括中断向量修改及如何编写中断服务（处理）程序进行了讨论。

5.1 中　断

中断是指 CPU 在正常运行程序时，由于外部/内部随机事件或由程序预先安排的事件，引起 CPU 暂时中断正在运行的程序，而转到为外部/内部事件或为预先安排的事件服务的程序中去，服务完毕，再返回去继续执行被暂时中断的程序。

例如，用户使用键盘时，每击一键都发出一个中断信号，通知 CPU 有“键盘输入”事件发生，要求 CPU 读入该键的键值，CPU 就暂时中止手头的程序，转去处理键值的读取程序，在读取键值的操作完成后，CPU 又返回原来的程序继续运行。

可见，中断的发生是事出有因，引起中断的事件就是中断源，中断源各种各样，因而出现多种中断类型。CPU 在处理中断事件时必须针对不同中断源的要求给出不同的解决方案，这就需要有一个中断处理程序（中断服务程序）。

从程序的逻辑关系来看，中断的实质就是程序的转移。中断提供快速转移程序运行路径的机制，获得 CPU 为其服务的程序段称为中断处理（服务）程序，被暂时中断的程序称为主程序（或调用程序）。程序的转移由微处理器内部事件或外部事件启动，并且，一个中断过程包含两次转移，首先是主程序向中断处理（服务）程序转移，然后是中断处理（服务）程序执行完毕之后向主程序转移。由中断源引起程序的转移这一切换机制，用于快速改变程序运行路径，这对实时处理一些突发事件很有效。

所以，中断技术是主程序处理“始料不及”，或“有谋在先”事件的一种方法，实质是一种程序的转移，而中断源的中断申请是触发或引起这种程序转移的原因。

5.2 中断的类型

微机中断系统的中断源大致可分为两大类：一类是外部中断（硬件中断），另一类是内部中断

（软件中断）。下面分别讨论它们产生的条件、特点及其应用。

5.2.1 外部中断

外部中断由来自外部的事件产生。外部中断的发生具有随机性，何时产生中断，CPU 预先并不知道。外部中断可分为不可屏蔽中断 NMI 及可屏蔽中断 INTR。

1. 可屏蔽中断 INTR

这是由外部设备通过中断控制器用中断请求线 INTR 向微处理器申请而产生的中断，但微处理器可以用 CLI 指令来屏蔽（禁止），即不响应它的中断请求，因此把这种中断称为可屏蔽中断。它要求 CPU 产生中断响应总线周期，而发出中断回答（确认）信号予以响应，并读取外部中断源的中断号，用中断号去找到中断处理程序的入口，从而进入中断处理程序。

INTR 最适合处理 I/O 设备的一次 I/O 操作结束准备再进入下一次操作的实时性要求，因此它的应用十分普遍，一般用户都可以使用。INTR 由外部设备提出中断申请而产生，由两片中断控制器协助 CPU 进行处理，中断号为 08H～0FH 和 070H～077H。

2. 不可屏蔽中断 NMI

这是由外部设备通过另一根中断请求线 NMI 向微处理器申请而产生的中断，但微处理器不可以用 CLI 指令来屏蔽（禁止），即不能不响应它的中断请求，因此把这种中断叫做不可屏蔽中断。不可屏蔽中断一旦出现，CPU 就应立即响应。NMI 的中断号由系统指定为 2 号，故当外部事件引起 NMI 中断时，立即进入由第 2 号中断向量所指向的中断服务程序，而不需由外部提供中断号。

NMI 是一种“立即照办”的中断，其优先级别在硬件中断中最高。因此，它常用于紧急情况和故障的处理，如对系统掉电、RAM 奇偶校验错、I/O 通道校验错和协处理器运算错进行处理，并由系统使用，一般用户不能使用。

5.2.2 内部中断

内部中断是由用户在程序中发出中断指令 INTnH 产生的，指令中的操作数 n 称为软中断号。可见，内部中断的中断号在中断指令中直接给出，并且，何时产生内部中断是由程序安排的，因此，内部中断是在预料之中的。此外，在内部中断处理过程中，CPU 不发出中断响应信号，也不要求中断控制器提供中断号，这一点与不可屏蔽中断相似。内部中断包括 DOS 中断功能和 BIOS 中断功能两部分，可供用户在编写应用程序是调用。

1. DOS 功能调用

DOS 是存放在磁盘上的操作系统软件，其中内部中断 INT 21H 是 DOS 的内核。它是一个很重要、功能庞大的中断服务程序，包含 0～6CH 个子功能，包括对设备、文件、目录及内存的管理功能，涉及各个方面，可供系统软件和应用程序调用，同时，由于它处在 ROM-BIOS 层的上一个层次，与系统硬件层有 ROM-BIOS 在逻辑上的隔离，所以，它对系统硬件的依赖性大大减少，兼容性好。

2. BIOS 功能调用

BIOS 是一组存放在 ROM 中、独立于 DOS 的 I/O 中断服务程序。它在系统硬件的上一层，直接对系统中的 I/O 设备进行设备级控制，可供上层软件和应用程序调用。因此，它也是用户访问系统资源的途径之一，但对硬件的依赖性大、兼容性欠佳。

3. 内部中断的应用

DOS 调用和 BIOS 调用是用户使用系统资源的重要方法和基本途径，也是用户编写 MS-DOS

应用程序使用很频繁的方法，应学会使用。

有关 BIOS 和 DOS 系统功能调用的功能、调用的方法、步骤和入口/出口参数的设置，请查阅参考文献[3] [4]。

除了上述外部中断和内部中断两类中断之外，微机的中断系统还包括一些特殊中断，这些中断既不是由外部设备提出申请而产生的，也不是由用户在程序中发中断指令 INTnH 而发生的，而是由内部的突发事件所引起的中断，即在执行指令的过程中，CPU 发现某种突发事件时就启动内部逻辑转去执行预先规定的中断号所对应的中断服务程序。这类中断也是不可屏蔽中断，其中断处理过程具有与内部中断相同的特点，因此，有的书上把它们归结为内部中断这一类。这类中断有如下几种。

（1）0 号中断——除数为零中断；

（2）1 号中断——单步中断；

（3）3 号中断——断点中断；

（4）4 号中断——溢出中断。

5.3 中　断　号

5.3.1 中断号与中断号的获取

1. 什么是中断号

中断号是系统分配给每个中断源的代号，以便识别和处理。中断号在中断处理过程中起到很重要的作用，在采用向量中断方式的中断系统中，CPU 必须通过它才可以找到中断服务程序的入口地址，实现程序的转移。为了在中断向量表中查找中断服务程序的入口地址，可由中断号（n）×4 得到一个指针（为什么是中断号×4？见 5.5.1 节），指向中断向量（即中断服务程序的入口地址）存放在中断向量表的什么位置，从中取出这个地址（CS:IP），装入代码段寄存器 CS 和指令指针寄存器 IP，即转移到中断服务程序去执行。

2. 中断号的获取

CPU 对系统中不同类型的中断源，获取它们的中断号的方法是不同的。可屏蔽中断的中断号是在中断响应周期从中断控制器获取的。内部中断 INTnH 的中断号（nH） 是由中断指令直接给出的。不可屏蔽中断 NMI 以及 CPU 内部一些特殊中断的中断号是由系统预先设置好的，如 NMI 的中断号为 02H，非法除数的中断号为 0H 等。

5.3.2 中断响应周期

当 CPU 收到外部设备通过中断控制器提出的中断请求 INT 后，如果当前一条指令已执行完，且中断标志位 IF=1 时（即允许中断），又没有 DMA 请求，那么，CPU 进入中断响应周期，发出两个连续中断应答信号 $\overline{\text{INTA}}$ 完成一个中断响应周期。图 5.1 表示是中断响应周期时序。

从图 5.1 可知，一个中断响应周期完成的工作有以下几点。

1. 置位中断服务寄存器 ISR

当 CPU 发出第一个 $\overline{\text{INTA}}_1$ 脉冲时，CPU 输出有效的总线锁定信号 $\overline{\text{LOCK}}$，使总线在此期间

处于封锁状态，防止其他处理器或 DMA 控制器占用总线。与此同时，中断控制器将判优后允许的中断级在 ISR 中的相应位置 1，以登记正在服务的中断级别，在中断服务程序执行完毕之后，该寄存器自身不能清零，需要向中断控制器发中断结束命令 EOI 才能清零。

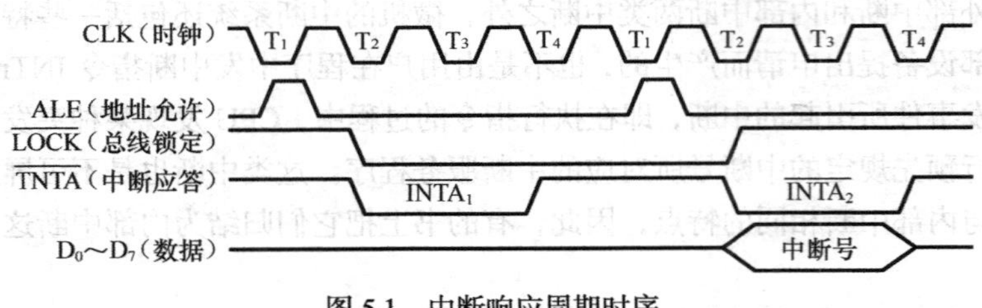

图 5.1　中断响应周期时序

2. 读取中断号

当总线控制器发出第二个 $\overline{\text{INTA}}_2$ 脉冲时，总线锁定信号 $\overline{\text{LOCK}}$ 撤除，总线被解封，地址允许信号 ALE 也变为低电平（无效），即允许数据线工作。正好此时中断控制器将当前中断服务程序的中断号送到数据线上，由 CPU 读入。

5.3.3　中断号的分配

系统对外部中断和内部中断一律统一编号，共有 256 个号，其中有一部分中断号已经分配给了中断源，尚有一部分中断号还空着，待分配，用户可以使用。微机系统的中断号分配如表 5.1 所示。表中两块灰色区域的中断号分别是系统分配给 PC 微机系统中的中断控制器主片与从片的中断号，用户可以采用修改其中断向量的方法进行应用。

表 5.1　PC 微机系统中断号分配表

中断号	名称	中断号	名称
0	除零数	25H	磁盘扇区读
1	单步	26H	磁盘扇区写
2	NMI	27H	程序终止驻留
3	断点	28H	等待状态处理
4	溢出	29H	字符输出处理
5	屏幕打印	2AH	保留
6	保留	2BH	保留
7	保留	2CH	保留
8	日时钟中断	2DH	
9	键盘中断	2EH	命令执行处理
0AH	从片中断	2FH	多路复用处理
0BH	串行口 2 中断	30H	内部使用
0CH	串行口 1 中断	31H	内部使用
0DH	并行口 2 中断	32H	保留
0EH	软盘中断		
0FH	打印机/并行口 1 中断		

续表

中断号	名称	中断号	名称
10H	视频显示 I/O	67H	用户保留
11H	设备配置检测	68H	保留
12H	内存容量检测		
13H	磁盘 I/O	6FH	保留
14H	串行通信 I/O	70H	时钟中断
15H	盒带/多功能实用	71H	改向 INT0AH
16H	键盘 I/O	72H	保留
17H	打印机 I/O	73H	保留
18H	ROM BASIC	74H	保留
19H	磁盘自举	75H	协处理器中断
1AH	日时钟/实时钟 I/O	76H	硬盘中断
1BH	Ctrl-Break 中断	77H	保留
1CH	定时器报时	78H	未使用区
1DH	视频显示方式参数		
1EH	软盘基数表	7FH	
1FH	图形显示扩展字符	80H	BASIC 使用区
20H	程序终止退出		
21H	系统功能调用	EFH	
22H	程序结束地址	F0H	内部使用区
23H	Ctrl-C 出口地址		
24H	严重错误出口地址	FFH	

应该指出的是，中断号是固定不变的，一经系统分配指定之后，就不再变化。而中断号所对应的中断向量是可以改变的，即一个中断号所对应的中断服务程序不是唯一的。也就是说，中断向量是可以修改的，这为用户使用系统中断资源带来很大方便。当然，对有些系统的专用中断，不允许用户随意修改。

现代微机系统的中断号是动态配置的，不是固定的，通过总线桥的配置空间进行分配。这部分内容可参见文献[23]和[24]。

5.4　中断触发方式与中断排队方式

5.4.1　中断触发方式

中断触发方式是指外部设备以什么逻辑信号去向中断控制器申请中断，中断控制器允许用边沿或电平信号申请中断，即边沿触发和电平触发两种方式。触发方式在中断控制器初始化时设定。可屏蔽中断采用正跳变边沿触发方式，并由操作系统在初始化中断控制器时确定，用户不能随意更改，只能以正跳变信号申请中断。外部中断源的中断申请由中断控制器受理。

5.4.2 中断排队方式

上述外部中断、内部中断是按优先级提供服务的。中断优先级的顺序是：内部中断→不可屏蔽中断→可屏蔽中断。内部中断的优先级最高，可屏蔽中断的优先级最低。若 NMI 和 INTR 同时产生中断请求，则优先响应并处理 NMI 的中断。

当系统有多个中断源时，就可能出现同时有几个中断源都申请中断，而微处理器在一个时刻只能响应并处理一个中断请求。为此，要进行中断排队，微处理器按“优先级高的先服务”的原则提供服务。中断排队的方式如下。

1. 按优先级排队

根据任务的轻重缓急，给每个中断源指定 CPU 响应的优先级，任务紧急的先响应，可以暂缓的后响应。例如，给键盘指定较高优先级的中断，给打印机指定较低优先级的中断。安排了优先权后，当键盘和打印机同时申请中断时，CPU 先响应并处理键盘的中断申请。外部中断源的排队由中断控制器进行安排与处理。

2. 循环轮流排队

不分级别高低，CPU 轮流响应各个中断源的中断请求。

还有其他一些排队方式，但使用最多的是按优先级排队方式。

3. 中断嵌套

在实际应用中，当 CPU 正在处理某个中断源，即正在执行中断服务程序时，会出现优先级更高的中断源申请中断。为了使更紧急的、级别更高的中断源及时得到服务，需要暂时打断（挂起）当前正在执行的级别较低的中断服务程序，去处理级别更高的中断源，待处理完以后，再返回到被打断了的中断服务程序继续执行。但级别相同或级别低的中断源不能打断级别高的中断服务，这就是所谓的中断嵌套。它是解决多重中断常用的一种方法。

INTR 可以进行中断嵌套。NMI 不可以进行中断嵌套。

5.5 中断向量与中断向量表

前面曾指出过中断过程的实质是程序转移的过程，当发生中断就意味着要发生程序的转移，即由主程序（调用程序）转移到服务程序（被调用程序）去。那么，如何才能进入中断服务程序，即如何找到中断服务程序的入口地址才是解决问题的关键。

为此，采用向量中断方式（不是查询中断方式），设置中断向量及中断向量表，通过中断向量表中的中断向量查找中断服务程序的入口地址。

5.5.1 中断向量与中断向量表

1. 什么是中断向量

由于中断服务程序是预先设计好并存放在存储区，因此，中断服务程序的入口地址，由服务程序的段基址 CS（2 个字节）和偏移地址 IP（2 个字节）两部分共 4 个字节组成。中断向量 IV（Interrupt Vector）就是指中断服务程序的这 4 个字节的入口地址。因此找服务程序的入口地址就是找中断向量。有了中断向量，将中断向量中的段基址乘以 16（左移 4 次），再加上偏移地址，得到存放服务程序第一条指令的物理地址，服务程序从这里开始执行。可见，中断向量起到指向中断服务程序起始地址的作用。

2. 什么是中断向量表

把系统中所有的中断向量集中起来放到存储器的某一区域内，这个存放中断向量的存储区就是中断向量表 IVT（Interrupt Vector Table）或中断服务程序入口地址表（中断服务程序首址表）。DOS 系统规定把存储器的 0000H～03FFH 共 1024 个地址单元作为中断向量存储区，这表明中断向量表的起始地址是固定的，并且从存储器的物理地址 0 开始。中断向量表如图 5.2 所示。

存储地址	中断向量	中断向量号
00	IP值–向量0（IP_0）	0号（除法错误）
02	CS值–向量0（CS_0）	
04	IP_1	1号（调试）
06	CS_1	
08	IP_2	2号（NMI）
0A	CS_2	
0C	IP_3	3号（断点）
0E	CS_3	
10	IP_4	4号（溢出错误）
12	CS_4	
14	IP_5	5号（屏幕打印）
16	CS_5	
18	IP_6	6号（保留）
1A	CS_6	
1C	IP_7	7号（保留）
1E	CS_7	
20	IP_8	8号（定时器中断）
22	CS_8	
24	IP_9	9号（键盘中断）
26	CS_9	
28	IP_{10}	10号（8259A从片中断）
2A	CS_{10}	
2C	IP_{11}	11号（串口2中断）
2E	CS_{11}	
30	IP_{12}	12号（串口1中断）
32	CS_{12}	
34	IP_{13}	13号（并口2中断）
36	CS_{13}	
38	IP_{14}	14号（软盘中断）
3A	CS_{14}	
3C	IP_{15}	15号（打印机中断）
3E	CS_{15}	
⋮	⋮	
3FC	IP_{255}	255号
3FE	CS_{255}	

图 5.2　中断向量表

每个中断向量包含 4 个字节，这 4 个字节在中断向量表中的存放规律是向量的偏移量（IP）存放在两个低字节单元中，向量的基址（CS）存放在两个高字节单元中。下面以 8 号中断的中断向量 CS8：IP8 存放在存储器的什么位置为例来说明中断向量表的结构。

8 号表示这个中断向量处在中断向量表中的第 8 个表项处，每个中断向量占用 4 个连续的存储字节单元，并且中断向量表是从存储器的 0000 单元开始的。所以，8 号中断的中断向量 CS8：IP8 在存储器中的地址=0000+8×4=32D=20H，其中，0000 表示中断向量表的基地址（向量表在存储器中的起始地址），8×4 表示 8 号中断的中断向量存放在存储器的 20H 单元开始的连续 4 个字节内。

根据中断向量的 4 个字节在中断向量表中的存放规律可知，8 号中断服务程序的偏移 IP8 在 20H～21H 中，段基址 CS8 在 22H～23H 中。

这样，如何在中断向量表查找服务程序的中断向量就很清楚了，其方法是根据所获取的中断号，乘以 4 得到一个向量表的地址指针，该指针所指向的表项就是服务程序的中断向量，即服务程序的入口地址。

5.5.2　中断向量表的填写

中断向量表的填写分系统填写和用户填写两种情况。

系统设置的中断服务程序，其中断向量由系统负责填写。其中，由 BIOS 提供的服务程序，其中断向量是在系统加电后由 BIOS 负责填写；由 DOS 功能提供的服务程序，其中断向量在启动 DOS 时由 DOS 负责填写。

用户开发的中断系统，在编写中断服务程序时，其中断向量由用户负责填写，可采用 MOV

指令直接向中断向量表中填写中断向量。不过，一般用户都是通过修改中断向量的方法使用系统的中断资源，而很少由用户自己直接填写。

5.6 中断处理过程

由于各类中断引起的原因和要求解决的问题不相同，故中断处理过程也不尽相同，但几个基本过程是共同的，其中以可屏蔽中断的处理过程较为典型。

5.6.1 可屏蔽中断的处理过程

可屏蔽中断 INTR 的处理过程具有典型性，全过程包括以下 4 个阶段。

1. 中断申请与响应握手

当外部设备要求 CPU 服务时，需向 CPU 发出中断请求信号，申请中断。CPU 若发现有外部中断请求，并且处在开中断条件（IF=1），又没有 DMA 申请，则 CPU 在当前指令执行结束时，进入中断响应总线周期，响应中断请求，并且通过中断回答信号 $\overline{INTA}_2$，从中断控制器读取中断源的中断号，完成中断申请与中断响应的握手过程。这一阶段的主要目标是获取外部中断源的中断号。

2. 标志位的处理与断点保存

微处理器获得外部中断源的中断号后，把标志寄存器 FLAGS 压入堆栈，并置 IF=0，关闭中断；置 TF=0，防止单步执行。然后将当前程序的代码段寄存器 CS 和指令指针 IP 压入堆栈，这样就把断点（返回地址）保存到了堆栈的栈顶。这一阶段的主要目标是做好程序转移前的准备。

3. 向中断服务程序转移并执行中断服务程序

将已获得的中断号乘以 4 得到地址指针，在中断向量表中，读取中断服务程序的入口地址 CS：IP，再把它写入代码段和指令指示器，实现程序控制的转移。这一阶段的目标是完成主程序向中断服务程序的转移，或称为中断服务程序的加载。

在程序控制转移到中断服务程序之后，就是 CPU 执行中断服务程序的问题了。

4. 返回断点

中断服务程序执行完毕后，要返回主程序，因此，一定要恢复断点和标志寄存器的内容，否则，主程序无法继续执行。为此，在中断服务程序的末尾，执行中断返回指令 IRET，将栈顶的内容依次弹出到 IP、CS 和 FLAGS，就恢复了主程序的执行。实际上，这里的“恢复”与前面的“保存”是相反的操作。

5.6.2 不可屏蔽中断和软中断的处理过程

由于它们的不可屏蔽性，并且其中断号的获取方法与可屏蔽中断不一样，所以其中断处理过程也有所差别。其主要差别是：不需通过中断响应周期获取中断号，是由系统分配的；中断服务程序结束，不需发中断结束命令 EOI，是自动结束方式。其他处理过程与可屏蔽中断的一样。

5.7 处理外部中断的解决方案

台式 PC 微机采用外置式的可编程中断控制器 PIC，协助 CPU 处理外部中断事物的解决方案。

方案选用 Intel 公司的中断控制器 82C59A 作为核心支持芯片，并且使用两片中断控制器进行级联构成 15 级中断，以扩充系统的中断资源。下面先介绍 82C59A 的外部特性、工作方式、编程模型，然后讨论它的初始化以及编程应用。

5.7.1　中断控制器 82C59A 的外部特性

82C59A 的外部引脚如图 5.3 所示。与其他外围支持芯片不同的是，它有 3 组信号线，其他 I/O 支持芯片只有面向 CPU 和面向 I/O 设备的 2 组信号线，而 82C59A 还另有 1 组同类芯片的级联信号线。

82C59A 的 3 组信号线如下。

（1）面向 CPU 的信号线。包括用于 CPU 发命令及读取中断号的 8 根数据线 D_0～D_7，一对中断请求线 INT 和中断回答线 $\overline{INTA}$，以及 $\overline{WR}$、$\overline{RD}$ 控制线与地址线 $\overline{CS}$、A_0。

（2）面向 I/O 设备的信号线。8 根中断申请线 IR_0～IR_7，其作用有二：一是接收外设的中断申请，可接收 8 个外部中断源的中断申请；二是作外部中断优先级排队用，可进行 8 级中断排队，采用完全中断嵌套排队方式时，连接 IR_0 的设备优先级最高，连接 IR_7 的设备优先级最低。

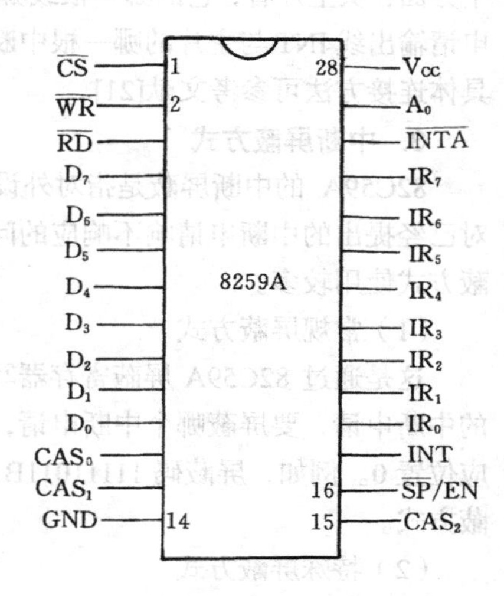

图 5.3　中断控制器 82C59A 外部引脚

（3）面向同类芯片的中断级联信号线。中断级联信号线用于扩展中断源，包括主/从芯片的设定线 $\overline{SP}$/EN，3 根用以传送从片识别码的级联线 CAS0 ~ CAS2。

5.7.2　中断控制器 82C59A 的工作方式

82C59A 提供了多种工作方式，如图 5.4 所示，这些工作方式使 82C59A 的使用范围大大增加，工作方式由初始化命令确定，其中有些方式是经常使用的，有些方式很少用到。

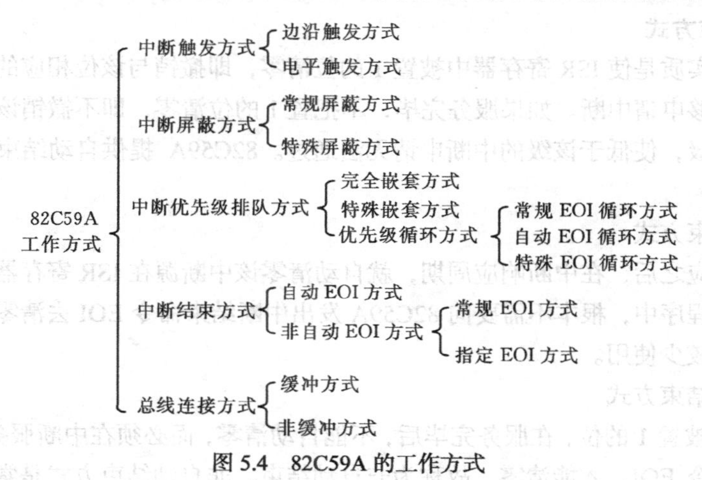

图 5.4　82C59A 的工作方式

1. 中断触发方式

82C59A 有两种中断请求的启动方式，两种方式都比较常用。

（1）边沿触发方式

IR_0～IR_7 输入线上出现由低电平到高电平的跳变，表示有中断请求。

（2）电平触发方式

IR_1～IR_7 输入线出现高电平时，表示有中断请求。

2. 中断级联方式

82C59A 可以单片使用，也可以多片使用，两片以上使用时就存在级联问题。级联问题分两个方面：从主片看，它的哪一根或哪几根中断申请输入线 IR 上有从片连接；从从片看，它的中断申请输出线 INT 与主片的哪一根中断申请输入线 IR 相连。82C59A 可以处理 8 级级联的硬件中断。具体连接方法可参考文献[21]。

3. 中断屏蔽方式

82C59A 的中断屏蔽是指对外设中断申请的屏蔽，即允许还是不允许外设申请中断，而不是对已经提出的中断申请响不响应的问题。82C59A 有常规屏蔽方式和特殊屏蔽方式两种，常规屏蔽方式使用较多。

（1）常规屏蔽方式

这是通过 82C59A 屏蔽寄存器写入 8 位屏蔽码来屏蔽或开放 8 个中断申请线（IR_0～IR_7）上的中断申请，要屏蔽哪个中断申请，就将屏蔽码的相应位置 1；不屏蔽的，即开放中断的，则相应位置 0。例如，屏蔽码 11111011B，表示仅开放 IR_2，其他均屏蔽。常规屏蔽方式是最常用的屏蔽方式。

（2）特殊屏蔽方式

用于开放低级别的中断申请。允许比正在服务的中断级别低的中断申请中断，而屏蔽同级的中断再次申请中断。这种方式很少使用。

4. 中断优先级排队方式

82C59A 提供了 3 种中断优先级排队方式：完全嵌套方式、特殊嵌套方式和优先级循环方式。其中，最常用的是完全嵌套方式，其特点是，当有多个“中断请求”同时出现时，CPU 是按中断源优先级别的高低来响应中断；而在响应中断后，执行中断服务程序时，能被优先级高的中断源所中断，但不能被同级或低级的中断源所中断。特殊嵌套方式和优先级循环方式很少使用。

5. 中断结束方式

中断结束的实质是使 ISR 寄存器中被置 1 的位清零，即撤销与该位相应的中断级，以便让低优先级中断源能够申请中断。如果服务完毕，不把置 1 的位清零，即不撤销该位的中断级，则一直占用这个中断级，使低于该级的中断申请无法通过。82C59A 提供自动结束和非自动结束两种方式。

（1）自动结束方式

这是中断响应之后，在中断响应周期，就自动清零该中断源在 ISR 寄存器中被置 1 的位。因此，在中断服务程序中，根本不需要向 82C59A 发出中断结束命令 EOI 去清零置 1 的位，故称自动结束。此方式较少使用。

（2）非自动结束方式

这是 ISR 中被置 1 的位，在服务完毕后，不能自动清零，而必须在中断服务程序中向 82C55A 发出中断结束命令 EOI，才能清零，故称为非自动结束。非自动结束方式是常用的方式，其中又有两种命令格式。

- 常规结束命令：该命令使 ISR 寄存器中优先级最高的置 1 位清零（复位）。它又称为不指定结束命令，因为，在命令代码中并不指明是哪一级中断结束，而是隐含地暗示使最高优先级结束。其命令代码是 20H。常规中断结束命令只用于完全嵌套方式。

● 指定结束命令：该命令明确指定 ISR 寄存器中哪一个置 1 的位清零，即服务完毕，具体指定哪一级中断结束。其命令代码是 6XH，其中 X=0～7，表示与 IR_0～IR_7 相对应的 8 级中断。指定结束命令是一个使用最多的中断结束命令，可用于各种中断优先级排队方式的中断结束。

5.7.3 中断控制器 82C59A 的编程模型

82C59A 的编程模型包括内部可访问的寄存器及相应的 7 个不同格式的命令字，用户利用这个编程模型编写可屏蔽中断处理程序。

1. 82C59A 内部寄存器

82C59A 的内部寄存器如图 5.5 所示。82C59A 内部有一个“控制逻辑”和 4 个寄存器，其中，“控制逻辑”模块内部设置了命令寄存器。比较特殊的是中断控制器 82C59A 内部没有设置数据寄存器，因为 CPU 与 82C59A 之间只需传送命令，无需传送数据。

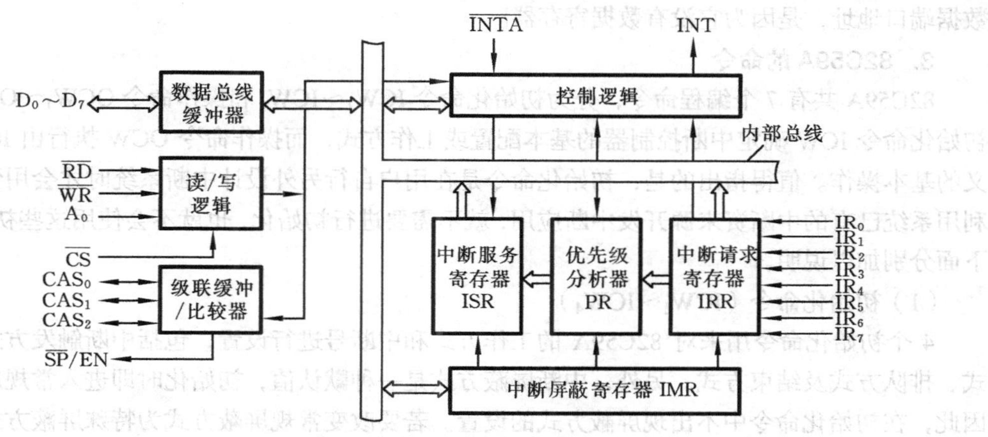

图 5.5 82C59A 的内部寄存器

（1）命令寄存器

8 位，隐含在“控制逻辑”模块内部，接收并处理 7 个命令字，用户可以访问。

（2）中断请求寄存器（IRR）

8 位，以逻辑 1 记录已经提出中断请求的中断级，等待 CPU 响应。当提出中断请求的外设产生中断时，由 82C59A 置位，直到中断被响应才自动清零。IRR 的内容可以由 CPU 通过 OCW_3 命令读出。

（3）中断服务寄存器（ISR）

8 位，以逻辑 1 记录已被响应并正在服务的中断级，包括那些尚未服务完中途被挂起的中断级，以便与后面新来的中断请求的级别进行比较。ISR 的记录由 CPU 响应中断后发回的第一个中断回答信号 $\overline{INTA}_1$ 置位。ISR 的记录（置 1 的位）清零非常重要，因为在中断服务完毕之后，该位并不自动复位，即一直占住那个中断级，使别的中断申请不能进来，所以服务完毕之后必须清零。有两个清零方式可供采用：其一，是在第一个 $\overline{INTA}_1$ 信号将某一位置 1 后，接着由第二个 $\overline{INTA}_2$ 将该位清零，这叫自动清零；其二，是非自动清零，即第二个 $\overline{INTA}_2$ 不能使该位清零，而必须在中断服务程序中，用中断结束命令 EOI，强制清零。这也就是在可屏蔽中断服务程序中必须发出中断结束命令的原因。ISR 寄存器的内容可由 CPU 通过 OCW_3 命令读出。

（4）中断屏蔽寄存器（IMR）

8 位，存放中断请求的屏蔽码，利用屏蔽码使用户拥有主动权去开放所希望的中断级，屏蔽其他不用的中断级。屏蔽码的某一位写逻辑 1，表示与该位对应的中断请求被屏蔽，禁止中断申请；写逻辑 0，表示中断请求被开放，允许中断申请。其内容由 CPU 通过 OCW_1 写入。该寄存器不可读。

（5）中断申请优先级分析器（PR）

这是一个中断请求的判优电路。它把新来的中断请求优先级与 ISR 寄存器中记录在案的中断优先级进行比较，看谁的优先级最高，就让谁申请中断。其操作过程全部由硬件完成，故该寄存器对用户是不可访问的，它不属于 82C59A 的编程模型之内。

2. 82C59A 的端口地址

中断控制器 82C59A 是系统资源，其端口地址由系统分配，见表 3.1。表中的端口地址都是命令寄存器的地址，主片的两个端口地址为 20H 和 21H；从片的两个端口地址为 0A0H 和 0A1H。具体使用哪个端口地址由初始化命令 ICW 和操作命令 OCW 的标志位 A_0 指示。82C59A 没有分配数据端口地址，是因为它没有数据寄存器。

3. 82C59A 的命令

82C59A 共有 7 个编程命令，分为初始化命令 ICW_1～ICW_4 和操作命令 OCW_1～OCW_3 两类。初始化命令 ICW 确定中断控制器的基本配置或工作方式，而操作命令 OCW 执行由 ICW 命令定义的基本操作。值得指出的是，初始化命令是在用户自行另外设计中断系统时才会用到。如果是利用系统已有的中断资来源开发中断应用，就不需要进行初始化，也就不会使用这些初始化命令。下面分别加以说明。

（1）初始化命令（ICW_1～ICW_4）

4 个初始化命令用来对 82C59A 的工作方式和中断号进行设置，包括中断触发方式、级联方式、排队方式及结束方式。另外，中断屏蔽方式是一种默认值，初始化时即进入常规屏蔽方式，因此，在初始化命令中不出现屏蔽方式的设置。若要改变常规屏蔽方式为特殊屏蔽方式，则在初始化之后，执行操作命令 OCW_3。4 个初始化命令格式如图 5.5 所示，图中每条命令的左侧的 A_0，表示该命令寄存器端口地址是使用奇地址还是使用偶地址，若 A_0 为 0，则使用偶地址（20H 或 A0H），若 A_0 为 1，则使用奇地址（21H 或 A1H）。

4 个初始化命令的作用如下（紧密联系图 5.6 初始化命令格进行分析）。

① ICW_1 进行中断触发方式和单片/多片使用的设置。

8 位，其中，D_3 位（LTIM）设置触发方式，D_1 位（SNGL）设置单/多片使用。

例如，若 82C59A 采用电平触发，单片使用，需要 ICW_4，则初始化命令 ICW_1=00011011B，初始化 ICW_4 的程序段如下。

```
MOV AL,1BH          ;ICW1 的内容
OUT 20H,AL          ;写入 ICW1 端口(A0=0)
```

② ICW_2 进行中断号设置。

8 位，初始化编程时只写高 5 位，低 3 位写 0。低 3 位的实际值由外设所连接的 IR_i 引脚编号决定，并由 82C59A 自动填写。

例如，在微机系统中，硬盘中断号的高 5 位是 08H，它的中断请求线连到 82C59A 的 IR_5 上，故在向 ICW_2 写入中断号时，只写中断号的高 5 位（08H），低 3 位取 0，其程序段如下。

```
MOV AL,08H          ;ICW2 的内容(中断号高 5 位)
OUT 21H,AL          ;写入 ICW2 的端口(A0=1)
```

而中断号的低 3 位的实际值为 5，因为它的中断请求线是连到 IR_5 上，由硬件自动填写。

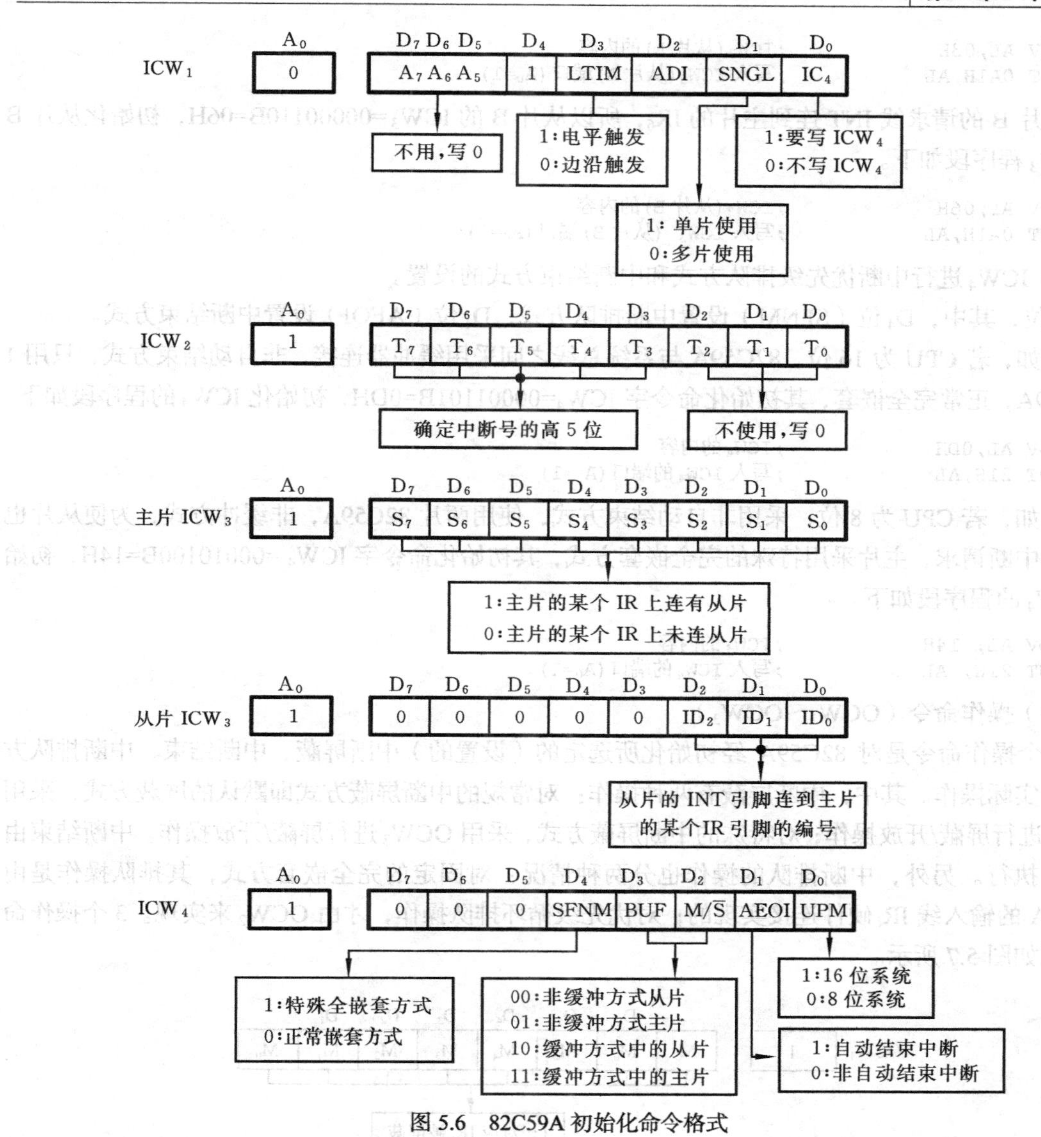

图 5.6　82C59A 初始化命令格式

③ ICW_3进行级联方式设置。

8 位，ICW_3命令只有系统存在 2 片以上 82C59A 时才启用，否则不用ICW_3命令。分主片和从片，分开设置。主片级联方式命令ICW_3的 8 位，表示IR_i的哪一个输入引脚上有从片连接，若有，该位写 1；若无，该位写 0。如果主片的IR_4上有从片连接，则主片的ICW_3=10H。从片的 8 位，表示它的中断请求线 INT 连到了主片哪一个IR_i上，若连到主片的IR_4，则从片的ICW_3=04H。

例如，假设主片的IR_3和IR_6两个输入端分别连接了从片 A 与 B 的 INT，故主片的ICW_3=01001000B=48H，初始化主片的ICW_3程序段如下。

```
MOV  AL,48H            ;ICW3(主)的内容
OUT  21H,AL            ;写入 ICW3(主)的端口(A0 =1)
```

从片 A 的请求线 INT 连到主片的IR_3，所以从片 A 的ICW_3=00000011B=03H，初始化从片 A 的ICW_3程序段如下。

```
MOV AL,03H          ;ICW3(从片A)的内容
OUT 0A1H,AL         ;写入ICW3(从片A)端口(A0=1)
```

从片B的请求线INT连到主片的IR_6，所以从片B的ICW_3=00000110B=06H，初始化从片B的ICW_3程序段如下。

```
MOV AL,06H          ;ICW3(从片B)的内容
OUT 0A1H,AL         ;写入ICW3 (从片B)端口(A0=1)
```

④ ICW_4进行中断优先级排队方式和中断结束方式的设置。

8位，其中，D_4位（SFNM）设置中断排队方式，D_1位（AEOI）设置中断结束方式。

例如，若CPU为16位，82C59A与系统总线之间采用缓冲器连接，非自动结束方式，只用1片8259A，正常完全嵌套，其初始化命令字ICW_4=00001101B=0DH，初始化ICW_4的程序段如下。

```
MOV AL,0DH          ;ICW4的内容
OUT 21H,AL          ;写入ICW4的端口(A0=1)
```

又如，若CPU为8位，采用非自动结束方式，使用两片82C59A，非缓冲方式，为使从片也能提出中断请求，主片采用特殊的完全嵌套方式，其初始化命令字ICW_4 =00010100B=14H，初始化ICW_4的程序段如下。

```
MOV AL, 14H         ;ICW4的内容
OUT 21H, AL         ;写入ICW4的端口(A0=1)
```

（2）操作命令（OCW_1～OCW_3）

3个操作命令是对82C59A经初始化所选定的（设置的）中断屏蔽、中断结束、中断排队方式进行实际操作。其中，中断屏蔽有两种操作：对常规的中断屏蔽方式即默认的屏蔽方式，采用OCW_1进行屏蔽/开放操作；对特殊的中断屏蔽方式，采用OCW_3进行屏蔽/开放操作。中断结束由OCW_2执行。另外，中断排队的操作也分两种情况：对固定的完全嵌套方式，其排队操作是由82C59A的输入线IR_i硬件连接实现的；对优先级循环排队操作，才由OCW_2来实现。3个操作命令格式如图5.7所示。

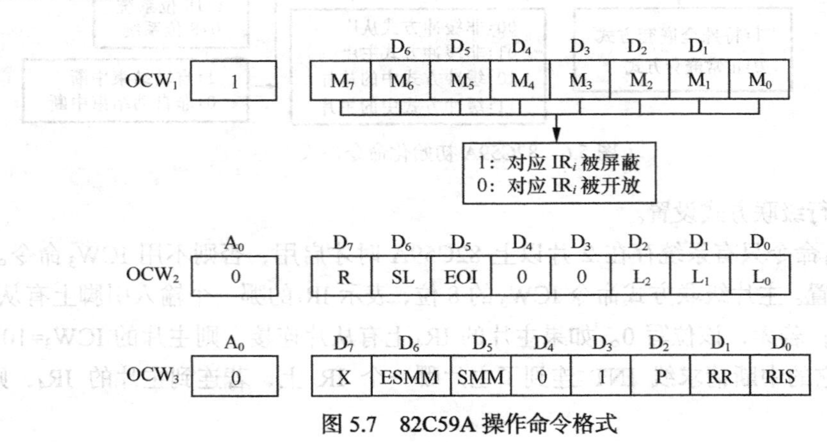

图5.7　82C59A操作命令格式

3个OCW命令中，OCW_1的中断屏蔽/开放和OCW_2的中断结束方式是用户编程常用的，要学会使用，OCW_3很少使用，可一般了解。3个操作命令的作用如下。

① OCW_1执行常规的中断屏蔽/开放操作。

8位，分别对应8个外部中断请求。置1，屏蔽；置0，开放。并且，对主片和从片要分别写OCW_1。

例如，要使中断源 IR_3 开放，其余均被屏蔽，其操作命令字 OCW_1=11110111B。在主程序中开中断之前，要写一程序段指明仅开放中断源 IR_3 的中断请求，程序段如下。

```
MOV AL,0F7H              ;OCW1的内容，仅开放IR3的中断请求
OUT 21H,AL               ;写入OCW1端口（A0=1）
```

② OCW_2 执行中断结束操作和优先级排队操作。

8 位，其中，D_6 位（SL）、D_5 位（EOI）及 D_0～D_2 位（L_0～L_2）用于进行中断结束操作。D_7 位（R）进行优先级循环的操作。OCW_2 中 R、SL、EOI 的组合功能如表 5.2 所示。

表 5.2　　OCW_2 中 R、SL、EOI 的组合功能

R	SL	EOI	功能
0	0	1	不指定 EOI 命令，全嵌套方式
0	1	1	指定 EOI 命令，全嵌套方式，L_2～L_0 指定对应 ISR 位清零
1	0	1	不指定 EOI 命令，优先级自动循环
1	1	1	指定 EOI 命令，优先级特殊循环，L_2～L_0 指定最低优先级
1	0	0	自动 EOI，优先级自动循环
0	0	0	自动 EOI，取消优先级自动循环
1	1	0	优先级特殊循环，L_2～L_0 指定最低优先级
0	1	0	无操作

例如，若对 IR_3 中断采用指定全嵌套中断结束方式，其操作命令字 OCW_2=01100011B，则需在中断服务程序中中断返回指令 IRET 之前，发中断结束命令，写如下程序段。

```
MOV AL,63H               ;OCW2的内容，指定结束IR3中断
OUT 20H,AL               ;写入,OCW2端口(A0=0)
```

又如，若对 IR_3 中断采用不指定全嵌套中断结束方式，其操作命令字 OCW_2=00100000B，则需在中断服务程序中，中断返回指令 IRET 之前，写如下程序段，发中断结束命令。

```
MOV AL,00100000B         ;OCW2的内容，虽没有明指结束IR3中断，但暗指是结束IR3中断
OUT 20H,AL               ;写入，OCW2端口（A0=0）
```

③ OCW_3 进行特定的中断屏蔽/开放操作。

OCW_3 在实际中很少使用，不做介绍，可参考文献[21]。

5.7.4　中断控制器对 CPU 处理中断的支持作用

在了解了中断控制器 82C59A 的特性和编程模型之后，现在可以归纳一下它为 CPU 分担了哪些对可屏蔽中断的管理工作，看看它对 CPU 到底有多大的支持作用。

82C59A 配合微处理器组成微机的中断系统，它协助 CPU 实现一些中断事务的管理功能。

1. 接收 I/O 设备的中断请求

I/O 设备的中断请求，并非直接连到 CPU，而是通过 82C59A 接收进来，再由它向 CPU 提出中断请求。一片 82C59A 通过外部引脚 IR_0～IR_7 可接收 8 个中断请求，经过级联可扩展至 8 片 8259A。多片级联时，只有一片作主片，其他作从片。

2. 进行外部中断优先级排队

I/O 设备的中断优先级排队并不是由 CPU 安排的，而是由 82C59A 按连接到它的中断申请输入引脚 IR_0～IR_7 顺序决定的，连到 IR_0 上的 I/O 设备中断优先级最高，连到 IR_7 上的 I/O 设备中断

优先级最低，依此类推，这就是所谓的完全嵌套排队方式。完全嵌套排队方式是 82C59A 的一种常用的排队方式。除完全嵌套方式之外，82C59A 还提供特殊嵌套和循环优先级几种排队方式供用户选择，但使用较少。

3. 向 CPU 提供中断号

82C59A 向 CPU 提供可屏蔽中断中断源的中断号。其过程是，先在 82C59A 初始化时，将中断源使用的中断号，写入 82C59A 的 ICW_2，然后当中断源发生中断，CPU 在响应中断、进入中断响应周期时，用中断回答信号 $\overline{INTA}_2$，最后从 82C59A 的 ICW_2 读取这个中断号。

4. 进行中断申请的开放与屏蔽

外部的硬件中断源向 CPU 申请中断，首先要经过 82C59A 的允许。若允许，即开放中断请求；若不允许，即屏蔽中断请求。进行中断申请的开放与屏蔽的方法是向 OCW_1 写入屏蔽码。需要指出的是，此处的开放与屏蔽中断请求和 CPU 开中断和关中断是完全不同的两件事。首先，前者是对中断申请的限制条件，后者是对中断响应的限制条件；其次，前者是由 82C59A 执行 OCW_1 命令，后者是由 CPU 执行 STI/CLI 指令；最后，前者是对 82C59A 的中断屏蔽寄存器（IMR）进行操作，后者是对 CPU 的标志寄存器（中断位 IF）进行操作。

5. 执行中断结束命令

可屏蔽中断的中断服务程序在中断返回之前，要求发中断结束命令。这个命令不是由 CPU 执行的，而是由 82C59A 执行 OCW_2 命令来实现的，并且 OCW_2 这个命令是对中断服务寄存器（ISR）进行操作。82C59A 提供了自动结束、不指定结束（常规结束）、指定结束几种中断结束方式供用户选择，其中指定结束方式很常用。

5.8 可屏蔽中断的体系结构及初始化

台式 PC 微机配置了两片 82C59A 中断控制器，以级联方式共同组成一个 15 级可屏蔽中断结构，支持 CPU 处理中断事务。

5.8.1 可屏蔽中断的体系结构

可屏蔽中断结构由主/从两片 82C59A 中断控制器进行级联组成，可支持 15 级可屏蔽中断处理，如图 5.8 所示。

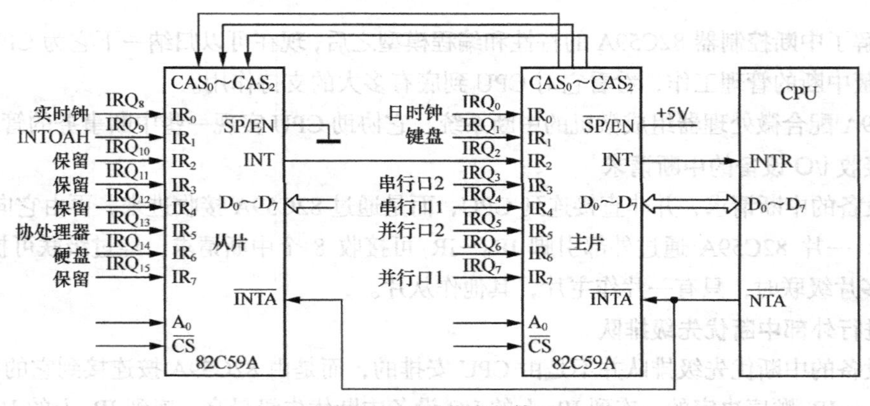

图 5.8 可屏蔽中断体系

15 级可屏蔽中断的中断号分配，如表 5.3 和表 5.4 所示。表 5.3 是主片 82C59A 的中断号，表 5.4 是从片 82C59A 的中断号。

表 5.3　　主片 82C59A8 级硬中断源的中断号

中断源	中断号高 5 位	低 3 位	中断号
日时钟	08H	$IR_0(0)$	08H
键盘	08H	$IR_1(1)$	09H
保留	08H	$IR_2(2)$	0AH
通信（二）	08H	$IR_3(3)$	0BH
通信（一）	08H	$IR_4(4)$	0CH
硬盘	08H	$IR_5(5)$	0DH
软盘	08H	$IR_6(6)$	0EH
打印机	08H	$IR_7(7)$	0FH

表 5.4　　从片 82C59A8 级硬中断源的中断号

中断源	中断号高 5 位	低 3 位	中断号
实时钟	070H	$IR_0(0)$	70H
改向 INTOA	070H	$IR_1(1)$	71H
保留	070H	$IR_2(2)$	72H
保留	070H	$IR_3(3)$	73H
保留	070H	$IR_4(4)$	74H
协处理器	070H	$IR_5(5)$	75H
硬盘	070H	$IR_6(6)$	76H
保留	070H	$IR_7(7)$	77H

5.8.2　可屏蔽中断的初始化设置

台式 PC 微机系统对 82C59A 进行了初始化，将中断控制器的工作方式，包括中断触发方式、中断屏蔽方式、中断排队方式、中断结束方式、中断级联方式以及中断号的分配确定下来，以备系统或用户使用，因此用户不需再做初始化。初始化的设置内容和相应的初始化程序如下。

1．初始化设置的内容

（1）中断触发方式采用边沿触发，上跳变有效。

（2）中断屏蔽方式采用常规屏蔽方式，即使用 OCW_1 向 IMR 写入屏蔽码。

（3）中断优先级排队方式采用固定优先级的完全嵌套方式。

（4）中断结束方式采用非自动结束方式中的不指定全嵌套和指定全嵌套两种命令格式，即在中断服务程序服务完毕中断返回之前，发结束命令代码 20H 或 6XH 均可（X 为 0～7）。

（5）级联方式采用两片主/从连接方式，并且规定把从片的中断申请输出引脚 INT 连到主片的中断请求输入引脚 IR_2 上。两片级联处理 15 级中断。

（6）15 级中断号的分配为：中断号 08H～0FH 对应 IRQ_0～IRQ_7，中断号 70H～77H 对应 IRQ_8～IRQ_{15}。

（7）两片 82C59A 的端口地址分配为：主片 82C59A 的两个端口是 20H 和 21H；从片 82C59A

的两个端口是 0A0H 和 0A1H。

2. 初始化设置的程序

（1）初始化流程

系统上电期间，分别对 82C59A 的主片和从片进行初始化。初始化流程如图 5.9 所示。

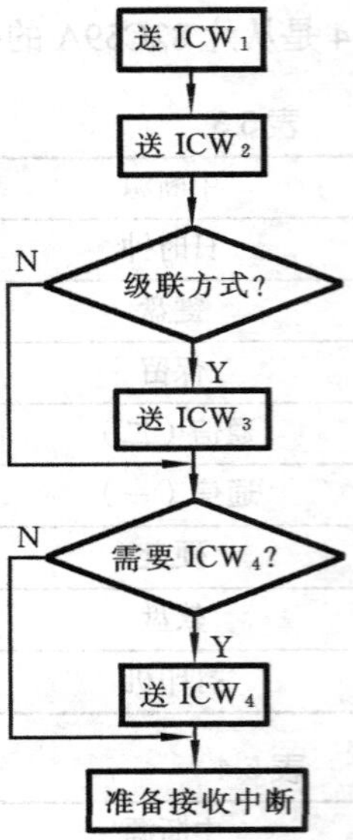

送 ICW_1
送 ICW_2
级联方式？
N
Y
送 ICW_3
需要 ICW_4？
N
Y
送 ICW_4
准备接收中断

图 5.9　82C59A 初始化流程

（2）系统对中断控制器初始化程序段

① 82C59A 主片汇编语言初始化程序段如下。

```
   ⋮
INTA00 EQU 020H          ;82C59A 主片端口(A0=0)
INTA01 EQU 021H          ;82C59A 主片端口(A0=1)

MOV AL,11H               ;ICW1: 边沿触发，多片，要 ICW4
OUT INTA00,AL
JMP SHORT$+2             ;I/O 端口延时要求（下同）
MOV AL,8                 ;ICW2: 中断号的高 5 位
OUT INTA01,AL
JMP SHORT$+2
MOV AL,04H               ;ICW3: 主片的 IR2 上接从片,(A0=1)
OUT INTA01,AL
JMP SHORT$+2
MOV AL,01H               ;ICW4: 非缓冲，全嵌套，16 位的 CPU，非自动结束
OUT INTA01,AL
   ⋯
```

//C 语言初始化程序段

```
   ⋮
#define INTA00 0x20            //82C59A 主片端口(A0=0)
#define INTA01 0x21            //82C59A 主片端口(A0=1)

outportb(INTA00,0x11);         //ICW1: 边沿触发，多片，要 ICW4
delay(10);
outportb(INTA01,0x08);         //ICW2: 中断号的高 5 位
delay(10);
outportb(INTA01,0x04);         //ICW3: 主片的 IR2 上接从片, (A0=1)
delay(10);
outportb(INTA01,0x01);         //ICW4: 非缓冲，全嵌套，16 位的 CPU，非自动结束
   ⋮
```

② 82C59A 从片汇编语言初始化程序段如下。

```
   ⋮
INTB00 EQU 0A0H          ;82C59A 从片端口(A0=0)
INTB01 EQU 0A1H          ;82C59A 从片端口(A0=1)

MOV AL,11H               ;ICW1: 边沿触发，多片，要 ICW4
OUT INTB00, AL
JMP SHORT$+2
MOV AL,70H               ;ICW2: 中断号的高 5 位
OUT INTB01, AL
JMP SHORT$+2
MOV AL,02H               ;ICW3: 从片接主片的 IR2 (ID2ID1ID0=010)
OUT INTB01,AL
JMP SHORT$+2
MOV AL,01H               ;ICW4: 非缓冲，全嵌套，16 位的 CPU，非自动结束
OUT INTB01,AL
   ⋮
```

//C 语言初始化程序段

```
    ⋮
#define INTB00 0xA0          //82C59A 从片端口(A0=0)
#define INTB01 0xA1          //82C59A 从片端口(A0=1)

outportb(INTB00,0x11);       //ICW1：边沿触发，多片，要 ICW4
delay(10);
outportb(INTB01,0x70);       //ICW2：中断号的高 5 位
delay(10);
outportb(INTB01,0x02);       //ICW3：从片接主片的 IR2(ID2ID1ID0=010)
delay(10);
outportb(INTB01,0x01);       //ICW4：非缓冲，全嵌套，16 位的 CPU，非自动结束
    ⋮
```

系统一旦完成了对 82C59A 的初始化，所有外部硬件中断源和服务程序（包括已开发和未开发的）都必须按初始化的规定去做，因此，为慎重起见，对系统的 82C59A 初始化编程不由用户去做，而是在微机启动后由处理器按初始化设置要求自动完成。从系统的安全性考虑，用户不应当对系统的中断控制器再进行初始化，也不能改变对它的初始化设置。

但是，在单片微机或嵌入式微机应用中，用户另行设计中断控制器是可以自行初始化，而对 PC 台式微机系统配置的可屏蔽中断控制器不可另搞一套初始化设置。

5.9　系统中断资源的应用

当用户使用系统的中断资源时，不需要进行中断系统的硬件设计，也不需要重新编写初始化程序，因为这些已由系统做好了。因此，82C59A 总是按照系统初始化所规定的要求进行工作，用户无法更改。那么，用户该做哪些与中断有关的工作呢？主要工作是进行中断向量的修改与恢复、编写中断服务程序。另外，还要在主程序中，使用 OCW_1 命令执行中断屏蔽与开放操作；在中断服务程序中，使用 OCW_2 命令发中断结束信号 EOI 和使用 IRET 指令来中断返回。

5.9.1　修改中断向量

修改中断向量是修改同一中断号下的中断服务程序入口地址。若入口地址改变了，则中断产生后，程序转移的目标（方向）也就随之改变。这说明同一个中断号可以被多个中断源分时使用。因此，中断向量修改是解决系统中断资源共享的一种手段，也是用户利用系统中断资源来开发可屏蔽中断服务程序的常用方法，要学会使用。

中断向量修改在主程序中进行，下面讨论修改中断向量的方法与步骤。

1. 中断向量修改的方法

当用户要用自行开发的中断服务程序去代替系统原有的中断服务程序时，就必须修改原有的中断向量，使其改为用户的中断服务程序的中断向量。修改后，若产生中断，并被响应，就可转到用户的服务程序来执行。

中断向量修改的方法是利用 DOS 功能调用 INT21H 的 35H 号功能和 25H 号功能。INT21H 系统功能调用为用户程序修改中断向量提供了两个读/写中断向量的功能号，其入口/出口参数如下。

（1）INT21H 的 35H 号功能是从中断向量表中读取中断向量

入口参数：无。

AH=功能号 35H，AL=中断号 N。

调用：即执行 INT 21H。

出口参数：ES：BX=读取的中断向量的段基址：偏移量。

（2）INT21H 的 25H 号功能是向中断向量表中写入中断向量

入口参数：DS：DX=要写入的中断向量的段基址：偏移量。

AH=功能号 25H，AL=中断号 N。

调用：即执行 INT 21H。

出口参数：无。

2. 中断向量修改与恢复的步骤

中断向量修改在主程序中进行，分以下 3 步进行。

（1）调用 35H 号功能，从向量表中读取某一中断号的原中断向量，并保存在双字节变量中。

（2）调用 25H 号功能，将新中断向量写入中断向量表中原中断向量的位置，取代原中断向量。

（3）新中断服务程序完毕后，再用 25H 号功能将保存在双字节变量中的原中断向量写回去，恢复原中断向量。

例如，原中断服务程序的中断号为 N，新中断程序的入口地址的段基址为 SEG_INTRnew，偏移地址为 OFFSET_INTRnew，OLD_SEG 和 OLD_OFF 分别为保存原中断向量的双字节地址，中断向量修改的汇编语言程序段如下。

```
CLI                                ;关中断
MOV AH,35H                         ;取原中断向量
MOV AL,N
INT21H
MOV OLD_SEG,ES                     ;保存原中断向量
MOV OLD_OFF,BX
MOV DX,SEG INTRnew                 ;设置新中断向量
MOV DS,DX                          ;DS 指向新中断服务程序段基址
MOV DX,OFFSET INTRnew              ;DX 指向新中断服务程序偏移量
MOV AL,N                           ;中断号
MOV AH,25H
INT21H
STI                                ;开中断
   ⋮
MOV DX,OLD_SEG                     ;恢复原中断向量
MOV DS,DX
MOV DX,OLD_OFF
MOV AH,25H
MOV AL,N
INT21H
```

//修改中断向量的 C 语言程序段如下。

```
#include <dos.h>
void interrupt (*oldhandler)();       //函数指针，用于保存原中断向量
void interrupt newhandler()           //新中断服务程序入口
{
    disable();
    ⋮
    enable();                         //中断服务程序代码
}
void main()
{
    ⋮
    disable();                        //关中断
    oldhandler=getvect(N);            //获取原中断向量，并将其保存，以便恢复，其中 N 为中断号
```

```
    setvect(N,newhandler);          //设置新中断向量，其中 N 为中断号
    enable();                       //开中断
    ⋮
    setvect(N,oldhandler);          //恢复原中断向量
}
```

5.9.2 编写中断服务程序

1. 中断服务程序的一般格式

```
NEW_INT PROC  FAR
  (寄存器进栈)          ;现场保护
       ⋮
  (服务程序主体)
       ⋮
   MOV AL,20H           ;向从片 82C59A 发结束命令
   MOV DX,0A1H
   OUT DX,AL
   OUT 20H,AL           ;向主片 82C59A 发结束命令
  (寄存器出栈)          ;恢复现场
   IRET                 ;中断返回
NEW_INT ENDP
```

2. 编写中断服务程序需要注意的几个问题

（1）注意现场的保护

中断服务程序中往往要使用某些寄存器进行数据的暂存或传送，在使用这些寄存器之前要进栈保存，以免破坏主程序所使用的这些寄存器内容。

（2）注意堆栈操作的对称性

堆栈在中断处理过程中用来存放中断返回地址（断点）及现场信息（寄存器内容），在进行堆栈操作时要特别注意进栈与出栈的对称性，即进栈与出栈的内容和顺序都要一一对应，不要出现进栈与出栈不一致，以免发生中断结束后不能正确返回断点，造成严重后果。

（3）中断服务程序要尽可能短

为避免对同级或低级的中断源造成阻塞和干扰，要求中断服务程序执行要快。因此，能在主程序中做的工作尽可能安排在主程序中进行，而不要放到中断服务程序中去。

5.10 中断服务程序设计

下面的两个例子比较简单，主要用来说明可屏蔽中断服务程序如何编写，并进一步了解系统中断控制器的使用方法。这两个例子是想说明外部设备通过主、从中断控制器申请中断的中断处理程序有什么不同。实际应用中的中断处理程序要复杂一些，将在后面的 A/D 转换器接口设计中讨论。

5.10.1 主中断控制器的中断服务程序设计

例 5.1 利用系统中断控制器主片 82C59A 的中断服务程序设计。

1. 要求

中断申请电路如图 5.10 所示。微动开关 SW 的中断请求接到 IRQ_7。每按下 1 次开关 SW 就申请 1 次中断，按 8 次后显示“OK！”，程序结束。试编写中断服务程序。

2. 分析

IRQ_7是主片 82C59A 的 IR_7引脚上的中断请求输入线，中断号为 0FH，系统分配给打印机中断，当打印机空闲不使用时，用户可以通过修改中断向量进行利用。

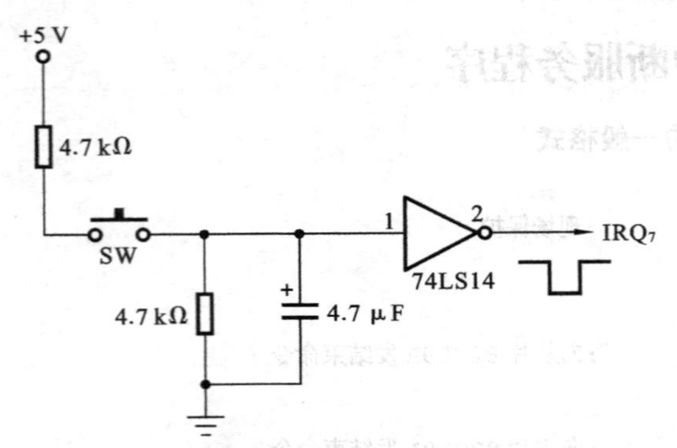

图 5.10 微动开关申请中断示意图

3. 程序设计

包括主程序和中断服务程序，可以对照 5.9.1 节所阐明的中断向量修改、中断的屏蔽与开放及中断服务程序的格式来分析下面的程序。

汇编语言主片 82C59A 的中断服务程序如下。

```
STACK SEGMENT
                DW 200 DUP(?)                    ;堆栈区地址空间
STACK ENDS
DATA  SEGMENT
        OLD_IV  DD ?                             ;保存原中断向量的双字单元
        MK-BUF  DB ?                             ;保存原屏蔽字的字节单元
          BUF  DB'OK !',0DH,0AH,$                ;提示符
         COUNT  DB  (0)                          ;计数单元，初值为 0
DATA  ENDS
CODE SEGMENT                                     ;主程序开始
    ASSUME CS:CODE,DS:DATA,SS:STACK
START: MOV AX,DATA
       MOV DS,AX
       IN  AL,21H                                ;保存 82C59A 原屏蔽字
       MOV MK-BUF,AL
       CLI                                       ;关中断
       AND AL,01111111B                          ;7FH 是开放主片 IR7 的屏蔽码
       OUT 21H,AL
       CALL GET_IV                               ;获取原中断向量的子程序
       CALL SET_IV                               ;设置新中断向量的子程序
L1:    STI                                       ;开中断
       CMP COUNT,08H                             ;计数是否到 8 次
       JNZ  L1                                   ;未到，继续;已到，恢复原向量和原屏蔽字
                                                 ;显示“OK”并结束程序
       CLI                                       ;关中断
       CALL RENEW_IV                             ;恢复原中断向量的子程序
       MOV AL,MK-BUF                             ;恢复 82C59A 原屏蔽字
       OUT 21h,AL
       STI                                       ;开中断
       MOV AX,SEG BUF                            ;显示提示符 “OK!”
       MOV DS,AX
       MOV DX,OFFSET BUF
```

```
        MOV AH,09H
        INT 21H
        MOV AX,4C00H                          ;返回 DOS
        INT 21H

SW_INT  PROC FAR                              ;用户中断服务程序开始
        STI                                   ;开中断
        PUSH AX                               ;寄存器进栈
        INC COUNT                             ;计数加 1
        CLI                                   ;关中断
        MOV AL,67H                            ;发中断结束命令（OCW2，指定结束方式）
        OUT 20H,AL
        POP AX                                ;寄存器出栈
        IRET                                  ;中断返回
SW_INT  ENDP                                  ;用户中断服务程序结束

GET_IV  PROC NEAR                             ;获取原中断向量的子程序
        PUSH AX
        PUSH BX
        MOV AX,350FH
        INT 21H
        MOV WORD PTR OLD_IV,BX
        MOV WORD PTR OLD_IV+2,ES
        POP BX
        POP AX
        RET
GET_IV  ENDP

SET_IV  PROC NEAR                             ;设置新中断向量的子程序
        PUSH AX
        PUSH DX
        PUSH DS
        MOV AX,CODE
        MOV DS,AX
        MOV DX,OFFSET SW_INT
        MOV AX,250FH
        INT 21H
        POP DS
        POP DX
        POP AX
        RET
SET_IV  ENDP

RENEW_IV PROC NEAR                            ;恢复原中断向量的子程序
        PUSH AX
        PUSH DX
        MOV DX,WORD PTR OLD_IV
        MOV DS,WORD PTR OLD_IV+2
        MOV AX,250FH
        INT 21H
        POP DX
        POP AX
        RET
RENEW_IV ENDP
CODE   ENDS                                   ;主程序结束
         END START
```

//C 语言主片 82C59A 的中断服务程序如下。

```
#include <stdio.h>
#include <conio.h>
#include <dos.h>
unsigned char n=0;
```

```
void interrupt newhandler()                    //中断服务程序
{
    disable();
    n++;
    outportb(0x20,0x67);
    enable();
}
void main()
{
    void interrupt (*oldhandler)();           //用于保存原中断向量
    unsigned char MK-BUF,tmp;                 //保存原中断屏蔽字
    MK-BUF=inportb(0x21);                     //获取中断屏蔽字
    tmp=MK-BUF;
    disable();
    tmp &=0x7f;
    outportb(0x21,tmp);                       //开放 0FH 号中断(OCW1)
    oldhandler=getvect(0x0f);                 //获取原中断向量，并保存
    setvect(0x0f,newhandler);                 //设置用户程序新中断向量
    enable();                                 //开中断
    while(n!=8);                              //计数是否到指定数 8
    disable();                                //关中断
    setvect(0x0f,oldhandler);                 //恢复原中断向量
    outportb(0x21,MK-BUF);                    //恢复 82C59A 原屏蔽字(OCW1)
    enable();                                 //开中断
    printf("OK!\n");                          //打印提示
}
```

5.10.2 从中断控制器的中断服务程序设计

例 5.2 利用系统中断控制器从片 82C59A 的中断服务程序设计。

1. 要求

中断申请电路如图 5.11 所示。拨动开关 SW 的中断请求接到 IRQ_{10}。每按下 1 次开关 SW 就申请 1 次中断，显示“OK!”，然后返回，程序结束。

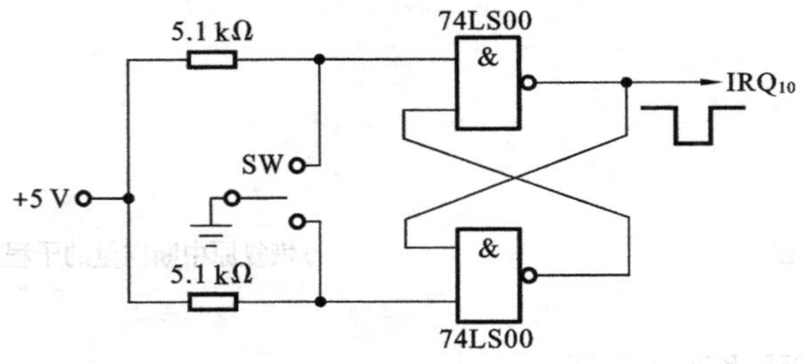

图 5.11 微动开关中断示意图

2. 分析

IRQ_{10} 是从片 82C59A 的 IR_2 引脚上的中断请求，中断号为 72H，是系统保留的，用户可以使用。由于是从片 82C59A，在执行从片的屏蔽与开放和发中断结束命令时，还要考虑对主片进行相应的操作。

3. 程序设计

包括主程序和中断服务程序，着重比较分析与例 5.1 的不同之处。

汇编语言从片 82C59A 的中断服务程序如下。

```
STACK SEGMENT PARA STACK
      DW 200 DUP(?)                         ;堆栈区地址空间
```

```
STACK  ENDS
DATA SEGMENT PARA DATA
       INT_OFF DW ?                              ;保存原中断向量的 IP
       INT_SEG DW ?                              ;保存原中断向量的 CS
       BUF  DB'OK !',0DH,0AH,$                   ;提示符
DATA ENDS
CODE SEGMENT                                     ;主程序开始
       ASSUMECS:CODE,DS:DATA,ES:DATA,SS:STACK
SW PROC NEAR
START:MOV AX,DATA
       MOV DS,AX
       MOV ES,AX
       MOV AX,STACK
       MOV SS,AX

       ;修改中断向量
       MOV AX,3572H                              ;取原中断向量，并保存
       INT21H
       MOV INT_OFF,BX
       MOV BX,ES
       MOV INT_SEG,BX
       CLI                                       ;装入新中断向量
       MOV DX,SEG SW_INT
       MOV DS,DX
       MOV DX,OFFSET SW_INT
       MOV AX,2572H
       INT21H
       MOV AX,DATA                               ;恢复数据段
       MOV DS,AX

       ;开放中断屏蔽
       IN AL,21H                                 ;21H 是主片 OCW1 的端口
       AND AL,11111011B                          ;FBH 是开放主片 IRQ2 的屏蔽码
       OUT 21H,AL
       MOV DX,0A1H                               ;0A1H 是从片 OCW1 的端口
       IN AL,DX
       AND AL,11111011B                          ;FBH 是开放从片 IRQ10 的屏蔽码
       OUT DX,AL

       ;开中断
       STI                                       ;开中断
       HLT                                       ;等待中断

       ;恢复原中断向量
       CLI
       MOV DX,INT-SEG                            ;恢复原中断向量
       MOV DS,DX
       MOV DX,INT-OFF
       MOV AX,2572H
       INT21H
       MOV AX,DATA                               ;恢复数据段
       MOV DS,AX

       ;恢复中断屏蔽
       IN AL,21H                                 ;21H 是主片 OCW1 的端口
       OR AL,00000100B                           ;04H 是屏蔽主片 IRQ2 的屏蔽码
       OUT 21H,AL
       MOV DX,0A1H                               ;0A1H 是从片 OCW1 的端口
       IN AL,DX
       OR AL, 00000100B                          ;04H 是屏蔽从片 IRQ10 的屏蔽码
       OUT DX,AL
       STI                                       ;开中断
```

```
        ;显示“OK!”字符
        MOV AX,SEG BUF                          ;显示提示符“OK!”
        MOV DS,AX
        MOV DX,OFFSET BUF
        MOV AH,09H
        INT 21H
        MOV AX,4C00H                    ;返回DOS
        INT21H
SW  ENDP

SW_INT PROC FAR                         ;中断服务程序开始
        PUSH AX                         ;寄存器进栈
        PUSH DX
        CLI                             ;关中断
        MOV AL, 20H                     ;主片82C59A中断结束
        OUT 20H, AL                     ;自动结束方式(OCW2)
        MOV DX, 0A0H                    ;从片82C59A中断结束
        MOV AL, 62H                     ;指定结束方式(OCW2)
        OUT DX,AL
        STI                             ;开中断
        POP DX                          ;寄存器出栈
        POP AX
        IRET                            ;中断返回
SW_INT ENDP                             ;中断服务程序结束
CODE ENDS                               ;主程序结束
        END START
```

//从片82C59A的C语言中断服务程序如下。

```
#include <stdio.h>
#include <conio.h>
#include <dos.h>
unsigned char n=0;
void interrupt newhandler()                     //中断服务程序
{
    disable();
    outportb(0x20,0x20);
    outportb(0xA0,0x62);
    enable();
    printf("OK!\n");                            //显示提示符“OK!”
}
void main()
{
    unsigned char tmp;
    void interrupt (*oldhandler)();             //用于保存原中断向量
    oldhandler=getvect(0x72);                   //获取原中断向量，并保存
    disable();
    setvect(0x72,newhandler);                   //设置用户程序新中断向量
    tmp=inportb(0x21);                          //21H是主片OCW1的端口
    tmp &=0x0fb;                                //FBH是开放主片IRQ2的OCW1命令字
    outportb(0x21,tmp);
    tmp=inportb(0xA1);                          //0A1H是从片OCW1的端口
    tmp &=0x0fb;                                //FBH是开放从片IRQ10的OCW1命令字
    outportb(0xA1,tmp);
    enable();                                   //开中断
    while(! kbhit());                           //等待中断
    disable();                                  //关中断
    setvect(0x0f,oldhandler);                   //恢复原中断向量
    tmp=inportb(0x21);                          //21H是主片OCW1的端口
    tmp |=0x04;                                 //04H是屏蔽主片IRQ2的OCW1命令字
    outportb(0x21,tmp);
    tmp=inportb(0xA1);                          //0A1H是从片OCW1的端口
    tmp |=0x04;                                 //04H是屏蔽从片IRQ10的OCW1命令字
```

```
    outportb(0xA1,tmp);
    enable();                                    //开中断
}
```

4. 讨论

（1）例 5.2 与例 5.1 在中断控制器的使用上有什么不同？

（2）例 5.2 程序中，从片与主片的屏蔽命令字 OCW_1 的内容相同，为什么会这样？

习　题　5

1. 什么是中断？

2. 微机系统中的中断有哪两种类型？

3. 不可屏蔽中断和可屏蔽中断各有何特点？其用途如何？

4. 什么是中断号？它有何作用？如何获取中断号？

5. 什么是中断响应周期？在中断响应周期中一般要完成哪些工作？

6. 什么是中断优先级？设置中断优先级的目的是什么？

7. 什么是中断嵌套？

8. 什么是中断向量？中断向量有什么作用？在中断向量表中找中断向量时，为什么是用中断号×4？

9. 什么是中断向量表？

10. 可屏蔽中断的处理过程一般包括几个阶段？

11. 在执行（调用）中断指令时，处理器会自动进行哪些隐操作？

12. 在执行（调用）中断返回指令时，处理器会自动进行哪些隐操作？

13. 中断控制器 82C59A 有哪些工作方式？

14. 什么是中断控制器 82C59A 的编程模型？

15. 可编程中断控制器 82C59A 协助 CPU 处理哪些中断事务？

16. 如何对 82C59A 进行初始化编程（包括单片使用和双片使用）？

17. 系统对微机配置的主/从 82C59A 芯片初始化设置做了哪些规定？用户是否可以对系统配置的中断控制器重新初始化？为什么？

18. 中断向量修改有什么意义？如何修改中断向量？

19. 中断服务程序的一般格式如何？

20. 编写中断服务程序需要注意些什么？

21. 中断结束命令安排在程序的什么地方？在什么情况下要求发中断结束命令？为什么？

22. 在实际中，对中断资源的应用有两种情况，一是利用系统的中断资源；二是自行设计中断系统。用户对这两种应用情况所做的工作有什么不同？

23. 利用微机系统的主片和从片 82C59A 设计中断服务程序有什么差别？（可参见例 5.1 和例 5.2）

第6章 DMA传输技术

DMA传输主要用于需要高速、大批量数据传输的系统中，如磁盘存取、高速数据采集系统。DMA传输的速度高是以增加系统硬件的复杂性和成本为代价的，同时，DMA传输期间CPU被挂起，部分或完全失去对系统总线的控制，这可能会影响CPU对中断请求的及时响应与处理。因此，在一些速度要求不高、数据传输量不大的系统中，一般不用DMA方式。

本章介绍了DMA传输的概念与基本工作原理，并分析了实际应用中DMA传输参数设置的方法与程序。

6.1 DMA传输方式

DMA（Direct Memory Access）方式是存储器直接存取方式的简称。DMA方式中，数据不经过CPU而直接在I/O设备与存储器之间或存储器与存储器之间进行传输。DMA传输主要用于需要高速、大批量数据传输的系统中，以提高数据的吞吐量，如在磁盘存取、高速数据采集系统等方面的应用。

6.1.1 DMA传输的特点

DMA方式的主要特点是数据的传输速率高。那么，DMA方式传输数据的速率为什么会比程序控制传输方式要高呢?

在一般的程序控制传输方式（包括查询与中断方式）下，数据从存储器传输到I/O设备或从I/O设备传输到存储器，都要经过CPU的累加器中转，若加上检查是否传输完毕，以及修改内存地址等操作都由程序控制，则要花费不少时间。采用DMA传输方式是让存储器与I/O设备（磁盘），或I/O设备与I/O设备之间直接交换数据，不需要经过累加器，从而减少了中间环节，并且内存地址的修改、传输完毕的结束报告都由硬件完成，因此大大提高了传输速度。

DMA传输虽然不需要CPU的控制，但并不是说DMA传输不需要任何硬件来进行控制和管理，只是采用DMA控制器暂时取代CPU，负责数据传输的全过程控制。目前DMA控制器都是可编程的大规模集成芯片，且类型很多，如Z-80DMA，Intel 8257、8237、82C37A。由于DMA控制器是实现DMA传输的核心器件，所以对它的工作原理、外部特性及编程方法等方面的学习，就成为掌握DMA技术的重要内容。

6.1.2 DMA传输的过程

DMA传输方式与中断方式一样，从开始到结束全过程有几个阶段。在DMA操作开始之前，用户应根据需要对 DMA 控制器（DMAC）编程，把要传输的数据字节数、数据在存储器中的起始地址、传输方向、通道号等信息送到 DMA 控制器 DMAC，这就是 DMAC 的初始化。初始化之后，就等待外设来申请 DMA 传输。DMA 传输过程的几个阶段如下。

1. 申请阶段

在上述初始化工作完成之后，若外设要求以 DMA 方式传输数据，便向 DMA 控制器 DMAC 发出 DMA 请求信号 DREQ，DMAC 如果允许外设的请求，就进一步向 CPU 发出总线保持信号 HOLD，申请占用总线。

2. 响应阶段

CPU 在每个总线周期结束时检测 HOLD，当总线锁定信号 LOCK 无效时，则响应 DMAC 的 HOLD 请求，进入总线保持状态，使 CPU 一侧的三总线“浮空”，CPU 脱开三总线，同时以总线保持回答信号 HOLDACK 通知 DMAC 总线已让出，并且使 DMAC 与三总线“接通”，此时，DMAC 接管总线正式成为系统的主控者。

3. 数据传输阶段

DMAC 接管三总线成为主控者后，一方面以 DMA 请求回答信号 DACK 通知发出请求的外设，使之成为被选中的 DMA 传输设备；另一方面 DMAC 行使总线控制权，向存储器发地址信号和向存储器及外部设备发读/写控制信号，控制数据按初始化设定的方向和字节数进行高速传输。

4. 传输结束阶段

在初始化中规定的数据字节数传输完毕后，DMAC 就产生一个“计数已到”或“过程结束”（$\overline{\text{EOP}}$）的信号，并发送给外设，外设收到此信号，则认为它请求传输的数据已传输完毕，于是就撤销 DMA 请求信号 DREQ，进而使总线保持信号 HOLD 和总线保持回答信号 HOLDACK 相继变为无效，DMAC 脱开三总线，DMAC 一侧的总线“浮空”，CPU 与三总线“接通”，CPU 收回总线控制权，又重新控制总线。

至此，一次 DMA 传输结束。如果需要，还可以用“过程结束”信号发一个中断请求，请求 CPU 去处理 DMA 传输结束后的事宜。

以上是 I/O 设备与存储器之间的 DMA 传输过程，如果是存储器与存储器之间的 DMA 传输，其过程稍有不同，主要是 DMA 申请不一样，前者是 I/O 设备从外部发 DREQ 提出请求，称为硬件请求（硬启动），而后者是用程序从内部对请求寄存器写命令提出请求，称为软件请求（软启动）。

6.2 DMA 操作

6.2.1 DMA 操作类型

DMA 传输操作主要是进行数据传输的操作，但也包括一些并不是进行数据传输的操作，如数据校验和数据检索等。

1. 数据传输

数据传输是把源地址的数据传输到目的地址去。一般来说，源地址和目的地址可以是存储器，也可以是 I/O 端口。并且，DMA 传输的读/写操作是站在存储器的立场来说的，即 DMA 读，是从存储器读；DMA 写，是向存储器写，而不是站在 I/O 设备的立场上来定义 DMA 读/写。

2. 数据校验

校验操作并不进行数据传输，只对数据块内部的每个字节进行某种校验，因此，DMA 通道用于校验操作时，DMAC 不发送存储器或 I/O 设备的读/写控制信号。但是，DMA 过程的几个阶段还是一样，要由外设向 DMAC 提出申请，DMAC 响应，进入 DMA 周期，只不过进入 DMA 周期，不是传输数据，而是对一个数据块的每个字节进行校验，直到所规定的字节数校验完毕或外设撤除 DMA 请求为止。这种数据校验操作一般安排在读数据块之后，以便校验所读的数据是否有效。

3. 数据检索

数据检索操作和数据校验操作一样，并不进行数据传输，只是在指定的内存区域内查找某个关键字节或某几个关键数据位是否存在，如果存在，就停止检索。具体检索方法是，先把要查找的关键字节或关键数据位写入比较寄存器，然后从源地址的起始单元开始，逐一读出数据与比较寄存器内的关键字节或关键数据位进行比较，若两者一致（或不一致），则达到字节匹配（或不匹配），停止检索，并在状态字中标记或申请中断，表示要查找的字节或数据位已经查到了（或未找到）。

6.2.2 DMA 操作方式

DMA 操作方式是指进行上述每种 DMA 操作类型时 DMA 操作的字节数，一般有 3 种操作方式。

1. 单字节方式

每次 DMA 操作（包括数据传输或数据校验或数据检索操作）只操作一个字节，即发出一次总线请求，DMAC 占用总线后，进入 DMA 周期只传输（或只校验或只检索）一个字节数据便释放总线。在单字节方式下，每次只能传输（或校验或检索）一个字节，要传输下一个字节，DMAC 必须重新向 CPU 申请占用总线。

2. 连续（块字节）方式

在数据块传输的整个过程中，只要 DMA 传输一开始，DMAC 就始终占用总线，直到数据块传输结束或校验完毕或检索到“匹配字节”为止，才把总线控制权还给 CPU。即使在传输过程中 DMA 请求变得无效，DMAC 也不释放总线，只暂停传输或检索，它将等待 DMA 请求重新变为有效后，继续往下传输或检索。这种方式传输速度很快，但由于在整个数据块的传输过程中一直占用总线，也不允许其他 DMA 通道参加竞争，因此，可能会产生冲突。

3. 请求（询问）方式

这种方式以外部是否有 DMA 请求来决定，有请求时，DMAC 才占用总线；当 DMA 请求无效，或数据传输结束，或检索到匹配字节，或校验完毕，或由外部送来过程结束信号时，DMAC 都会释放总线，把总线控制权交给 CPU。可见请求方式，只要没有计数结束信号 T/C 或外部施加的过程结束信号 $\overline{EOP}$，且 DREQ 信号有效，DMA 传输就可一直进行，直至外设把传输数据结束或检索完毕为止。

6.3 DMA 控制器与 CPU 之间的总线控制权转移

6.3.1 DMA 控制器的两种工作状态

DMA 控制器作为系统的主控者，在它的控制下能够实现两种存储实体之间的直接高速数据传输，包括存储器之间、存储器与 I/O 设备之间的数据传输。因此，它与一般的外围接口芯片不同，具有接管和控制微机系统总线（包括数据、地址和控制线）的功能。但是，在它取得总线控制权之前，又与其他 I/O 支持芯片一样受 CPU 的控制。因此，DMA 控制器在系统中有两种工作状态——主动态与被动态，处在两种不同的地位——主控器与受控器。

在主动态时，DMAC 取代 CPU，获得了对系统总线的控制权，成为系统总线的主控者，向存储器和外设发号施令。此时，它通过总线向存储器发出地址，并向存储器和外设发读/写信号，以控制在存储器与外设之间或存储器与存储器之间直接传输数据。

在被动态时，它受 CPU 的控制。例如，在对 DMAC 进行初始化编程及从 DMAC 读取状态信号时，它就如同一般 I/O 芯片一样，受 CPU 的控制，成为系统 CPU 的受控者。

那么，DMAC 是如何由被动态变为主动态的，这就是 DMA 控制器与 CPU 之间的总线控制权转移的问题。

6.3.2 DMA 控制器获得总线控制权和进行 DMA 传输的过程

为了说明 DMAC 如何获得总线控制权和进行 DMA 传输的过程，可结合图 6.1 来分析。

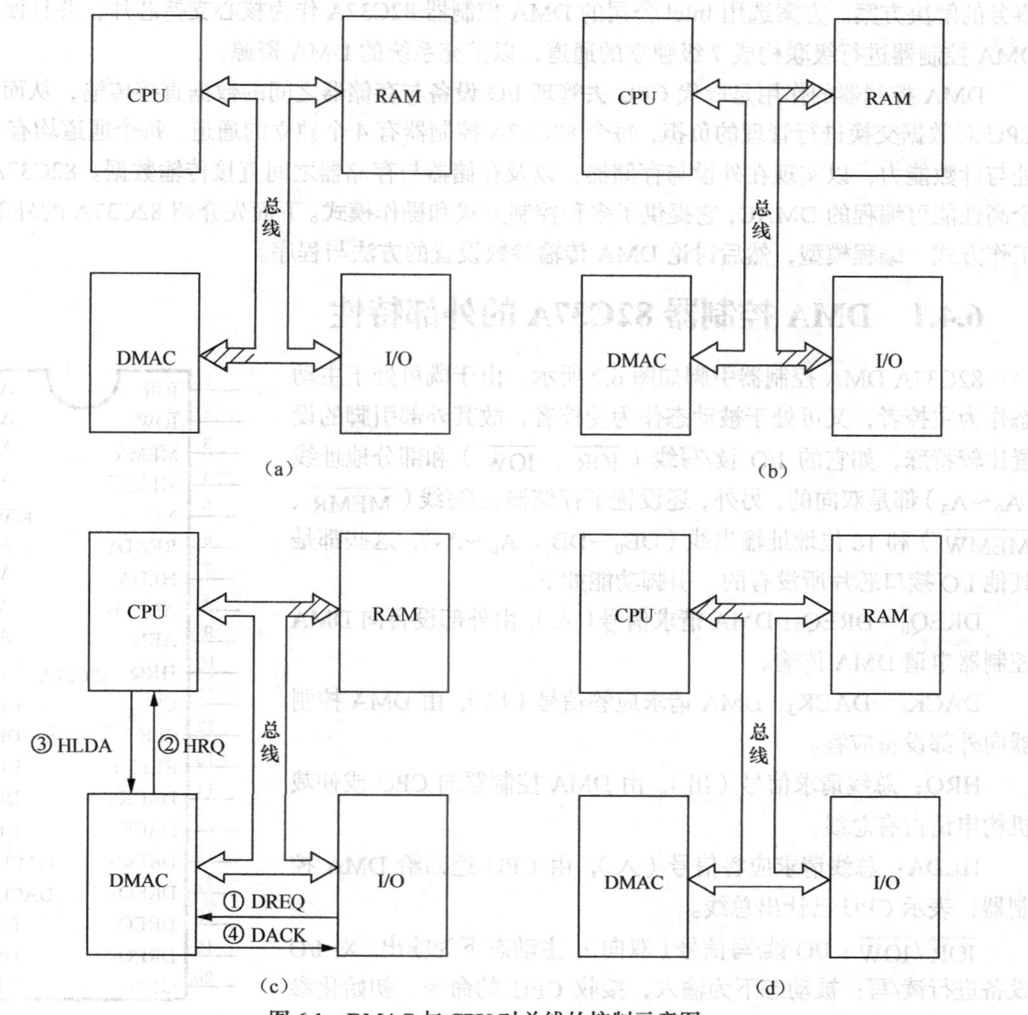

图 6.1 DMAC 与 CPU 对总线的控制示意图

图 6.1（a）表示在不进行 DMA 传输时，总线由 CPU 占用，并对 I/O 设备和存储器进行控制，此时 DMAC 与总线脱开（阴影线表示）。当 DMAC 初始化时，DMAC 与总线连接，CPU 通过总线向 DMAC 发送初始化信息，如图 6.1（b）所示。初始化之后，如果有 I/O 设备申请 DMA 传送，就进入 DMA 申请/响应的握手过程，如图 6.1（c）所示：①I/O 设备向 DMAC 发 DMA 请求信号 DREQ；②DMAC 接收请求，并向 CPU 发总线占有申请信号 HRQ；③CPU 若同意让出总线，则向 DMAC 发回总线占有允许信号 HLDA，让出总线；④DMAC 最后向 I/O 设备发回 DMA 请求回答信号 DACK，从此进入 DMA 传送周期。此后，DMAC 接管总线，在它的控制下，通过总线进行 I/O 设备与存储器之间的直接数据传输，而 CPU 完全脱开总线（阴影线表示），如图 6.1（d）所示。当 DMA 传送完毕后，DMA 周期结束，DMAC 释放总线，总线的控制权又回到 CPU，恢复到图 6.1（a）所示的情况。

6.4 DMA 传输的解决方案

台式 PC 微机采用外置式的可编程 DMA 控制器 DMAC，协助 CPU 负责处理 DMA 传输有关事务的解决方案。方案选用 Intel 公司的 DMA 控制器 82C37A 作为核心支持芯片，并且使用两片 DMA 控制器进行级联构成 7 级独立的通道，以扩充系统的 DMA 资源。

DMA 控制器的作用是取代 CPU 去管理 I/O 设备与存储器之间的数据直接传输，从而减轻了 CPU 对数据交换进行管理的负担，每个 82C37A 控制器有 4 个独立的通道，每个通道均有 64K 寻址与计数能力，以实现在外设与存储器，以及存储器与存储器之间直接传输数据。82C37A 是一个高性能可编程的 DMAC，它提供了多种控制方式和操作模式。下面先介绍 82C37A 的外部特性、工作方式、编程模型，然后讨论 DMA 传输参数设置的方法与程序。

6.4.1 DMA 控制器 82C37A 的外部特性

82C37A DMA 控制器引脚如图 6.2 所示。由于既可处于主动态作为主控者，又可处于被动态作为受控者，故其外部引脚的设置比较特殊，如它的 I/O 读/写线（$\overline{IOR}$、$\overline{IOW}$）和部分地址线（A_0～A_3）都是双向的，另外，还设置了存储器读/写线（$\overline{MEMR}$、$\overline{MEMW}$）和 16 位地址输出线（DB_0～DB_7、A_0～A_7），这些都是其他 I/O 接口芯片所没有的。引脚功能如下。

$DREQ_0$～$DREQ_3$：DMA 请求信号（入），由外部设备向 DMA 控制器申请 DMA 传输。

$DACK_0$～$DACK_3$：DMA 请求应答信号（出），由 DMA 控制器向外部设备应答。

HRQ：总线请求信号（出），由 DMA 控制器向 CPU 或仲裁机构申请占有总线。

HLDA：总线请求应答信号（入），由 CPU 返回给 DMA 控制器，表示 CPU 已让出总线。

$\overline{IOR}$ / $\overline{IOW}$：I/O 读/写信号（双向），主动态下为输出，对 I/O 设备进行读/写；被动态下为输入，接收 CPU 的命令、初始化参数或返回状态。

引脚	信号	引脚	信号
1	$\overline{IOR}$	40	A_7
2	$\overline{IOW}$	39	A_6
3	$\overline{MEMR}$	38	A_5
4	$\overline{MEMW}$	37	A_4
5	NC	36	$\overline{EOP}$
6	READY	35	A_3
7	HLDA	34	A_2
8	ADSTB	33	A_1
9	AEN	32	A_0
10	HRQ	31	V_{CC}
11	$\overline{CS}$	30	DB_0
12	CLK	29	DB_1
13	RESET	28	DB_2
14	$DACK_2$	27	DB_3
15	$DACK_3$	26	DB_4
16	$DREQ_3$	25	$DACK_0$
17	$DREQ_2$	24	$DACK_1$
18	$DREQ_1$	23	DB_5
19	$DREQ_0$	22	DB_6
20	GND	21	DB_7

82C37A

图 6.2 82C37A 外部引脚图

$\overline{MEMR}$/$\overline{MEMW}$：存储器读/写信号，单向输出，仅在主动态下使用，进行存储器读/写。

$\overline{CS}$：片选信号（入），低电平有效，表示 DMA 控制器被选中。在被动态下使用。

A_0～A_3：4 个低位地址线，双向三态。被动态下为输入，作为 DMA 控制器内部寄存器寻址；主动态下为输出，作为寻址存储器地址的最低 4 位。

A_4～A_7：4 个地址线，输出。仅用于主态，作为存储器地址的一部分。

DB_0～DB_7：数据与地址复用线，双向三态。被动态下作数据线用，传送 CPU 的命令或返回状态；主动态下作地址线用，成为访问存储器的高 8 位地址线。

ADSTB：地址选通信号（出），锁存器锁存高 8 位地址，高电平允许输入，低电平锁存。

AEN：地址允许信号（出），高 8 位地址锁存器的输出允许信号，高电平允许锁存器输出。AEN 还用来在 DMA 周期，禁止其他主设备占用系统总线。因此，在 I/O 端口地址译码时，AEN 作为控制信号参加译码，防止那些不采用 DMA 方式的 I/O 设备干扰那些采用 DMA 方式的设备的数据传输。这方面的应用可参考 3.4.2 节。

READY：准备就绪信号（入），高电平有效。慢速 I/O 设备或存储器，若需要加入等待周期时，迫使 READY 处于低电平。一旦等待周期满足要求，该信号电位变高，表示准备好。

$\overline{EOP}$：过程结束信号（双向），字节计数寄存器减 1 至 0 时，EOP 负脉冲输出，表示传输结束。当 $\overline{EOP}$ 信号有效时，即终止 DMA 传输并复位内部寄存器。

6.4.2 DMA 控制器 82C37A 的编程模型

DMA 控制器 82C37A 的编程模型包括内部可访问的寄存器及编程命令，由于 82C37A 在系统中担负主控者的作用，功能特殊，故内部结构比一般支持芯片要复杂得多，所设置的寄存器及命令字的数量也多些，但如果用户是使用系统配置的 DMA 控制器搞应用开发，则只会涉及其中少数几个寄存器与命令字。

82C37A 内部有 4 个独立的传输通道，每个通道都有各自的 4 个寄存器：起始地址寄存器、当前地址寄存器、初始字节计数寄存器、当前字节计数寄存器。另外还有各个通道共用的寄存器，如方式寄存器、命令寄存器、状态寄存器、屏蔽寄存器、请求寄存器及暂存寄存器等。下面从编程使用的角度来讨论这些寄存器的含义与格式。各寄存器的端口地址分配如表 6.1 所示。

表 6.1　　　　82C37A 寄存器及端口地址分配

通道	I/O 端口地址		寄存器	
	主片	从片	写/读操作	写操作
0	00	0C0	写/读通道 0 的当前地址寄存器	写通道 0 的起始地址寄存器
	01	0C2	写/读通道 0 的当前字节计数寄存器	写通道 0 的初始字节计数寄存器
1	02	0C4	写/读通道 1 的当前地址寄存器	写通道 1 的起始地址寄存器
	03	0C6	写/读通道 1 的当前字节计数寄存器	写通道 1 的初始字节计数寄存器
2	04	0C8	写/读通道 2 的当前地址寄存器	写通道 2 的起始地址寄存器
	05	0CA	写/读通道 2 的当前字节计数寄存器	写通道 2 的初始字节计数寄存器
3	06	0CC	写/读通道 3 的当前地址寄存器	写通道 3 的起始地址寄存器
	07	0CE	写/读通道 3 的当前字节计数寄存器	写通道 3 的初始字节计数寄存器

续表

通道	I/O 端口地址		寄存器	
	主片	从片	写/读操作	写操作
各通道共用	08	0D0	读状态寄存器	写命令寄存器
	09	0D2	—	写请求寄存器
	0A	0D4	—	写单个通道屏蔽寄存器
	0B	0D6	读临时寄存器	写工作方式寄存器
	0C	0D8	—	写清除先/后触发器命令*
	0D	0DA	读暂存寄存器	写总清命令*
	0E	0DC	—	写清四个通道屏蔽寄存器命令*
	0F	0DE	—	写置四个通道屏蔽寄存器

注：*为软命令

1. 起始地址寄存器和当前地址寄存器

为了设置 DMA 传送的起始地址，每个通道都有两个地址寄存器——起始地址寄存器和当前地址寄存器，均为 16 位。起始地址寄存器存放 DMA 传输的起始地址，只能写，不能读；当前地址寄存器保存将被访问的下一个存储单元的地址，可读可写。两者的 I/O 端口地址相同。

在初始化时，由 CPU 以相同的地址值写入起始地址寄存器和当前地址寄存器。传输过程中，起始地址寄存器的内容保持不变。以便在自动预置时，将它的内容重新装入当前地址寄存器。

当前地址寄存器的内容在传输过程中是变化的，在每次传输后地址自动增 1（或减 1），直到传送结束。如果需要自动预置，则 $\overline{EOP}$ 信号将起始地址值重新置入当前地址寄存器。

例如，若要求把 DMA 传送的起始地址 5678H 写入通道 0 的起始地址寄存器和当前地址寄存器，则可以通过如下程序段来实现。端口地址为 00H。

```
MOV AX,5678H        ;DMA 传送的起始地址
OUT 00H,AL          ;先写低字节
MOV AL,AH
OUT 00H,AL          ;后写高字节
```

2. 初始字节计数寄存器和当前字节计数寄存器

为了计数 DMA 传送的字节数，每个 DMA 通道设置两个字节计数寄存器——初始字节计数寄存器和当前字节计数寄存器，均为 16 位。初始字节计数寄存器存放 DMA 传输的总字节数，只能写，不能读；当前字节计数寄存器存放 DMA 传输过程中没有传输完的字节数，可读可写。两者的 I/O 端口地址相同。

在初始化时，由 CPU 以相同的字节数写入初始字节计数寄存器和当前字节计数寄存器。初始字节计数寄存器在传输过程中内容保持不变，以便在自动预置时，将它的内容重新装入当前字节计数寄存器。

当前字节计数寄存器内容在传输过程中是变化的，在每次传输之后，字节数减 1，当它的值减为 0 时，便产生 $\overline{EOP}$，表示字节数传输完毕。如果采用自动预置，则 $\overline{EOP}$ 信号将初始字节计数寄存器的值重新装入当前字节计数寄存器。

在写初始字节计数寄存器时应注意：82C37A 执行当前字节计数寄存器减 1 是从 0 开始的，所以，若要传输 N 字节，则写初始字节计寄存器的字节总数应为 $N-1$。

例如，要求把 DMA 传送的字节数 3FFH 写入通道 1 的初始字节计数寄存器和当前字节计数

寄存器，可以通过如下程序段来实现。端口地址为 01H。

```
MOV AX,3FFH        ;DMA 传送的字节数
DEC AX             ;字节数-1
OUT 01H,AL         ;先写低字节
MOV AL,AH
OUT 01H,AL         ;后写高字节
```

3. 命令寄存器和状态寄存器

命令寄存器为只写寄存器，状态寄存器为只读寄存器。两者的 I/O 端口地址相同，端口地址为 08H。

（1）命令寄存器与命令字

命令字用来控制 82C37A 所有通道的操作，由 CPU 写入命令寄存器，由复位信号 RESET 和总清命令清除。命令寄存器的格式及其命令字的含义如图 6.3 所示。命令寄存器端口地址为 08H。

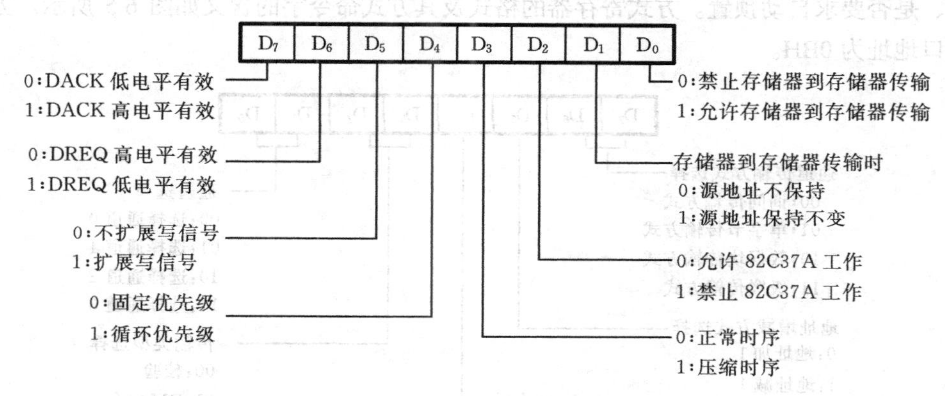

图 6.3 82C37A 命令寄存器格式

8 位命令字每一位的含义在图 6.3 中已经说明，下面对几个特殊位作一些解释。

- D_1 用于存储器到存储器传输，若不进行存储器到存储器传输，则该位无意义。规定把通道 0 的地址寄存器作为源地址，并且这个地址可以保持不变，这样可把同一个源地址存储单元的数据写到一组目的存储单元中去。D_1=1，允许保持通道 0 地址不变；D_1=0，禁止保持通道 0 地址不变。
- D_3 位用于选择工作时序，D_3=0，采用标准（普通）时序（保持 S_3 状态）；D_3=1，为压缩时序（去掉 S_3 状态）。
- D_5 用于选择写操作方式，D_5=0，采用延迟写（写入周期滞后读）；D_5=1，为扩展写（与读同时）。

例如，微机系统中，82C37A 按如下要求工作：禁止存储器到存储器进行 DMA 传输，允许在 I/O 设备和存储器之间进行，按正常时序，滞后写入，固定优先级，允许 82C37A 工作，DREQ 信号高电平有效，DACK 信号低电平有效，则命令字为 00000000B=00H，其程序段如下。

```
MOV AL,00H         ;命令字
OUT 8,AL           ;命令寄存器端口
```

（2）状态寄存器与状态字

状态寄存器用于寄存 82C37A 的内部状态，包括通道是否有请求发生，以及数据传送是否结束，状态寄存器的格式及其状态字的含义如图 6.4 所示。状态寄存器端口地址为 08H。

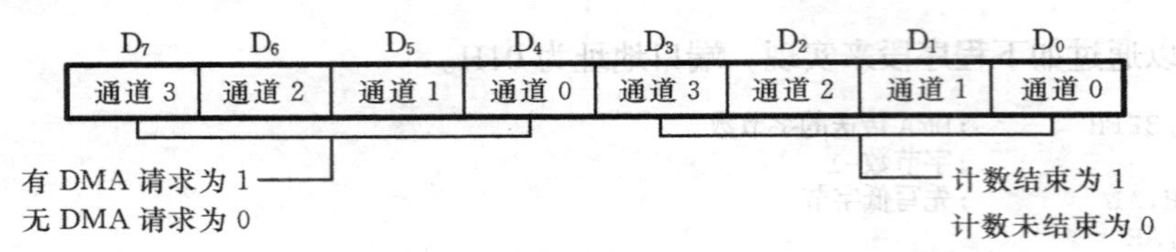

图 6.4 82C37A 状态寄存器格式

例如，检测通道 1 是否有 DMA 请求，其程序段如下。

```
L:IN AL,08H        ;读状态寄存器
AND AL,20H         ;检测通道 1 是否有请求
JZ L               ;无请求等待
⋮
```

4. 方式寄存器与方式命令字

方式命令用于设置每一个通道的工作方式，包括 DMA 传输的操作类型、操作方式、地址改变方式、是否要求自动预置。方式寄存器的格式及其方式命令字的含义如图 6.5 所示。方式寄存器的端口地址为 0BH。

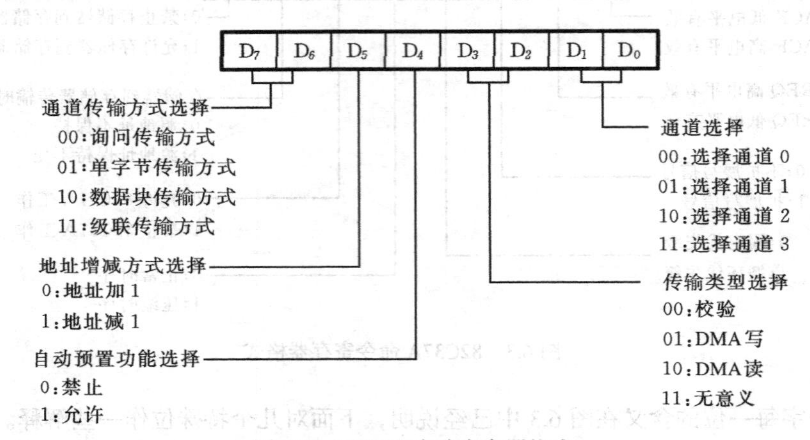

图 6.5 82C37A 方式寄存器格式

方式命令字各字段的含义如图 6.5 所示，下面仅说明两点。

（1）DMA 读/写是指从内存读出和向内存写入。

（2）所谓自动预置是当完成一个 DMA 操作，出现 $\overline{EOP}$ 负脉冲时，把起始（地址、字节计数）寄存器的内容装入当前（地址、字节计数）寄存器中去，又从头开始同一操作。

例如，对磁盘的访问采用 DMA 方式，选择 DMA 通道 2，单字节传输，地址增 1，不使用自动预置。其磁盘读、磁盘写以及校验操作的方式命令分别如下。

- 读盘操作，即 DMA 写操作的方式命令为 01000110B=46H；
- 写盘操作，即 DMA 读操作的方式命令为 01001010B=4AH；
- 校验盘操作，即 DMA 校验操作的方式命令为 01000010B=42H。

因此，若采用上述方式将磁盘上读出的数据存放到内存区，则方式命令为 01000110B=46H。如果从内存取出数据写到磁盘上，则方式命令为 01001010B=4AH。

5. 请求寄存器与请求命令字

当在存储器及存储器之间进行 DMA 传输时，使用软件请求方式，由内部通过请求寄存器申请，若不在存储器及存储器之间传输时，就不使用请求寄存器。这种软件请求 DMA 传输操作必须是块传输方式，并且在传输结束后，$\overline{EOP}$ 信号会清除相应的请求位，因此，每执行一次软件请

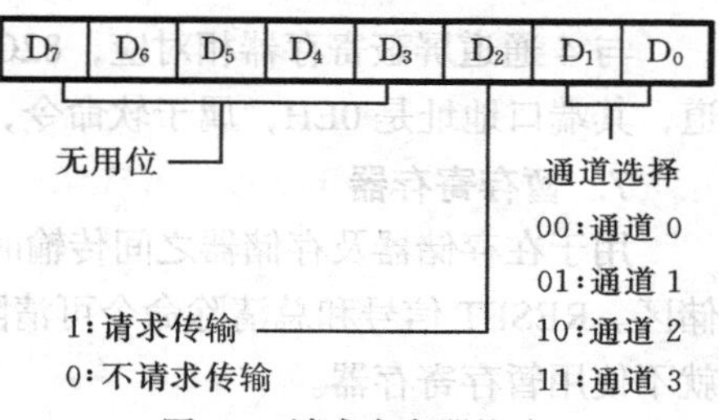

图 6.6 请求寄存器格式

求 DMA 传输，都要对请求寄存器编程一次，如同 I/O 设备发出的 DREQ 请求信号一样。RESET 信号清除整个请求寄存器。软件请求是不可屏蔽的。该寄存器只能写，不能读。请求寄存器的格式及其请求命令字的含义如图 6.6 所示。请求寄存器端口地址为 09H。

例如，若用请求使用通道 1 进行 DMA 传输，则向请求寄存器写入 05H 代码即可，其程序段如下。

```
MOV AL,00000101B        ;请求通道 1 进行 DMA 传输
OUT 9H,AL               ;请求寄存器端口
```

6. 屏蔽寄存器

屏蔽寄存器是只写寄存器，用以设置各通道的屏蔽位。当屏蔽位置 1 时，禁止 DMA 申请；屏蔽位置 0 时，允许 DMA 申请。如果不要求自动预置，则当该通道遇到 $\overline{EOP}$ 信号时，它所对应的屏蔽位置 1。屏蔽寄存器的设置有两种方法：只对 1 个通道单独设置和同时设置 4 个通道。

（1）单通道屏蔽寄存器与屏蔽命令字

单通道屏蔽寄存器每次只能屏蔽一个通道，通道号由 D_1D_0 位决定。通道号选定后，若 D_2 置 1，则禁止该通道请求 DREQ；若 D_2 置 0，则开放该通道请求 DREQ。D_3～D_7 位不用，写 0。该寄存器只能写，不能读。单通道屏蔽寄存器的格式及其屏蔽命令字的含义如图 6.7 所示。单通道屏蔽寄存器的端口地址为 0AH。

例如，如果要求 82C37A 的通道 2 开放，则屏蔽命令为 00000010B；如果要对通道 2 屏蔽，则屏蔽命令为 00000110B。

（2）4 通道屏蔽寄存器与屏蔽命令字

4 通道屏蔽寄存器可同时屏蔽 4 个通道，也可以只屏蔽其中的 1 个或几个。该寄存器只使用低四位，写 1，屏蔽；写 0，开放。4 通道屏蔽寄存器的格式及其屏蔽命令字的含义如图 6.8 所示。4 通道屏蔽寄存器的端口地址为 0FH。

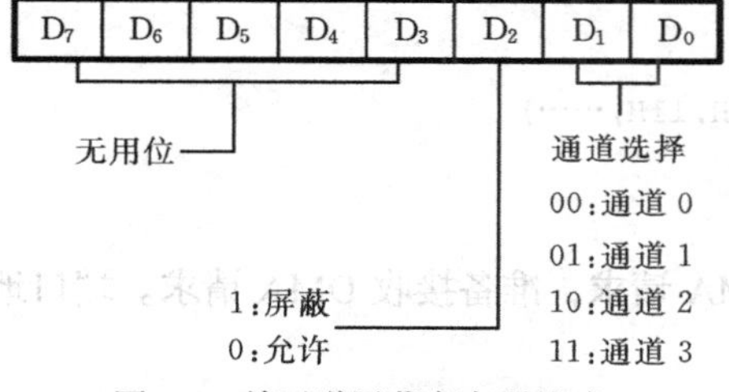

图 6.7 单通道屏蔽寄存器格式

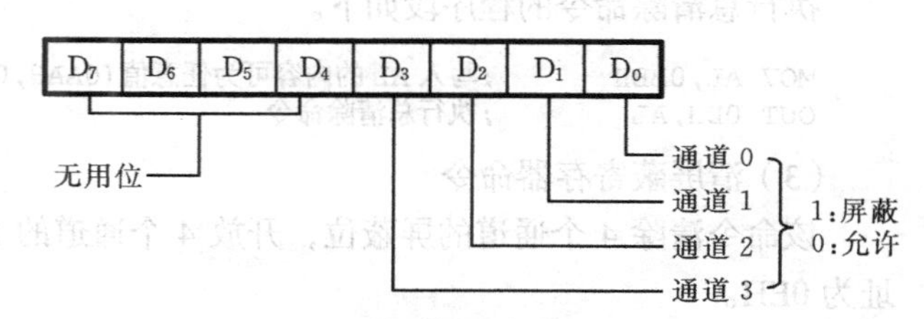

图 6.8 4 通道屏蔽寄存器格式

例如，若使用 4 通道屏蔽寄存器，要求只开放通道 2，则屏蔽命令为 00001011B；若要求只屏蔽通道 2，则屏蔽命令为 0000x1xxB。

例如，为了在每次磁盘读/写操作时，进行 DMA 初始化，都必须开放通道 2，以便响应磁盘的 DMA 请求，可采用下述两种方法之一来实现。

① 使用单通道屏蔽寄存器（0AH）。

```
MOV AL,00000010B        ;最低 3 位为 010,开放通道 2
OUT 0AH,AL              ;写单通道屏蔽寄存器
```

② 使用 4 通道屏蔽寄存器（0FH）。

```
MOV AL,00001011B        ;最低 4 位为 1011, 仅开放通道 2
OUT 0FH,AL              ;写 4 通道屏蔽寄存器
```

与 4 通道屏蔽寄存器相对应，82C37A 还设有一个清 4 通道屏蔽寄存器命令，即开放 4 个通道，其端口地址是 0EH，属于软命令，在后面介绍。

7．暂存寄存器

用于在存储器及存储器之间传输时，暂时保存从存储区源地址读出的数据，以便写入目的存储区。RESET 信号和总清除命令可清除暂存寄存器的内容。若不在存储器及存储器之间传输时，就不使用暂存寄存器。

8．软命令

所谓软命令，就是只要对特定的端口地址进行一次写操作（即 $\overline{CS}$ 和芯片内部寄存器地址及 $\overline{IOW}$ 同时有效），命令就生效，而与写入的具体代码（数据）无关。软命令也称“假写”命令，在后面第 9 章例 9.1 中 A/D 转换启动信号也使用了“假写”命令。82C37A 可执行 3 条软命令：清先/后触发器命令、总清除命令和清屏蔽寄存器命令。

（1）清先/后触发器命令

在向 16 位基地址和基字节计数器进行写操作时，要分两次写入，先低 8 位，后高 8 位。为了控制写入次序，应设置先/后触发器。先/后触发器有两个状态——0 态和 1 态。0 态时，读/写低 8 位；1 态时，读/写高 8 位。因此，在写入基地址和基字节数之前，要将先/后触发器清为 0 态，以保证先写入低 8 位。该触发器具有自动翻转的功能，在写入低 8 位后，会自动翻转为 1 态，准备接收高 8 位数据。端口地址为 0CH。

执行清先/后触发器命令的程序段如下。

```
MOV AL,0AAH    ;写入 AL 的内容可为任意值(0AAH,0BBH,11H,……)
OUT 0CH,AL     ;将先/后触发器置为 0 态
```

（2）总清除命令

它与硬件复位 RESET 信号作用相同，它使“命令”“状态”“请求”“暂存”寄存器及“先/后触发器”清除，系统进入空闲状态，并且使屏蔽寄存器全部置位，禁止所有通道的 DMA 请求。端口地址为 0DH。

执行总清除命令的程序段如下。

```
MOV AL,0BBH        ;写入 AL 的内容可为任意值(0AAH,0BBH,11H,……)
OUT 0DH,AL         ;执行总清除命令
```

（3）清屏蔽寄存器命令

该命令清除 4 个通道的屏蔽位，开放 4 个通道的 DMA 请求，准备接收 DMA 请求。端口地址为 0EH。

执行清屏蔽寄存器命令的程序段如下。

```
MOV AL,0CCH        ;写入 AL 的内容可为任意值(0AAH,0BBH,0CCH,……)
OUT 0EH,AL         ;开放 4 个通道
```

6.5　DMA 体系结构及初始化

6.5.1　DMA 体系结构的组成

单独利用 DMA 控制器还不能进行 DMA 传输，需要其他芯片进行配套。PC 微机采用两片

DMA 控制器、DMA 页面地址寄存器以及总线裁决逻辑构成一个完整的 DMA 体系结构。

1. DMA 控制器

微机系统使用两片 82C37A，以主从方式进行级联，支持 7 个独立的通道。主片 $DMAC_1$ 管理通道 0～通道 3，支持 8 位数据传输；从片 $DMAC_2$ 管理通道 5～通道 7，支持 16 位数据传输。通道 4 作为两片 82C37A 的级联线，即把 $DMAC_1$ 的 HRQ 引脚接到 $DMAC_2$ 的 $DREQ_4$ 引脚，如图 6.9 所示。

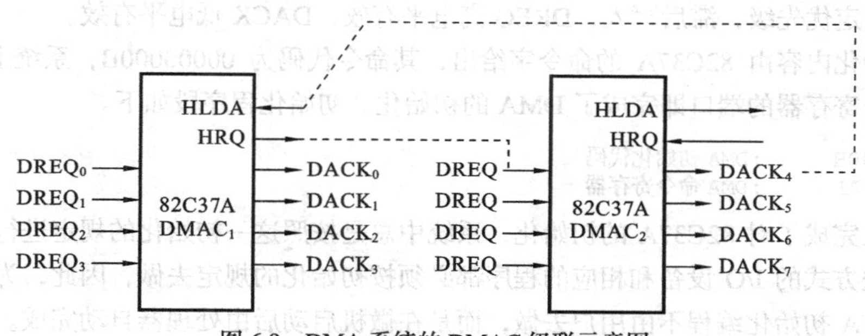

图 6.9 DMA 系统的 DMAC 级联示意图

值得注意的是，当 $DMAC_2$ 的通道 4 响应 $DMAC_1$ 的 DMA 请求时，它本身并不发出地址和控制信号，而由 $DMAC_1$ 当中请求 DMA 传输的通道占有总线并发送地址和控制信号，行使主控制者的功能。

系统分配给 DMA 控制器的端口地址 0000H～000FH 用于主片 $DMAC_1$ 的 DMA 通道 0～通道 3；00C0H～00DFH 用于从片 $DMAC_2$ 的通道 4～通道 7。DMA 控制器芯片内部寄存器端口地址如表 3.1 所示。从表 3.1 可知，从片控制器只能在偶地址编程，其起始端口定为 00C0H，每个端口地址间隔为 2。

2. 页面地址寄存器

由于 82C37A 控制器最多只能提供 16 位地址线，这对超过 16 位地址的存储器访问就显得不够用。为此，需要在 DMA 体系中，为每一个通道设置一个 DMA 页面地址寄存器，以提供 16 位以上的地址线。例如，若访问的存储器是 20 位地址，则由页面地址寄存器提供高 4 位地址 A_{16}～A_{19}。如果访问的存储器是 24 位地址，则由页面地址寄存器提供高 8 位地址。

页面地址寄存器的功能与地址锁存器类似，由 IC 芯片构成。例如，74LS670 是具有三态输出的 4 个 4 位寄存器组（寄存器堆），可以分别存放 4 个 DMA 通道的高 4 位地址，构成 20 位地址。组内各寄存器有独立的端口地址，可分别进行读写，当 DMA 传送的内存首址超过 16 位地址时，才使用页面地址。DMA 页面地址寄存器端口地址如表 6.2 所示。

表 6.2 DMA 页面地址寄存器端口地址

通道号	0	1	2	3	5	6	7
端口地址	87H	83H	81H	82H	8BH	89H	8AH

3. I/O 设备寻址方法

如上所述，82C37A 提供的 16 位地址线已全部用于内存寻址，所以也就无法同时给 I/O 设备提供地址。那么，82C37A 是如何对 I/O 设备进行寻址的呢？

原来，对请求以 DMA 方式传输的 I/O 设备，在进行读/写数据时，只要 DACK 信号和 $\overline{RD}$ 或 $\overline{WR}$ 信号同时有效，就能完成对 I/O 设备端口的读/写操作，而与 I/O 设备的端口地址无关。或者说，DACK 代替了接口芯片选择的功能。可以将 I/O 设备与存储器之间进行的 DMA 数据传输看成是存储器的多个存储单元与 I/O 设备的一个端口（固定不变）之间的数据传输。

6.5.2 DMA 传输的初始化设置

根据DMA体系的组成和82C37A在DMA体系中的作用,系统对82C37A进行了初始化设置,系统初始化设置作如下规定：指定 82C37A 为非存储器到存储器方式，允许 82C37A 工作，采用正常时序，固定优先级，滞后写入，DREQ 高电平有效，DACK 低电平有效。

上述初始化内容由 82C37A 的命令字给出，其命令代码为 00000000B，系统上电时由 BIOS 将它写入命令寄存器的端口即完成了 DMA 的初始化。初始化程序段如下。

```
MOV AL,00H      ;DMA 初始化代码
OUT 08H,AL      ;DMA 命令寄存器
```

系统一旦完成了对 82C37A 的初始化，系统中总是按照这一初始化的规定进行工作，所有申请 DMA 传送方式的 I/O 设备和相应的程序都必须按初始化的规定去做，因此，为慎重起见，对系统的 82C37A 初始化编程不由用户去做，而是在微机启动后由处理器自动完成。从系统的安全性考虑，用户不应当对系统的 DMA 控制器再进行初始化。

6.6 系统 DMA 资源的应用

当用户在使用系统的 DMA 资源时，不需要做 DMA 的硬件设计，也不需要重新进行 DMA 的初始化，因为初始化已经由系统做好了。那么，用户该做哪些与 DMA 传送有关的工作呢？主要工作是在 DMA 传送开始之前设置 DMA 传输参数，然后向 DMA 控制器发传输申请。

DMA 传输参数设置包括 DMA 操作类型、操作方式、传送的首地址、字节数及通道号，是由用户根据设计要求决定的。因此，只有 82C37A 的方式寄存器、地址寄存器（基/当前）和字节数计数器（基/当前）等的内容是要根据应用需要由用户设定，称为 DMA 传输参数设置。用户并不需要对DMA控制器的所有16个寄存器一一编程。

6.6.1 DMA 传输参数设置的内容

在系统已经对 DMA 控制器进行初始化的基础上，用户编程使用 DMA 时，需要进行 DMA 传输参数设置，其内容如下。

1. 向命令寄存器写入命令字

设置命令寄存器，进行系统初始化，由系统完成，不需要用户来写。

2. 向方式寄存器写入方式字

确定所选用的通道号、DMA 传输的操作类型、操作方式、地址改变方式、是否自动预置及通道选择。

3. 屏蔽所选用的通道

正在进行初始值设置期间，为了防止另有 DMA 请求打断尚未完成的初始值设置而出错，先屏蔽该通道，初始值设置后再开放该通道。

4. 置先/后触发器为 0 态

执行清先/后触发器，使其处于 0 态，保证先低 8 位、后高 8 位的读/写顺序，为设置地址寄

存器和字节计数寄存器做准备。

5. 写起始地址寄存器

把 DMA 传输的存储器首地址写入所选用通道号的起始地址寄存器。

6. 写页面地址寄存器

把页面地址写入所选用通道号的页面地址寄存器。如果所访问的存储器不超过 16 位，就不写。

7. 写起始字节计数寄存器

把要传输的字节数减 1，写入所选用通道号的起始字节计数寄存器。

8. 解除所选通道的屏蔽

初始值设置后，解除所选用通道号的屏蔽，开放该通道等待 I/O 设备的 DMA 请求。

6.6.2 DMA 传输参数设置的程序

例 6.1 DMA 传输参数设置。

1. 要求

某数据采集系统所采集的 400H 个字节的数据，采用 DMA 系统中 82C37A 的通道 1，传输到起始地址为 F0000H 的内存，要求编写传输参数设置程序段。

2. 分析

按照 DMA 控制器的端口地址，将 DMA 传输参数写入 DMAC 内部相关的寄存器。其传输参数设置程序段如下。

DMA 传输参数设置的汇编语言程序段如下，程序中的变量 DMA 地址是 00H。

```
    ⋮
MOV AL,00H           ;命令字（DACK 为低电平有效、DREQ 为高电平有效，正常时序固定优先级，
                     ;允许 82C37A 工作）
OUT DMA+08H,AL       ;写入命令寄存器
    ⋮
```

以上程序段进行 DMA 控制器初始化，由系统完成，不需要用户写。

```
CLI                  ;关中断
;设置工作方式
MOV AL,45H           ;方式命令（单字节，地址加 1，非自动预置，DMA 写，通道 1）
OUT DMA+0BH,AL       ;写入方式寄存器
MOV AL,05H           ;屏蔽通道 1
OUT DMA+0AH,AL       ;写入单个屏蔽寄存器
OUT DMA+0CH,AL       ;清除先/后触发器（AL 可以为其他的任意数据）
                     ;设置内存地址寄存器和页面寄存器
MOV AX,00H           ;16 位内存地址
OUT DMA+02,AL        ;写入低 8 位地址到通道 1 的基地址寄存器
MOV AL,AH
OUT DMA+02,AL        ;写入高 8 位地址到通道 1 的基地址寄存器
MOV AL,0FH           ;页面地址为 0FH
OUT 83H,AL           ;写入页面地址到通道 1 的页面地址寄存器
                     ;设置传送字节计数器
MOV AX,400H          ;传输字节数
DEC AX               ;字节数-1
OUT DMA+03,AL        ;写入低 8 位字节数到通道 1 的基字节计数寄存器
MOV AL,AH
OUT DMA+03,AL        ;写入高 8 位字节数到通道 1 的基字节计数寄存器
STI                  ;开中断
                     ;开放通道 1
MOV AL,01H           ;开放通道 1，允许响应 DREQ1 请求
OUT DMA+0AH AL       ;写入单个屏蔽寄存器
    ⋮
```

//DMA 传输参数设置的 C 语言程序段如下。

```
    ⋮
disable();                        //关中断
outportb(DMA+0x0B,45);            //方式命令(单字节,地址加 1, 非自动预置, DMA 写, 通道 1)
outportb(DMA+0x0A,0x05);          //屏蔽通道 1
outportb(DMA+0x0c,0x05);          //清除先/后触发器(AL 可以为其他的任意数据)
                                  //设置内存地址寄存器和页面寄存器
outportb(DMA+0x02,0x00);          //16 位内存地址,先写低 8 位
outportb(DMA+0x02,0x00);          //再写高 8 位
outportb(0x83,0x0f);              //页面地址为 0FH
                                  //设置传送字节计数器
outportb(DMA+0x03,0x0ff);         //写入低 8 位字节数到通道 1 的基字节计数寄存器
outportb(DMA+0x03,0x03);          //写入高 8 位字节数到通道 1 的基字节计数寄存器
enable();                         //开中断
outportb(DMA+0x0A,0x01);          //开放通道 1, 允许响应 DREQ1 请求
        ⋮
```

以上是传输参数设置的程序段，传输参数设置好以后，等待 I/O 设备发出 DMA 请求，正式启动 DMA 传输，直到设定的字节数传输完毕，程序结束。

DMA 传送方式主要在要求大批量、高速传送的系统中采用（如在磁盘与内存间交换数据），一般外设中使用较少，所以它不如中断传送方式使用那样普遍。

习　题　6

1. 什么是 DMA 方式？在什么情况下采用 DMA 方式传送？

2. 采用 DMA 方式为什么能够实现高速传送？

3. DMA 传送过程一般有哪几个阶段？

4. DMA 传送一般有哪几种操作类型和操作方式？

5. DMA 控制器在微机系统中有哪两种工作状态？两种工作状态的特点是什么？

6. DMA 控制器作为微机系统的主控者与 CPU 之间是如何实现总线控制权转移的？

7. DMA 控制器的地址线和读写控制线与一般的接口支持芯片的相应信号线有什么不同？

8. 可编程 DMA 控制器 82C37A 的编程模型包括 19 个寄存器和 7 条命令，在实际使用时主要有哪些寄存器？

9. 什么叫软命令？82C37A 有几个软命令？

10. 什么是 DMA 页面地址寄存器？它有什么作用？在什么情况下才使用 DMA 页面地址寄存器？

11. DMA 控制器在访问 I/O 设备时，为什么不发端口地址就能访问？

12. 系统配置的 82C37A 初始化设置时作了哪些规定？用户是否可以改变其初始化的内容？为什么？

13. 利用系统的 DMA 资源进行 DMA 传输时，用户如何进行 DMA 传输参数设置？试写出 DMA 传输参数设置的程序段。（参见例 6.1）

第7章 并行接口

并行接口应用十分普遍，许多I/O设备乃至功能元器件都使用并行接口与CPU进行连接和交换数据，目前，虽然有很多I/O设备使用USB串行总线进行连接，但在它们的信息进入微机系统时，仍是使用并行方式，所以，并行接口是最基本的接口形式。

本章对并行接口解决方案进行了分析，从应用的角度讨论了方案中通用接口芯片的外部特性与编程模型。在此基础上设计了包括打印机和步进电机、扬声器、开关、指示灯等元器件的并行接口。

7.1 并行接口的特点

所谓“并行”不是针对接口与系统总线一侧的并行数据传输而言的（这是当然的），而是指接口与I/O设备一侧的并行数据传输。并行接口有如下基本特点。

（1）以字节、字或双字宽度，在接口与I/O设备之间的多根数据线上传输数据，因此数据传输速率快。

（2）并行传输时，除数据线外，还有地址线、控制线的支持，实际上，并行接口所使用的信号线是系统三总线的延伸。正因为如此，主机与外设之间进行数据传输时，是通过地址线、数据线、控制线，分别进行地址、数据、控制命令的传输，而不是像串行接口那样把不同类型信息混在一起。所以，并行方式不要求采用特殊的数据格式来分辨不同类型的信息。并行传输的数据是原始数据，而不是格式化的数据。

（3）并行传送不要求固定的传输速率，而由被连接或控制的I/O设备的操作要求决定。

（4）在并行数据传输过程中，一般不作差错检验。

综上所述，并行接口不像串行通信接口那样制定了各种通信协议与标准，来规范串行通信双方共同遵守的数据格式、传输速率以及差错检验等操作规则。

（5）并行接口使用的信号线比较多，宜用于近距离传输。

从上述特点可以得知，并行接口是一种多线连接、使用自由、应用广泛、适于近距离传输的接口，是微机接口技术的基本内容。

7.2 组成并行接口电路的元器件

并行接口电路的形式有多种，可采用一般的IC芯片、可编程的并行接口芯片及可编程的逻辑阵列（如 FPGA）器件。

1. 一般的 IC 芯片

三态缓冲器和锁存器组成并行接口。例如，采用三态缓冲器 74LS244 构造 8 位端口与系统数据总线相连，形成输入接口，通过它可从 I/O 设备（如 DIP 开关）读取开关状态；采用锁存器 74ALS373 构造 8 位端口与系统数据总线相连，形成输出接口，通过它向 I/O 设备（如 LED 指示灯）发出控制信号使 LED 发光。

这类并行接口可用于对一些简单的 I/O 设备进行控制。

2. 可编程的并行接口芯片

可编程的并行接口芯片（如 82C55A）功能强、可靠性高、通用性好，并且使用灵活方便，因此成为并行接口设计的首选芯片。本章将重点讨论基于可编程并行接口芯片的并行接口。

3. FPGA 器件

采用 FPGA 器件，利用电子设计自动化（Electronic Design Automation，EDA）技术来设计并行接口，可以实现复杂的接口功能，并且可以将接口中的辅助电路，如 I/O 端口地址译码电路都包含进去，这是目前接口设计很流行的一种方法。

FPGA 是大规模或超大规模可编程逻辑阵列芯片。EDA 是以计算机为平台，把应用电子技术、计算机技术、智能化技术有机结合而形成的电子 CAD 通用软件包，可用于 IC 设计、电子电路设计和 PCB 设计。两者结合所产生出来的电子电路的功能是非常强大的，而且灵活多样，可满足不同复杂度接口电路的要求。

采用这种方案设计接口电路时，需要使用硬件描述语言（如 Verilog HDL）和专门的开发工具，所涉及的知识面更广。

7.3 并行接口电路的解决方案

采用可编程通用接口芯片构成外置式的并接口电路是本章将要讨论的并行接口的解决方案。生产 CPU 的各厂商都有与其配套的并行接口芯片，如 Intel 公司 82C55A（PPI）、Zilog 公司 Z-80（PIO）、Motorola 公司 MC6820（PIA）等，它们的基本功能与工作原理相同。我们选用 82C55A 作为并行接口电路的核心芯片，它是一个通用型、功能强且成本低的接口芯片，可与任意一个需要并行传输数据的 I/O 设备相连接。因此在台式微机作为外置式的并接口，非常流行。下面先分析 82C55A 的外部特性与编程模型，然后讨论几种连接 I/O 设备和器件的并行接口设计。

7.3.1 通用并行接口 82C55A 的外部特性

了解 82C55A 的外部特性的目的是为了进行并行接口硬件设计。82C55A 是一个单+5V 电源供电、40 个引脚的双列直插式组件，其外部引脚如图 7.1 所示，其信号引脚如表 7.1 所示。

表 7.1 中 3 个 8 位端口 A、B、C，都可作为数据口与外设之间交换数据，但 C 端口的使用比较特殊，它除做数据端口外，还可做状态端口、专用联络线和做按位控制用，并且 C 端口做数据口时和 A 端口、B 端口不一样，它是把 8 位分成高 4 位和低 4 位两部分，高 4 位 PC_4～PC_7 与 A 端口一起组成 A 组，低 4 位 PC_0～PC_3 与 B 端口组成 B 组。因此，C 端口做数据端口输入/输出时，是 4 位一起行动，即使只使用其中的一位，也要 4 位一起输入/输出。

引脚号	引脚名	引脚名	引脚号
1	PA_3	PA_4	40
2	PA_2	PA_5	39
3	PA_1	PA_6	38
4	PA_0	PA_7	37
5	$\overline{RD}$	$\overline{WR}$	36
6	$\overline{CS}$	RESET	35
7	GND	D_0	34
8	A_1	D_1	33
9	A_0	D_2	32
10	PC_7	D_3	31
11	PC_6	D_4	30
12	PC_5	D_5	29
13	PC_4	D_6	28
14	PC_0	D_7	27
15	PC_1	V_{CC}	26
16	PC_2	PB_7	25
17	PC_3	PB_6	24
18	PB_0	PB_5	23
19	PB_1	PB_4	22
20	PB_2	PB_3	21

82C55A

图 7.1　82C55A 外部引脚

表 7.1　82C55A 外部信号引脚定义

引脚名	方向	功能
D_0～D_7	双向	数据线
$\overline{CS}$	入	选片
A_1、A_0	入	选接触器
$\overline{RD}$	入	读
$\overline{WR}$	入	写
RESET	入	复位信号
PA_0～PA_7	双向	A 端口的 I/O 线
PB_0～PB_7	双向	B 端口的 I/O 线
PC_0～PC_7	双向	C 端口的 I/O 线

7.3.2　通用并行接口 82C55A 的工作方式

接口芯片 82C55A 总的来说是并行接口，但为了适应不同 I/O 设备的使用要求，又设置了 3 种工作方式。3 种工作方式，由于其功能不同、工作时序及状态字不一样、与 CPU 及 I/O 设备两侧交换数据的方式不一样，因而在接口设计时，硬件连接和软件编程也不一样，因此使用时考虑它的工作方式。3 种工作方式中，0 方式应用最多，要重点学习，2 方式很少应用。

1. 0 方式的特点与功能

0 方式是一种无条件的数据传输方式，也是 82C55A 的基本输入/输出方式。

0 方式的特点为：82C55A 做单向数据传送，即一次初始化只能把某个并行端口置成输入或输出，不能置成既输入又输出；不要求固定的联络（应答）信号，无固定的工作时序和固定的工作状态字；适用于采用无条件或查询方式与 CPU 交换数据，不能采用中断方式交换数据。因此，0 方式使用起来不受什么限制。

0 方式的功能为：A 端口做数据端口（8 位并行）；B 端口做数据端口（8 位并行）；C 端口做数据端口（分高 4 位和低 4 位，4 位并行），或做位控，按位输出逻辑 1 或逻辑 0。

2. 1 方式的特点与功能

1 方式是一种单向选通方式，所谓选通方式是指双方传输数据时，需要遵守握手应答的约定。

1 方式的特点为：82C55A 做单向数据传送，即一次初始化只能把某个并行端口置成输入或输出；要求专用的联络（握手/应答）信号，有固定的工作时序和专用的工作状态字。适用于采用查询或中断方式与 CPU 交换数据，不能用于无条件方式交换数据。因此，82C55A 的 1 方式使用起来要注意它的工作时序、联络握手过程。也可以说是要遵守并行数据传送的协议。

1 方式的功能为：A 端口做数据端口（8 位并行）；B 端口做数据端口（8 位并行）；C 端口可有 4 种功能，分别为：

① 做 A 端口和 B 端口的专用联络信号线；

② 做数据端口，未分配做专用联络信号的引脚可做数据线用；

③ 做状态端口，读取 A 端口和 B 端口的状态字；

④ 做位控，按位输出逻辑 1 或逻辑 0。

3. 2 方式的特点与功能

2 方式是一种双向选通方式，它与 1 方式不同之处是双方能够同时发送和接收。

2 方式的特点为：82C55A 做双向数据传送，即一次初始化可将 A 端口置成既输入又输出，具有双向性；要求有两对专用的联络信号，有固定的工作时序和专用的工作状态字；适用于采用查询和中断方式与 CPU 交换数据，特别是在要求与 I/O 设备进行双向数据传输时很有用。

2 方式的功能为：A 端口做双向数据端口（8 位并行）；B 端口做单向数据端口（8 位并行）；C 端口有 4 种功能，与 1 方式类似。

7.3.3 通用并行接口 82C55A 的编程模型

82C55A 的编程模型包括内部可访问的寄存器、分配给寄存器的端口地址以及装入寄存器的命令字、状态字。用户通过它的编程模型进行并行接口的程序设计。

1. 82C55A 内部寄存器

82C55A 内部的“读/写控制逻辑”中设置有命令寄存器、状态寄存器（从 C 口读出）以及 3 个双向数据寄存器，均为 8 位。

2. 82C55A 的端口地址

82C55A 的应用分两种情况，一是系统配置的并行接口，其端口地址由系统安排，见表 3.1。二是用户扩展的并行接口，其端口地址由用户通过 I/O 译码电路选定，见表 3.3。

3. 82C55A 的两个编程命令

82C55A 有两个编程命令，分别为工作方式命令和按位操作（置位/复位）命令，它们是用户使用 82C55A 来组建各种接口电路的重要工具。下面讨论这两个命令的功能及格式。

（1） 方式命令

方式命令又称初始化命令。显然，这个命令应出现在 82C55A 开始工作之前的初始化程序段中。方式命令的功能与格式如下。

① 功能：指定 82C55A 的工作方式及其工作方式下 82C55A 三个并行端口的输入或输出功能。

② 格式：8 位命令字的格式与含义，如图 7.2 所示。

图 7.2 的最高位 D_7 是特征位，因为 82C55A 有两个命令，用特征位加以区别：D_7=1，表示是方式命令；D_7=0，表示是按位置位/复位命令。

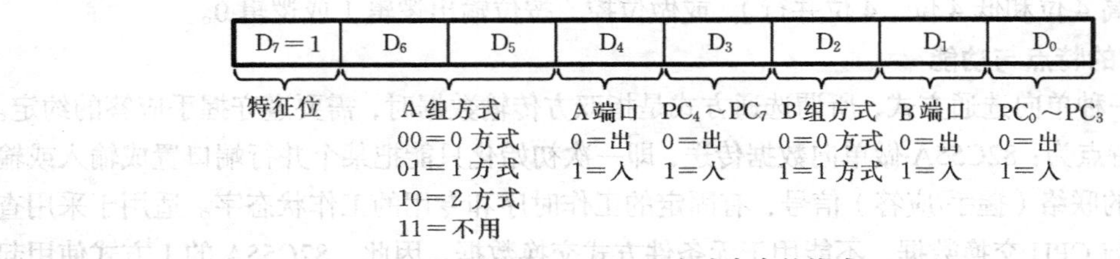

图 7.2 82C55A 方式命令的格式

从方式命令的格式可知，A 组有 3 种方式（0 方式、1 方式、2 方式），而 B 组只有两种工作方式（0 方式、1 方式）。C 端口分成两部分，上半部属 A 组，下半部属 B 组。对 3 个并行端口的输入输出设置是：置 1 指定为输入，置 0 指定为输出。

利用分别选择 A 组和 B 组的工作方式和各并行端口的输入/输出，可以构建不同用途的并行接口。

例如，把A端口指定为1方式，输入；把C端口上半部指定为输出。把B端口指定为0方式，输出；把C端口下半部指定为输入，则工作方式命令代码是10110001B或B1H。

若将此方式命令代码写到82C55A的命令寄存器，即实现了对82C55A工作方式及端口功能的指定，或者说完成了对82C55A的初始化。汇编语言初始化的程序段如下。

```
MOV DX,303H        ;82C55A命令口地址
MOV AL,0B1H        ;初始化命令
OUT DX,AL          ;送到命令口
```

//C语言初始化程序段如下。

```
outportb(0x303,0x0B1);
```

（2）按位置位/复位命令

按位控制命令要在初始化以后才能使用，故它可放在初始化程序段之后的任何位置，根据需要而定。按位置位/复位命令的功能与格式如下。

① 功能：指定82C55A的C端口8个引脚中的任意一个引脚，也只能1次指定1个引脚输出高电平或低电平。

② 格式：8位命令字的格式与含义，如图7.3所示。

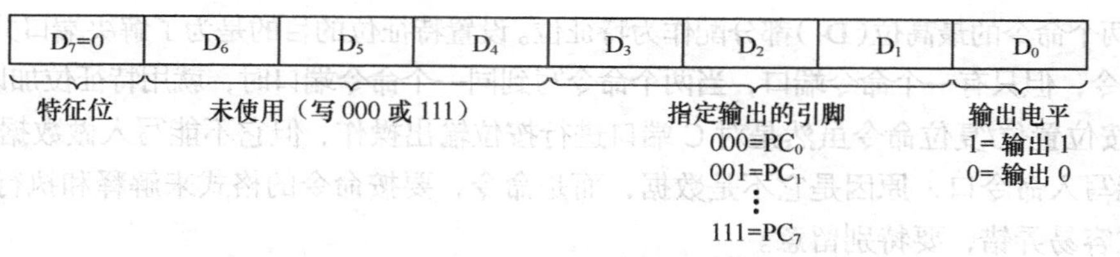

图7.3　82C55A按位置位/复位命令的格式

利用按位置位/复位命令可以将C端口的8根线中的任意一根置成高电平输出或低电平输出，用做控制开关的通/断、继电器的吸合/释放、马达的启/停等操作。

例如，若命令C端口的PC_2引脚输出高电平，去启动步进电机，则命令字应该为00000101B或05H。其程序段如下。

```
MOV DX,303H          ;82C55A命令口地址
MOV AL,05H           ;使PC2=1的命令字
OUT DX,AL            ;送到命令口
```

如果要使PC_2引脚输出低电平，去停止步进电机，则程序段如下。

```
MOV DX,303H          ;82C55A命令口地址
MOV AL,04H           ;使PC2=0的命令
OUT DX,AL            ;送到命令口
```

利用按位输出高/低电平的特性还可以产生正、负脉冲或方波输出，对I/O设备进行控制。

例如，利用82C55的PC_7产生负脉冲，做打印机接口电路的数据选通信号，其汇编语言程序段如下。

```
MOV DX,303H          ;82C55A命令端口
MOV AL,00001110B     ;置PC7=0
OUT DX,AL
NOP                  ;维持低电平
NOP
MOV AL,00001111B     ;置PC7=1
OUT DX,AL
```

//C 语言程序段如下。

```
outportb(0x303,0x0e);
delay(10);
outportb(0x303,0x0f);
```

又如，利用 82C55A 的 PC_6，产生方波，送到喇叭，使其产生不同频率的声音，其汇编语言程序段如下。

```
   MOV DX,303H              ;82C55A 命令端口
L: MOV AL,00001101B         ;置 PC6=1
   OUT DX,AL
   CALL DELAY1              ;PC6输出高电平维持的时间
   MOV AL,00001100B         ;置 PC6=0
   OUT DX,AL
   CALL DELAY1              ;PC6输出低电平维持的时间
   JMP L
```

改变 DELAY1 的延时时间，即可改变喇叭发声的频率。

//C 语言程序段如下。

```
outportb(0x303,0x0d);        //写命令,置 PC6=1
delay(100);                  //调用延时程序,延时 100ms
outportb(0x303,0x0c);        //写命令, 置 PC6=0
delay(100);
```

（3）关于两个命令的使用

① 两个命令的最高位（D_7）都分配作为特征位。设置特征位的目的是为了解决端口共用。82C55A 有两个命令，但只有一个命令端口，当两个命令写到同一个命令端口时，就用特征位加以识别。

② 按位置位/复位命令虽然是对 C 端口进行按位输出操作，但它不能写入做数据口用的 C 端口，只能写入命令口，原因是它不是数据，而是命令，要按命令的格式来解释和执行。这一点初学者往往容易弄错，要特别留意。

7.4 步进电机控制接口设计

例 7.1 步进电机控制接口电路设计。

1. 要求

设计一个四相六线式步进电机接口电路，要求按四相双八拍方式运行，当按下开关 SW_2 时，步进电机开始运行；当按下开关 SW_1 时，步进电机停止。

2. 分析

按照两侧分析法，要对接口的 I/O 设备一侧，即连接的对象步进电机进行分析。

首先，CPU 与步进电机之间的数据交换是无条件传输，因此可利用 82C55A 的 0 方式设计步进电机控制接口。其次，本例题接口的被控对象是步进电机，那么，若想对步进电机实施控制，就要了解步进电机的控制原理及控制方法。

（1）步进电机控制原理

步进电机是将电脉冲信号转换成角位移的一种机电式 D/A 转换器。步进电机旋转的角位移与输入脉冲的个数成正比；步进电机的转速与输入脉冲的频率成正比；步进电机的转动方向与输入脉冲对绕组加电的顺序有关。因此，步进电机旋转的角位移、转速及方向均受输入脉冲的控制。

（2）运行方式与方向控制

步进电机的运行方式是指各相绕组循环轮流通电的方式，如四相步进电机有单四拍、单八拍、

双四拍、双八拍几种方式，如图 7.4 所示。

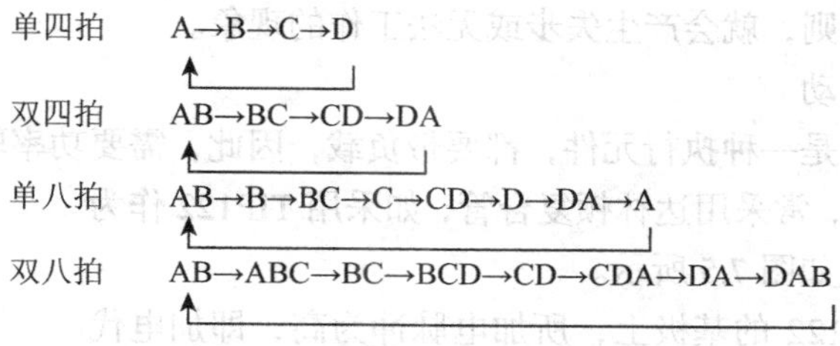

单四拍　A→B→C→D

双四拍　AB→BC→CD→DA

单八拍　AB→B→BC→C→CD→D→DA→A

双八拍　AB→ABC→BC→BCD→CD→CDA→DA→DAB

图 7.4　四相步进电机运行方式

步进电机的运行方向是指正转（顺时针）或反转（逆时针）。

为了实现对各绕组按一定方式轮流加电，需要 1 个脉冲循环分配器。脉冲循环分配器可用硬件，也可以软件来实现，本例采用循环查表法来实现对运行方式与方向的控制。

循环查表法是将各相绕组加电顺序的控制代码制成一张步进电机相序表，存放在内存区，再设置一个地址指针。当地址指针依次+1（或-1）时，即可从表中取出通电的代码，然后输出到步进电机，产生按一定运行方式的旋转。若改变相序表内的加电代码和地址指针的指向，则可改变步进电机的运行方式与方向。

表 7.2 列出了四相双八拍运行方式的一种相序加电代码。若运行方式发生改变，则加电代码也会改变。

表 7.2　相序表

绕组与数据线的连接								运行方式	相序表		方向	
D		C		B		A		双八拍	加电代码	地址单元	正向	反向
D_7	D_6	D_5	D_4	D_3	D_2	D_1	D_0					
0	0	0	0	0	1	0	1	AB	05H	400H	↓	↑
0	0	0	1	0	1	0	1	ABC	15H	401H		
0	0	0	1	0	1	0	0	BC	14H	402H		
0	1	0	1	0	1	0	0	BCD	54H	403H		
0	1	0	1	0	0	0	0	CD	50H	404H		
0	1	0	1	0	0	0	1	CDA	51H	405H		
0	1	0	0	0	0	0	1	DA	41H	406H		
0	1	0	0	0	1	0	1	DAB	45H	407H		

在表 7.2 所示的相序中，若把指针设在指向 400H 单元开始，依次加 1，取出加电代码去控制步进电机的运行方向定为正方向，那么，再把指针改设在指向 407H 单元开始，依次减 1 的方向就是反方向。表 7.2 中的地址单元是随机给定的，在程序中是定义一个变量（数组），来指出相序表的首址。

可见，对步进电机运行方式的控制是通过改变相序表中的加电代码，而运行方向的控制是通过设置相序表的指针来解决。

（3）运行速度的控制

控制步进电机运行速度有两种途径：一是硬件改变输入脉冲的频率，通过对定时器（如 82C54A）定时常数的设定，使其升频、降频或恒频；二是软件延时，调用延时子程序。

采用软件延时方法来改变步进电机速度，虽然简便易行，但延时受 CPU 主频的影响，在主频较低的微机上开发的步进电机控制程序拿到主频较高的微机上，就不能正常运行，甚至由于频率太高，使步进电机干脆不动了。

应该指出的是，步进电机的速度还受到本身矩—频特性的限制，设计时应满足运行频率与负载力矩之间的关系，否则，就会产生失步或无法工作的现象。

（4）步进电机的驱动

步进电机在系统中是一种执行元件，都要带负载，因此，需要功率驱动。在电子仪器和设备中，一般所需功率较小，常采用达林顿复合管，如采用 TIP122 作为功率驱动级。驱动原理如图 7.5 所示。

图 7.5 中，在 TIP122 的基极上，所加电脉冲为高，即加电代码为 1 时，达林顿管导通，使绕组 A 通电；加电代码为 0 时，绕组断电。

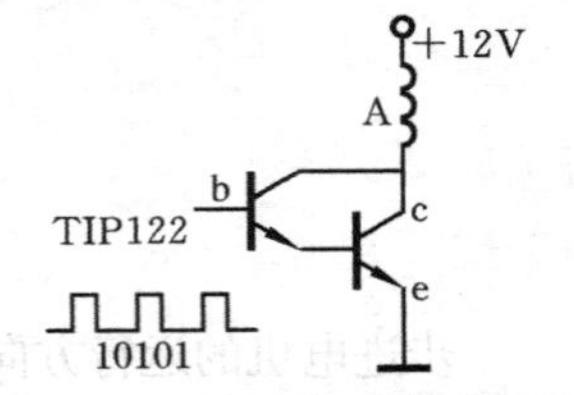

图 7.5　步进电机驱动原理图

（5）步进电机的启/停控制

为了控制步进电机的启/停，通常采用设置硬开关或软开关。所谓硬开关，一般是在外部设置按键开关 SW，并且约定当开关 SW 按下时启动运行或停止运行。所谓软开关，就是利用系统的键盘，定义某一个键，当该键按下时，启动或停止运行。

3. 设计

（1）硬件设计

采用并行接口芯片 82C55A 作为步进电机与 CPU 的接口。根据设计要求，需要使用 3 个端口。

A 端口为输出，向步进电机的 4 个绕组发送加电代码（相序码），以控制步进电机运行方式。

C 端口的高 4 位（PC_4）为输出，控制 74LS373 的开/关，起隔离作用，当步进电机不工作时，关闭 74LS373，以保护电机在停止运行后，不会因为 82C55A 的漏电流引起发热而使电机烧坏。

C 端口的低 4 位（PC_0 和 PC_1）为输入，分别与开关 SW_2 和 SW_1 连接，以控制步进电机的启动和停止，如图 7.6 所示。

（2）软件设计

在开环控制方式下，四相步进电机的启/停操作可以随时进行，是一种无条件并行传送。控制程序包括相序表和相序指针的设置、82C55A 初始化、步进电机启/停控制、相序代码传送，以及电机的保护措施等。

步进电机控制汇编语言程序如下。

```
DATA SEGMENT
    PSTA DB 05H,15H,14H,54H,50H,51H,41H,45H       ;设置相序表（运行方式控制）
MESSAGE DB'HIT SW2 TO START,HIT SW1 TO QUIT. '  ;提示信息
        DB 0DH,0AH,'$'
DATA ENDS
CODE SEGMENT
    ASSUMECS: CODE,DS: DATA
START:      MOV AX,DATA
            MOV DS,AX
            MOV AH,09H                            ;显示提示信息
            MOV DX,OFFSET MESSAGE
            INT 21H
            MOV DX,303H                           ;初始化 82C55A
            MOV AL,81H
            OUT DX,AL
            MOV AL  09H                           ;关闭 74LS373（置 PC4=1），保护步进电机
            OUT DX,AL
    L:      MOV DX,302H                           ;检测开关 SW2 是否按下（PC0=0？）
            IN AL,DX
            AND AL,01H
            JNZ L                                 ;未按 SW2，等待
            MOV DX,303H                           ;已按 SW2，启动步进电机
```

```
        MOV AL,08H                    ;打开 74LS373（置 PC4=0），进行启动控制
        OUT DX,AL
RELOAD: MOV SI,OFFSET PSTA            ;设置相序表指针，进行运行方向控制
        MOV CX,8                      ;设置循环次数
  LOP:  MOV DX,300H                   ;送相序代码
        MOV AL,[SI]
        OUT DX,AL
        MOV BX,0FFFFH                 ;延时，进行速度控制
DELAY1: DEC BX
        JNZ DELAY1
        MOV DX,302H                   ;检测开关 SW1 是否按下（PC1=0？）
        IN AL,DX
        AND AL,02H
        JZ OVER                       ;已按 SW1，停止步进电机（停止控制）
        INC SI                        ;未按 SW1，继续运行
        DEC CX
        JNZ LOP                       ;未到 8 次，继续八拍循环
        JMP RELOAD                    ;已到 8 次，重新赋值
 OVER:  MOV DX,303H
        MOV AL,09H                    ;关闭 74LS373（置 PC4=1），保护步进电机
        OUT DX,AL
        MOV AH,4CH                    ;返回 DOS
        INT21H
CODE ENDS
    END START
```

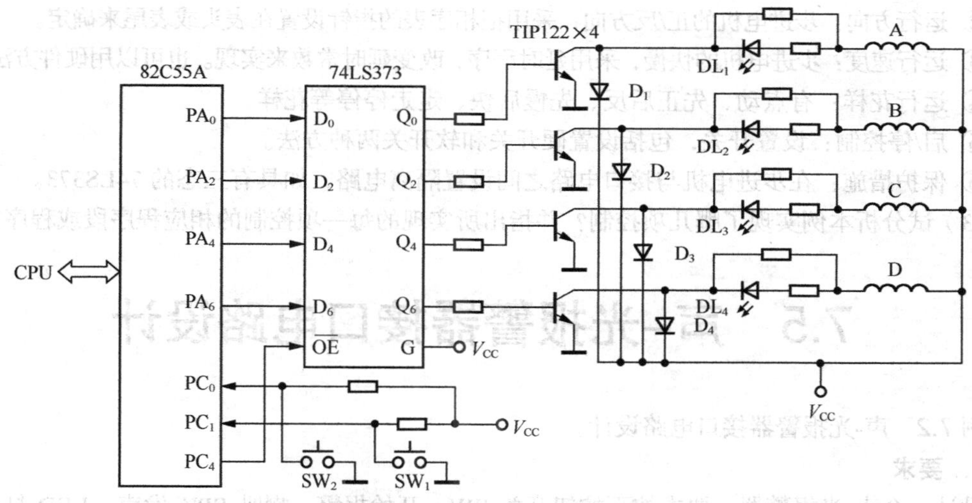

图 7.6 步进电机控制接口原理图

//步进电机控制 C 语言程序如下。

```
#include <stdio.h>
#include <conio.h>
#include <dos.h>
void main()
{
    unsigned char PSTA[8]={0x05,0x15,0x14,0x54,0x50,0x51,0x41,0x45};
    printf("Hit SW2 to Start,Hit SW1 to Quit!\n");
    outportb(0x303,0x81);                     //初始化 82C55A
    outportb(0x303,0x09);                     //关闭 74LS373(置 PC4=1)，保护步进电机
    while(inportb(0x302)&0x01);               //检测开关 SW2 是否按下(PC0=0？)
    outportb(0x303,0x08);                     //打开 74LS373(置 PC4=0)，进行启动控制
    while(1)
    {
        for(i=0;i<8;i++)
```

```
        {
            outportb(0x300,PSTA[i]);          //送相序代码
            delay(100);                       //延时，进行速度控制
            if((inportb(0x302)&0x02)==0)      //检测开关 SW1 是否按下(PC1=0? )
            {
                outportb(0x303,0x09);         //关闭 74LS373(置 PC4=1)，保护步进电机

                return;                       //返回 DOS
            }
        }
        if(i==8)                              //已到 8 次，重新赋值
            i==0;
    }
}
```

4. 讨论

（1）本例接口与 CPU 之间的数据交换，是采用无条件传输方式，即认为步进电机随时可以接收 CPU 通过接口送来的相序代码，进行走步，不需要查询步进电机是否“准备好”。但在程序中，有两处分别查询 SW_2 和 SW_1 的状态，并且，只有当 SW_2 按下，才开始启动步进电机，这和上述无条件传送是否有矛盾？

（2）开环运行的步进电机需要控制的项目，一般有以下 6 个方面。

① 运行方式：四相步进电机的 4 种运行方式，采用构造相序表的方法实现不同运行方式的要求。

② 运行方向：步进电机的正/反方向，采用把相序表的指针设置在表头或表尾来确定。

③ 运行速度：步进电机的快慢，采用延时程序，改变延时常数来实现。也可以用硬件方法实现。

④ 运行花样：有点动、先正后反、先慢后快、走走停停等花样。

⑤ 启/停控制：设置开关，包括设置硬开关和软开关两种方法。

⑥ 保护措施：在步进电机与接口电路之间设置隔离电路，如具有三态的 74LS373。

（3）试分析本例实现了哪几项控制？并指出所实现的每一项控制的相应程序段或程序行。

7.5 声-光报警器接口电路设计

例 7.2 声-光报警器接口电路设计。

1. 要求

设计一个声-光报警器，要求按下按钮开关 SW，开始报警，喇叭 SPK 发声，LED 灯同时闪光。当拨通 DIP 拨动开关的 0（DIP_0）位时，结束报警，喇叭停止发声，LED 灯熄灭。

2. 分析

按照两侧分析法，要对接口的 I/O 设备一侧，即连接的对象声-光报警器进行分析。

根据题意，该声-光报警器包括 4 种简单的器件：扬声器、8 个 LED 彩灯、8 位 DIP 拨动开关及按钮开关 SW。它们都是并行接口的对象，虽然功能单一、结构简单，但都必须通过接口电路才能进入微机系统，受 CPU 的控制，发挥相应的作用。

3. 设计

本例接口所涉及的 I/O 设备虽然简单，但数量较多（4 种），并且既有输入（按钮开关 SW 和拨动 DIP 开关）又有输出（喇叭 SPK 和 LED），采用可编程并行接口芯片 82C55A 作为接口比较方便。

（1）硬件设计

声-光报警器电路原理如图 7.7 所示。

在图 7.7 中，82C55A 的 3 个并行口的资源分配是：PA_0～PA_7 输出，连接 8 个 LED 灯 LED_0～LED_7；PB_0～PB_7 输入，连接 8 位 DIP 开关 DIP_0～DIP_7；PC_6 输出，连接喇叭 SPK；PC_2 输入，连接按钮开关 SW。

（2）软件设计

根据设计要求，拟定声-光报警器程序流程图如图 7.8 所示。

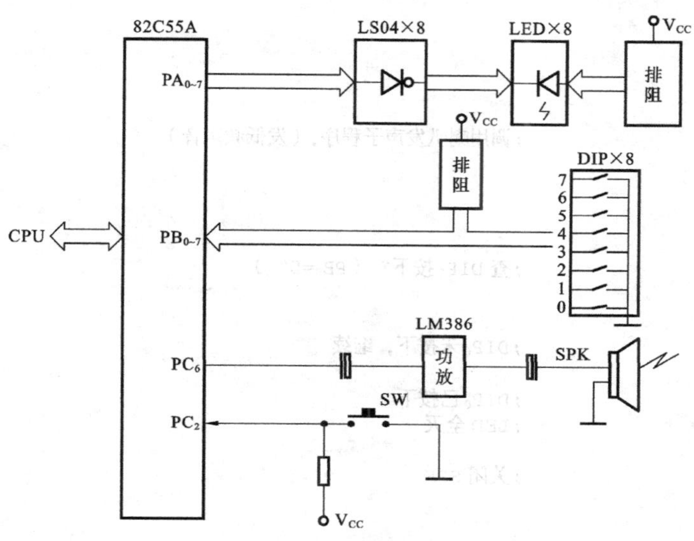

图 7.7 声-光报警器电路框图

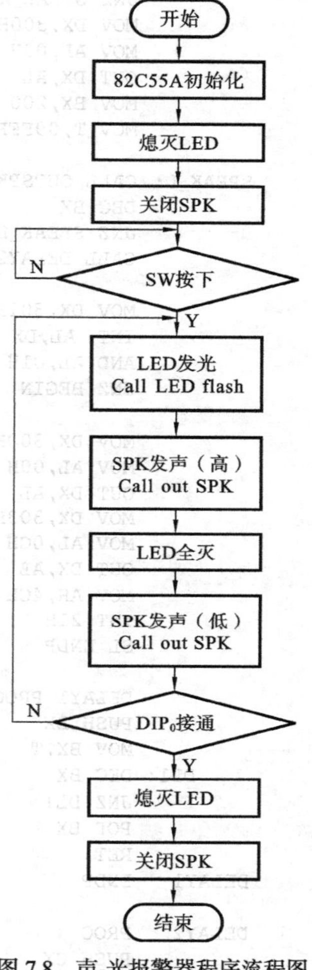

图 7.8 声-光报警器程序流程图

声-光报警器汇编语言程序段如下。

```
STACK  SEGMENT
     DW 200 DUP (?)
STACK ENDS
DATA  SEGMENT PARA PUBLIC"DATA"
T  DW 0                                 ;初始化延时变量为 0
DATA  ENDS
CODE  SEGMENT PARA PUBLIC' CODE'        ;主程序开始
   ASSUME SS:STACK,CS:CODE,DS:DATA
SL  PROC FAR
START:    MOV AX,STACK
          MOV SS,AX
          MOV AX,DATA
          MOV DS,AX
          MOV DX,303H                   ;初始化 82C55A
          MOV AL,10000011B              ;0 方式，A 口和 PC4～PC7 输出；B 口和 PC0～PC3 输入
          OUT DX,AL

          MOV DX,300H                   ;LED 全灭（PA0～PA7 全部置 0）
          MOV AL,00H
          OUT DX,AL
          MOV DX,303H                   ;关闭 SPK（置 PC6=0）
          MOV AL,00001100B
          OUT DX,AL

WAIT1:    MOV DX,302H                   ;查 SW 按下？（PC2=0？）
          IN  AL,DX
          AND AL,04H
          JNZ WAIT1                     ;SW 未按下，等待
```

```
BEGIN:    CALL LED_FLASH                  ;调用 LED 发光子程序
          MOV BX,200
          MOV T,0FFFH

SPEAK_H:  CALL OUTSPK                     ;调用喇叭发声子程序,(发高频声音)
          DEC BX
          JNZ SPEAK_H
          MOV DX,300H                     ;LED 全灭
          MOV AL,00H
          OUT DX,AL
          MOV BX,200
          MOV T,09FFFH

SPEAK_L:  CALL OUTSPK                     ;调用喇叭发声子程序,(发低频声音)
          DEC BX
          JNZ SPEAK_L
          CALL DELAY2

          MOV DX,301H                     ;查 DIP0 按下?(PB0=0?)
          INT  AL,DX
          AND AL,01H
          JNZ BEGIN                       ;DIP0 未按下,继续

          MOV DX,300H                     ;DIP0 已按下
          MOV AL,00H                      ;LED 全灭
          OUT DX,AL
          MOV DX,303H                     ;关闭 SPK
          MOV AL,0CH
          OUT DX,AL
          MOV AH,4CH                      ;返回 DOS
          INT 21H
          SL ENDP

          DELAY1 PROC                     ;延时子程序 1
          PUSH BX
          MOV BX,T
     DL1: DEC BX
          JNZ DL1
          POP BX
          RET
DELAY1    ENDP                            ;延时子程序 1 结束

DELAY2    PROC                            ;延时子程序 2
          PUSH CX
          PUSH BX
          MOV CX,04FFFH
DL4:      MOV BX,0FFFFH
DL3:      DEC BX
          JNZ DL3
          DEC CX
          JNZ DL4
          POP BX
          POP CX
          RET
DELAY2    ENDP                            ;延时子程序 2 结束

OUTSPK    PROC                            ;喇叭发声子程序(从 PC6 输出方波)
          PUSH DX
          PUSH AX
          MOV DX,303H
          MOV AL,0DH                      ;打开 SPK(置 PC6=1)
          OUT DX,AL
```

```
        CALL DELAY1
        MOV DX,303H
        MOV AL,0CH                      ;关闭 SPK（置 PC6=0）
        OUT DX,AL
        CALL DELAY1
        POP AX
        POP DX
        RET
OUTSPK  ENDP                            ;喇叭发声子程序结束

LED_FLASH  PROC                         ;LED 发光子程序
       PUSH DX
       PUSH AX
       MOV DX,300H                      ;LED 全部点亮
       MOV AL,0FFH
       OUT DX,AL
       POP AX
       POP DX
       RET
LED_FLASH  ENDP                         ;LED 发光子程序结束
CODE ENDS                               ;主程序开始
       END START
```

//声-光报警器 C 语言程序如下。

```
#include <stdio.h>
#include <conio.h>
#include <dos.h>
void OutSpk(unsigned int time);
void main()
{
    unsigned char tmp,i=0;
    outportb(0x303,0x83);           //0 方式，A 口和 PC4～PC7，输出；B 口和 PC0～PC3，输入
    outportb(0x300,0x00);           //LED 灯全灭(PA0～PA7 全部置 0)
    outportb(0x303,0x0c);           //关闭 SPK(置 PC6=0)
    while(inportb(0x302)&04);       //查 SW 按下？(PC2=0？)
    while(inportb(0x301)&0x01)      //查 DIP0 按下？(PB0=0？)
    {
        outportb(0x300,0x0ff);      //LED 灯全亮
        for(i=0;i<200;i++)
        {
            OutSpk(30);             //调用喇叭发声(高频)子程序
        }
        outportb(0x300,0x00);       //LED 灯全灭
        for(i=0;i<200;i++)
        {
            OutSpk(270);            //调用喇叭发声(低频)子程序
        }
        delay(600);
    };
    outportb(0x300,0x00);           //LED 灯全灭
    outportb(0x303,0x0c);           //关闭 SPK
}
void OutSpk(unsigned int time)
{
    outportb(0x303,0x0d);
    delay(time);
    outportb(0x303,0x0c);
    delay(time);
}
```

4. 讨论

从例 7.2 的电路还可以派生出多种应用，读者不妨试试，这对了解与熟悉 82C55A 的 0 方式并行接口的功能及使用很有帮助。下面提出几项，以供思考。

（1）LED 走马灯花样（点亮花样）程序

利用 DIP 的 8 位开关，控制 LED 产生 8 种走马灯花样。例如，将 DIP 的 1 号开关合上时，8 个 LED 彩灯从两端向中间依次点亮；2 号开关合上时，彩灯从中间向两端依次点亮等。按下按钮开关 SW 时，LED 彩灯熄灭。实现方法为：先设置 LED 点亮花样的 8 组数据，再利用 DIP 开关调用这 8 组数据，并通过接口送到 LED。

（2）键控发声程序

在键盘上定义 8 个数字键（0～7），每按 1 个数字键，使喇叭发出一种频率的声音，按 ESC 键，停止发声。实现方法为：利用 82C55A 的 C 端口输出高/低电平的特性，产生方波，再利用软件延时的方法，改变方波的频率。

（3）键控发光程序

在键盘上定义 8 个数字键（0～7），每按 1 个数字键，使 LED 的 1 位发光，按 Q 或 q 键，停止发光。

（4）声-光同时控制程序

利用 DIP 的 8 位开关，控制 LED 产生 8 种走马灯花样的同时，又控制喇叭，产生 8 种不同频率的声音。按任意键，LED 彩灯熄灭，同时喇叭停止发声。

（5）LED 彩灯变幻程序

LED 走马灯花样变化的同时，LED 点亮时间长短也发生变化（由长到短，或由短到长），可以采用不同的延时程序来实现。

习题 7

1. 并行接口“并行”的含义是针对什么而言的？

2. 并行接口有哪些基本特点？

3. 设计并行接口电路可以采用哪些元器件（芯片）？

4. 在可编程并行接口芯片 82C55A 的外部特性中，有面向 I/O 设备的 3 个 8 位端口 A、B、C，试问端口 C 的使用有哪些特点与端口 A、B 不同？

5. 可编程并行接口 82C55A 的编程模型包括哪些内容？

6. 82C55A 有哪两个编程命令？试分别说明它们的作用。

7. 82C55A 有哪几种工作方式？各有何特点？

8. 如何对 82C55A 进行初始化编程？

9. 用户在使用并行接口 82C55A 时分两种情况，一种是利用系统配置的 82C55A，另一种是用户自行扩展的 82C55A。用户对这两种情况，所需做的工作有哪些不同？

10. 0 方式下的 82C55A 能采用中断方式与 CPU 交换数据吗？

11. 1 方式和 2 方式下的 82C55A 与 CPU 之间交换数据时，能采用无条件传输吗？

12. 99H 和 0FH 分别是 82C55A 的什么命令？为什么？

13. 如果将 0A4H 写入 82C55A 的命令寄存器，那么 A 组和 B 组的工作方式及引脚输入/输出的配置情况如何？

14. 如果要求将82C55A的A端口、B端口和C端口设置为0方式，且A端口和B端口用于输入而C端口用于输出，那么应向命令寄存器写入什么方式命令字？

15. 如果把03H代码写入82C55A的命令寄存器，那么这个按位置位/复位命令将对C端口的哪一位进行操作？该位是被置1还是清0？

16. 试分别编写产生从C端口的PC_7引脚输出一个正脉冲和从PC_3引脚输出一个负脉冲的程序段。

17. 试编写一个从PC_0输出连续方波的程序段。

18. 为了允许82C55A的1方式下A组输入中断请求，应向命令寄存器写入何值？

19. 设计一个四相步进电机接口电路，要求按双八拍方式运行，并且步进电机来回走100步，当按下键盘上的S键时，停止走步（参考例7.1）

20. 如何利用82C55A设计一个声-光报警器接口？（参考例7.2）

第8章 串行通信接口

目前串行传输方式越来越多的用来在CPU与外部设备，或设备与设备之间交换信息，原来一些传统的并行接口都开始串行化。同时，各种串行总线标准不断推出，大家熟悉的USB、IEEE1943、RS-232/485、SPI、I^{2}C等串行总线的应用越来越广泛。

本章讨论RS-232、RS-485、I^{2}C几种总线标准及其相应串行通信接口设计。

8.1 串行通信的基本概念

8.1.1 串行通信的基本特点

串行通信与并行通信相比，有以下几个不同的特点。

（1）串行通信是信息在在1对（或1根）通信线上，在时钟的作用下，一位一位传输，并且既传输数据，又传输地址、控制联络信号。数据与地址、控制联络信号混在一起。

为了识别串行传输的信息流中，哪一部分是地址、控制联络信号，哪一部分是数据信号，以及传送何时开始、何时结束，就要求通信双方通过某种约定的数据格式固定下来，以便共同遵守。这种约定的数据格式叫做串行通信的数据帧格式，串行传输的数据已不是原始数据，而是格式化的数据。

（2）串行通信要求双方数据传输的速率必须一致，以免因速率的差异而丢失数据，故需进行传输速率的控制。

（3）串行通信易受干扰，特别是远距离传输，出错难以避免，故需要进行差错的检测与控制。因此串行通信接口制定了各种通信协议与标准，来规范串行通信双方共同遵守的数据帧格式、传输速率以及差错检验等操作规则。

（4）在串行通信中，对信号的逻辑定义有的采用负逻辑和高压电平，有的采用电位差值，与TTL不兼容，因此，在通信设备与计算机之间需要进行逻辑关系及逻辑电平的转换。

（5）串行通信既可用于近距离，又可以用于远距离，后者需要外加MODEM。

从上述串行通信的特点不难看出，在串行通信时，双方需要协调解决的问题比并行接口要多。例如，接收端怎样判断数据传送的开始和结束、怎样判断所接收数据的正确性，收/发双方如何进行传输速率控制、数据的串/并转换，以及信号电平转换与逻辑电平转换等。

实际上，串行接口设计正是围绕解决这些问题展开的。为此，对串行通信制定了各种协议与标准以及推出了相应的接口芯片，从硬件和软件两方面来解决这些问题。因此，串行接口的分析与设计比较复杂。

8.1.2　串行通信的工作制式

在串行通信中，数据通常是在两个站（点）之间进行传输，按照数据流的方向可分成 3 种基本的传输方式（制式）：全双工、半双工和单工。单工目前已很少使用。

1. 全双工

全双工是通信双方同时进行发送和接收操作。为此，要设置两根（或两对）传输线，分别发送和接收数据，使数据的发送与接收分流，如图 8.1 所示。全双工方式在通信过程中，无须进行接收/发送方向的切换，因此，没有切换操作所产生的时间延迟，有利于远程实时监测与控制。

2. 半双工

半双工是通信双方分时进行发送和接收操作，即双方都可发可收，但不能在同一时刻发送和接收。因为半双工只设置 1 根（或 1 对）传输线，用于发送时就不能接收，用于接收时就不能发送，如图 8.2 所示，所以在半双工通信过程中，需要进行接收/发送方向的切换，会有延时产生。

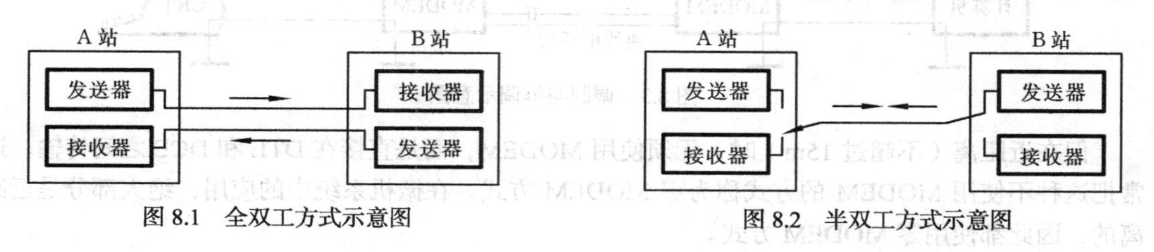

图 8.1　全双工方式示意图　　　　图 8.2　半双工方式示意图

3. 单工

通信双方只能进行一个方向的传输，不能有双向传输。此方式目前很少使用了。

8.1.3　串行通信数据传输的基本方式

串行通信数据传输的基本方式分为异步和同步两种。

1. 异步通信方式

异步通信是以字符为单位传输的，每个字符经过格式化之后，作为独立的一帧数据，可以随机由发送端发出去，即发送端发出的每个字符在通信线上出现的时间是任意的。这就是说，异步通信方式的“异步”主要体现在字符与字符之间传输没有严格的定时要求，因此异步通信不要求在收发双方之间使用同一根时钟线。然而，一旦字符传输开始，收发双方则以预先约定的传输速率，在各自的时钟脉冲作用下，传输这个字符中的每一位，即要求位与位之间有严格的定时。也就是说，异步通信在传输同一个字符的每一位时的传输速率要求严格一致。

2. 同步通信方式

同步通信是以数据块（字符块）为单位传输的，每个数据块经过格式化之后，形成一帧数据，作为一个整体进行发送与接收，因此，传输一旦开始，就要求每帧数据内部的每一位都要同步。也就是说，同步传输不仅要求字符内部的位传输是同步的，而且要求字符与字符之间的传输也应该是同步的，这样才能保证收发双方对每一位都是同步的。为此，接收/发送两端必须使用同一时钟来控制数据块内部位与位之间的定时，因此在物理上同步通信的双方之间必须设置一根时钟线。

异步通信方式的传输速率低，同步通信方式的传输速率高。异步传输的传输设备简单，易于实现，同步传输的传输设备复杂，技术要求高。因此，异步串行通信一般用在数据传输时间不能确定、发送数据不连续、数据量较少和数据传输速率较低的场合；而同步串行通信则用在要求快速、连续传输大批量数据的场合。

8.1.4 串行通信中的调制与解调

为什么串行通信中的信号需要调制与解调？串行通信指的是数字通信，即传输的数据是以 0、1 组成的数字信号。这种数字信号包含了从低频到高频的谐波成分，因此要求传输线的频带很宽。在远距离通信时，为了降低成本，通信线路利用普通电话线，而这种电话线的频带宽度有限。如果让数字信号直接在电话线上传输，高次谐波的衰减就会很厉害，从而使传输的信号产生严重的畸变和失真；而在电话线上传输模拟信号时，则失真较小。因此，在远距离通信时，采用一种叫调制解调器（MODEM）的装置，在发送方要用调制器把数字信号转换为模拟信号，从通信线上发送出去，而在接收端也要用解调器，把从通信线上接收下来的模拟信号，解调还原成数字信号，如图 8.3 所示。

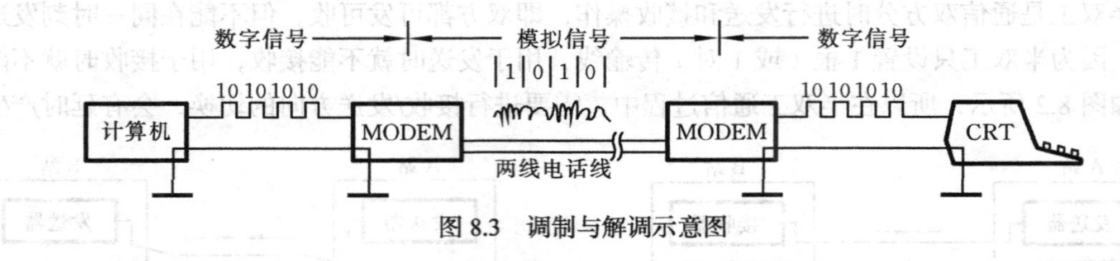

图 8.3 调制与解调示意图

但在近距离（不超过 15m）时，无须使用 MODEM，而是直接在 DTE 和 DCE 之间传输。通常把这种不使用 MODEM 的方式称为零 MODEM 方式。在微机系统中的应用，绝大部分是近距离的，因此都使用零 MODEM 方式。

8.2 串行通信协议

在串行传输中，通信双方都按通信协议进行。所谓通信协议是指通信双方的一种约定，约定中对数据格式、同步方式、传输速度、传送步骤、检纠错方式以及控制字符定义等问题做出统一规定，通信双方必须共同遵守。因此，也叫做通信控制规程，或者称为传输控制规程，它属于 ISO'S OSI 七层参考模型中的数据链路层。

目前，采用的通信协议有两类：异步协议和同步协议。下面分别讨论通信协议中的传输速率控制、差错检查以及数据格式等技术问题。

8.2.1 串行通信中的传输速率控制

1. 数据传输速率控制的实现方法

串行通信时，要求双方的传输速率严格一致，并在传输开始之前，要预先设定，否则会发生错误，因此对传输速率要进行控制。

在数字通信中，传输速率的控制是通过波特率时钟发生器和设置波特率因子或波特率除数来实现的。波特率时钟发生器有的包含在串行通信接口芯片中，如 16550（UART）；有的需要单独设计，如 8251A（USART）。波特率因子或波特率除数是在通信程序的初始化程序段中设置的。

2. 波特率、发送/接收时钟及波特率因子

（1）什么是波特率

波特率（Baud）是每秒传输串行数据的位数。例如，每秒传输 1b，就是 1 波特；每秒传输

1200b，就是 1200 波特，其单位是 b/s（位/秒，也可写成 bps）。可见，波特率是用来衡量串行数据传输速率的。虽然波特率可以由通信双方任意定义为每秒多少位，但在串行通信中是采用标准的波特率系列，如 110b/s、150b/s、300b/s、600b/s、1200b/s、2400b/s、4800b/s、9600b/s 等。

有时也用“位周期”来表示传输速率，即传输 1 位数据所需的时间。位周期是波特率的倒数。例如，串行通信的数据传输率为 1200b/s，则每一个数据位的传输时间 T_d 为波特率的倒数，即

$$T_d=\frac{1位}{Baud}=\frac{1b}{1200b/s}=0.833ms$$

（2）发送/接收时钟

在串行通信传输过程中，二进制数据序列是以数字信号波形的形式出现的，如何将这些数字信号波形定时发送出去或接收进来的问题就引出了发送/接收时钟的应用。

发送/接收时钟的作用是进行移位，执行数据的发送和接收。发送时，发送端在发送时钟脉 TxC 的作用下，将发送移位寄存器的数据按位串行移位输出，送到通信线上；接收时，接收端在接收时钟脉冲 RxC 的作用下，对来自通信线上的串行数据，按位串行移入接收寄存器，故发送/接收时钟脉冲又可称为移位脉冲。

（3）波特率因子

为了提高发送/接收时钟对串行数据中数据位的定位采样分辨率，避免或减少假启动和噪声干扰，增强可靠性。发送/接收时钟的频率，一般都设置为波特率的整数倍，如 1、16、32、64 倍。并且，把这个波特率的倍数称为波特率因子（factor）或波特率系数，其含义是每传输一个数据位需要多少个移位脉冲，单位是个/位。因此，可得出发送/接收时钟频率 TxC、波特率因子 factor 和波特率 Baud 三者之间的关系，即

$$TxC=factor\times Baud \tag{8-1}$$

一般 factor 取 1、16 或 64。异步通信常采用 16，同步通信则必须取 1。

例如，某一串行接口电路的波特率为 1200b/s，波特因子为 16 个/b，则发送时钟的频率为

TxC=16 个/b × 1200b/s=19200Hz

实际上，波特率因子可理解为发送/接收 1b 数据所需的时钟脉冲个数，即在发送端，需要多少个发送时钟脉冲才移出 1b 数据；在接收端，需要多少个接收时钟脉冲才移入 1b 数据。引用波特率因子的目的是为了提高定位采样的分辨率，这一点可从图 8.4 中看出。

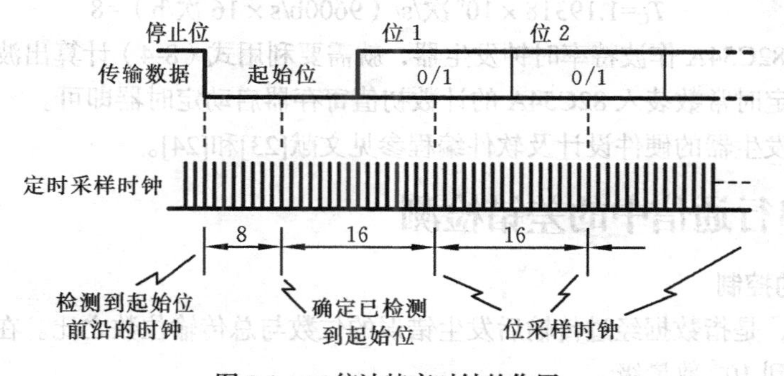

图 8.4　16 倍波特率时钟的作用

图 8.4 给出了一个频率为 16 倍波特率的接收时钟采样过程。从图中可看出，利用这种经 16 倍波特率的接收时钟对串行数据流进行检测和定位采样，其过程为：在停止位或空闲位的后面，接收器利用每个接收时钟对从通信线上来的输入数据流进行采样，并检测是否有 8 个连续的低电

平来确定它是否为起始位，如果都是低电平，则确认为起始位，且对应的是起始位中心，然后以此为时间基准，每隔16个时钟周期采样一次，以定位检测一个数据位；如果不是8个连续低电平（即使8个采样值中有1个非0），则认为这一位是干扰信号，把它删除。可见，采用16倍频措施后，有利于鉴别干扰和提高异步串行通信的可靠性。

如果没有这种倍频关系，定位采样频率和传输波特率相同，则在一个位周期中，只能采样一次。例如，为了检测起始位下降沿的出现，在检测起始位的前夕采样一次，下次采样要到起始位结束前夕才进行，假若在这个位周期期间，因某种原因恰好使接收端时钟往后偏移了一点点，就会错过起始位，从而造成后面整个各位检测和识别的错误。

3. 波特率时钟发生器

波特率时钟发生器可由定时/计数器82C54A来实现，关键是要找出波特率的发送/接收时针脉冲与定时/计数器的定时常数之间的关系。

从第4章定时/计数器82C54A的工作原理可知，定时器82C54A的输出OUT、输入CLK及定时常数T_C的关系式如下：

$$OUT=CLK/T_C \qquad (8\text{-}2)$$

式中，OUT为输出波形频率；CLK为输入时针频率（通常是晶振的输出频率）；T_C为定时常数。

如果把82C54A的输出方波OUT作为串行通信的发送/接收时钟TxC，则有

$$OUT=TxC \qquad (8\text{-}3)$$

将式（8-1）和式（8-2）代入式（8-3），可得

$$CLK/T_C=Baud \times factor$$

所以

$$T_C=CLK/(Baud \times factor) \qquad (8\text{-}4)$$

从式（8-4）可知，当输入时钟频率和波特率因子选定后，求波特率的问题就变成了求定时器82C54A的定时常数T_C的问题了。而这个定时常数也就是波特率时钟发生器的输入时钟频率的分频系数，或叫波特率除数。

例如，要求串行通信的传输率为9600波特，波特率因子为16，82C54A的输入时钟为1.19318MHz，则利用关系式（8-4）可得82C54A的定时常数为

$$T_C=1.19318 \times 10^6\text{次/s}/(9600\text{b/s} \times 16\text{次/b})=8$$

因此，利用82C54A作波特率时钟发生器，就需要利用式（8-4）计算出波特率相对应的定时常数，然后，将定时常数装入82C54A的计数初值寄存器启动定时器即可。

波特率时钟发生器的硬件设计及软件编程参见文献[23]和[24]。

8.2.2 串行通信中的差错检测

1. 误码率的控制

所谓误码率，是指数据经过传输后发生错误的位数与总传输位数之比。在计算机通信中，一般要求误码率达到10^{-6}数量级。

一个实际通信系统的误码率，与系统本身的硬件、软件故障，外界电磁干扰以及传输速率有关。为减少误码率，应从两方面做工作：一方面从硬件和软件着手对通信系统进行可靠性设计，以达到尽量少出差错的目的；另一方面是对所传输的信息采用检纠错编码技术，以便及时发现和纠正传输过程中出现的差错。

2. 检纠错编码方法的使用

在实际应用中，具体实现检错编码的方法很多，常用的有奇偶检验、循环冗余码校验、海明码校验、交叉奇偶校验等。而在串行通信中应用最多的是奇偶校验和循环冗余码校验。前者易于实现，后者适用于逐位出现的信号的运算。

应该指出的是，错误信息的检验与信息的传输效率之间存在矛盾，或者说信息传输的可靠性是以牺牲传输效率为代价的。为了保证串行传输信息的可靠性而采用的检纠错编码的方法，都必须在有效信息位的基础上附加一定的冗余信息位，利用各种二进制位的组合来监督数据误码情况。一般来说，附加的冗余位越多，监督作用和检纠错能力就越强，但有效信息位所占的比例相对减少，信息传输效率也就越低。

3. 错误状态的分析与处理

异步串行通信过程中常见的错误有奇偶检验错、溢出错、帧格式错。这些错误状态一般都存放在接口电路的状态寄存器中，以供 CPU 进行分析和处理。

（1）奇偶校验错

在接收方接收到的数据中，1 的个数与奇偶校验位不符。这通常是由噪声干扰而引起的，发生这种错误时接收方可要求发送方重发。

（2）溢出错

接收方没来得及处理收到的数据，发送方已经发来下一个数据，造成数据丢失。这通常是由收发双方的速率不匹配而引起的，可以采用降低发送方的发送速率或者在接收方设置 FIFO 缓冲区的方法来减少这种错误。

（3）帧格式错

接收方收到的数据与预先约定的格式不符。这种错误大多是由于双方数据格式约定不一致或干扰造成的，可通过核对双方的数据格式减少错误。

（4）超时错

一般是由于接口硬件电路速度跟不上而产生的。

4. 错误检测只在接收方进行

错误检测只在接收方进行，并且是采用软件方法进行检测。一般是在接收程序中采用软件编程方法，从接口电路的状态寄存器中读出错误状态位，进行检测，判断有无错误，或者通过调用 BIOS 软中断 INT14H 的状态查询子程序来检测。

8.2.3 串行通信中的数据格式

在串行通信中，在通信线上传输的字符已不是原始的字符，而是经过格式化之后的字符，称为帧格式。如前所述，所谓格式化数据是通信协议中的重要内容之一，其中包含了通信双方进行联络的握手信息，通过格式化数据来解决 1 帧数据何时开始发送与接收、何时结束，以及判断有无错误的问题。串行通信中有异步与同步两种通信方式，相应有两种数据格式，并且不同的串行总线标准采用的数据格式也不尽相同。异步通信一般都采用起止式的数据格式，同步通信数据格式有高端的，如面向字符（Char acter O riented）、面向比特（Bit Oriented）的数据格式，也有低端的如 I^2C、SPI 总线所采用的数据格式。

1. 起止式异步通信数据帧格式

异步通信是以字符为单位进行传输的。所谓起止式是在每个字符的前面加起始位，后面加停止位，中间可以加奇偶校验位，形成一个完整的字符帧格式，如图 8.5 所示。

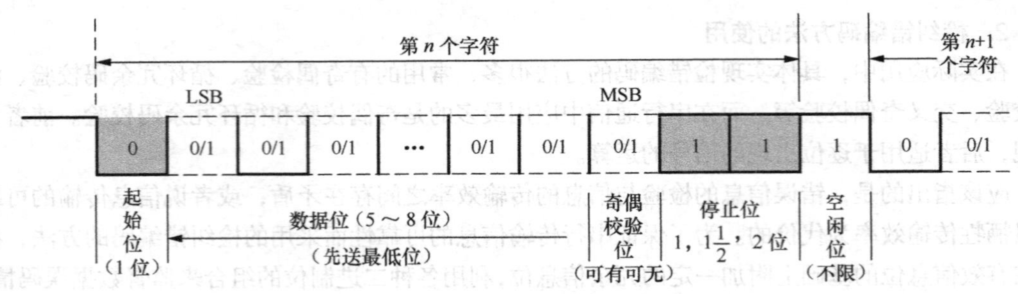

图 8.5 起止式异步通信数据格式

在图 8.5 所示的格式中，每帧信息（即每个字符）由 4 个部分组成。

（1）1 位起始位，低电平，逻辑值 0。

（2）5～8 位数据位紧跟在起始位后，是要传输的有效信息。规定从低位至高位依次传输。

（3）1 位校验位（也可以没有校验位）。

（4）最后是 1 位，或 1 位半，或 2 位停止位，停止位后面是不定长度的空闲位。停止位和空闲位都规定为高电平（逻辑值 1），这样就保证起始位开始处一定有一个下跳沿。

现在着重分析一下起/止位的作用。起始位和停止位是作为联络信号而附加进来的，它们在异步通信格式中起着至关重要的作用。当起始位由高电平变为低电平时，告诉接收方数据的传输开始。它的到来，表示下面接着是数据位来了，要准备开始接收。而停止位标志一个字符的结束，它的出现，表示一个字符传输结束。这样，就为通信双方提供了何时开始收发、何时结束的标志。

传输开始之前，收发双方把所采用的起止式数据格式，包括字符的数据位长度、停止位位数、有无校验位以及是奇校还是偶校等和数据传输速率做统一约定。

传输开始后，接收设备不断检测传输线，看是否有起始位到来。当收到一系列的“1”（停止位或空闲位）之后，检测到一个下跳沿，说明起始位出现，起始位经确认后，就开始接收所规定的数据位和奇偶校验位及停止位。经过处理将停止位去掉，把数据位拼装成一个并行字节，并且经校验后，无奇偶错才算正确地接收了一个字符。一个字符接收完毕，接收设备又继续测试传输线，监视“下跳沿”的到来即下一字符的开始，直到全部数据传输完毕。

由上述工作过程可以看出，异步通信是 1 次传输 1 帧数据，也就是 1 个字符，每传输一个字符，就用起始位来通知收方，以此来重新核对收发双方的同步。即使接收设备和发送设备两者的时钟频率略有偏差，也不会因偏差的累积而导致错位，加之字符之间的空闲位也为这种偏差提供了一种缓冲，所以异步串行通信的可靠性高，而且，异步串行通信也比较易于实现。但是，由于要在每个字符的前后加上起始位和停止位这样一些附加位，故使得传输有用（效）的数据位减少，即传输效率变低了（只有约 80%）。再加上起止式数据格式允许上一帧数据与下一帧数据之间有空闲位，故数据传输速率慢。为了克服起止式数据格式的不足，又推出了同步协议数据帧格式。

2. 面向字符的同步通信数据格式

这种数据格式的典型代表是 IBM 公司的二进制同步通信协议（BSC）。它的特点是一次传送由若干个字符组成的数据块，而不是只传送一个字符，并规定了 10 个特殊字符作为这个数据块的开头与结束标志以及整个传输过程的控制信息，它们也叫做通信控制字。由于被传送的数据块是由字符组成，故被称作面向字符的数据格式。一帧数据格式如图 8.6 所示。

SYNC	SYNC	SOH	标题	STX	数据块	ETB/ETX	块校验

图 8.6 面向字符的同步通信数据块的帧格式

从图 8.6 中可以看出，在数据块的前、后都加了几个特定字符。SYNC 是同步字符（Synchronous Character），每一帧开始处都有 SYNC，加一个 SYNC 的称单同步，加两个 SYNC 的称双同步。设置同步字符是起联络作用，传送数据时，接收端不断检测，一旦出现同步字符，就知道是一帧开始了。接着的 SOH 是序始字符（Start of Header），它表示标题的开始。标题中包括源地址、目标地址和路由指示等信息。STX 是文始字符（Start of Text），它标志着传送的正文（数据块）开始。数据块就是被传送的正文内容，由多个字符组成。数据块后面是组终字符 ETB（ End of Transmission Block）或文终字符 EXT（ End of Text）。一帧的最后是校验码，校验方式可以是纵横奇偶校验或 CRC。

当这种格式化的数据传输到接收端时，接收端就可以通过搜索 1～2 个同步字符来判断数据块的开始，再通过帧格式中其他字段，可以知道数据块传输何时结束，以及传输过程中有无错误。

3. 面向比特的同步通信数据格式

面向比特的协议有同步数据链路控制规程 SDLC、高级数据链路控制规程 HDLC、先进数据通信规程 ADCCP 等。这些协议的特点是所传输的一帧数据可以是任意位，而且它是靠约定的位组合模式，而不是字符，故称“面向比特”的协议。其中，SDLC/HDLC 协议的数据帧格式如图 8.7 所示。

8 位	8 位	8 位	≥0 位	16 位	8 位
01111110	A	C	I	FC	01111110
开始标志	地址场	控制场	信息场	校验场	结束标志

图 8.7 面向比特的同步通信数据帧格式

由图 8.7 可知，SDLC/HDLC 的一帧信息包括以下几个场（Field），所有场都是从最低有效位开始传送。

SDLC/HDLC 协议规定，所有信息传输必须以一个标志字符开始，且以同一个标志字符结束。这个标志字符是 01111110，称标志场（F）。从开始标志到结束标志之间构成一个完整的信息单位，称为一帧（Frame）。接收端可以通过搜索“01111110”来检测帧的开头和结束，以此建立帧同步。

在标志场之后，可以有一个地址场 A（Address）和一个控制场 C（Control）。地址场用来规定与之通信的另一站的地址，控制场可规定若干个命令。跟在控制场之后的是信息场 I（Information），包含要传送的数据，所以也叫数据场，并不是每一帧都必须有数据场。即数据场可以为 0，当它为 0 时，则这一帧是传输控制命令。紧跟在信息场之后的是两字节的帧校验场（FC），采用 16 位循环冗余校验码 CRC 继续校验。

4. I²C 串行总线数据格式

I²C 串行总线是 Philips 公司开发的可连接多个主设备及具有不同速度的设备的串行总线，它只使用两根双向信号线：串行数据线 SDA 和串行时钟线 SCL。各设备使用开漏或开集极电路通过上拉电阻与这两根信号线相连，这是一种线“与”逻辑，任一设备输出低电平都使相应的信号线变低。数据传输速率达 100kb/s，总线长度可达 4m。连接的设备数仅要求总线电容量不超过 400pF。数据传送采用主从结构。有主控能力的设备既可做主设备，也可做从设备，各个设备既可以做发送数据的发送器，也可做接收数据的接收器。

数据格式是以主设备通过数据线发送启动信号 Start 开始，发停止信号 Stop 结束。在启动信号后面，跟着发送第一字节，此字节的高 7 位为从设备地址，最低位为指明数据传送方向的 $R/\overline{W}$（读/写）位，该位为 0 表示主设备向从设备发送数据，为 1 表示从设备向主设备发送数据。地址字节后面，接着就可发送所需传输的数据字节（DATA）。通信过程中，每次传送的字节数没有限制，即在 Start 与 Stop 之间的字节数可以是任意多个，但各字节之间必须插入一个应答位（ACK），以表示是否收到对方传来的数据。数据字节从最高位开始发送，全部数据发送完后，就发停止信号结束一次数据传输。

总线不忙时，数据及时钟线都保持高电平。启动信号是当时钟线 SCL 为高电平时，SDA 送出由高到低的电平时产生。停止信号是当 SCL 为高电平时，SDA 送出由低到高的电平时产生。应答位是主设备在发送每个字节（8 位）之后，在发出的第 9 个时钟脉冲的高电平期间，由接收设备拉低 SDA 线而产生的低电平，以这一低电平作为数据字节已被接收的应答，发送设备也于此期间释放（拉高）SDA 线。一个完整的 I^2C 总线数据帧格式如图 8.8 所示。

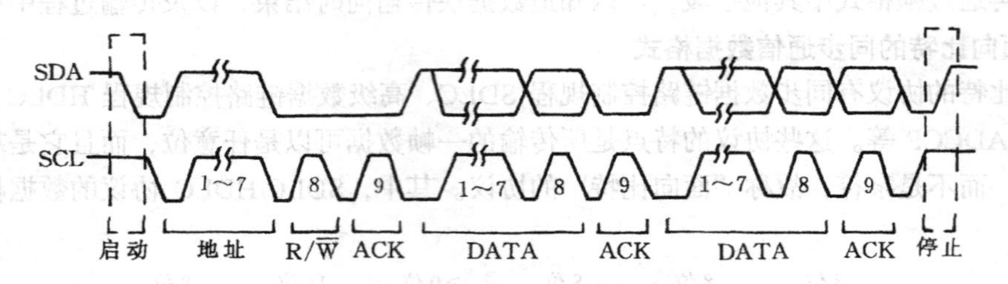

图 8.8　I^2C 总线一帧完整的数据格式图

各路从设备在收到地址字节后将它和自己的地址进行比较，如果相符则为主设备要寻访的从设备，即从设备被选中，被选中的从设备应在第 9 个时钟时向 SDA 线送出低电平应答信号，再根据主设备设定的 R/$\overline{W}$ 位，把自己设置为从设备接收器方式或发送器方式。I^2C 总线协议已为多种器件规定了地址，如 LCD 控制器 PCF8566 的地址为 011111A，其最低位 A 为 0 或 1，由 SDA 线的状态决定是读数据还是写数据，这就可以在同一设备中使用多片同类的芯片。

启动信号后第一个字节是地址字节，用以寻址从设备。这个字节只有 7 位，其中低 3 位做从设备地址，有 8 种组合。高 4 位为全 0 或全 1 的地址组合是一组特殊的地址，有些组合尚未定义，有些组合需要再发一个字节才能确定做从设备地址或做同步之用。详情可参看文献［27］。

几台主设备同时工作时，每台主设备都向 SCL 线发送自己的时钟，因而需要时钟同步。I^2C 利用总线是线“与”的特点进行时钟同步。各接口硬件从 SCL 线电平由高变低这个下降沿开始计算时钟低电平的时间，当达到该硬件设定的时钟低电平时间时，就向 SCL 线输出高电平。此外，各设备从 SCL 线由低变高的上升沿计算高电平的时间，当达到它设定的高电平时间时，就将 SCL 强行拉低。因而 SCL 线的低电平时间决定于时钟的同步化。时钟同步机制还可使不同速度的设备都能在 I^2C 总线上工作。

总线仲裁则是利用 SDA 线来实现。各主设备在其时钟低电平期间将数据发到 SDA 线，并在 SCL 高电平时检测 SDA 线的数据，若与自己发送的数据不同（一般是在发“1”时，才能检测到），则失去仲裁，应放弃总线控制权。仲裁从地址字节开始，一位一位进行。若请求总线的各主设备想寻访同一地址，则要到下一字节才能结束仲裁。

8.3　串行通信接口标准

串行接口所直接面向的并不是某个具体的通信设备，而是一种串行通信的接口标准。所以，要进行串行通信接口的设计，就必须先讨论串行通信接口标准，然后，按照标准来设计接口电路。

目前使用的串行通信总线标准除了RS-232C、RS-422和RS-485之外，还有I^2C、SPI等。其中RS-232C标准的历史最长，也比较复杂。所以，这里以RS-232C为主来讨论。同时，也对其他几种标准进行介绍。

8.3.1 RS-232C标准

RS-232C标准最初是为远程通信连接数据终端设备DTE（Data Terminal Equipment）与数据通信设备DCE（Data Communication Equipment）而制定的。因此，这个标准的制定，并未考虑计算机系统的应用要求。但是，目前它又广泛地用作计算机与I/O设备之间的近距离连接接口标准。很显然，这个标准的有些规定及定义和计算机系统是不一致的，甚至是相矛盾的。有了对这种背景的了解，对RS-232C标准与计算机不兼容的地方就不难理解了。

EIA-RS-232C标准（Electronic Industrial Associate Recommend Standard 232C）是美国EIA（电子工业联合会）与BELL等公司一起开发的通信协议。它适合于数据传输速率在0～20000b/s范围内的通信，广泛用于计算机与计算机，计算机与外设近距离串行连接。这个标准对串行通信接口的信号线及其功能、电气特性做了明确规定。

1．RS-232C标准对信号线的定义

EIA-RS-232C定义的主信道信号使用9根线，包括2根数据线和1根地线，以及用于联络的6根控制线。信号定义中所说的数据终端设备可以理解为计算机或外设，数据通信设备可以理解为MODEM。9根信号线定义如下。

2号线 发送数据（Transmitted data—TxD）：通过TxD线，终端将串行数据发送到MODEM。

3号线 接收数据（Received data—RxD）：通过RxD线，终端接收从MODEM发来的串行数据。

7号线 信号地（Signal groud—SG）：信号地线，无方向。

4号线 请求发送（Request to send—RTS）：用来表示终端请求MODEM发送数据，即当终端要发送数据时，使该信号有效（ON状态），向MODEM请求发送。它用来控制MODEM是否要进入发送状态。

5号线 清除发送（Clear to send—CTS）：用来表示终端准备好接收MODEM发来的数据，是对请求发送信号RTS的响应信号。当MODEM已准备好接收终端传来的数据，并向前发送时，使该信号有效，通知终端开始沿发送数据线TxD发送数据。

这对RTS/CTS请求应答联络信号是在半双工采用MODEM的系统中做发送方式和接收方式之间的切换。在全双工系统中，因配置双向通道，故不需要RTS/CTS联络信号使其变高。

6号线 数传机就绪（Data set ready—DSR）：有效时（ON状态），表明MODEM处于可以使用的状态。

20号线 数据终端就绪（Data set ready—DTR）：有效时（ON状态），表明终端处于可以使用的状态。

DTR和DSR这两个信号有时连到电源上，一上电就立即有效。目前有些RS-232C接口甚至省去了用以指示设备是否准备好的这类信号，认为设备是始终都准备好的。可见这两个设备状态信号有效，只表示设备本身可用，并不说明通信链路可以开始进行通信了。

8号线 数据载体检出（Data carrier detection—DCD）：用来表示MODEM已接通通信链路，告之终端准备接收数据。当本地的MODEM收到由通信链路另一端（远地）的MODEM送来的

载波信号时，使DCD信号有效，通知终端准备接收，并且由MODEM将接收下来的载波信号解调成数字量数据后，沿接收数据线RxD送到终端。

22号线 振铃指示（Ringing indicator—RI）：当MODEM收到交换台送来的振铃呼叫信号时使该信号有效（ON状态），通知终端，已被呼叫。

上述控制信号线何时有效、何时无效的顺序表示了接口信号的联络与传送过程。例如，只有当DSR和DTR都处于有效（ON）状态时，才能在DTE和DCE之间进行传送操作。又如，若DTE要发送数据，则预先将RTS线置成有效（ON）状态，等CTS线上收到有效（ON）状态的回答后，才能在TxD线上发送串行数据。

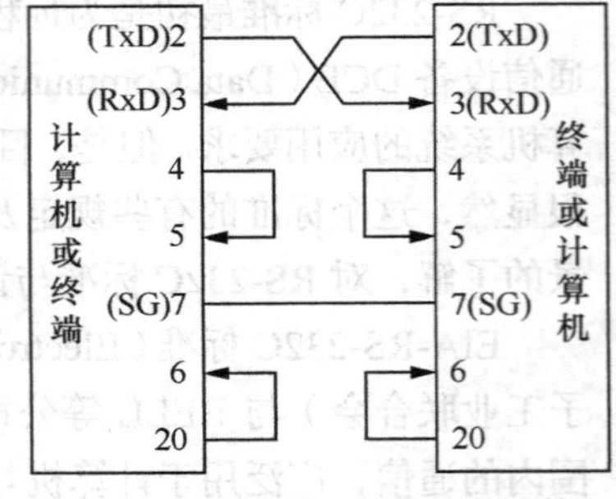

图 8.9 零MODEM方式的连接

RS-232C标准信号线的使用，有“9线制”与“3线制”两种使用方法，与是否用MODEM有关。当通过交换式电话系统的电话线进行长距离通信，需使用MODEM时，因联络过程复杂，需要使用的信号线多，故采用“9线制”；当近距离（≤15m）通信时，因不使用MODEM，联络过程使用软件握手信号，所使用的信号线少，则采用“3线制”。

所谓“3线制”是指只使用2号线TxD、3号线RxD和7号线SG三根信号线连接，就能进行全双工通信。微机系统中，通常都采用“3线制”的零MODEM方式进行通信，其连接方式如图8.9所示。图中，通信双方的2号线与3号线交互对接，7号线直接对接，而各自的4号线与5号线，以及6号线与20号线短接。

2. RS-232C标准对信号的逻辑定义（电气特性）

（1）RS-232C标准对信号的逻辑定义（EIA逻辑）

逻辑1（Mark）在驱动器输出端为−5～−15V，在负载端要求小于−3V。

逻辑0（Space）在驱动器输出端为+5～+15V，在负载端要求大于+3V。

可见，RS-232C采用的是负逻辑，并且逻辑电平幅值很高，摆幅很大。EIA与TTL之间的差异如表8.1所示。显然，RS-232C标准所采用的EIA与计算机终端所采用的TTL在逻辑电平和逻辑关系上并不兼容，故需要经过转换，才能与计算机或终端进行数据交换。

表 8.1 EIA与TTL之间的差异

差异	EIA	TTL
逻辑关系	负逻辑	正逻辑
逻辑电平	高（±15V）	低（+5V）
电平摆幅	大（−15～+15V）	小（0～5V）

（2）EIA与TTL之间的转换

EIA与TTL之间的转换采用专用芯片来完成。常用的转换芯片如下。

单向转换芯片，如MC1488、SN75150，可以实现TTL→EIA转换；MC1489、SN75154，可以实现EIA→TTL转换。

双向转换芯片，如MAX232，可实现TTL与EIA之间的双向转换。MAX232的内部逻辑如图8.10所示。

从图8.10可知，一个MAX232芯片可实现两对接收/发送数据线的转换。即TTL/CMOS电平（0～5V）转换成RS-232C的EIA电平（+10V～−10V）。

（3）RS-232C 标准的连接器及通信线电缆（机械特性）

① 连接器

连接器即通信电缆的插头插座。由于 RS-232C 并未定义连接器的物理特性，因此，曾经出现过 DB-25 型和 DB-9 型两种不同的连接器，其引脚号的排列顺序各不相同。目前大多数都采用 DB-9 型连接器，DB-25 型几乎不用了。DB-9 型连接器的外形及信号引脚分配如图 8.11 所示。如前所述，若采用“3 线制”进行近距离通信连接时，还应将 DB-9 型连接器的 4 号线与 5 号线，以及 6 号线与 20 号线短接。

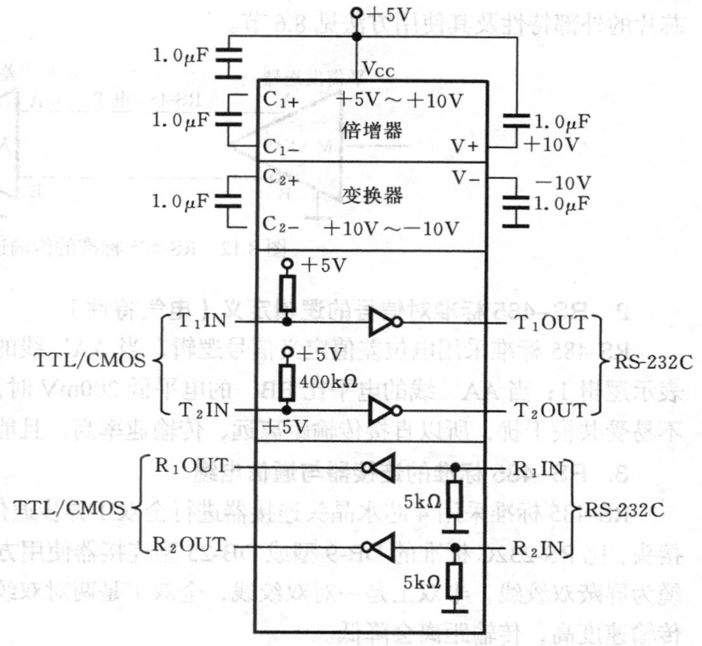

图 8.10　MAX232 的内部逻辑框图

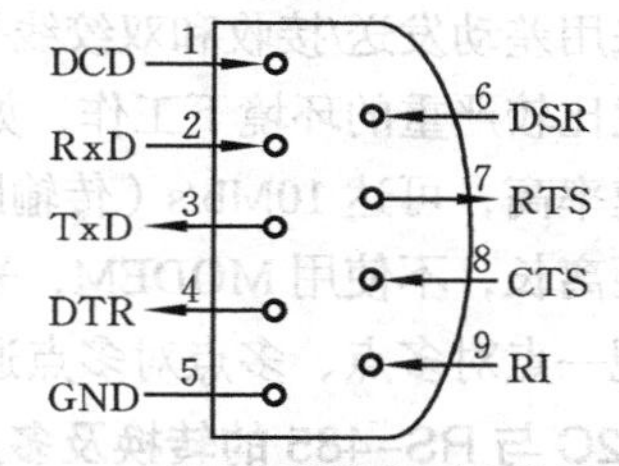

图 8.11　DB-9 型连接器的外形及信号引脚分配

②通信电缆长度

RS-232C 标准规定当采用双绞线屏蔽电缆，传输速率为 20kb/s 时，在零 MODEMR 下，两台计算机或终端的直接连接的最大物理距离为 15m。这是根据 RS-232C 规定的最大负载电容为 2500pF 的要求计算出来的。例如，采用每 0.3m（约 1 英尺，1 英尺=0.3048m）的电容值为 40～50pF 的普通非屏蔽多芯电缆做通信电缆，则电缆的长度，即传输距离为

$$L=\frac{2500\text{pF}}{50\text{pF/英尺}}=50\text{英尺}\approx 15\text{m}$$

然而，在实际应用中，码元畸变超过 4%，甚至是 10%～20%时，也能正常传输信息，这意味着驱动器的负载电容可以超过 2500pF，因而传输距离可超过 15m，这说明 RS-232C 标准所规定的直接传输最大距离为 15m 是偏于保守的，但为保证可靠性，最好还是不要超过这个距离。

8.3.2　RS–485 标准

RS-485 标准是在 RS-232C 的基础上，针对在不使用 MODEM 情况下，进行远距离串行通信而提出的，因此只对 RS-485 标准的数据信号线和电气特性重新进行了定义，不涉及其他控制信号线的定义，而通信过程中所传输的数据帧格式沿用 RS-232C 的。

1. RS–485 标准对信号线的定义

RS-485 标准与 RS-232C 标准最主要的差别是采用双线平衡方式传输数据，而不是使用单线对地的方式传输数据。所谓平衡方式，是指双端发送和双端接收，所以传输信号需要两条线 AA′ 和 BB′，发送端和接收端分别采用平衡发送器（驱动器）和差动接收器，如图 8.12 所示。通过平

衡发送器把逻辑电平转换成电位差，根据两条传输线之间的电位差值来定义逻辑 1 和逻辑 0，进行传输，最后到达差动接收器，把差动信号转换为逻辑电平。平衡发送器/差动接收器 MAX485/491 芯片的外部特性及其使用方法见 8.6 节。

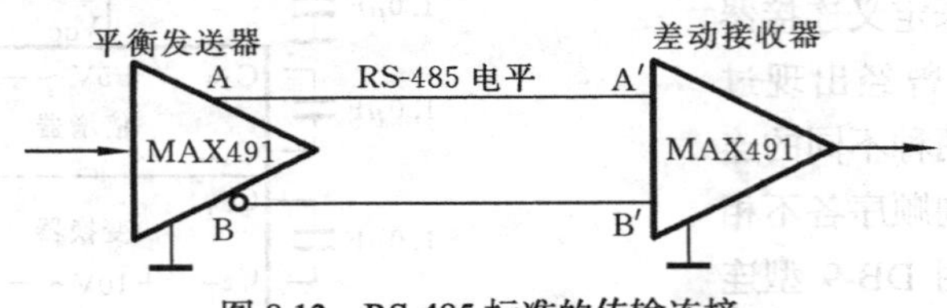

图 8.12　RS-485 标准的传输连接

2. RS–485 标准对信号的逻辑定义（电气特性）

RS-485 标准采用电位差值定义信号逻辑，当 AA′ 线的电平比 BB′ 线的电平高 200mV 时，表示逻辑 1；当 AA′ 线的电平比 BB′ 的电平低 200mV 时，表示逻辑 0。这种双线间的差值传输不易受共模干扰，所以直接传输距离远、传输速率高，且能实现一点对多点或多点对多点通信。

3. RS–485 标准的连接器与通信电缆

RS-485 标准采用 4 芯水晶头连接器进行全双工异步通信，4 芯水晶头连接器类似于电话线的接头，比 RS-232C 标准的 DB-9 型或 DB-25 型连接器使用方便且价格低廉。RS-485 标准的通信电缆为屏蔽双绞线，半双工是一对双绞线，全双工是两对双绞线。最大传输距离与传输速度有关，传输速度高，传输距离会降低。

4. RS–485 总线标准的特点

（1）由于采用差动发送/接收和双绞线平衡传输，所以共模抑制比高、抗干扰能力强。因此，特别适合在干扰比较严重的环境下工作，如大型商场和车间使用。

（2）传输速率高，可达 10Mb/s（传输距离为 15m），传输信号摆幅小（200mV）。

（3）传输距离长，不使用 MODEM，采用双绞线，传输距离为 1.2km（100kb/s）。

（4）能实现一点对多点、多点对多点通信。

5. RS–232C 与 RS–485 的转换及多点对多点的应用

（1）RS-232C 与 RS-485 的转换

在实际应用中，往往会遇到一些设备配置的是 RS-485 总线标准，而计算机配置的是 RS-232C 总线标准，在要求这些仪器或设备与计算机进行通信时，两者的接口标准不一致，此时，就出现了 RS-232C 与 RS-485 的转换问题。

由于两种标准的不一致之处是所采用的数据信号线不同，因此只需将原来的数据线进行转换，即把发送线 TxD 转换为双线差动信号和把接收的差动信号转换为接收线 RxD，而 RS-232C 定义的其他信号则不需要转换。具体方法为：在发送端接口电路的发送数据线 TxD 上加接平衡发送器 MAX485/491，将单根数据信号线 TxD 转换为两根差动信号线 AA′与 BB′，并通过两根双绞线发送出去。在接收端加接差动接收器 MAX485/491，将从两根双绞线 AA′与 BB′上传来的差动信号转换为单根数据信号，通过接口电路的接收数据线 RxD 接收进来。目前，市场上有现成的 RS-232C-RS-485 转换器。

由于两种标准的通信协议未发生改变，因此在软件上两者是兼容的，为 RS-232C 系统设计的通信程序可以不加修改直接应用到 RS-485 的系统。

（2）RS-485 接口标准在多点对多点通信中的应用

RS-485 标准目前已在许多方面得到应用，尤其是在不使用 MODEM 的、多点对多点通信系统中，如工业集散分布式系统、商业 POS 收银机、考勤机以及智能大楼的联网中用得很多。

RS-485 接口标准采用共线电路结构，在一对平衡传输线的两端配置终端电阻之后，将终端设备的发送器、接收器或组合收发器挂在平衡传输线上的任何位置，可实现多个驱动器（32 个）和多个接收器（32 个）共用同一传输线的多点对多点的通信，其配置如图 8.13 所示。图 8.13（a）为半双工，图 8.13（b）为全双工。

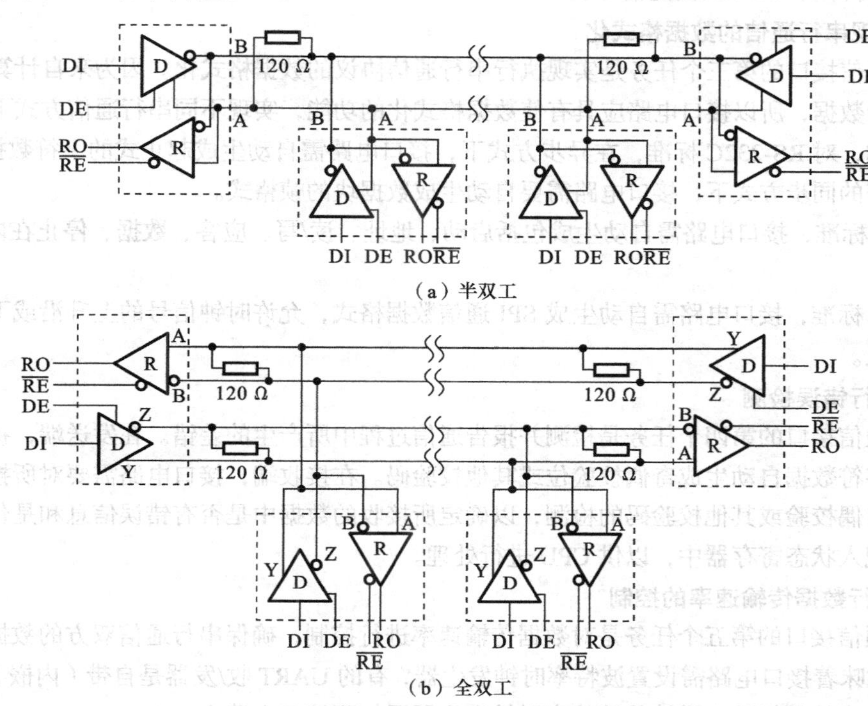

图 8.13　RS-485 接口标准多点对多点的共线电路结构

8.4　串行通信接口电路

串行传输相比并行传输而言有许多特殊问题需要解决，因此，串行通信接口设计所涉及的内容要复杂得多。下面先分析串行通信接口电路的任务（功能）及组成，然后具体讨论串行接口电路设计。

8.4.1　串行通信接口电路的基本任务

由于各个串行总线的功能及用途不一样，串行接口电路的任务也不同，有的复杂，有的简单，其基本任务有如下几个方面。

1. 进行串-并转换

串行通信接口的首要任务是进行数据的串/并转换。在发送端，接口电路需要把由计算机或终端送来的并行数据转换为串行数据，然后再发送出去。在接收端，接口电路需要把从接收器接收的串行数据转换为并行数据后，再送至计算机或终端。

2. 提供串行通信总线标准所定义的信号线

串行通信接口的第二个任务是提供串行通信总线标准所定义的信号线。例如，对 RS-232C 标准，在远距离通信使用 MODEM 时，接口电路需要提供 9 根信号线；在近距离零 MODEM 方式时，接口电路只需提供 3 根信号线：2 号线 TxD、3 号线 RxD 和 7 号线 SG。

对 I²C 标准，接口电路提供 2 根双向信号线：串行数据线 SDA 和串行时钟线 SCL。

对 SPI 标准，接口电路提供 4 根信号线：SDI（串行数据输入）、SDO（串行数据输出）、SCK（串行移位时钟）、CS（从使能信号）。

3. 实现串行通信的数据格式化

串行通信接口的第三个任务是实现执行串行通信协议的数据格式化。因为来自计算机的数据是普通并行数据，所以接口电路应具有使数据格式化的功能，实现不同串行通信方式下的数据格式化。例如，对 RS-232C 标准，在异步方式下，接口电路需自动生成起止式的字符数据帧格式；在面向字符的同步方式下，接口电路需要自动生成数据块的帧格式。

对 I²C 标准，接口电路需自动生成包括启动、地址、读/写、应答、数据、停止在内的 I²C 帧数据格式。

对 SPI 标准，接口电路需自动生成 SPI 通信数据格式，允许时钟信号的上升沿或下降沿采样有不同定义。

4. 进行错误检测

串行通信接口的第四个任务是检测并报告通信过程中所产生的差错。在发送端，接口电路需对传输的字符数据自动生成奇偶校验位或其他校验码。在接收端，接口电路需要对所接收的字符数据进行奇偶校验或其他校验码的检测，以确定所接收的数据中是否有错误信息和是什么性质的错误，并记入状态寄存器中，以供 CPU 进行处理。

5. 进行数据传输速率的控制

串行通信接口的第五个任务是对数据传输速率进行控制，确保串行通信双方的数据传输速率一致，这意味着接口电路需设置波特率时钟发生器，有的 UART 收/发器是自带（内嵌）波特率时钟发生器，有的是把独立设计的波特率时钟发生器添加到接口电路中。

以上任务一般都可由串行接口芯片来完成，如 USART8251、UART16550 等都是功能很强的串行接口芯片。在嵌入式微机系统中通常把 UART 作为一个接口功能模块集成到微处理器中，使结构更加紧凑。

另外，在 RS-232C 标准的串行接口电路中，还要进行 TTL 与 EIA 逻辑关系及逻辑电平的转换，因为 RS-232C 采用的 EIA 负逻辑及高压电平与计算机采用的正逻辑和 TTL 电平不兼容，需要在接口电路中相互转换。一般是将专门的转换芯片（如 MAX232）添加到接口电路中。

8.4.2 串行通信接口电路的解决方案

本章串行接口的解决方案采用可编程通用串行通信接口芯片构成外置式的接口电路。下面先介绍本方案所采用的串行接口电路的组成及接口电路的布局，然后在 8.5 节～8.7 节的设计方案分析中，具体讨论几种不同串行接口芯片的特点及其应用。

1. 串行通信接口电路的组成

串行通信接口电路一般由串行通信接口芯片、波特率时钟发生器、EIA 与 TTL 转换器以及地址译码电路组成。若采用 RS-485 总线标准，则接口电路还应包括平衡发送器和平衡接收器。串行接口芯片是串行通信接口电路的核心，能实现上面提出的串行通信接口基本任务的大部分工作，采用它们来设计串行通信接口，会使电路结构比较简单。

在微机系统中，使用较多的串行通信接口芯片有异步收/发器（UART）16550 和同步/异步收/

发器（USART）8251A，它们都是 CPU 的重要的串行通信接口支持芯片，其特点与所实现的功能基本相同，16550 作为异步通信的性能更优，而 8251A 应用更简洁。通常把 16550 作为系统中的串行通信接口芯片，而用户常常采用 8251A 作为扩展串行通信接口芯片，本章将对两种接口芯片的应用分别进行讨论。

2. 串行通信接口的配置方式

串行通信接口电路的配置有 3 种形式：外置式独立的接口芯片、内置式接口模块以及用 FPGA 构建的接口。台式微机系统大都采用外置式独立的接口芯片，内置式接口模块在 ARM 和 MCU 中使用较为普遍，而采用 FPGA 构建接口总是与应用系统其他硬件在一起开发。

8.5 RS-232C 标准的串行通信接口电路设计

例 8.1　采用 RS-232C 标准的异步串行通信接口设计。

8.5.1 设计要求

采用 8251A 串口芯片，设计甲乙两台微机之间的串行通信接口电路。要求按 RS-232C 标准进行半双工异步串行通信，把甲机上开发的步进电机控制应用程序传送到乙机，以便在乙机上运行。字符帧格式采用起止式异步方式，字符长度为 8 位，2 位停止位，波特率因子为 64，无校验。波特率为 4800b/s。CPU 与接口芯片 8251A 之间用查询方式交换数据。

8.5.2 设计方案分析

由于是近距离传输，不需要 MODEM，故采用“3 线制”的 3 芯屏蔽通信电缆把甲乙两台微机直接互连。

本方案是采用可编程通用接口芯片 8251A 构成外置式的接口电路，因此，先介绍它的外部特性和编程模型。

1. 8251A 的外部特性

8251A 是一个 28 引脚的双列直插芯片，其外部引脚如图 8.14 所示。信号线可分为 2 类：面向 CPU 的和面向 MODEM 的。另外，还有一些状态与时钟线。外部引脚功能如表 8.2 所示。

表 8.2 中的引脚 $C/\overline{D}$ 是片内寄存器选择线，当 $C/\overline{D}$=1 时，选中命令寄存器或状态寄存器；当 $C/\overline{D}$=0 时，选中数据寄存器。表内的（入）（出）是站在 8251A 的立场出发的。

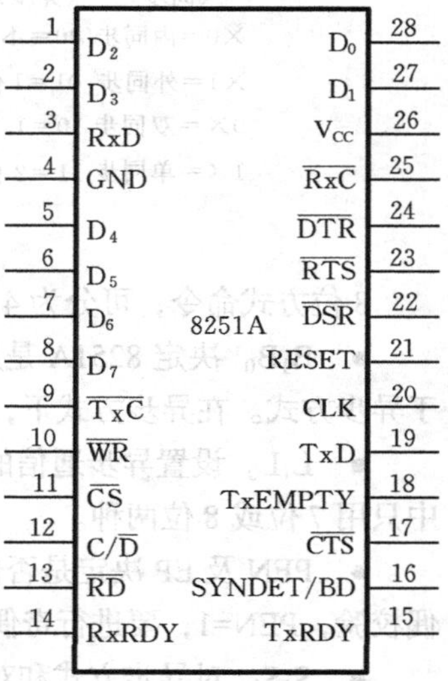

2. 8251A 的编程模型

8251A 的编程模型包括内部可访问的寄存器、分配给寄存器的端口地址以及编程命令。用户利用 8251A 的编程模型进行串行通信程序设计。

图 8.14　8251A 引脚图

表 8.2　8251A 外部引脚功能

面向 CPU		面向 MODEM		状态、时钟、地线	
数据线	D_0～D_7（双向）	发送数据线	TxD（出）	发送准备好线（出）	TxRDY

续表

面向 CPU		面向 MODEM		状态、时钟、地线	
写操作线	$\overline{WR}$（入）	接收数据线	RxD（入）	接收准备好线（出）	RxRDY
读操作线	$\overline{RD}$（入）	请求发送线	$\overline{RTS}$（出）	同步字符捡出线（出）	NDET
复位线	RESET（入）	允许发送线	$\overline{CTS}$（入）	发送时钟线（入）	TxC
片选线	$\overline{CS}$（入）	数据终端就绪	$\overline{DTR}$（出）	接收时钟线（入）	RxC
寄存器选择线	C／$\overline{D}$（入）	数传机就绪线	$\overline{DSR}$（入）	信号地线	SG

（1）8251A 内部寄存器及端口地址

8251A 内部除设置有 1 个作为数据口的收/发数据寄存器以外，还设置了方式命令寄存器、工作命令寄存器和状态寄存器 3 个寄存器，这 3 个寄存器共用 1 个端口，向该端口写操作时，是写命令字；从该端口读操作时，是读状态字。其端口地址由用户分配（见表 6.3），数据口为 308H，命令和状态口共用，为 309H。

（2）8251A 的命令字与状态字

① 方式命令

方式命令的作用是用来作为约定通信双方 8251A 的通信方式及其方式下的数据帧格式。因为 8251A 支持异步和同步两种通信方式，所以方式命令的最高两位和最低两位在不同通信方式下所定义的功能不同，使用时要注意。方式命令的格式如图 8.15 所示。

D_7	D_6	D_5	D_4	D_3	D_2	D_1	D_0
S_1	S_0	EP	PEN	L_1	L_0	B_1	B_0
停止位		奇偶校验		字符长度		波特率因子	

停止位（同步）	停止位（异步）	奇偶校验	字符长度	波特率因子（异步）	波特率因子（同步）
×0＝内同步	00＝不用	×0＝无校验	00＝5 位	00＝不用	00＝同步
×1＝外同步	01＝1 位	01＝奇校验	01＝6 位	01＝×1	—
0×＝双同步	10＝1.5 位	11＝偶校验	10＝7 位	10＝×16	—
1×＝单同步	11＝2 位		11＝8 位	11＝×64	—

图 8.15　8251A 通信方式命令的格式

8 位方式命令，可分为 4 个字段，每个字段 2 位，其功能定义如下。

- B_1B_0 决定 8251A 是用于同步方式还是异步方式，若 B_1B_0=00，用于同步方式，否则，用于异步方式。在异步方式下，这两位选择波特率因子，有 3 种选择，如图 8.15 所示。
- L_1L_0 设置异步通信的字符长度。有 4 种字符长度可选，如图 8.15 所示。在计算机或终端中只用 7 位或 8 位两种。
- PEN 及 EP 决定是否使用奇偶校验位，以及是采用奇校验还是偶校验。PEN=0，不进行奇偶校验，PEN=1，要进行奇偶校验。EP=0，进行奇校验，EP=1，进行偶校验。
- S_1S_0 对异步方式和对同步方式的作用不同。对异步方式是决定停止位的数目，有 1 位，1.5 位和 2 位 3 种选择。对同步方式是决定同步字符数目及提供同步字符的方式，有单字同步、双同步及内同步、外同步之分。

例如，在某异步通信中，数据格式采用 8 位数据位，1 位起始位，2 位停止位，奇校验，波特率因子是 16，其方式字为 11011110B=DEH。异步通信方式设置的程序段如下。

```
MOV DX,309H        ;8251A 命令口
MOV AL,0DEH        ;异步方式命令字
OUT DX,AL
```

又如，在同步通信中，若帧数据格式为：字符长度 8 位，双同步字符，内同步方式，奇校验，则方式命令字是 00011100B=1CH。同步通信方式设置的程序段如下。

```
MOV DX,309H        ;8251A 命令口
MOV AL,1CH         ;同步方式命令字
OUT DX,AL
```

② 工作命令

工作命令的作用是实现对串行接口内部复位、发送、接收、清除错误标志等操作的控制，以及设置 $\overline{RTS}$、$\overline{DTR}$ 联络信号有效。如果只是异步通信，并且是零 MODEM 方式，即在不使用远距离通信的联络信号时，工作命令的 8 位中就有一些位无关紧要，而有些是必须使用的，称为关键位。工作命令的格式如图 8.16 所示。

D_7	D_6	D_5	D_4	D_3	D_2	D_1	D_0
EH	IR	RTS	ER	SBRK	RxEN	DTR	TxEN
进入搜索方式	内部复位	发送请求	错误标志复位	发中止符	接收允许	数据终端准备好	发送允许
	1=内部复位 0=不复位		1=错误标志复位 0=不复位		1=允许收 0=不允许收		1=允许发 0=不允许发

图 8.16　8251A 工作命令的格式

现介绍 8 位工作命令字中的几个关键位。

- TxEN 发送器允许位，置 1 允许；置 0，不允许。
- RxEN 接收器允许位，置 1 允许；置 0，不允许。

当进行全双工通信时，发送器和接收器同时工作，所以这两位必须同时被置 1。进行半双工通信时，只把其中的一位置 1，仅允许发送，或仅允许接收。

例如，在异步通信时，若允许接收，同时允许发送，则程序段如下。

```
MOV DX,309H                ;命令口
MOV AL,00000101B           ;置 RxEN=1, TxEN=1, 允许接收和发送
OUT DX,AL
```

- ER 对状态寄存器的错误标志位进行复位。该位置 1，将使状态寄存器中的 3 个错误标志位被清除。
- IR 进行内部复位。一般在对 8251A 写初始化程序时，都要先进行内部复位之后，才写方式命令，接着再写工作命令。并且，只要在工作命令中包含有 IR=1，就一定会使内部复位。

例如，若要使 8251A 内部复位，则程序段如下。

```
MOV DX,309H                ;8251A 命令口
MOV AL,01000000B           ;置 IR=1, 使内部复位
OUT DX,AL
```

注意：工作命令字中包含 IR=1 的任何代码都能实现内部复位，如 50H、60H、……、FFH 等。

③ 状态字

状态字的作用是向 CPU 提供何时才能开始接收或发送，以及接收的数据中有无错误的信息。如果是异步通信，并且是在不考虑 MODEM，即不使用联络信号的情况下，在状态字的 8 位中就有一些位无关紧要，而有些位是必须使用的，称为关键位。状态字的格式如图 8.17 所示。

D_7	D_6	D_5	D_4	D_3	D_2	D_1	D_0
DSR	SYNDET	FE	OE	PE	TxE	RxRDY	TxRDY
数传机就绪	同步字符检出	格式错	溢出错	奇偶错	发送器空	接收准备好	发送准备好
		1=格式错 0=无错	1=溢出错 0=无错	1=奇偶错 0=无错		1=接收就绪 0=未就绪	1=发送就绪 0=未就绪

图 8.17　8251A 状态字的格式

现介绍 8 位状态字中的几个关键位。

- D_0 TxRDY 发送准备好位。TxRDY=1，才能发送字符；否则，就要等待。
- D_1 RxRDY 接收准备好位。RxRDY=1，才能接收字符。否则，就要等待。

例如，串行通信时，在发送程序中，需检查状态字的 D_0 位是否置 1，即查是否 TxRDY=1，其程序段如下。

```
L:MOV DX,309H          ;8251A 状态端口
  IN AL,DX
  AND AL,01H           ;查发送器是否准备好
  JZ L                 ;未就绪,则等待
```

又如，串行通信时，在接收程序中，需查状态字的 D_1 位是否置 1，即查是否 RxRDY=1 其程序段如下。

```
L1: MOV DX,309H        ;8251A 状态端口
    IN AL,DX
    AND AL,02H         ;查接收器是否准备好
    JZ L1              ;未就绪,则等待
```

- D_3 奇偶错 PE（Parity Error）。若 PE=1，表示有奇偶校验错。
- D_4 溢出错 OE（Overrun Error）。若 OE=1，表示有溢出错。
- D_5 帧出错 FE（Framing Error）。若 FE=1，表示有帧格式错。

以上 3 个错误状态位，在编写通信程序的接收程序时，一定要先检测这 3 个位的状态，确定接收数据没有错误之后，再查 RxRDY 是否准备好，才开始接收数据。若有错误，则应先进行出错处理。3 个错误状态位均由工作命令字中的 IR 位复位。

在接收程序中，检查出错信息的程序段如下。

```
    MOV DX,309H            ;状态端口
    IN AL,DX
    TEST AL,38H            ;检查 D5D4D3三位(FE、OE、PE)
    JNZ ERROR              ;若其中有一位为 1，则出错，并转入错误处理程序
    ⋮
ERROR: …(略)
```

//C 语言程序段如下。

```
if(0!=inportb(0x309)&0x38)
printf("error\n");
```

④ 8251A 的方式命令字、工作命令字和状态字之间的关系

它们之间的关系为：方式命令字只是约定了双方通信的方式及其数据格式、传输速率等参数，但没有规定数据传输的方向是发送还是接收，故需要工作命令字来控制发送/接收，但何时才能发送/接收呢？这就取决于 8251A 的工作状态，即状态字。只有当 8251A 进入发送/接收准备好的状态时，才能真正开始数据的传输。

（3）8251A 的初始化

① 初始化内容

在异步方式下，8251A 的初始化内容包括：先写内部复位命令，再写方式命令，最后写工作

命令几部分。为了提高可靠性，往往还在写内部复位命令之前，向命令口写一长串 0，作为空操作。在同步方式下，8251A 的初始化还包括设置同步字符。

② 初始化顺序

因为方式命令字和工作命令字均无特征位标志，且都是送到同一命令端口，所以在向 8251A 写入方式命令字和工作命令字时，需要按一定的顺序，这种顺序不能颠倒或改变，若改变了这种顺序，8251A 就不能识别，也就不能正确执行。这种顺序是：内部复位→方式命令字→工作命令字 1→工作命令字 2，如图 8.18 所示。

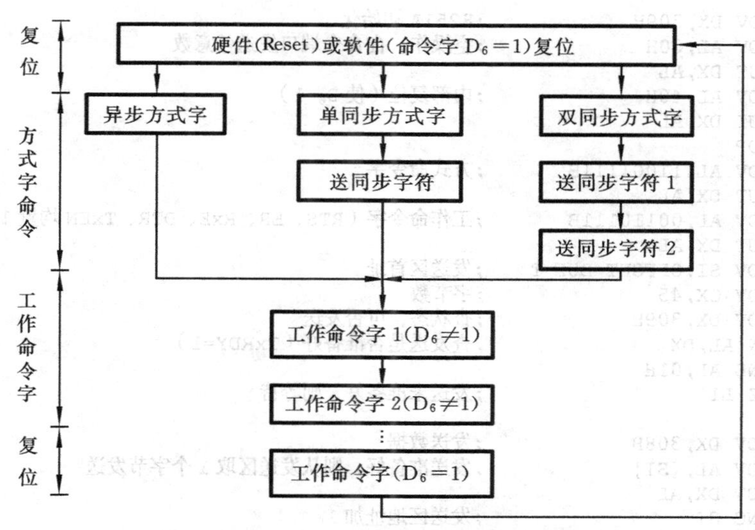

图 8.18　向 8251A 命令端口写入命令的顺序

8.5.3　电路与程序设计

1. 串行接口电路设计

根据以上分析，可把两台微机都当作 DTE，它们之间只需 TxD、RxD、SG 三根线连接就能通信。接口电路以 8251A 为主芯片，再加上波特率时钟发生器、电平转换器、地址译码器等，如图 8.19 所示。

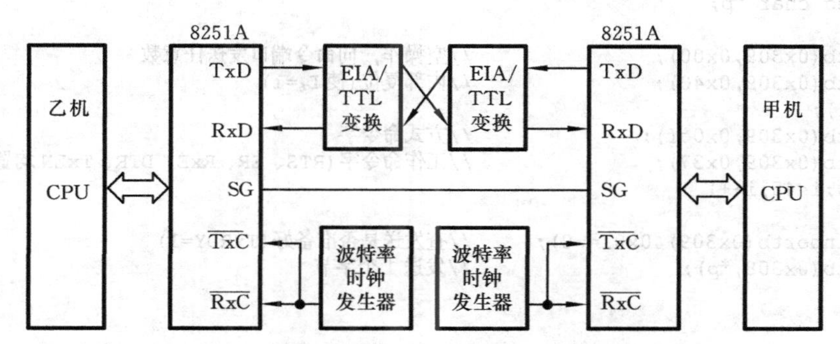

图 8.19　RS-232C 标准半双工异步串行通信接口电路框图

2. 半双工串行通信程序设计

整个通信程序由甲机的发送程序和乙机的接收程序两部分组成，分别采用汇编语言与 C 语言编写。

（1）甲机的发送程序

甲机的汇编语言发送程序段如下。

```
DATA SEGMENT
  BUF_T DB 45 DUP(?)
DATD ENDS
CODE SEGMENT
    ASSUME CS: CODE,DS: DATA
START:  MOV AX,DATA
        MOV DS,AX

        MOV DX,309H             ;8251A 初始化
        MOV AL,00H              ;空操作，向命令端口发送任意数
        OUT DX,AL
        MOV AL,40H              ;内部复位（使 D6=1）
        OUT DX,AL
        NOP
        MOV AL,11001111B        ;方式命令字
        OUT DX,AL
        MOV AL,00110111B        ;工作命令字（RTS、ER、RxE、DTR、TxEN 均置 1）
        OUT DX,AL
        MOV SI,OFFSET BUF_T     ;发送区首址
        MOV CX,45               ;字节数
    L1: MOV DX,309H             ;查状态，可否发送
        IN AL,DX                ;查发送是否准备好（TxRDY=1）
        AND AL,01H
        JZ L1                   ;发送未准备好，则等待

        MOV DX,308H             ;发送数据
        MOV AL,[SI]             ;发送准备好，则从发送区取 1 个字节发送
        OUT DX,AL
        INC SI                  ;发送区地址加 1
        DEC CX                  ;字节数减 1
        JNZ L1                  ;未发送完，继续

        MOV AX,4C00H            ;已发送完，回 DOS
        INT 21H
CODE ENDS
    END START
```

//甲机的 C 语言发送程序段如下。

```
unsigned int i;
unsigned char send[45];                //发送缓冲区
unsigned char *p;
p=send;
outportb(0x309,0x00);                  //空操作，向命令端口发送任意数
outportb(0x309,0x40);                  //内部复位(使 D6=1)
delay(1);
outportb(0x309,0x0cf);                 //方式命令字
outportb(0x309,0x37);                  //工作命令字(RTS、ER、RxE、DTR、TxEN 均置 1)
for(i=0;i<45;i++)
{
while(inportb(0x309)&0x01==0);         //查发送是否准备好(TxRDY=1)
outportb(0x308,*p);                    //发送 1 个字节
p++;
}
```

（2） 乙机的接收程序

乙机的汇编语言接收程序段如下。

```
DATA SEGMENT
    BUF_R 45 DUP(?)
```

```
    ERROR_MESS DB'ERR0R ! '0DH,0AH, '$'
DATA ENDS
CODE SEGMENT
    ASSUME CS:CODE,DS:DATA
BEGIN: MOV AX,DATA
       MOV DS,AX

       MOV DX,309H              ;8251A 初始化
       MOV AL,0AAH              ;空操作，向命令端口送任意数
       OUT DX,AL
       MOV AL, 50H              ;内部复位（含 D6=1）
       OUT DX,AL
       NOP
       MOV AL,11001111B         ;方式命令字
       OUT DX,AL
       MOV AL,00010100B         ;工作命令字（ER、RxE 置 1）
       OUT DX,AL
       MOV DI,OFFSET BUF_R      ;接收区首址
       MOV CX,45                ;字节数
L2:    MOV DX,309H              ;查状态，可否接收
       IN AL,DX                 ;先查接收是否出错
       TEST AL,38H              ;同时查 3 种错误
       JNZ ERR                  ;有错，转出错处理
       AND AL,02H               ;再查接收是否准备好（RxRDY=1）
       JZ L2                    ;接收未准备好，则等待

       MOV DX,308H              ;接收数据
       IN AL,DX                 ;接收准备好，则接收 1 个字节
       MOV [DI],AL              ;并存入接收区
       INC DI                   ;接收区地址加 1
       LOOP L2                  ;未接收完，继续
       JMP STOP                 ;已完，程序结束，退出

ERR:   LEA DX,ERROR_MESS        ;错误处理子程序
       MOV AH,09H
       INT 21H

STOP:  MOV AX,4C00H             ;返回 DOS
       INT 21H
CODE   ENDS
       END BEGIN
```

//乙机的 C 语言接收程序段如下。

```
unsigned char recv[45];
unsigned char i,tmp;
void main()
{
    outportb(0x309,0x0aa);          //空操作，向命令端口送任意数
    outportb(0x309,0x50);           //内部复位(含 D6=1)
    delay(1);
    outportb(0x309,0x0cf);          //方式命令字
    outportb(0x309,0x14);           //工作命令字(ER、RxE 置 1)
    for(i=0;i<45;i++)
    {
        tmp=inportb(0x309);         //读状态端口
        if(tmp&0x38!=0x00)          //先查接收是否出错
        {
            printf("Error!\n");     //打印出错信息
            break;                  //退出
        }
```

```
            else
            {
                if(tmp&0x02==0x00)                //再查接收是否准备好(RxRDY=1)
                    break;
                else
                    recv[i]=inportb(0x308);       //接收准备好，则接收 1 个字节
            }
        }
}
```

8.6 RS-485 标准的串行通信接口电路设计

例 8.2 采用 RS-485 标准的异步串行通信接口设计。

8.6.1 设计要求

要求在甲乙两台微机之间按 RS-485 标准进行全双工异步串行通信，也就是双方在各自的键盘上按键向对方发送字符时，又可接收对方发来的字符。字符帧格式为 1 位停止位，7 位数据位，无校验，波特率因子为 16。按 ESC 键退出。

8.6.2 设计方案分析

本例与例 8.1 不同之处有两点：一是通信标准不同，本例采用 RS-485 标准，而例 8.1 采用 RS-232C 标准；二是传送方式不同，本例是全双工，例 8.1 是半双工。因此，在接口电路组成、通信电缆、连接器等方面会有所不同。但两者的通信方式相同，都是异步通信，故串行通信程序的编写步骤与方法相同。

RS-485 标准与 RS-232C 标准的不同之处主要是使用了平衡发送器/差动接收器，实现双线平衡差动方式传输数据。平衡发送器/差动接收器，简称收发器，如 MAX485/MAX491 芯片。本方案是采用可编程通用接口芯片构成外置式的接口电路，来实现 RS-485 标准的接口设计要求，为此可采用“8251A+MAX491“作为接口电路的核心。下面先介绍 MAX491 的外部特性以及使用方法。

1. 收发器芯片 MAX491 的外部特性

MAX491 的引脚如图 8.20 所示，其引脚功能的定义如表 8.3 所示。

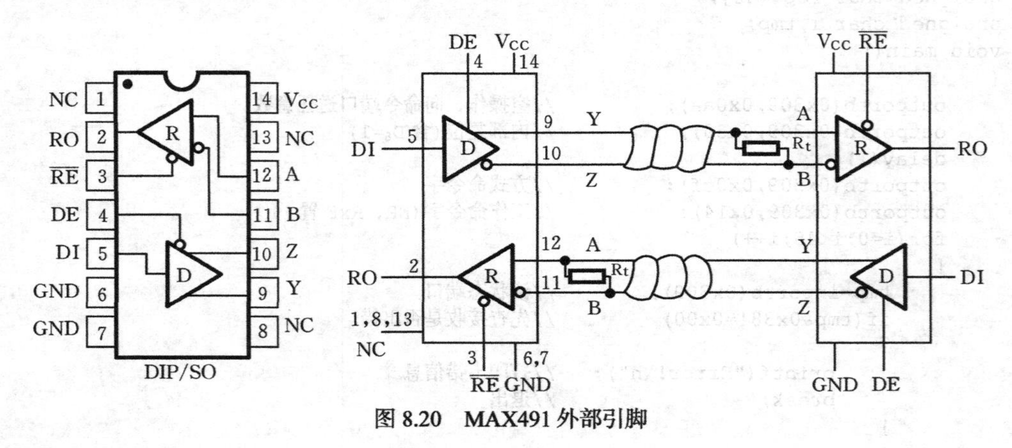

图 8.20 MAX491 外部引脚

表 8.3 MAX485/491 引脚功能的定义

引脚		名称	功能
MAX485	MAX491		
1	2	RO	接收器输出：当 $V_A-V_B\geq$+200mV 时，RO=1；当 $V_A-V_B\leq$-200mV 时，RO=0
2	3	$\overline{RE}$	接收器输出允许：当 RE=0 时，允许输出；当 RE=1 时，输出呈高阻（三态）
3	4	DE	驱动器输出允许：当 DE=1 时，允许输出；当 DE=0 时，输出呈高阻（三态）
4	5	DI	驱动器输入：当 DI=0 时，Y=0，Z=1；当 DI=1 时，Y=1，Z=0
5	6,7	GND	接地
—	9	Y	驱动器非反向输出
—	10	Z	驱动器反向输出
6	—	A	接收器非反向输入和驱动器非反向输出
—	12	A	接收器非反向输入
7	—	B	接收器反向输入和驱动器反向输出
—	11	B	接收器反向输入
8	14	V_{CC}	正电源：4.75V$\leq V_{CC}\leq$5.25V
—	1,8,13	NC	不连接

2．信号的逻辑定义

MAX485/491 芯片信号逻辑定义如表 8.4 所示。

表 8.4 MAX485/491 对信号的逻辑定义

发送端（驱动器）			接收端（接收器）	
输入	输出		输入	输出
（DI）	Y（A）	Z（B）	V_A-V_B	（RO）
1	1	0	≥+ 0.2V	1
0	0	1	≤-0.2V	0

从表 8.4 可知，MAX485/491 对接收端的信号逻辑定义如下。

当差动输入（V_A-V_B）≥+200mV 时，输出为逻辑 1；

当差动输入（V_A-V_B）≤-200mV 时，输出为逻辑 0。

对发送端的信号逻辑定义与驱动器的输出端有关，当发送端的驱动器输入为逻辑 1 时，驱动器的非反向输出端（Y）为逻辑 1，而驱动器的反向输出端（Z）为逻辑 0；当驱动器的输入为逻辑 0 时，它的非反向输出端为逻辑 0，而它的反向输出端为逻辑 1。可见，经过 MAX485/491 的转换，实现了 RS-485 接口标准对信号逻辑定义的要求。

8.6.3 电路与程序设计

1．串行接口电路设计

由于 RS-485 标准是把原来由 RS-232C 标准采用单端发送/单端接收的信号，改成差动发送和差动接收，因此，RS-485 接口电路的组成是在图 8.19 的基础上，增加差动收/发器 MAX491，便可实现从单端到差动的转换和全双工通信，而电路的其他部分（如波特率时钟发生器）与 RS-232C 的要求一样。接口电路如图 8.21 所示。

图 8.21 是一点对多点的全双工通信网络，各通信站点之间通过接线盒转接，并采用带 4 芯水晶插头的双绞线进行连接。

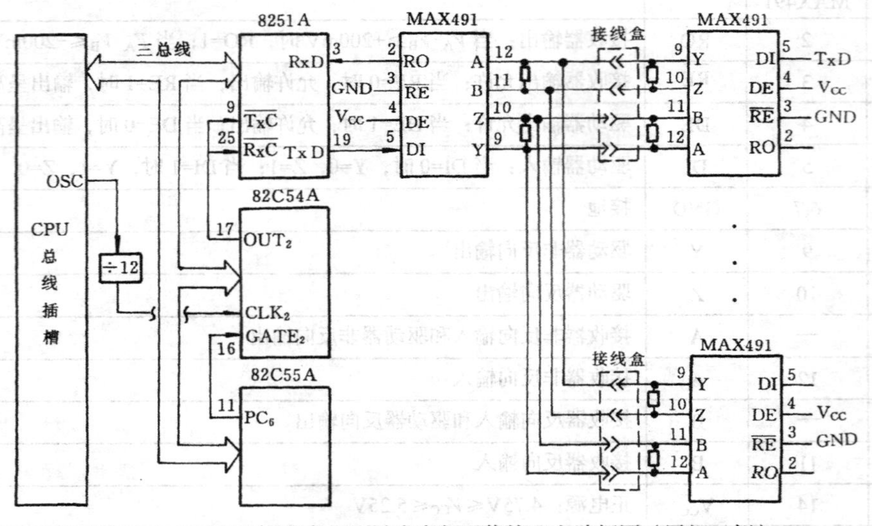

图 8.21　RS-485 标准全双工异步串行通信接口电路框图（甲机一侧）

2. 双工串行通信程序设计

RS-485 标准所采用的通信方式和数据格式及数据传输速率的控制方法均与 RS-232C 标准相同，只是传输信号时所用的数据线及对信号的逻辑定义有所不同。这些物理层的定义并不影响通信软件编程，因此，RS-485 程序的编写与 RS-232C 程序的编程完全一样，在 RS-232C 标准下编写的发送/接收程序在 RS-485 标准下同样可以运行。程序流程图如图 8.22 所示。

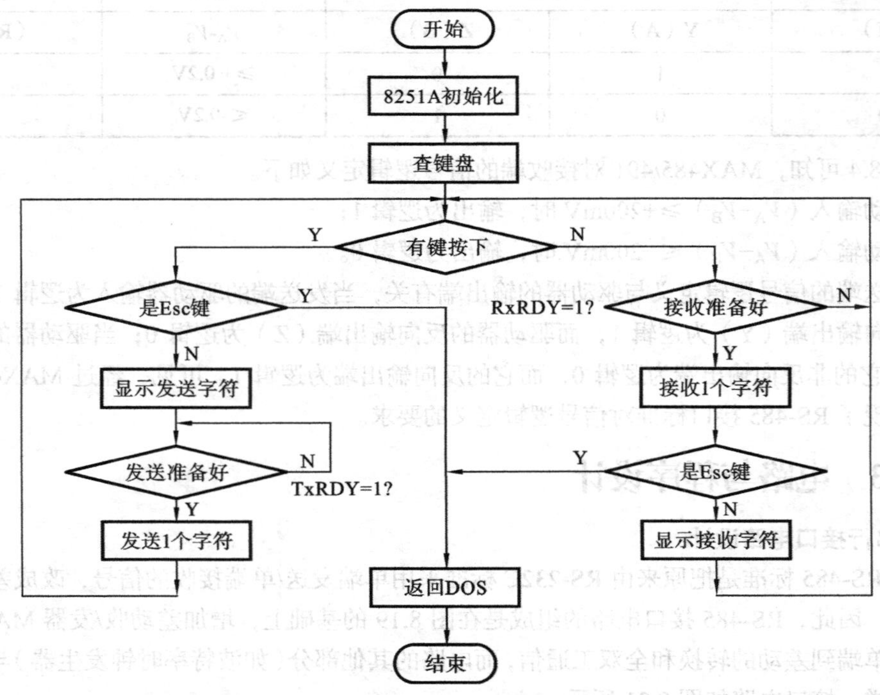

图 8.22　RS-485 全双工异步串行通信程序流程图

RS-485 全双工异步串行通信汇编语言程序段如下。

```
DATA SEGMENT
     DATA51 EQU 308H                ;8251A 数据端口
     CTRL51 EQU 309H                ;8251A 命令/状态端口
     ERROR_MESS DB'DATA IS BAD! '0DH,0AH, '$'
DATA ENDS
CODE SEGMENT
   ASSUME CS:CODE,DS:DATA, CS:CODE
   BEGIN: MOV AX,DATA
          MOV DS,AX

          MOV DX,CTRL51             ;8251A 初始化
          XOR AX,AX                 ;空操作
      LL: CALL CHAR_OUT
          LOOP LL
          MOV AL,40H                ;内部复位
          OUT DX,AL
          MOV AL,4AH                ;8251A 方式命令
          OUT DX,AL
          MOV AL,37H                ;8251A 工作命令
          OUT DX,AL

   KB_TR: MOV AH,0BH                ;获取按键字符
          INT 21H
          CMP AL,0                  ;是否有键按下
          JE RECEIVE                ;若无键按下，则转接收
          MOV AH,01                 ;若有键按下，则从 KB 读入，并显示
          INT 21H
          CMP AL,1BH                ;是否 Esc
          JZ OVER                   ;是，则退出，并返回 DOS
          MOV BL,AL                 ;保存获取的按键字符，以备发送

TRANSMIT: MOV DX,CTRL51             ;发送数据
          IN AL,DX
          TEST AL,01                ;发送是否准备好，TXRDY=1
          JZ TRANSMIT               ;未准备好，则等待
          MOV DX,DATA51             ;已准备好，则将获取的按键字符发送出去
          MOV AL,BL
          OUT DX,AL
          JMP KB_TR                 ;发送 1 个字符后，再转获取按键字符

RECEIVE:  MOV DX,CTRL51             ;接收数据
          IN AL,DX
          TEST AL,38H               ;先查，接收数据是否有错误吗
          JNZ ERROR                 ;有错，转 ERROR，处理错误
          TEST AL,02                ;无错，再查接收数据准备好？RXRDY=1?
          JZ KB_TR                  ;未准备好，即无数据接收，则转获取按键字符
          MOV DX,DATA51             ;已准备好，则接收 1 个字符

          IN AL,DX
          MOV DL,AL                 ;显示接收的字符
          MOV AH,02H
          INT 21H
          JMP KB_TR                 ;显示字符后，再转获取按键字符

ERROR:    LEA DX,ERROR_MESS         ;错误处理子程序
          MOV AH,09H
          INT 21H
```

```
         JMP KB_TR                  ;处理错误后，再转获取按键字符
OVER:    MOV AX,4C00H               ;退出，返回 DOS
         INT 21H

CHAR_OUT PROC NEAR                  ;送数子程序
         OUT DX,AL
         PUSH CX
         MOV CX,100                 ;延时
GG:      LOOP GG
         POP CX
         RET
CHAR_OUT ENDP
CODE ENDS
     END BEGIN
```

//RS-485 全双工异步串行通信 C 语言程序段如下。

```
#define DATA51 0x308
#define CTRL51 0x309
void main()
{
    unsigned char sletter,status,rletter,i;
    outportb(CTRL51,0x00);             //8251A 初始化
    for(i=0;i<50;i++)                  //空操作
    {
        outportb(DATA51,i);
        delay(10);
    }
    outportb(CTRL51,0x40);             //内部复位
    outportb(CTRL51,0x4A);             //8251A 方式命令
    outportb(CTRL51,0x37);             //8251A 工作命令

    for(;;)//判断是否 Esc 键
    {
        if (kbhit())                   //若无键按下，则转接收
        {
            if((sletter=getche())==0x1b)   //是 ESC？是，则退出，并返回 DOS
            {
                return;
            }
            else
            {
                status=inportb(CTRL51);    //获取 8251A TXRDY 状态
                if((status&0x01)!=0)       //已准备好，则将键入的字符发送出去
                {
                    outportb(DATA51,sletter);
                }
            }
        }
        else
        {
            status=inportb(CTRL51);          //已准备好，即有数据传送过来，则接收 1 个字符
            if((status&0x02)!=0)
            {
                rletter=inportb(DATA51);   //接收数据
                printf("\n%c\n",rletter); //显示数据
            }
        }
    }
}
```

3. 讨论

该程序未考虑波特率的选择，若要求传输的波特率可选，则涉及 82C54A 的初始化及计数初值的计算等程序段，可参考文献[21]和[22]。

8.7 基于 UART 的串行通信接口电路

UART 是一种通用异步收发器，是台式微机 PC 系统配置的外置式串行接口芯片，也是嵌入式微机和 MCU 中以接口模块方式作为内置式串行接口，它支持 RS-232C 接口标准，能实现异步全双工通信。以 16550 为例，它比 8251A 具有更强的中断控制能力，并且自带内置式波特率时钟发生器和 16B 的 FIFO 数据存储器，从而提高了数据吞吐量和传输速率。下面以台式微机 PC 与实验平台串行通信接口程序设计为例说明 UART 16550 的使用方法。

例 8.3 PC 微机与实验平台的串行通信接口及程序设计。

8.7.1 设计要求

要求 PC 机通过串口 COM1 采用查询方式发送 1K 字节数据到实验平台 MFID。通信的数据格式为 8 位数据，1 位停止位，奇校验。波特率为 2400b/s。

8.7.2 设计方案分析

由于这两个串口所采用的串行接口芯片不同，COM1 的是 16550 芯片，MFID 的是 8251A 芯片。因此，为了对 16550 串口芯片进行连接与编程，先介绍它的外部特性与编程模型，然后讨论基于 16550 的串行通信程序设计。8251A 串口芯片已在 8.5.2 节讨论过，不再重复。

1. 16550（UART）的外部特性

16550 是 40 引脚，其信号线分布如图 8.23 所示。各引脚的功能定义如表 8.5 所示。

16550

引脚	信号	信号	引脚
1	D_0	V_{CC}	40
2	D_1	$\overline{RI}$	39
3	D_2	$\overline{DCD}$	38
4	D_3	$\overline{DSR}$	37
5	D_4	$\overline{CTS}$	36
6	D_5	MR	35
7	D_6	$\overline{OUT_1}$	34
8	D_7	$\overline{DTR}$	33
9	RCLK	$\overline{RTS}$	32
10	SIN	$\overline{OUT_2}$	31
11	SOUT	INTR	30
12	CS_0	$\overline{RxRDY}$	29
13	CS_1	A_0	28
14	$\overline{CS_2}$	A_1	27
15	$\overline{BAUDOUT}$	A_2	26
16	XIN	$\overline{ADS}$	25
17	XOUT	$\overline{TxRDY}$	24
18	$\overline{WR}$	DDIS	23
19	WR	$\overline{RD}$	22
20	GND	RD	21

图 8.23 16550 外部引脚图

表 8.5 16550 的引脚功能

引脚名称	方向	功能说明
D_0～D_7	双向	系统与 16550 传输数据、命令和状态的数据线
A_0～A_2	输入	16550 内部寄存器的寻址信号，3 位地址可寻址 8 个端口
CS_0 CS_1 $\overline{CS_2}$	输入	16550 的 3 个片选信号，只有 3 个片选全部有效，才可以选中 16550
$\overline{TxRDY}$	输出	发送器准备好，用于申请 DMA 方式发送数据
$\overline{RxRDY}$	输出	接收器准备好，用于申请 DMA 方式接收数据
$\overline{ADS}$	输入	地址选通信号，低电平有效。有效时能锁存地址信号
$\overline{RD}$ RD	输入	读信号，两个信号中只要一个有效，就可以读出 16550 内部寄存器的内容
$\overline{WR}$ WR	输入	写信号，两个信号中只要一个有效，就可以对 16550 内部寄存器写入信息
DDIS	输出	驱动器禁止输出信号，高电平有效。禁止外部收发器对系统总线的驱动

续表

引脚名称	方向	功能说明
MR	输入	主复位信号，高电平有效。有效时迫使 16550 进入复位状态
INTR	输出	中断请求信号，高电平有效
SIN	输入	串行数据输入线
SOUT	输出	串行数据输出线
XIN	输入	时钟信号，是 16550 工作的基准时钟
RCLK	输入	接收时钟，是 16550 接收数据时的参考时钟
XOUT	输出	时钟信号，是 XIN 的输出，可作为其他定时信号
$\overline{BAUDOUT}$	输出	波特率输出信号，为 XIN 分频之后的输出。它常与 RCLK 相连
$\overline{OUT_1}$ $\overline{OUT_2}$	输出	用户定义的输出引脚，用户可自定义它的功能（如用于开放/禁止中断）
$\overline{DTR}$	输出	数据终端准备好信号，$\overline{DSR}$ 输入数据设备准备好的信号
$\overline{RTS}$	输出	请求发送信号
$\overline{CTS}$	输入	允许发送信号
RI	输入	振铃指示信号
$\overline{DCD}$	输入	载波检出信号

2. 16550 的编程模型

16550 的编程模型包括内部寄存器及相应的编程命令和端口地址。由于 16550 完成串行通信接口的功能齐全，因此其内部设置的寄存器及命令字比较多，使它的编程模型比 8251A 的要复杂些。

（1）16550 的内部寄存器及其端口地址

16550 内部有 11 个可访问的寄存器，其端口地址分配如表 8.6 所示。

表 8.6　　16550 内部寄存器及端口地址

DL	被访问的寄存器	$A_2A_1A_0$	COM_1 端口	COM_2 端口
0	接收缓冲寄存器 RBR（读）与发送保持寄存器 THR（读）	000	3F8H	2F8H
0	中断允许寄存器 IER（写）	001	3F9H	2F9H
1	波特率除数寄存器低字节 DLL（写）	000	3F8H	2F8H
1	波特率除数寄存器高字节 DLM（写）	001	3F9H	2F9H
×	中断识别寄存器 IIR（读）与 FIFO 控制寄存器 FCR（写）	010	3FAH	2FAH
×	线路控制寄存器 LCR（写）	011	3FBH	2FBH
×	MODEM 控制寄存器 MCR（写）	100	3FCH	2FCH
×	线路状态寄存器 LSR（读）	101	3FDH	2FDH
×	MODEM 状态寄存器 MSR（读）	110	3FEH	2FEH
×	暂存 Scratch（写）	111	3FFH	2FFH

16550 内部有 11 个寄存器，但系统只给它分配了 8 个端口地址，因此，必然会出现端口地址共用的问题。从表 8.6 可以看到，接收缓冲寄存器 RBR 及发送保持寄存器 THR 与波特率除数寄存器低字节 DLL 共用 1 个端口，中断允许寄存器 IER 与波特率除数寄存器高字节 DLM 共用 1 个端口。

为了识别，专门在线路控制寄存器 LCR 中设置了一个波特率除数寄存器访问位 DL（D_7 位）。当要设置波特率去访问波特率除数寄存器时，必须使 DL 位置 1。若需访问 RBR 和 THR 或 IER 时，则必须使 DL 位置 0。而访问那些不共用端口地址的寄存器时，DL 位可以为任意值 ×，即为 0 或 1 均可。另外，RBR 与 THR 共用 1 个端口，IIR 与 FCR 共用 1 个端口。不过它们是对同一端口分别进行读或写操作。

（2）16550 内部寄存器的格式

在实际应用中，如果是进行近距离、零 MODEM 方式传送，就有些寄存器不使用（如 MCR、MSR）。另外，如果与 CPU 交换数据是采用查询方式，则有关中断处理的几个寄存器也不使用（如 IER、IIR、FCR）。下面介绍几个常用的基本寄存器，进行重点学习，要全面了解 16550 寄存器的，可参考文献[21]和[22]。

① 线路控制寄存器 LCR

LCR 的作用是用来约定双方通信的数据帧格式，为此，在 LCR 中安排了 5 位（D_0～D_4）来定义起止式数据帧格式，它们的含义如图 8.24 所示。

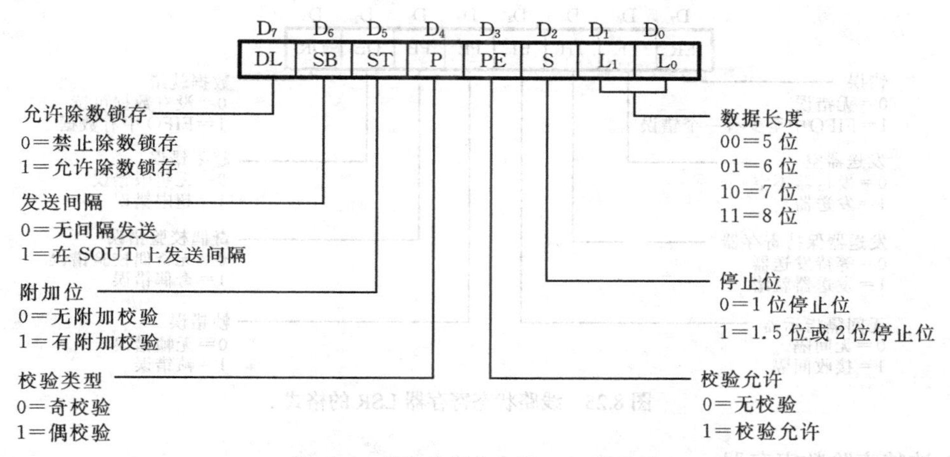

图 8.24　线路控制寄存器 LCR 的格式

例如，若数据帧格式为 8 位数据位，2 位停止位，校验允许，偶校验，无附加位，无空隔发送，禁止除数锁存，则 LCR 的代码为 00011111B，其选择起止式数据帧格式的程序段如下。

```
MOV DX,3FBH                ;COM1的 LCR 的端口地址
MOV AL,00011111B           ;数据格式代码
OUT DX,AL
```

② 线路状态寄存器 LSR

LSR 用来向 CPU 提供接收和发送过程中产生的状态，包括发送和接收是否准备好，接收过程是否发生错误，以及什么性质的错误。所以，在发送或接收串行数据之前，需要检测 LSR 的相应位，以决定何时开始收/发以及进行错误处理。8 位线路状态寄存器的含义如图 8.25 所示。

例如，利用查询 LSR 的内容进行收/发处理的汇编语言程序段如下。

```
START:  MOV DX,3FDH              ;LSR 端口地址
        IN AL,DX                 ;读取 LSR 的内容
        TEST AL,00011110B        ;检查有无接收错误及中止信号
        JNZ ERR                  ;有错，转出错处理
        TEST AL,01H              ;无错，再查接收是否准备好，DR=1
        JNZ RECEIVE              ;接收已准备好，则转接收程序
        TEST AL,20H              ;接收未准备好，再查发送是否准备好，THRE=1
```

```
        JNZ TRANS               ;发送已准备好，则转发送程序
        JMP START               ;发送也未准备好，等待
             ⋮
ERR:    （略）

TRANS:  （略）

RECEIVE:（略）
```

//C 语言程序段如下。

```
unsigned char status = inportb(0x3fd);
if(status & 0x1e !=0)
    error();
else if(status & 0x01 !=0)
    receive();
else if(status & 0x20 !=0)
    trans();
else
    break;
```

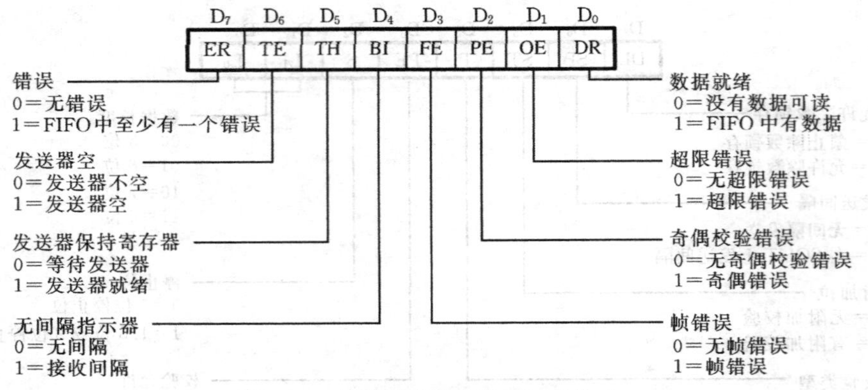

图 8.25　线路状态寄存器 LSR 的格式

③ 波特率除数寄存器

波特率除数（即分频系数）寄存器，分高字节 DLM 和低字节 DLL 两个除数寄存器。在设置波特率时，先将 80H 写入线路控制寄存器 LCR，使波特率除数寄存器访问位 DL 置 1，再将波特率除数按先低 8 位和后高 8 位，分别写入 DLL 和 DLM。

16550 内部自带波特率时钟发生器，对 1.8432MHz 的晶振源进行分频，分频系数即除数的计算公式为

$$除数=1\ 843\ 200 \div（波特率 \times 16） \tag{8-5}$$

式中的 16 是波特率因子，即波特率的倍数。利用式（8-5）可算出不同波特率的除数。表 8.7 中列出了几种常用的波特率所对应的除数。

表 8.7　波特率与除数（分频系数）对照表

波特率/（b/s）	除数：高 8 位 低 8 位	波特率/（b/s）	除数：高 8 位 低 8 位
100	04H　80H	9600	00H　0CH
300	01H　80H	19200	00H　06H
600	00H　C0H	38400	00H　03H
2400	00H　30H	57600	00H　02H
4800	00H　18H	115200	00H　01H

例如，当要求波特率为 19200 b/s 时，设置除数寄存器的汇编语言程序段如下。

```
MOV DX,3FBH                ;LCR 寄存器端口地址
MOV AL,10000000B           ;除数寄存器访问位 DL 置 1
OUT DX,AL
MOV DX,3F8H                ;DLL 寄存器端口地址
MOV AL,06H                 ;写入低位除数
OUT DX,AL
MOV DX,3F9H                ;DLM 寄存器端口地址
MOV AL,0                   ;写入高位除数
OUT DX,AL
```

//C 语言程序段如下。

```
outportb(0x3fb,0x80);      //除数寄存器访问位 DL 置 1
outportb(0x3f8,0x06);      //写入低位除数
outportb(0x3f9,0x0);       //写入高位除数
```

④ 数据寄存器 THR 和 RBR

16550 内部有两个数据寄存器都是 8 位，并共用一个端口。用于发送的称为发送保持寄存器 THR，用于接收的称为接收缓冲寄存器 RBR。

另外，16550 还有其他寄存器，由于很少使用，未作介绍，需要了解的读者可查看文献[24]和[25]。

3. 16550 的初始化

初始化在硬件或软件复位后进行，其内容是通过对 LCR 编程，约定异步通信的数据帧格式，通过对波特除数寄存器编程确定串行传输的速率。

例如，当使用 COM1 接口时，进行异步通信的数据格式为：8 位数据位，偶校验，1 位停止位，波特率为 4800b/s，则初始化汇编语言程序段如下。

```
START PROC NEAR
    LCR EQU 3FBH               ;LCR 的端口
    DLL EQU 3F8H               ;DLL 的端口
    DLM EQU 3F9H               ;DLM 的端口
    MOV AL,10000000B           ;波特率除数寄存器访问位置 1
    OUT LCR,AL
    MOV AX,0018H               ;波特率除数
    OUT DLL,AL                 ;写入波特率除数低字节
    MOV AL,AH
    OUT DLM,AL                 ;写入波特率除数高字节
    MOV AL,00011011B           ;编程 LCR，使之生成 8 位数据，偶校验，1 位停止位
    OUT LCR,AL
    RET
START ENDP
```

//C 语言程序段如下。

```
define LCR = 0x3fb;
define DLL = 0x3f8;
define DLM = 0x3f9;
outportb(LCR,0x80);
outportb(DLL,0x18);
outportb(DLM,0x00);
outportb(LCR,0x1b);
```

8.7.3　电路连接与程序设计

1. 串行接口连接

COM1 是 PC 微机配置的两个串口之一，不需要用户做任何硬件设计，使用时只要用一根带

有 DB-9 型插头的 RS-232C 标准通信屏蔽电缆，将 PC 机的 COM1 插座与实验平台 MFID 的串口插座连接起来，就可实现两机的串行通信，如图 8.26 所示。

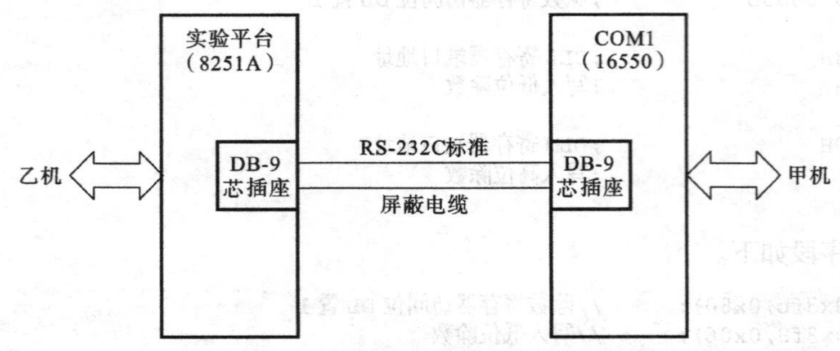

图 8.26　PC 机与实验平台串行通信连接图

2. 串行通信程序设计

通信程序由 PC 微机 COM1 的发送程序和实验平台 MFID 的接收程序组成。为避免重复，实验平台 MFID 的接收程序不再列出，可参看例 8.1 和例 8.2。PC 机 COM1 发送程序如下。

台式 PC 机 COM1 的汇编语言发送程序段如下。

```
DATA SEGMENT
    LCR   EQU 3FBH                    ;线路控制端口
    DLL   EQU 3F8H                    ;波特率除数寄存器低字节口
    DLM   EQU 3F9H                    ;波特率除数寄存器高字节口
    LSR   EQU 3FDH                    ;线路状态端口
    DATA EQU 3F8H                     ;数据端口
BUF 1024 DUP(? )
DATA ENDS
CODE SEGMENT
    ASSUME CS:CODE,DS:DATA
START: MOV AX,DATA
        MOV DS,AX
        CALL INIT_16550               ;调用子程序 INIT_16550 初始化
        MOV CX,3FFH                   ;发送字节数→CX
        MOV SI,OFFSET BUF
L:      IN AL,LSR                     ;读线路状态端口
        TEST AL,20H                   ;检测 TH 位，发送器是否就绪
        JZ L                          ;如果发送器未就绪，则等待
        MOV AL,[SI]                   ;如果发送器就绪，则取数据
        OUT DATA,AL                   ;从数据端口发送数据
        INC SI
        LOOP L                        ;未完，继续发送
        MOV AX,AX,4C00H               ;已完，返回 DOS
        INT 21H
        ;
INIT_16550 PROC NEAR                  ;初始化 16550
        MOV AL,10000000B              ;波特率除数寄存器访问位置 1
        OUT LCR,AL
        MOV AX,0030H                  ;波特率除数
        OUT DLL,AL                    ;波特率除数低字节
        MOV AL,AH
        OUT DLM,AL                    ;波特率除数高字节
        MOV AL,00001011B              ;编程 LCR，使之生成 8 位数据，奇校验，1 位停止位
        OUT LCR,AL
        RET
INIT_16550 ENDP
CODE ENDS
        END START
```

//PC 机 COM1 的 C 语言发送程序段如下。

```
#define LCR 0x3FB
#define DLL 0x3F8
#define DLM 0x3F9
#define LSR 0x3FD
#define DATA 0x3F8
void main()
{
    unsigned char send[1024];            //发送缓冲区
    unsigned int i;
    Init_16550();                        //初始化 16550
    for(i=0;i<1024;i++)
    {
        while(inportb(LSR)&0x20==0x00);//读线路状态端口
        outportb(DATA,send[i]);          //发送数据
    }
}
void Init_16550()                        //初始化 16550
{
    outportb(LCR,0x80);                  //波特率除数寄存器访问位置 1
    outportb(DLL,0x30);                  //波特率除数低字节
    outportb(DLM,0x00);                  //波特率除数高字节
    outportb(LCR,0x0b);                  //编程 LCR，使之生成 8 位数据，奇校验，1 位停止位
```

习　题　8

1. 串行通信有哪些基本特点？
2. 串行通信中什么是全双工通信？什么是半双工通信？
3. 什么是误码率？异步串行通信中最常用的误码校验方法是什么？
4. 异步串行通信过程中常见的错误有几种？产生这些错误的原因是什么？
5. 何谓异步通信？何谓同步通信？
6. 什么是波特率？波特率在串行通信数据传输速率控制中有什么作用？
7. 什么是位周期？当位周期是 0.833ms 时，其波特率是多少？
8. 发送/接收时钟脉冲在串行数据传输中起什么作用？
9. 什么是波特率因子？使用波特率因子有什么意义？
10. 波特率、波特率因子和时钟脉冲（发送时钟与接收时钟）之间的关系是什么？
11. 当波特率为 9600b/s，波特率因子取 16 时，发送器和接收器的时钟频率应选择多少？
12. 异步通信起止式帧数据格式中的起始位和停止位各有何作用？
13. 同步通信面向字符的帧数据格式中的同步字符起什么作用？
14. 采用 RS-232C 标准进行通信时，对近距离（微机系统内部）只使用哪 3 根信号线就能够实现全双工通信？
15. RS-232C 标准与 TTL 之间需要进行哪些转换？
16. RS-232C 标准的连接器（插头插座）有哪两种类型？它们是否兼容？
17. RS-485 标准是 RS-232C 的改进型标准，具体作了哪些改进？
18. 如何实现 RS-232C 向 RS-485 的转换？

19. 串行通信接口电路的基本任务有哪些？

20. 串行通信接口电路一般由哪几部分组成？

21. 串行接口芯片 8251A 的编程模型包括哪些内容？

22. 8251A 初始化的内容是什么？

23. 在对 8251A 进行编程时，应按什么顺序向它的命令口写入命令字？为什么要采用这种顺序？

24. 甲乙两机进行异步串行通信，要求传送 ASCII 码字符，偶校验，两位停止位，传输速率为 1200b/s，TxC 和 RxC 的时钟频率为 19200Hz。试写出 8251A 的方式命令字。

25. 若要求进行内部复位，则 8251A 的工作命令字的内容应该是什么？

26. 如何利用 USART 8251A 芯片设计一个符合 RS-232C 标准的异步串行通信接口电路？（参见例 8.1）

27. 如何设计一个符合 RS-485 标准的异步串行通信接口电路？（参见例 8.2）

28. 利用系统配置的串口 COM1 进行串行通信接口设计时，用户应做哪些工作？（参见例 8.3）

第9章 A/D与D/A转换器接口

A/D与D/A转换器是数据采集与实时控制系统的重要环节，其接口是一种面向元器件的接口，而非设备接口，因此接口对它的连接与控制比较单一。另外，A/D与D/A转换器接口仍然是一种并行接口，具有前面第7章所述并行接口的特点。

本章讨论了查询、中断以及DMA 3种不同方式的ADC接口设计。

9.1 模拟量接口的作用

微型计算机在实时控制、在线动态测量和对物理过程进行监控，以及图像、语音处理领域的应用中，都要与一些连续变化的模拟量（如温度、压力、流量、位移、速度、光亮度、声音、颜色等）打交道，但数字计算机本身只能识别和处理数字量，因此，必须经过转换器，把模拟量A转换成数字量D，或将数字量D转换成模拟量A，才能实现CPU与被控对象之间的信息交换。所以，微机在面向过程控制、自动测量和自动监控系统与各种被控、被测对象发生关系时，需要设置一种“模拟量接口”。

显然，模拟量接口电路的作用是把微处理器系统的离散的数字信号与模拟设备中连续变化的模拟信号电压、电流之间建立起适配关系，以便计算机执行控制与测量任务。

从硬件角度来看，模拟量接口就是微处理器与A/D转换器和D/A转换器之间的连接电路，前者称为模入接口，后者称为模出接口。本章将讨论这种接口的原理、设计方法及如何进行控制程序的设计。

9.2 A/D转换器

A/D转换器（简称ADC）的功能是把模拟量变换成数字量。由于实现这种转换的工作原理和采用的工艺技术不同，所以A/D转换器芯片种类繁多。ADC按分辨率可分为4位、6位、8位、10位、14位、16位和BCD码的312位、512位等。ADC按转换速度可分为超高速、高速、中速及低速等。ADC按转换原理可分为直接ADC和间接ADC。直接ADC有逐次逼近型、并联比较型等，其中，逐次逼近型ADC易于用集成工艺实现，且能达到较高的分辨率和速度，故目前集成化的A/D转换芯片采用逐次逼近型的居多。间接ADC有电压/时间转换型（积分型）、电压/频率转换型、电压/脉宽转换型等，其中，积分型ADC电路简单、抗干扰能力强，且能达到较高分辨率，但转换速度较慢。有些 ADC 还将多路开关、基准电压源、时钟电路、二-十译码器和转换电路集成在一个芯片内，使用起来十分方便。

9.2.1 A/D 转换器的主要技术指标

ADC 是模拟接口的对象，了解 ADC 主要技术指标就可以了解它们对 ADC 接口设计产生什么影响，从而在设计中加以考虑。

1. 分辨率

分辨率是指 ADC 能够把模拟量转换成二进制数的位数。例如，用 1 个 10 位 ADC 转换一个满量程为 5V 的电压，则它能分辨的最小电压为 5000mV/1024≈5mV。若模拟输入值的变化小于 5mV 的电压，则 ADC 无反应，输出保持不变，即只能分辨出 5mV 以上的变化。同样 5V 电压，若采用 12 位 ADC，则它能分辨的最小电压为 5000mV/4096≈1mV。可见，ADC 的数字量输出位数越多，其分辨率就越高。

ADC 的分辨率反映在它的输出数据线的宽度上，如 ADC0809 的分辨率是 8 位，它的数据线也是 8 根；AD574A 的分辨率是 12 位，它的数据线也是 12 根。因此，分辨率不同会影响 ADC 接口与系统数据总线的连接。当分辨率即 ADC 的输出数据线宽度大于微机系统数据总线宽度时，就不能一次传输，而需两次传输，要增加附加电路（缓冲寄存器），从而影响接口电路的组成及数据传输的途径。

2. 转换时间

转换时间是指从输入启动转换信号开始到转换结束得到稳定的数字量输出为止所需的时间，一般为 ms 级和 μs 级。转换时间的快慢会影响 ADC 接口与 CPU 交换数据的方式。低速和中速 ADC 一般采用查询或中断方式，而高速 ADC 就应采用 DMA 方式。

9.2.2 A/D 转换器的外部特性

由于 A/D 转换器内部一般没有设置供用户访问的寄存器，也没有命令字。它的转换操作是由其内部硬件逻辑电路完成的，而不是它执行内部的命令完成的，因此，它不使用可编程特性的编程模型来表述。在分析 A/D 转换器芯片时，主要是看它的外部连接特性，其中转换启动信号是 CPU 对 A/D 转换器唯一的控制信号。

从外部特性来看，无论是哪种 ADC 芯片，都必不可少地设置有 4 种基本外部信号线。这些信号线是实现 A/D 转换操作的条件，也是设计 ADC 接口硬件电路的依据。

1. 模拟信号输入线

这是来自被转换对象的模拟量输入线，有单通道输入与多通道输入之分。

2. 数字量输出线

这是 ADC 的数字量数据输出线。数据线的根数表示 ADC 的分辨率。

3. 转换启动线

这是外部控制信号，此信号一到，A/D 转换才能开始，启动转换信号不到，ADC 不会自动开始转换，并且是发一次启动信号只能转换一次，采集一个数据。

4. 转换结束线

转换完毕后由 ADC 发出 A/D 转换结束信号，利用它以查询或中断方式向微处理器报告转换已经完成。只有转换结束信号出现时，微处理器才可以开始读取数据。

可见，在选择和使用 A/D 转换芯片时，除了要满足用户的转换速度和分辨率要求之外，还要注意 ADC 的连接特性。

各厂家的 A/D 转换芯片不仅产品型号五花八门，性能各异，而且功能相同的引脚命名也各不相同，没有统一的名称，如表 9.1 所示的几种芯片，其功能相同的“转换启动”和“转换结束”信号，不仅名称不一，而且逻辑定义各异，选用时要加以注意。

表 9.1　　几种 A/D 转换芯片的引脚对照

芯片	转换启动	转换结束
ADC0816(0809)	START	EOC
AD570(571)	$B/\overline{C}=0$	$\overline{DR}$
ADC0804	$\overline{WR}\cdot\overline{CS}$	$\overline{INTR}$
ADC7570	START	$\overline{BUSY}=1$
ADC1131J	CONVCMD	STATUS 下降边
ADC1210	$\overline{SC}$	$\overline{CC}$
AD574	CE·（$R/\overline{C}$）·$\overline{CS}$	STS=0

9.3　A/D 转换器接口设计的任务与方法

A/D 转换器接口设计方案仍然是采用接口芯片（包括使用一些 IC 芯片），构成外置式接口电路。由于接口连接的对象——A/D 转换器自身的操作比较单一，即进行数字量-模拟量转换，而且都由其内部硬件逻辑电路自动完成，因而要求外部对它实施的控制比较简单，所以转换器接口只需少数几根信号线，采用并行接口就绰绰有余，甚至使用一些 IC 芯片也能满足接口功能要求（如例 9.1 和例 9.3 的接口电路）。但是，转换器与 CPU 交换数据的方式多种多样，查询、中断、DMA 方式都有可能，因此在转换器接口设计中会涉及对系统中断、DMA 资源的应用。

A/D 转换器接口设计的任务，主要是 ADC 如何与 CPU 进行连接和如何与 CPU 交换数据，有时还要考虑对所采集的数据进行在线处理。

9.3.1　A/D 转换器与 CPU 的连接

ADC 与 CPU 连接时，要根据不同 ADC 芯片的外部特性，采用不同的连接方法，有几个引脚信号线值得注意。

1．ADC 转换的启动信号

第一，ADC 的转换启动方式有脉冲启动和电平启动之分。若是脉冲启动，则只需接口电路提供 1 个宽度满足启动要求的脉冲信号即可。一般采用 $\overline{IOW}$ 或 $\overline{IOR}$ 的脉宽就可以了。若是电平启动，则要求启动信号的电平在转换过程中保持不变，否则（如中途撤销）就会停止转换而产生错误的结果。为此，就应增加附加电路（如 D 触发器、单稳电路）或采用可编程并行 I/O 接口芯片来锁存这个启动信号，使之在转换过程中维持不变。

第二，ADC 的转换启动信号有单个信号启动和由多个信号组合起来的复合信号启动之分。若是由单个信号启动，如 ADC0809 的 START，则只需接口电路提供 1 个 START 正脉冲信号。若是由复合信号启动，如 AD574A 的 $\overline{CE}$（$R/\overline{C}=0$）、$\overline{CS}$，则 $\overline{CE}$、$R/\overline{C}=0$ 和 $\overline{CS}$ 三个信号要同时满足要求才能启动。

2. ADC 模拟量输入的控制信号

ADC 的模拟信号输入有多通道和单通道之分。若是多通道，则要求接口电路提供通道地址线及通道地址锁存信号线，以便选择与确定输入模拟量的通道号。若是单通道，则不需要处理。

3. ADC 数字量输出的控制信号

第一，在 ADC 芯片内的数据输出是否是三态锁存器。若是，则 ADC 的输出数据线可直接挂在 CPU 的数据总线上；否则，必须在 ADC 的输出数据线与 CPU 的数据总线之间外加三态锁存器才能连接。

第二，ADC 的分辨率与系统数据总线宽度是否一致。若一致，则数据只需 1 次传输，数据线可直接连接；若不一致，则数据需分批传输，应增加附加电路（缓冲寄存器）。

4. ADC 的转换结束信号

A/D 转换结束后，用转换结束信号通知 CPU，转换已经结束，请求读取数据。转换结束信号的逻辑定义，有的是高电平有效，有的是低电平有效。转换结束信号可用于查询方式、中断方式、DMA 方式的申请信号。

9.3.2 A/D 转换器与 CPU 之间的数据交换方式

采集的数据用什么方式传输到内存，这是 A/D 转换器接口设计，也是数据采集系统设计中的一个重要内容，因为数据传输的速度是关系到数据采集速率的重要因素。假定 ADC 的转换时间为 T，每次转换后将数据存入指定的内存单元所需的时间为 τ，则采集速率的上限为 $f_0=1/(T+\tau)$。所以，为了提高数据采集速率，一是采用高速 A/D 转换芯片，使 T 尽量小；二是减少数据传输过程中所花的时间 τ，特别是高速或超高速数据采集系统，τ 的减少显得尤为重要。

ADC 与内存之间交换数据，根据不同的要求，可采用查询、中断、DMA 方式，以及在板 RAM 技术。不同的方式使 ADC 接口电路的组成不同，编程的方法也不同。所谓在板 RAM 技术是针对超高速数据采集系统，其 ADC 速度非常快，采用 DMA 方式传输也跟不上转换的速度，故在 ADC 板上设置 RAM，把采集的数据先就近存放在 RAM 中，然后，再从板上的 RAM 取出数据送到内存。这也是数据采集系统中为解决转换速度快，而传输速度跟不上的一种方法。

9.3.3 A/D 转换器的数据在线处理

ADC 接口控制程序，也就是数据采集程序，其程序的基本结构是循环程序。因为数据采集往往要采样多个点的数据，而每一次启动，只能采集（转换）一个数据，所以，采集程序要循环执行多次，直至采样次数到为止。

除此之外，实际应用中，对采集到的数据一般都要进行一些处理，包括生成数据文件、存盘、显示、打印、远距离传输等。有的还要将采集的数据作为重要参数参与运算，进行进一步加工。虽然这些处理不属于 ADC 接口控制程序的内容，但它们是 A/D 转换后常常遇到的操作，因此，往往也把其中的一些操作放在 A/D 转换程序之中。例如，将采集到的数据在屏幕上显示出来，以便观察 A/D 转换的结果是否正确；又如，将前端机采集的数据生成数据文件，再传输到上位机去进行加工等。

9.3.4 A/D 转换器接口设计需考虑的问题

从上述 ADC 接口的任务和方法可以得出，在分析和设计一个 ADC 接口（包括硬件电路与软件编程）时，可以从以下几个问题入手。

（1）ADC 的模拟量输入是否是多通道？是，则需选择通道号，应提供通道选择线；不是，则不做处理。

（2）ADC 的分辨率是否大于系统数据总线宽度？是，则要分两次传输，故需增加锁存器，并提供锁存器选通信号；不是，则不做处理。

（3）ADC 芯片内部是否有三态输出锁存器？无，则 ADC 的数据线不能与系统的数据线直接连接，故需增加三态锁存器，并提供锁存允许信号；有，则不做处理。

（4）ADC 的启动方式是脉冲触发还是电平触发？是脉冲，则提供脉冲信号；是电平，则提供电平信号，并保持到转换结束。

（5）A/D 转换的数据采用哪种传输方式？有无条件传输、查询方式、中断方式和 DMA 等多种方式。传输的方式不同，接口的硬件组成和软件编程就不同。

（6）对 A/D 转换的数据进行什么样的处理？有显示、打印、生成文件存盘、远距离传输等多种处理。

（7）ADC 接口电路由什么元器件组成？有普通 IC 芯片、可编程并行口芯片、GAL 器件等多种选择。

前面 4 项是由接口对象 ADC 决定的（可从芯片手册中查到），用户无法改变，只能按照它的要求在设计中给予满足。后面 3 项是可以改变的，设计者应根据设计目标灵活选用。

下面举例说明几种不同数据交换方式的 A/D 转换器接口设计。

9.4　查询方式的 ADC 接口电路设计

例 9.1　查询方式的 ADC 接口电路设计。

1．要求

利用 ADC0804 采集 100 个字节数据，采集的数据以查询方式传输到内存 BUFR 区。接口电路采用普通 IC 芯片组成。

2．分析

ADC0804 是单个模拟量输入，故不提供通道选择信号。ADC0804 的分辨率为 8 位，并具有三态输出锁存器，故可与系统数据总线直接相连。ADC0804 的启动方式为脉冲启动，当它的输入引脚 $\overline{CS}$ 和 $\overline{WR}$ 两个信号同时有效时，就开始转换。转换结束信号是 $\overline{INTR}$，当 $\overline{INTR}$=0 时，表示转换结束。

数据传输方式为查询方式，故需将转换结束状态信号作为查询的对象。

3．设计

（1）硬件设计

由以上分析可知，本接口电路的任务是提供转换启动信号和获取转换结束状态信号，以及输入 8 位数据的通路。为此，要设计端口地址译码电路，产生 $\overline{CS}$，并由 $\overline{CS}$ 和 $\overline{WR}$ 共同组成启动信号。同时，还要设置一个三态门，将转换结束信号 $\overline{INTR}$ 引到数据线的某一位（如 D_7）上，以便 CPU 读取状态。而转换器的 8 位数据线直接与系统数据线连接。接口电路原理如图 9.1 所示。

（2）软件设计

本例的程序流程图如图 9.2 所示。由于是单通道，且采用普通 IC 芯片组成接口电路，故在流程图中未出现通道选择和初始化模块。

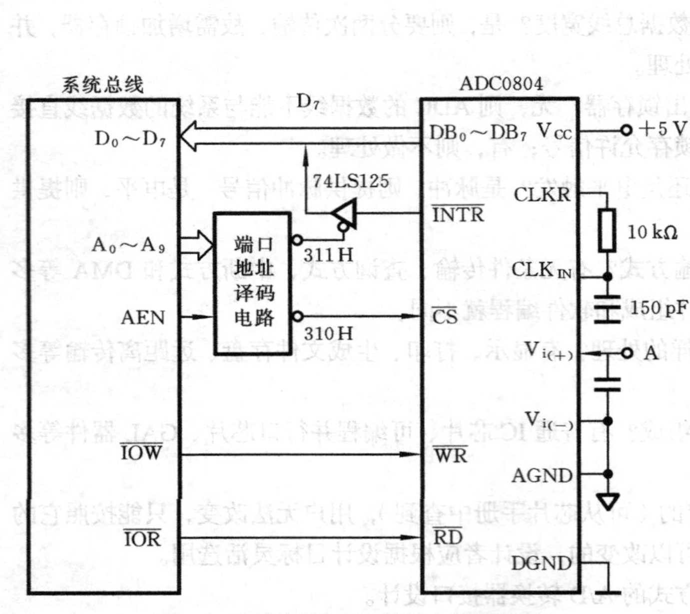

图 9.1　查询方式 ADC 接口电路原理图

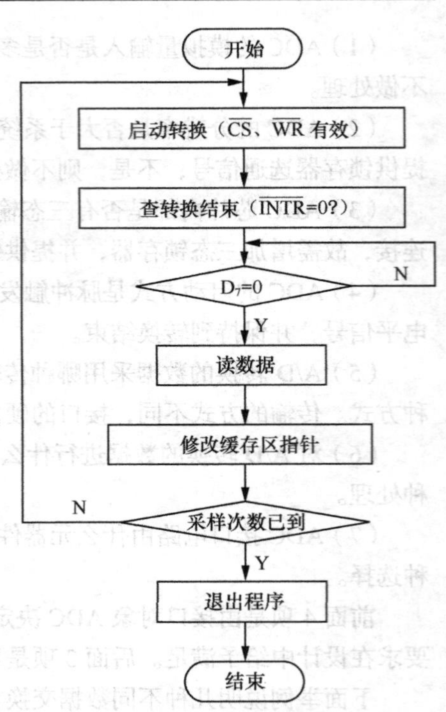

图 9.2　查询方式数据采集程序流程

查询方式数据采集汇编语言程序段如下。

```
SSTACK SEGMENT
       DB 256 DUP (0)
SSTACK ENDS
DATA SEGMENT
  START_P EQU 310H                 ;转换启动端口(写)
  STATE_P EQU 311H                 ;状态端口
  DATA_P  EQU 310H                 ;数据端口(读)
  BUFR DB 100 (0)                  ;数据缓冲区
DATA  ENDS
CODE SEGMENT
    ASSUMECS: CODE, DS: DATA, SS: SSTACK
BEGIN: MOV SI,OFFSET BUFR          ;缓冲区指针
       MOV CX,100                  ;采样次数
       ;启动转换
START: MOV AL,00H                  ;可以是其他值(假写)
       OUT START_P,AL              ;使CS和WR同时有效
       ;查转换结束
WAIT1: IN AL,STATE_P
       AND AL,80H                  ;查转换是否结束, INTR =0
       JNZ WAIT1                   ;未结束, 等待;已结束, 读数据
       ;读数据
       IN  AL, DATA_P
       MOV [SI],AL                 ;数据传输到BUFR区
       INC SI                      ;缓冲区地址加1
       DEC CX                      ;采样次数减1
       JNZ START                   ;未完, 继续启动
       MOV AX,4C00H                ;已完, 退出
       INT21H
CODE ENDS
    END BEGIN
```

//查询方式数据采集 C 语言程序段如下。

```
#define START_P   0x310
#define STATE_P   0x311
#define DATA_P    0x310
unsigned char buf[100];                          //数据缓冲区
void main()
{
    unsigned char i;
    outportb(START_P,0x00);                      //启动转换，使CS和WR同时有效
    for(i=0;i<100;i++)
    {
        while(inportb(STATE_P)&0x80!=0x00);//查转换是否结束， INTR =0
        buf[i]=inportb(DATA_P);                  //数据传输到 BUFR 区
    }
}
```

4. 讨论

（1）本程序是一个典型的循环结构，说明 A/D 转换数据采集程序的基本结构是循环程序结构。

（2）ADC0804 的转换启动信号是由系统的 $\overline{IOW}$ 信号与片选信号 $\overline{CS}$ 共同组成的。当系统完成对芯片的写操作时，也就产生了转换启动的脉冲信号。这个脉冲信号只与 $\overline{IOW}$ 及地址信号 $\overline{CS}$ 有关，而与写入的数据无关。这意味着不论写什么数据都可以产生转换启动脉冲信号。这种写操作称为假写。假写操作又叫软命令，实际应用中很常见，在前面 6.4.2 节 DMA 控制器编程模型中有 3 个软命令，在后面 10.4.2 节键盘/LED 接口芯片 82C79A 中至少有 3 个软命令。

9.5　中断方式的 ADC 接口电路设计

例 9.2　中断方式的 ADC 接口电路设计。

1. 要求

采用 ADC0809，从通道 7 采集 100 个字节数据，采集的数据以中断方式传输到内存缓冲区，并将转换结束信号 EOC 连到 IRQ_4 上，请求中断。

2. 分析

要实现上述设计要求，至少有 3 个方面的问题需要考虑：被控对象 ADC0809 的外部特性、接口电路结构形式及中断处理。下面分别进行分析。

（1）ADC0809 的外部特性

ADC0809 的外部引脚和内部逻辑分别如图 9.3 和图 9.4 所示。

ADC0809 的外部引脚是接口硬件设计的依据，下面结合 ADC0809 的时序（见图 9.5），来分析各引脚信号的功能及逻辑定义。

ADC0809 有 8 个模拟量输入端（IN_0～IN_7），相应设置 3 根模拟量通道地址线（ADD_A～ADD_C）用以编码来选择 8 个模拟量输入通道。并且还设置 1 根通道地址锁存允许信号 ALE，高电平有效。当选择通道地址时，需使 ALE 变高，锁存由 ADD_A～ADD_C 编码所选中的通道号，将该通道的模拟量接入 ADC。

ADC0809 的分辨为 8，有 8 根数字量输出线（D_7～D_0），带有三态输出锁存缓冲器。并设置了 1 根数据输出允许信号 OE，高电平有效。当读数据时，要使 OE 置高，打开三态输出缓冲器，把转换的数字量送到数据线上。

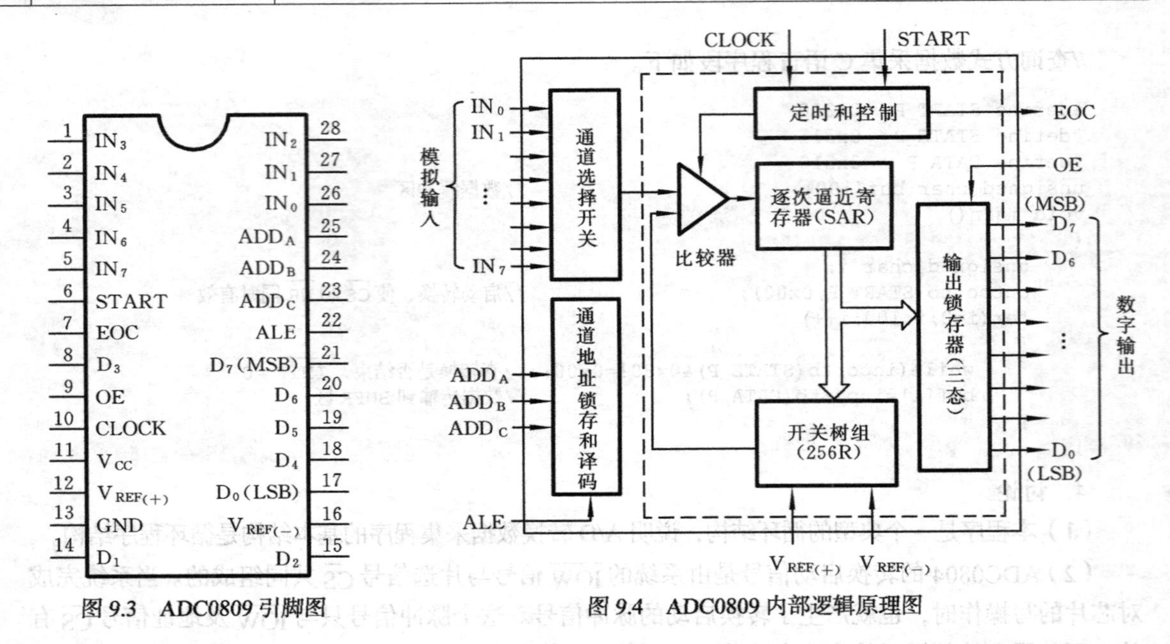

图 9.3　ADC0809 引脚图　　　　图 9.4　ADC0809 内部逻辑原理图

ADC0809 的转换启动信号是 START，高电平有效。转换结束信号为 EOC，转换过程中为低电平，转换完毕变为高电平，可利用 EOC 的上升沿申请中断，或做查询之用。

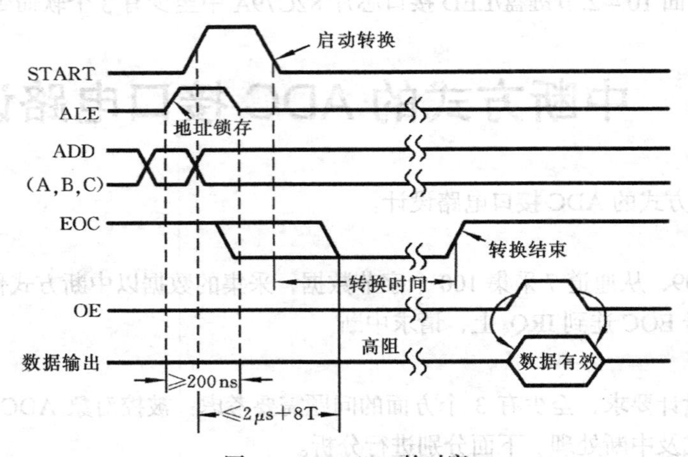

图 9.5　ADC0809 的时序

ADC0809 的时序如图 9.5 所示。ADC0809 的时序是接口软件编程的依据。从图 9.5 中可以看出，要启动转换应该是先通过 ADD 引脚选择通道号后，使 ALE 和 START 引脚都为高电平；要读取数据应该是等待转换结束信号线 EOC 变高电平后，在 OE 引脚加高电平，才能从数据线上读取数据。

（2）接口电路结构形式

接口电路采用可编程并行接口芯片 82C55A，并把转换结束信号 EOC 连到系统总线的 IRQ_4 上，实现中断传送。

（3）中断处理

由于本例是利用系统的中断资源，故不需要进行中断系统的硬件设计和 82C59A 的初始化，只需做以下两件事。

① 中断向量的修改：修改的对象是 IRQ_4 的中断向量，修改的步骤和方法见第 5.9.1 节。

② 对 82C59A 两个命令的使用：在主程序中用命令 OCW_1 屏蔽/开放 IRQ_4 的中断请求；在服务程序中返回主程序之前，用 OCW_2 发中断结束 EOI，清除 IRQ_4 在中断控制器内部 ISR 寄存器中置 1 的位。

3. 设计

（1）硬件设计

根据上述分析可知，本接口电路要提供 ADC0809 模拟量通道号选择信号、启动转换信号、读数据允许信号。这些信号都可由 82C55A 接口芯片实现。而 EOC 的中断请求直接连到系统总线的 IRQ_4 上。接口电路如图 9.6 所示。图中 82C55A 的 PA 口作为通道选择信号，PC7 作为启动信号，PC6 作为读数据允许信号。

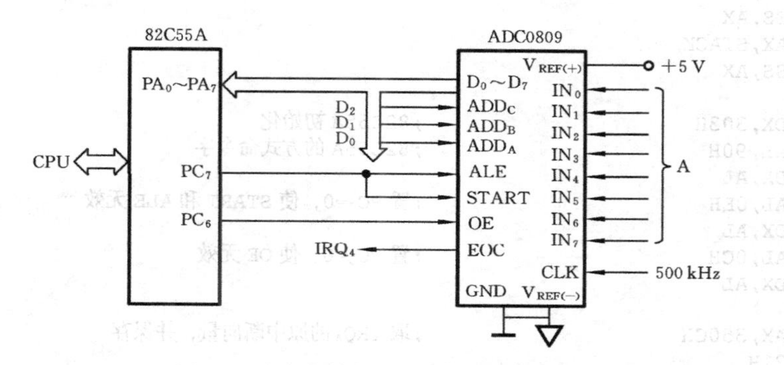

图 9.6 中断方式的 ADC 接口电路原理

（2）软件设计

本例的程序流程图如图 9.7 所示。整个程序分主程序和中断服务程序两部分。

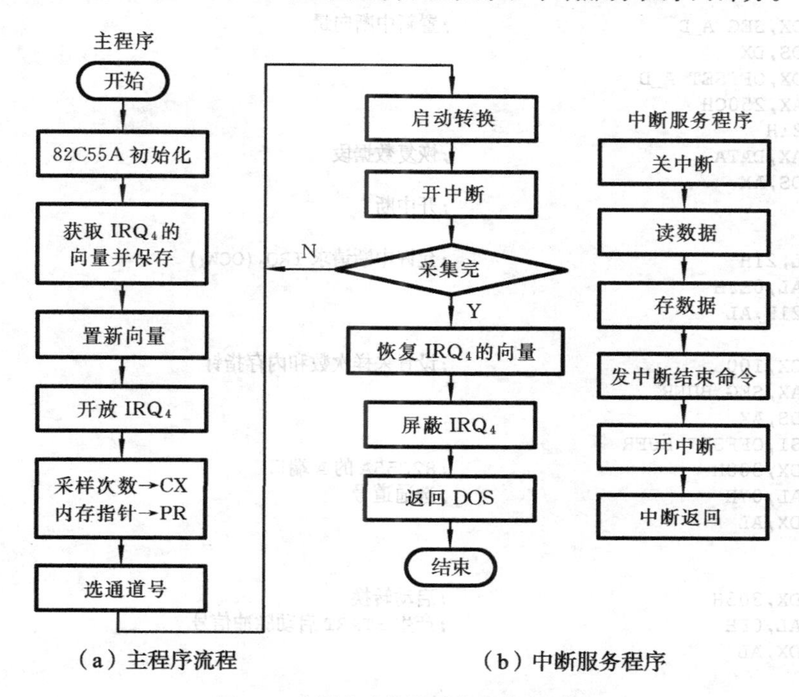

图 9.7 中断方式数据采集程序流程图

中断方式数据采集汇编语言程序段如下。

```
STACK SEGMENT PARA'STACK'
      DW 256 DUP(?)
STACK ENDS
DATA SEGMENT PARA'DATA'
   OLD_OFF DW ?                    ;设置存放原中断向量的存储单元的偏移地址
   OLD_SEG DW ?                    ;设置存放原中断向量的存储单元的基地址
   BUFR DB 100 DUP(0)              ;设置存放所采集的数据的存储区
DATA ENDS
;主程序
CODE SEGMENT
ASSUME CS:CODE,DS:DATA, ES:DATA, SS:STACK
ADC_START:
   MOV AX,DATA
   MOV DS,AX
   MOV ES,AX
   MOV AX,STACK
   MOV SS,AX

   MOV DX,303H                     ;82C55A初始化
   MOV AL,90H                      ;82C55A的方式命令字
   OUT DX,AL
   MOV AL,0EH                      ;置PC7=0，使START和ALE无效
   OUT DX,AL
   MOV AL,0CH                      ;置PC6=0，使OE无效
   OUT DX,AL

   MOV AX,350CH                    ;取IRQ4的原中断向量，并保存
   INT 21H
   MOV OLD_OFF,BX
   MOV BX,ES
   MOV OLD_SEG,BX

   CLI
   MOV DX,SEG A_D                  ;置新中断向量
   MOV DS,DX
   MOV DX,OFFSET A_D
   MOV AX,250CH
   INT 21H
   MOV AX,DATA                     ;恢复数据段
   MOV DS,AX
   STI                             ;开中断

   IN AL,21H                       ;允许中断请求IRQ4(OCW1)
   AND AL,0EFH
   OUT 21H,AL

   MOV CX,100                      ;设置采样次数和内存指针
   MOV AX,SEG BUFR
   MOV DS,AX
   MOV SI,OFFSET BUFR
   MOV DX,300H                     ;82C55A的A端口
   MOV AL,07H                      ;选通道号
   OUT DX,AL

BEGIN:
   MOV DX,303H                     ;启动转换
   MOV AL,0FH                      ;产生START启动脉冲信号
   OUT DX,AL
   NOP
   NOP
   MOV AL,0EH
```

```
      OUT DX,AL

      STI                                   ;开中断
      HLT                                   ;等待中断
      DEC CX                                ;修改采样次数
      JNZ BEGIN                             ;未完，继续启动

      CLI                                   ;关中断
      MOV AX,250CH                          ;已完，恢复 IRQ4原中断向量
      MOV DX,OLD_SEG
      MOV DS,DX
      MOV DX,OLD_OFF
      INT 21H
      MOV AX,DATA                           ;恢复数据段
      MOV DS,AX
      STI                                   ;开中断

      IN AL,21H
      OR AL,10H                             ;屏蔽中断请求 IRQ4
      OUT 21H,AL

      MOV AX,4C00H                          ;返回 DOS
      INT 21H

;中断服务程序
A_D PROC FAR
      PUSH AX                               ;寄存器进栈
      PUSH DX
      PUSH SI
      CLI                                   ;关中断
      MOV DX,303H                           ;产生 OE 信号，打开三态锁存器，准备输出
      MOV AL,0DH
      OUT DX,AL
      NOP
      NOP
      MOV AL,0CH
      OUT DX,AL

      MOV DX,300H                           ;CPU 从 82C55A 的 A 端口读数据
      IN AL,DX
      NOP
      MOV BYTE PRT [SI],AL                  ;存数据
      INC SI                                ;内存加 1
      MOV AL,20H                            ;发中断结束命令 EOI，中断结束
      OUT 20H,AL
      POP SI                                ;寄存器出栈
      POP DX
      POP AX
      STI                                   ;开中断
      IRET                                  ;中断返回
A_D ENDP
CODE ENDS
      END ADC_START
```

//中断方式数据采集 C 语言程序段如下。

```
#include <stdio.h>
#include <dos.h>
#include <conio.h>
void interrupt (*oldhandler)();
void interrupt newhandler();
unsigned char n;
```

```
unsigned char buf[100];
void main()
{
    unsigned char tmp;
n=99;
    outportb(0x303,0x90);          //82C55A的方式命令字
    outportb(0x303,0x0e);          //置PC7=0，使START和ALE无效
    outportb(0x303,0x0c);          //置PC6=0，使OE无效
    oldhandler=getvect(0x0c);      //取IRQ4的原中断向量，并保存
    disable();                     //关中断
    tmp=inportb(0x21);
    tmp&&0xe;
    outportb(0x21,tmp);            //允许中断请求IRQ4
    setvect(0x0c,newhandler);      //置新中断向量
    enable();                      //开中断
    outportb(0x300,0x07);          //选择通道号
    outportb(0x303,0x0f);          //产生START启动脉冲信号
    delay(10);
    outportb(0x303,0x0e);
    while(n);                      //等待中断
    disable();                     //关中断
    setvect(0x0c,oldhandler);      //恢复原中断向量
    tmp=inportb(0x21);
    tmp||0x10;
    outportb(0x21,tmp);            //屏蔽中断请求IRQ4
}
void interrupt newhandler()
{
    disable();
    outportb(0x303,0x0d);          //产生OE信号，打开三态锁存器，准备输出
    delay(1);
    outportb(0x303,0x0c);
    buf[99-n]=inportb(0x300);      //读数据
    outportb(0x20,0x20);           //发中断结束命令EOI，中断结束
}
```

4. 讨论

（1）如果要求将中断请求改为 IEQ_9，则数据采集程序在哪些部分需要修改？如何修改？

（2）多通道 ADC 的通道地址选择线有两种：一是采用系统的地址线，二是采用系统的数据线。本例是使用系统数据线的低3位 $D_2D_1D_0$，分别连到ADC0809的3根通道地址线选择线 ADD_C～ADD_A 上。

9.6 DMA方式的ADC接口电路设计

例 9.3 DMA方式的ADC接口电路设计。

1. 要求

8位ADC共采集4KB数据，采集的数据用DMA方式送到从30400H单元开始的内存保存，以待处理，内存地址以加1方式递增。使用DMAC 82C37的通道1，采用单一的传输方式。

2. 分析与设计

采用DMA方式的数据采集系统电路如图9.8所示。

该电路包括ADC、采样保持器S/H、A/D转换启动逻辑 U_1、DMA申请寄存器 U_2 及DMA回答信号 $\overline{DACK}_1$ 逻辑等部分。DMA控制器82C37A未在图9.8中画出，只在图9.8的左侧画出了

它的部分信号线。图中使用 82C37A 的通道 1，其工作过程如下。

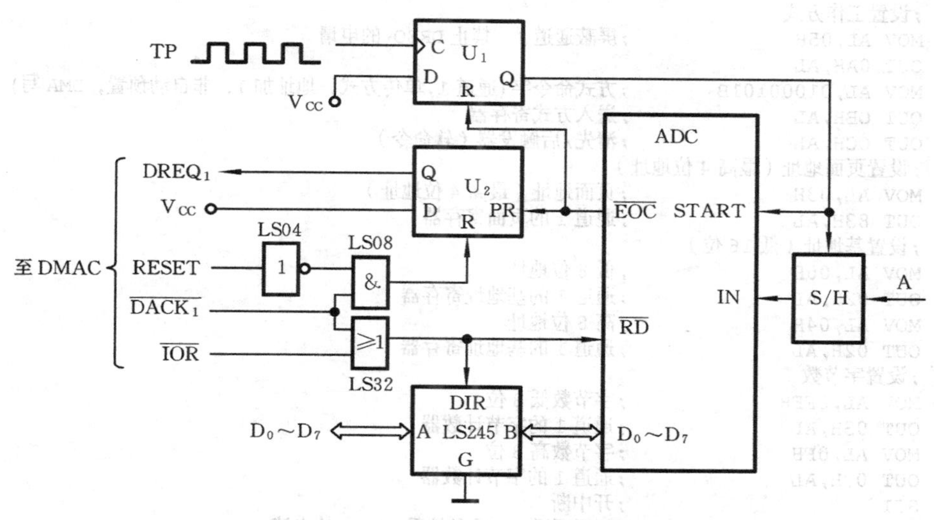

图 9.8　DMA 方式的 ADC 接口原理图

A/D 转换启动逻辑 U_1 在定时脉冲 TP 到来时，U_1 输出高电平（U_1 的 Q 端变高），使采样保持器 S/H 处于保持状态（加高电平，进入保持；加低电平，进入采样），并同时启动 A/D 转换（START=1，开始转换）。当 A/D 转换结束后，转换结束信号 $\overline{EOC}$ 使 U_2 置位（U_2 的 Q 端变高），因而产生 DMA 请求信号 $DREQ_1$，送到 82C37A，请求 DMA 传输。转换结束信号 $\overline{EOC}$ 同时还清除启动逻辑（U_1 的 Q 端变低），并使采样保持器处于采样状态，准备下一次采集。

DMA 控制器 82C37A 收到请求信号 $DREQ_1$ 之后，向 CPU 申请总线控制权，获得同意后，它再向 ADC 发 DMA 请求回答信号 $\overline{DACK}_1$。这个回答信号 $\overline{DACK}_1$ 一方面与 82C37A 发出的 $\overline{IOR}$ 信号相或后送到 ADC 的 $\overline{RD}$ 线上，将转换结果读到数据总线，然后，82C37A 再发 $\overline{MEMW}$ 信号（图中未画出），将数据线上的数据写入指定的内存单元；另一方面 $\overline{DACK}_1$ 使 DMA 申请寄存器 U_2 复位，撤除 DMA 请求 $DREQ_1$，释放总线，以便进行下一次 DMA 传输。

这样，在定时脉冲 TP 作用下，不断地启动 A/D 转换，转换结果在 82C37A 控制下，不断高速地传输到内存，直到全部数据采集完毕。设计时，要注意定时脉冲 TP 输出的间隔时间应大于 ADC 的转换时间。定时脉冲可采用 82C54A 定时/计数器来产生，图 9.8 中未画出。

3. DMAC 传输参数的设置

从 6.6 节用户对系统 DMA 资源的应用可知，由于系统的 DMA 控制器初始化已经被系统在上电时设置好了，用户要做的仅是设置相关的 DMA 传输参数，然后等待 A/D 转换器申请 DMA 传送。对传输参数的设置可参考 6.6.1 节的内容进行。

另外，在传送开始之前，还要填写页面地址寄存器，将高于 16 位以上的地址写入页面地址寄存器。例如，假设传送的内存首地址是 32000H，则页面寄存器的内容为 3，基地址寄存器中内容为 2000H。如果寻址范围不超过 16 位地址，则可不使用写页面地址寄存器。本例根据题意，需要启用通道 1 的页面地址寄存器。

根据上述分析，以 82C37A 的通道 1 为例，编写本例所要求的 DMA 传输参数设定程序。DMA 方式数据采集程序中的 DMA 传输参数设置程序用汇编语言和 C 语言编写。

数据采集中 DMA 传输参数设置的汇编语言程序段如下。

```
ADC_SETUP PROC NEAR
    CLI                       ;关中断
    ;设置工作方式
    MOV AL,05H                ;屏蔽通道 1, 禁止 DREQ1 的申请
    OUT 0AH,AL
    MOV AL,01000101B          ;方式命令字(通道 1,单传方式, 地址加 1, 非自动预置, DMA 写)
    OUT 0BH,AL                ;送入方式寄存器
    OUT 0CH,AL                ;清先/后触发器(软命令)
    ;设置页面地址(最高 4 位地址)
    MOV AL,03H                ;页面地址(最高 4 位地址)
    OUT 83H,AL                ;通道 1 的页面寄存器
    ;设置基地址(低 16 位)
    MOV AL,00H                ;低 8 位地址
    OUT 02H,AL                ;通道 1 的基地址寄存器
    MOV AL,04H                ;高 8 位地址
    OUT 02H,AL                ;通道 1 的基地址寄存器
    ;设置字节数
    MOV AL,0FFH               ;字节数低 8 位
    OUT 03H,AL                ;通道 1 的字节计数器
    MOV AL,0FH                ;字节数高 8 位
    OUT 03H,AL                ;通道 1 的字节计数器
    STI                       ;开中断
    MOV AL,01H                ;开通通道 1, 准备接受 DREQ1 的申请
    OUT 0AH,AL
    RET
ADC_SETUP ENDP
```

//数据采集中 DMA 传输参数设置的 C 语言程序段如下。

```
void ADC_Setup()
{
    disable();                      //关中断
    outportb(0x0a,0x05);            //屏蔽通道 1, 禁止 DREQ1 申请
    outportb(0x0b,0x45);            //工作方式字: 单传方式, 地址加 1, 非自动预置, DMA 写, 通道
    outportb(0x0c,0x45);            //清先/后触发器(软命令)

    //设置页面地址(最高 4 位地址)
    outportb(0x83,0x03);            //页面地址(最高 4 位地址)
    //设置基地址(低 16 位)
    outportb(0x02,0x00);            //低 8 位地址
    outportb(0x02,0x04);            //高 8 位地址
    //设置字节数
    outportb(0x03,0x0ff);           //字节数低 8 位
    outportb(0x03,0x0f);            //字节数高 8 位
    enable();                       //开中断
    outportb(0x0a,0x01);            //开通通道 1, 允许 DREQ1 申请
}
```

以上程序可作为数据采集系统的一个子程序供主程序调用。主程序应包括 A/D 转换定时启动等部分，此处不再列出。

9.7 D/A 转换器

9.7.1 D/A 转换器的主要技术指标

1. 分辨率

D/A 转换器(DAC)的分辨率是指 DAC 能够把多少位二进制数转换成模拟量。例如，DAC0832

能够把 8 位二进制数转换成电流，故 DAC0832 的分辨率是 8 位；AD390 能够把 12 位二进制数转换成电压，故 AD390 的分辨率是 12 位。分辨率体现在 DAC 的数据输入线的宽度上，因此，不同的分辨率将影响 DAC 与 CPU 的数据线连接。当分辨率大于数据总线宽度时，数据分几次传输，需增加附加电路（缓冲寄存器）。

2. 转换时间

转换时间是指数字量从输入到 DAC 开始至完成转换，模拟量输出达到最终值所需的时间。DAC 的转换时间很快，一般为 μs 级和 ns 级，比 ADC 要快得多。

9.7.2　D/A 转换器的外部特性

DAC 的外部引脚信号线包括：

（1）数字信号输入线；

（2）模拟信号输出线；

（3）$\overline{CS}$ 信号线和 $\overline{WR}$（或 $\overline{WR_1}$，$\overline{WR_2}$）信号线（用于将数字量打入 DAC 转换器）；

（4）数据输入锁存控制线；

（5）模拟量输出通道地址线。

其中，前 3 种信号线是 DAC 的基本信号线，后 2 种是附加信号线。附加信号线有时也集成在 DAC 芯片内部。

若 DAC 芯片内部设置了三态输入锁存器，则在外部就有输入锁存允许信号线。有的芯片（如 DAC0832）设置了两级输入锁存器，相应地在外部就有两级输入锁存允许信号线。如果有的芯片（如 AD390）设置了输出模拟量开关，则在外部就有模拟量输出通道地址选择信号。

另外，在 DAC 的外部信号线中，没有像 ADC 那样专门的“转换启动”信号线，也没有“转换结束”信号线。

9.8　D/A 转换器接口设计的任务与方法

9.8.1　D/A 转换器与 CPU 的连接

DAC 与 ADC 的操作不同，首先，DAC 工作时，只要 CPU 把数据送到它的输入端，写入 DAC，DAC 就开始转换，而不需设置专门的启动信号去触发转换开始；其次，DAC 也不提供转换结束之类的状态信号，所以 CPU 向 DAC 传输数据时，也不必查询 DAC 的状态，只要两次传输数据之间的间隔不小于 DAC 的转换时间，就能得到正确结果。正因为 DAC 不设专门的转换启动信号线和转换结束信号线，使接口对 DAC 的信号线减少，连接也就更简单。

所以，接口中除了设置数据线之外，如果 DAC 芯片不带三态输入锁存器或者带有三态锁存器但分辨率大于数据总线的宽度，则需要增加附加的锁存缓冲器。为此，接口要提供一些对锁存器的锁存控制信号。

9.8.2　D/A 转换器与 CPU 之间的数据交换方式

D/A 转换器与 CPU 交换数据的方式很单一，既不用查询，也不用中断，更不用 DMA 方式，是采用无条件方式与 CPU 交换数据，因此软件编程很简单，其主要工作是向 DAC 写数据和解决

CPU 与 DAC 之间的数据缓冲问题。

9.8.3 D/A 转换器接口设计需考虑的问题

分析与设计 DAC 接口，可从以下几个方面入手。

（1）DAC 的分辨率是否大于系统数据总线的宽度？是，则要分两次传输，故需增加锁存器，并提供锁存选通信号；不是，则不做处理。

（2）DAC 芯片内部是否有三态输入锁存器？无，则数据线不能与系统的 DB 直接连接，故需增加三态输入锁存器，并提供锁存允许信号；有，则不做处理。

（3）DAC 的模拟量输出是否是多通道？是，则需选择通道号，并提供选择线；不是，则不做处理。

（4）DAC 的启动方式，只有脉冲触发一种。DAC 不设专门的转换启动信号，是利用 $\overline{CS}$ 和 $\overline{IOW}$ 共同进行假写操作，来实现脉冲启动的。

（5）DAC 的数据传输方式，只有无条件传输一种。

（6）DAC 接口电路采用什么元器件组成？有普通 IC 芯片、可编程并行口芯片、GAL 器件等多种选择。

9.9 锯齿波三角波发生器接口电路设计

例 9.4 DAC0832 接口电路设计。

1. 要求

通过 DAC0832 产生锯齿波和三角波，按任意键，停止波形输出。

2. 分析

因为被连的对象是 DAC0832，故首先分析 DAC0832 的连接特性及工作方式。然后根据外部连接特性及工作方式进行接口设计。

（1）外部特性

DAC0832 是分辨率为 8 位的乘法型 DAC，芯片内部带有两级缓冲寄存器，它的内部结构和外部引脚如图 9.9 所示。

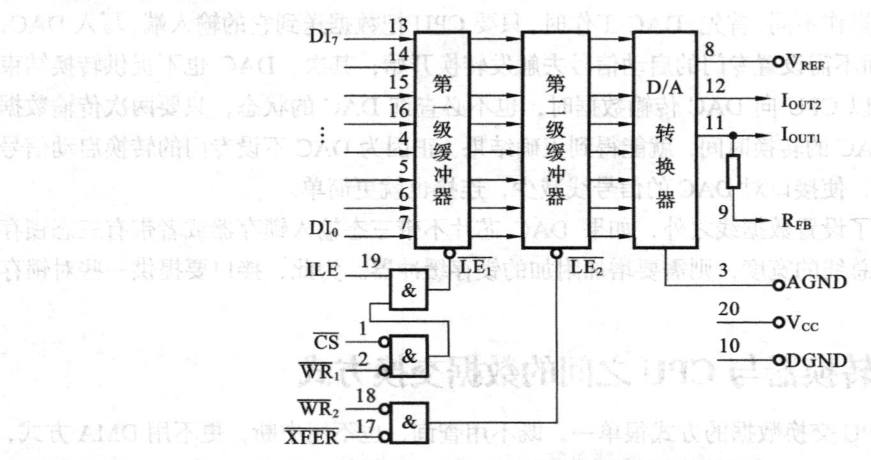

图 9.9 DAC 0832 的内部结构和外部引脚

图 9.9 中有两个独立的缓冲器，要转换的数据先送到第一级缓冲器，但不进行转换，只有数据送到第二级缓冲器时才能开始转换，因而称为双缓冲。为此，设置了 5 个信号控制这两个锁存器进行数据的锁存。其中，ILE（输入锁存允许）、$\overline{CS}$（片选）和 $\overline{WR_1}$（写信号 1）3 个信号组合控制第一级缓冲器的锁存，$\overline{WR_2}$（写信号 2）和 $\overline{XFER}$（传递控制）两个信号组合控制第二级缓冲寄存器的锁存。

对于锁存控制信号 $\overline{LE_1}$ 和 $\overline{LE_2}$，当 $\overline{LE_1}$（$\overline{LE_2}$）=1 时，不锁存；当 $\overline{LE_1}$（$\overline{LE_2}$）=0 时，进行锁存。因此当 ILE 端为高电平，并且 CPU 执行 OUT 指令时，则 $\overline{CS}$ 与 $\overline{WR_1}$ 同时为低电平，使得 $\overline{LE_1}$=1，8 位数据送到第一级缓冲器；只有当 CPU 写操作完毕，$\overline{CS}$ 和 $\overline{WR_1}$ 都变高电平时，才能使 $\overline{LE_1}$=0，对输入数据锁存，实现第一级缓冲。同理，当 $\overline{XFER}$ 与 $\overline{WR_2}$ 同时为低电平时，使得 $\overline{LE_2}$=1，第一级缓冲的数据送到第二级缓冲器；当 $\overline{XFER}$ 和 $\overline{WR_2}$ 上升沿使 LE_2=0 时，将这个数据锁存在第二级缓冲器中，实现第二级缓冲，并开始转换。

DAC0832 最适合要求多片 D/A 转换器同时进行转换的系统，此时，需要把各片的 $\overline{XFER}$ 和 $\overline{WR_2}$ 连在一起，作为公共控制点，并且分两步操作。首先，利用各芯片的 $\overline{CS}$ 与 $\overline{WR_1}$ 先单独将不同的数据分别锁存到每片 DAC0832 的第一级缓冲器中。然后，在公共控制点上，同时触发，即在 $\overline{XFER}$ 与 $\overline{WR_2}$ 同时变为低电平时，就会把各个第一级缓冲器的数据传送到对应的第二级缓冲器，使多个 DAC0832 芯片同时开始转换，实现多点并发控制。

DAC0832 工作的时序关系如图 9.10 所示。图中数据 1 和数据 2 分别用 $\overline{CS_1}$ 和 $\overline{CS_2}$ 锁存到两个 DAC0832 的第一级缓冲器中，最后用 $\overline{XFER}$ 信号的上升沿将它们同时锁存到各自的第二级缓冲器，开始 D/A 转换。

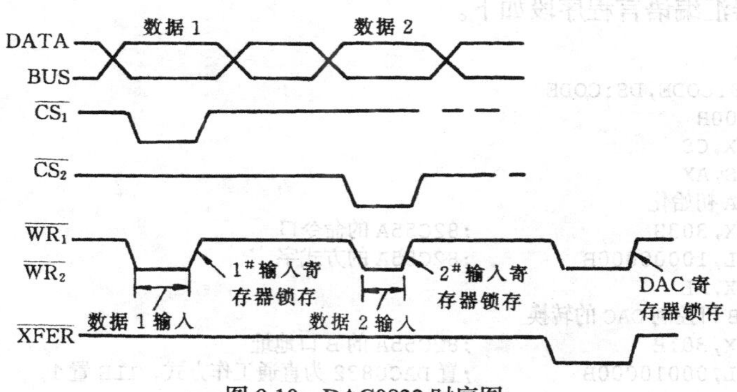

图 9.10　DAC0832 时序图

（2）DAC0832 的工作方式

DAC0832 有单缓冲、双缓冲和直通 3 种工作方式。

- 直通就是不进行缓冲，CPU 送来的数字量直接送到第二级缓冲器，并开始转换。此时，ILE 端加高电平，其他控制信号都接低电平。
- 单缓冲是只进行一级缓冲，具体可用第一组或第二组控制信号对第一级或第二级缓冲器进行控制。
- 双缓冲是进行两级缓冲，用两组控制信号分别进行控制。一般用于多片 DAC0832 同时开始转换。

3. 设计

（1）硬件设计

采用 82C55A 作为 DAC 与 CPU 之间的接口芯片，并把 82C55A 的 A 口作为数据输出，而 B

口的 PB_0～PB_4 这 5 根线作为控制信号来控制 DAC0832 的工作方式及转换操作，如图 9.11 所示。

（2）软件编程

根据设计要求产生连续的锯齿波，可知本例的 D/A 转换程序是一个循环结构，其程序流程图如图 9.12 所示。

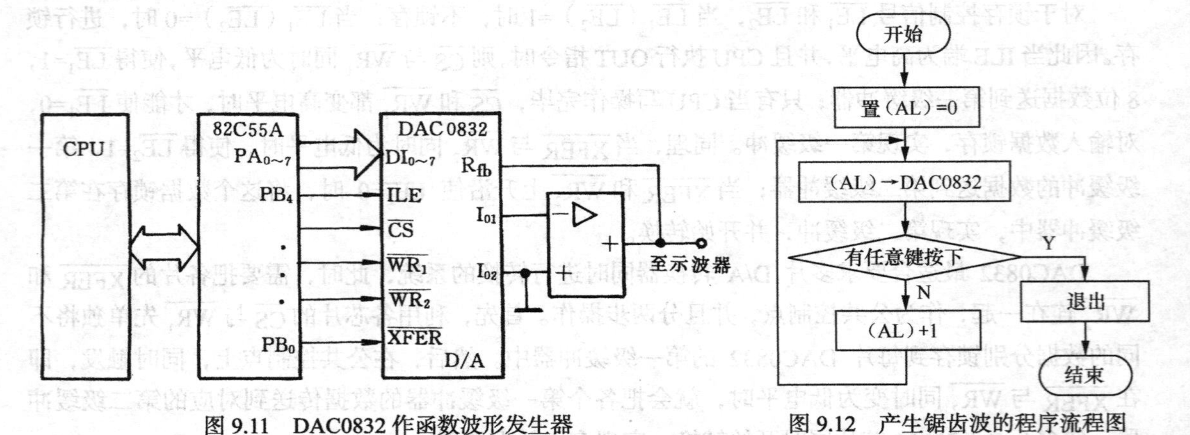

图 9.11　DAC0832 作函数波形发生器　　　图 9.12　产生锯齿波的程序流程图

若把 DAC0832 的输出端接到示波器的 Y 轴输入，运行下面的程序，便可在示波器上看到连续的锯齿波波形。

① 锯齿波发生器程序段

锯齿波发生器汇编语言程序段如下。

```
CODE SEGMENT
    ASSUME CS:CODE,DS:CODE
        ORG 100H
START: MOV AX,CS
        MOV DS,AX
        ;8255A 初始化
        MOV DX,303H                 ;82C55A 的命令口
        MOV AL,10000000B            ;82C55A 的方式字
        OUT DX,AL
        ;指派 B 口控制 DAC 的转换
        MOV DX,301H                 ;82C55A 的 B 口地址
        MOV AL,00010000B            ;置 DAC0832 为直通工作方式，ILE 置 1,
                                    ;CS、WR1、WR2、XFER 均置为 0
        OUT DX,AL
        ;生成锯齿波的循环
          MOV AL,0H                 ;输出数据从 0 开始
    LOP: MOV DX,300H                ;82C55A 的 A 口地址
          OUT DX,AL                 ;AL 的值送 DAC0832
          MOV BL,AL                 ;保存 AL→BL
          MOV AH,0BH                ;检查是否有任意键按下
          INT 21H
          CMP AL,0FFH
          JE STOP                   ;有，则停止输出波形
          MOV AL,BL                 ;无，恢复 AL 的值
          INC AL                    ;AL 加 1
          JMP LOP                   ;继续循环输出波形
    STOP:MOV AX,4C00H               ;退出
          INT 21H
CODE ENDS
    END START
```

//锯齿波发生器 C 语言程序段如下。

```
#include <conio.h>
#include <dos.h>
void main()
{
    unsigned char i=0;
    outportb(0x303,0x80);       //82C55A 的方式字
    outportb(0x301,0x10);       //置 DAC0832 为直通工作方式，ILE 置 1，
                                //CS、WR1、WR2、XFER 均置为 0

    //生成锯齿波的循环
    while(!kbhit())
    {
        outportb(0x300,i);
        i++;
    }
}
```

若要求产生三角波，则程序只需将生成锯齿波的循环修改为生成三角波的循环，程序的其他部分保持不变。

② 三角波发生器程序段

三角波发生器的汇编语言程序段如下。

```
        ⋮
    MOV DX,300H                 ;82C55A 的 A 口地址
    MOV AL,0H                   ;输出数据从 0 开始
L1: OUT DX,AL
    MOV BL,AL                   ;保存 AL→BL
    MOV AH,0BH                  ;检查是否有任意键按下
    INT 21H
    CMP AL,0FFH
    JE STOP                     ;有任意键按下，则停止输出波形
    MOV AL,BL                   ;无，恢复 AL 的值
    INC AL                      ;AL 加 1
    JNZ L1                      ;AL 是否加满，未满，继续
    MOV AL,0FFH                 ;已满，AL 置全 1
L2: OUT DX,AL
    MOV BL,AL                   ;保存 AL→BL
    MOV AH,0BH                  ;检查是否有任意键按下
    INT 21H
    CMP AL,0FFH
    JE STOP                     ;有，则停止输出波形
    MOV AL,BL
    DEC AL                      ;输出数据减 1
    JNZ L2                      ;AL 是否减到 0，不为 0，继续
    JMP L1                      ;为 0，AL 加 1
STOP: MOV AX,4C00H
INT 21H
  ⋮
```

//三角波发生器 C 语言程序段如下。

```
⋮
unsigned char i=0;
while(1)
{
    for(i=0;i<256;i++)
    {
        outportb(0x300,i)               //输出数据从 0 开始
        if(kbhit())                     //检查是否有任意键按下
            return;
```

```
        }
        for(i=255;i>=0;i--)
        {
            outportb(0x300,i);                    //输出数据从 82C55A 开始
            if(kbhit())                           //检查是否有任意键按下
                return;
        }
};
```

4. 讨论

（1）利用 DAC 产生锯齿波输出的方法是，将从 0 开始逐渐递增的数据送到 DAC，直到 FFH，再回到 0。重复上述过程，就可得到周期性的锯齿波。实际上，从 0 到 FFH，中间分为 256 个小台阶，但从宏观上看，是一个线性增长的直线。

（2）实际上，本例是把 DAC 作为函数波形发生器，可以产生任何一种波形。如果要求产生正弦波，程序应如何编写？

习 题 9

1. 什么是模拟量接口？在微机的哪些应用领域中要用到模拟量接口？
2. 什么是 A/D 转换器的分辨率？分辨率对 A/D 转换器的接口设计有什么影响？
3. 什么是 A/D 转换器的转换时间？转换时间对 A/D 转换器的接口设计有什么影响？
4. 决定数据采集频率有哪两个时间因素？为了提高数据采集频率一般采用什么措施？
5. 分析 A/D 转换器的外部信号引脚特性对 A/D 转换器接口设计有什么意义？
6. A/D 转换器与 CPU 的接口电路设计时，需要给 A/D 转换器提供哪些基本信号线？
7. A/D 转换器与 CPU 交换数据可以采用哪几种方式？根据什么条件来选择传输方式？
8. 分析与设计一个 A/D 转换器接口方案时，一般应从哪几个方面入手？
9. 为什么 A/D 转换数据采集程序总是一个循环结构？
10. 查询方式的数据采集程序一般包括哪些模块（程序段）？
11. 中断方式的数据采集程序一般包括哪些模块（程序段）？
12. DMA 方式的数据采集程序一般包括哪些模块（程序段）？
13. 数据采集程序中在线数据的处理是指哪些内容？
14. D/A 转换器接口的主要任务是什么？
15. 分析与设计一个 D/A 转换器接口方案时，一般应从哪几个方面入手？
16. 什么是假写（读）操作？
17. 如何设计一个采用查询方式的 A/D 转换器接口？（参考例 9.1）
18. 如何设计一个采用中断方式的 A/D 转换器接口？（参考例 9.2）
19. 如何设计一个采用 DMA 方式的 A/D 转换器接口？（参考例 9.3）
20. 如何利用 DAC 设计一个函数波形（如三角波、锯齿波）发生器？（参考例 9.4）

第10章 基本人机交互设备接口

人机交互设备是计算机系统的基本配置，是用户使用计算机的必要条件与工具。本章讨论最基本的输入输出设备，如键盘、显示器等，其特点一是比较简单，且都是并行接口的应用；二是在键盘、显示器接口电路中要使用动态扫描的技术，这与以前讨论过的接口是静态固定连接技术有所不同。

10.1 人机交互设备

人机交互设备是指在人和计算机之间建立联系、交流信息的输入/输出设备，是计算机系统的基本配置。随着计算机应用领域的日益广泛，人机交互设备除了那些常规的键盘、显示器、打印机等之外，涌现了许多新型的人机交互设备和多媒体设备。它们功能强大、操作方便、更具人性化的特点，使人与计算机的交流更加友好、便捷，为计算机的普及和推广应用提供了条件。

人机交互设备接口的复杂程度与设备有关，本章主要讨论几种常规人机交互设备的接口，原因是这些设备是微机应用系统开发中经常遇到的，并且需要用户自己来设计它们的接口，因此，讨论它们具有实际意义和实用价值。而那些功能强大、结构复杂的人机交互设备或多媒体设备，一般都由系统随机配备好了，几乎没有必要另外来设计它们的接口，而且技术难度高，一般用户难以做到。

10.2 键　　盘

10.2.1 键盘的类型

键盘是微型计算机系统中最基本的人机对话输入设备。按键有机械式、电容式、导电橡胶式、薄膜式等多种。

键盘的结构有线性键盘和矩阵键盘两种形式。线性键盘是有多少按键，就有多少根连线与微机输入接口相连，因此只适用于按键较少的应用场合，常用于某些微机化仪器中。矩阵键盘需要的接口线数目是行数（n）+列数（m），而容许的最大按键数是 $n\times m$，显然，矩阵键盘可以制成大键盘，它是微机系统所配置的键盘中常用的键盘结构。

根据矩阵键盘识键和译键方法的不同，矩阵键盘可分为非编码键盘和编码键盘两种，编码键盘本身具有自动检测被按下的键，并完成去抖动、防串键等功能，而且能提供与被按键功能对应的键码（如ASCII码）送往CPU，因此硬件电路复杂，价格较贵，但编码键盘的接口简单。非编码键盘只提供按键开关的行列开关矩阵，而按键的识别、键码的确定与输入、去抖动等工作都要由接口电路和相应的程序完成。非编码键盘本身的结构简单，成本较低，在用户开发的微机应用系统中，多采用非编码键盘。

10.2.2 线性键盘的工作原理

线性键盘由若干个独立的按键组成，每个按键的两端，一端接地，另一端通过电阻接+5V电源，并与接口的数据线直接连接，如图10.1所示。当无键按下时，所有数据线的逻辑电平都是高电平，为全1（FFH），即全1表示无键按下；当其中任意一键按下时，它所对应的数据线接地，其逻辑电平就变成低电平，即逻辑0表示有按键闭合。

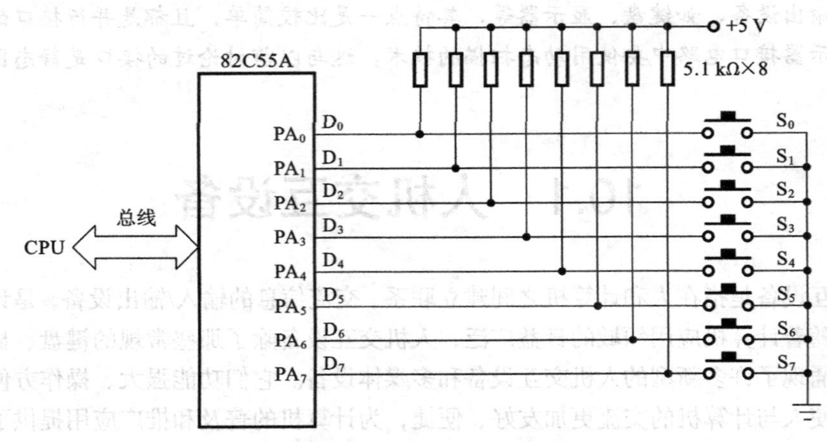

图10.1 线性键盘结构及接口

线性键盘的接口设计比较简单，把它的数据线与并行接口（如82C55A）的输入数据线相连，即完成硬件连接。

接口的程序也不复杂，一是判断是否有键按下，通过查询接口输入数据是否为全1。若是全1，无键按下；若不是全1，则有键按下。二是确定按下的是哪一个键，哪一个数据位是逻辑0，则与此位数据线相连的键被按下。至于每个按键的功能，可由用户定义，以便当按下某个键时，就可转去执行相应的操作。例如，在图10.1中要求当按下 S_0 键时报警，按下 S_1 键时解除报警，按下 S_2 键时退出。线性键盘寻键程序流程如图10.2所示。

线性键盘的汇编语言程序段如下。

```
      ⋮
      MOV DX,303H          ;初始化82C55A
      MOV AL,10010000B
      OUT DX,AL

 KB:  MOV DX,300H          ;查3个键(S0S1S2)是否键按下
      IN AL, DX            ;读键状态(闭合/断开状态)
      AND AL,07H           ;查低3位
      CMP AL,07H           ;查有无键按下?
      JZ KB                ;无键按下，返回
      CALL DELAY1          ;有键按下，延时去抖
      MOV DX,300H          ;再读键状态
      IN AL,DX
```

```
        AND AL,07H              ;查低 3 位
        CMP AL,07H              ;再查有无键按下
        JZ KB                   ;无键按下，返回

        TEST AL,01H             ;有键按下，是否 S0 键
        JZ BJ                   ;是，转报警子程
        TEST AL,02H             ;是否 S1 键
        JZ JBJ                  ;是，转解除报警
        TEST AL,03H             ;是否 S2 键
        JZ STP                  ;是，停止，退出
        JMP KB                  ;不是，返回
DELAY:延时子程序(略)
    ⋮
BJ: 报警子程序(略)
    ⋮
JBJ: 解除报警子程序(略)
    ⋮
STP: MOV AX,4C00H       ;退出
     INT21H
```

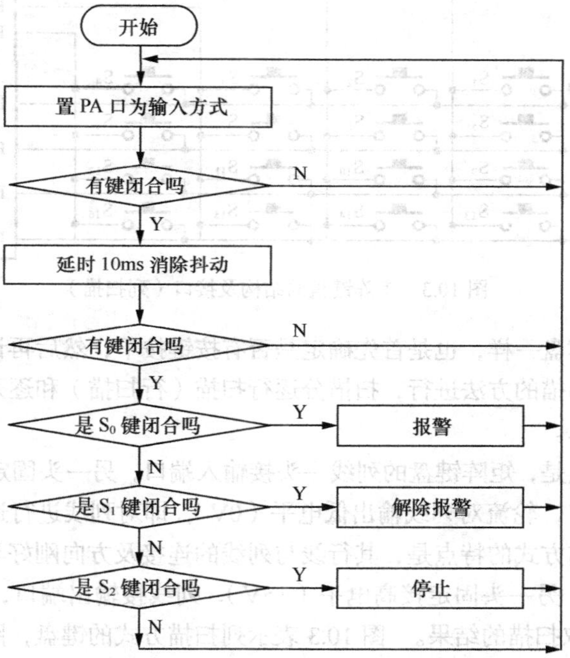

开始

置 PA 口为输入方式

有键闭合吗　N　Y

延时 10ms 消除抖动

有键闭合吗　N　Y

是 S_0 键闭合吗　Y　报警　N

是 S_1 键闭合吗　Y　解除报警　N

是 S_2 键闭合吗　Y　停止　N

图 10.2　线性键盘的程序流程

//线性键盘 C 语言程序段如下。

```
unsigned char tmp;
outportb(0x303,0x90);                      //初始化 82C55
do
{
     tmp=inportb(0x300);                   //读键状态
     if(tmp&0x07!=0x07)                    //查低 3 位,判断有无键按下
     {
          delay(10);                       //延时去抖
          tmp=inportb(0x300);              //再读键状态
          if(tmp&0x07!=0x07)               //查低 3 位, 查有无键按下
          {
               if(tmp&0x01==0x00)          //是否 S0 键
                        BJ();              //是, 转报警子程
```

```
            if(tmp&0x02==0x00)              //是否S1键
                JBJ();                      //是，转解除报警
            if(tmp&0x03==0x00)              //是否S2键
                STP();                      //是，停止，退出
        }
    }
}while(!kbhit());
```

10.2.3 矩阵键盘工作的动态扫描技术

矩阵键盘的结构是将按键排成 *n* 行 *m* 列的矩阵形式，并且在行线或列线上通过电阻接高电平（+5V）。按键的行线与列线交叉点互不相通，是通过按键来接通的。下面以 4×4 键盘为例说明矩阵键盘的工作原理，如图 10.3 所示。

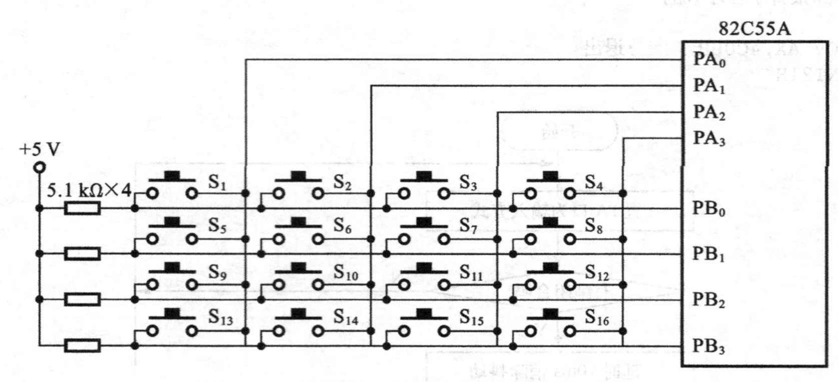

图 10.3 矩阵键盘的结构及接口（列扫描）

矩阵键盘与线性键盘一样，也是首先确定是否有按键按下，然后再识别按下的是哪一个键。这个工作是采用一种扫描的方法进行，扫描分逐行扫描（行扫描）和逐列扫描（列扫描）两种方式，称为动态扫描技术。

行扫描方式的特点是，矩阵键盘的列线一头接输入端口，另一头固定接高电平（+5V），矩阵键盘的行线接输出端口，轮流对列线输出低电平（0V），即对列线进行逐列扫描，然后从列线读取扫描的结果。列扫描方式的特点是，其行线与列线的连接及方向刚好与行扫描方式的相反，即行线一头接输入端口，另一头固定接高电平（+5V），列线接输出端口，轮流对行线输出低电平（0V），然后从行线读取扫描的结果。 图 10.3 表示列扫描方式的键盘，图中 4 条行线都通过电阻接高电平（+5V），82C55A 的输出端口 PA_0～PA_3 作为键盘的列线，输出低电平进行逐行扫描。输入端口 PB_0～PB_3 作为键盘的行线，读入扫描结果。该键盘的工作原理如下。

（1）检测有无按键按下。

从 PA_0～PA_3 输出 4 位 0，使 0 列～3 列都为 0，读入行线 PB_0～PB_3 的值，若 PB_0～PB_3 为全 1，则没有键按下。如果为非全 1，则表示有键按下。

（2）如果没有键按下，则返回（1）步，等待按键。

（3）如果有键按下，则寻找是哪一个键。为此，采用列扫描方法找出被按下的键在矩阵中的位置，称为行列值或键号。先从 0 列开始，即向 0 列输出 0，其他的列输出 1（PA_0=0、PA_1=PA_2=PA_3=1），然后从 B 端口读入扫描结果，检测 PB_0～PB_3 的电平：若 PB_0=0，表示是 S_1 键按下；同理，若 PB1～PB3 分别为 0，则分别表示是 S_5、S_9、S_{13} 键按下。如果 PB_0～PB_3 的电平都为 1，则说明这一列没有键按下，就对第二列进行扫描，于是向 1 列输出 0，其他列输出 1，再

检测 PB_0～PB_3 的电平。依次逐列检测，直到找出被按下的键为止。

键盘接口设计将在 10.6 节讨论。

10.3　LED 显示器

显示器是人机交互的输出设备，与键盘一样也是人机交互不可缺少的外部设备。操作人员输入的数据、字符和计算机运行状态、结果都可以通过显示器实时显示出来。显示器的门类很多，性能各异，如 CRT 显示器、LCD 显示器、LED 显示器、触摸屏等。那些高性能的大屏显示器作为系统的基本配置随主机一起提供给用户使用，本节仅讨论微机应用系统中，功能比较单一的 LED 显示器接口。

10.3.1　LED 显示器的工作原理

发光二极管是一种将电能转变成光能的半导体器件。在小型专用微机系统和单片机等场合，它是主要的显示器件，在通用微机系统中，也常用作状态指示器。常用的 LED 有 7 段数码显示器。每一段实际上是一个压降为 1.2～2.5V 的二极管。下面介绍 7 段数码管的结构与工作原理。

7 段数码显示器是将多个 LED 管组成一定字形的显示器，因此也可以叫做字形显示器，有共阴极和共阳极两种结构，如图 10.4 所示。

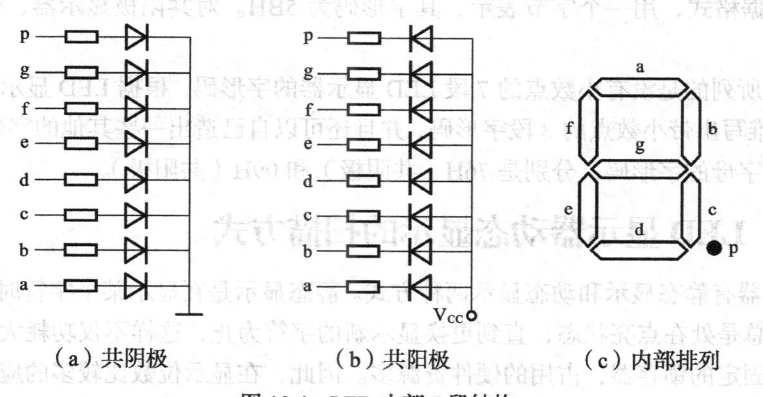

图 10.4　LED 内部 7 段结构

共阴极是把所有 LED 管的阴极连在一起，并接地，根据二极管导通的条件，分别对每只 LED 管的阳极加不同的电平使其导通（点亮）或截止（熄灭），阳极加高电平点亮，加低电平熄灭。

共阳极则相反，把所有 LED 管的阳极连在一起，并接高电平，然后分别对每只 LED 管的阴极加不同的电平，阴极加低电平点亮，加高电平熄灭。

图 10.4 中的电阻是限流电阻，以防发光二极管烧毁，其阻值一般取为使流经 LED 管的电流在 10～20mA。

10.3.2　LED 显示器的字形码

7 段数码显示器实际上为 8 段，7 个段用来显示十进制或十六进制数字和某些符号。另一个段用来显示小数点 P。这 8 个段构成 LED 显示器段选的 8 位数据，可与微机接口的 8 位数据线对应。

为了达到显示某一字形的目的，需要不同的段进行组合，以便点亮所需点亮的段，熄灭不需要点亮的段。这种采用不同的段进行组合来表示字符形状的数据，称为字形码或段码。7 段数码显示器的字形码格式如图 10.5 所示。

数据位	D_7	D_6	D_5	D_4	D_3	D_2	D_1	D_0
显示段名	P	g	f	e	d	c	b	a

图 10.5　7 段数码显示器字形码格式

由字形码构成的 LED 显示器字符如表 10.1 所示。其中包括共阴极与共阳极两种不同显示器所显示的字符与字形码，表 10.1 中的两种字形码虽然不同，但所表示的字符相同。

表 10.1　7 段 LED 显示器字符与字形码对照表

显示字符	0	1	2	3	4	5	6	7	8	9	A	b	C	d	E	F
字形码（共阴）	3FH	06H	5BH	4FH	66H	6DH	7DH	07H	7FH	6FH	77H	7CH	39H	5EH	79H	71H
字形码（共阳）	40H	79H	24H	30H	19H	12H	02H	78H	00H	10H	08H	03H	46H	21H	06H	0EH

例如，在共阴极的 LED 上要显示数字 2，则应点亮 a、b、g、e、d 段，其他的段不亮，根据字形码的数据格式，用一个字节表示，其字形码为 5BH。对共阳极显示器，数字 2 的字形码为 24H。

表 10.1 中所列的是没有小数点的 7 段 LED 显示器的字形码，根据 LED 显示器的结构与工作原理，读者不难写出带小数点的 8 段字形码，并且还可以自己造出一些其他的字形和符号。例如，图中没有的 H 字母的字形码，分别是 76H（共阴极）和 09H（共阳极）。

10.3.3　LED 显示器动态显示的扫描方式

LED 显示器有静态显示和动态显示两种方式。静态显示是在显示某个字符时，构成这个字符的发光二极管总是处在点亮状态，直到更换显示新的字符为止，这样不仅功耗大，而且由于每个字符需要一个固定的锁存器，占用的硬件资源多。因此，在显示位数比较多的应用中，不采用静态显示方式，而采用动态显示方式。

动态显示是用扫描的方法使多位显示器逐位轮流循环显示。为此，首先把各位显示器的 8 根段线并联在一起，作为一组“段控”信号线，同时给每位显示器分配 1 根“位控”信号线。然后，在接口电路中设置两个端口，一个用于发送“位控”信号，控制显示器的哪一位显示；另一个用于发送“段控”信号，控制显示器发光二极管的哪些段点亮，即字形码。扫描过程是：先从“段控”端口发出一个字形码，这个字形码会送到每个显示器的段线上，但还不能点亮显示器，必须再从“位控”端口发出一个控制信号，指定某一位显示器显示，该位显示器就点亮，并持续 1～5ms，然后熄灭所有的显示器。这样依次从“段控”端口发字形码信息，再从“位控”端口发位控信号，去点亮某一位显示器并持续一段时间，然后熄灭，就可以从第 1 位到最末位把要显示的不同字符显示一遍，即为一个扫描周期。当这个扫描周期符合视觉暂留效应的要求时，人们就觉察不出字符的变动与闪烁，而感觉每位显示器都在显示。上述逐位轮流循环扫描过程也就是 LED 数码显示器动态显示的工作原理。这里显示器“位控”信号线相当于键盘的行扫描线。

动态扫描显示有软件控制扫描和硬件定时扫描两种。目前的实际应用中，LED 显示器大多采用硬件实现动态扫描。LED 显示器接口设计方法将在 10.5 节讨论。

10.4　键盘/LED 接口电路解决方案

我们采用可编程专用接口芯片构成外置式的键盘/LED 接口电路，这个专用芯片就是 82C79A。为此，本节先对 82C79A 的功能、外部特性以及编程模型进行介绍与分析，然后在后面的两节以它为主芯片来分别设计 LED 显示器和键盘接口电路。

82C79A 是一个双功能专用接口芯片，兼有键盘输入接口和字符显示器输出接口两种用途。做键盘输入接口时，采用扫描方式，可连接 64（8×8）个键的键盘，经扩充可达 128（8×8×2）个键，并具有自动去抖功能。

做字符显示器输出接口时，可连接 16 个 7 段数码显示器或 8 个 7 段数码显示器，采用动态扫描方式，实现动态显示。

10.4.1　键盘/LED 接口芯片 82C79A 的外部特性

82C79A 芯片是具有 40 条引脚的双列直插式芯片，其引脚如图 10.6 所示。

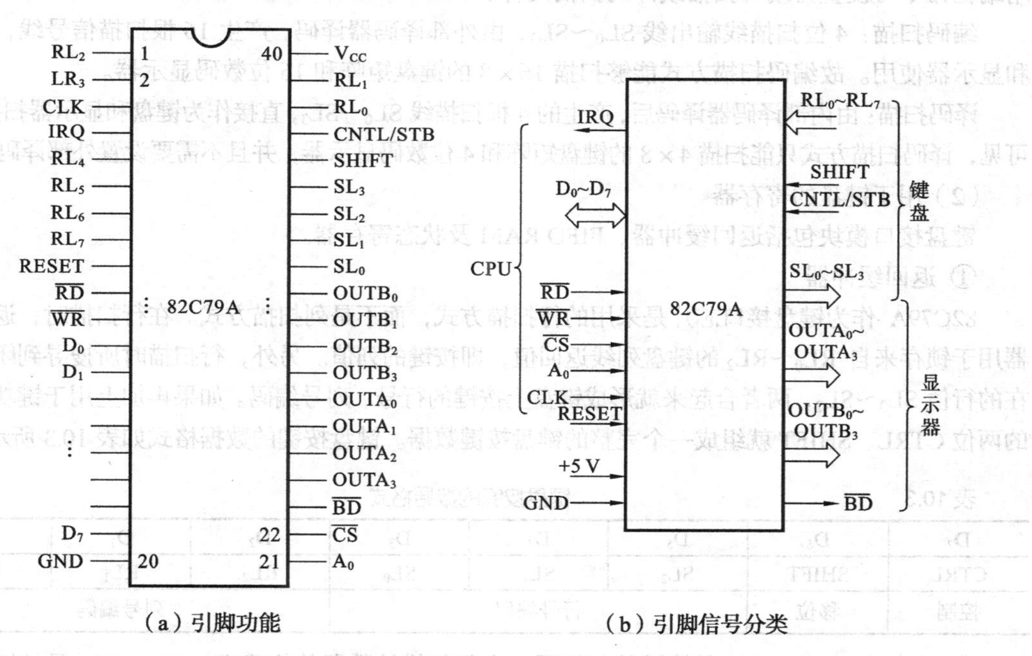

（a）引脚功能　　（b）引脚信号分类

图 10.6　82C79A 芯片引脚功能及引脚信号分类

由于 82C79A 是双功能接口，可以同时为两种不同外部设备的接口提供支持，因此所设置的外部引脚信号比较多，按功能可分为面向 CPU、面向键盘和面向显示器 3 组，各引脚信号功能如表 10.2 所示。

表 10.2　　82C79A 信号引脚定义

面向 CPU	面向键盘	面向显示器
D_0～D_7：数据线(双向)	SL_0～SL_3：行扫描线(出)	L_0～SL_3：位扫描线(出)
CLK：系统时钟线(入)	RL_0～RL_7：列返回线(入)	$OUTA_{0\sim3}$：A 组字形码输出线(出)
RESET：复位线(入)	SHIFT：移位信号(入)	$OUTB_{0\sim3}$：B 组字形码输出线(出)
$\overline{CS}$：片选线(入)	CNTL/STB：控制线(入)	$\overline{BD}$：显示消隐线(入)
A_0：寄存器选择线(入)		
$\overline{RD}$：读信号线(入)		
$\overline{WR}$：写信号线(入)		
IRQ：中断请求线(出)		

10.4.2　键盘/LED 接口芯片 82C79A 的编程模型

1．寄存器及其端口地址

按显示器/键盘共享的模块、键盘接口模块以及 LED 显示器接口模块 3 个部分所使用的寄存器分别介绍。

（1）用于显示器/键盘共享的寄存器

共享的模块主要是扫描计数器，有编码扫描和译码扫描两种扫描方式。

扫描计数器的输出可同时作为键盘的行扫描和显示器的位扫描（“位控”信号），其扫描方法用编程命令可设置为编码扫描或译码扫描两种。

编码扫描：4 位扫描线输出线 SL_0～SL_3，由外部译码器译码，产生 16 根扫描信号线，供键盘和显示器使用。故编码扫描方式能够扫描 16×8 的键盘矩阵和 16 位数码显示器。

译码扫描：由内部译码器译码后，产生的 4 根扫描线 SL_0～SL_3，直接作为键盘和显示器扫描信号。可见，译码扫描方式只能扫描 4×8 的键盘矩阵和 4 位数码显示器，并且不需要设置外部译码器。

（2）用于键盘的寄存器

键盘接口模块包括返回缓冲器、FIFO RAM 及状态寄存器。

① 返回缓冲器

82C79A 作为键盘接口芯片是采用的行扫描方式，而不是列扫描方式。在行扫描时，返回缓冲器用于锁存来自 RL_0～RL_2 的键盘列线返回值，即按键的列值。另外，行扫描时所搜寻到闭合键所在的行值 SL_0～SL_2，两者合起来就形成键盘上按键的行号、列号编码。如果再加上用于键功能扩展的两位 CTRL、SHIFT 就组成一个完整的键盘按键数据。键盘按键的数据格式如表 10.3 所示。

表 10.3　　键盘按键的数据格式

D_7	D_6	D_5	D_4	D_3	D_2	D_1	D_0
CTRL	SHIFT	SL_2	SL_1	SL_0	RL_2	RL_1	RL_0
控制	移位	行号编码			列号编码		

表 10.3 中，SL_0～SL_2 是按键的行编码，由行扫描计数器的值确定；RL_0～RL_2 是按键的列编码，由返回缓冲器的值确定。从 6 位行列编码可知，82C79A 支持 64 个键的键盘矩阵。再加上 CTRL 和 SHIFT 两位附加按键参加编码，可以扩展到 128 个键。

② FIFO RAM 及状态寄存器

FIFO RAM 是一个 8×8 的先进先出片内存储器，用于暂存从键盘输入的按键数据，供 CPU

读取。为了报告 FIFO RAM 中有无数据和空、满等的状态，设置 FIFO RAM 状态寄存器。只要 FIFO RAM 存储器有数据未取走，状态寄存器就产生 IRQ 信号请求中断，要求 CPU 读取数据。

（3）用于 LED 显示器的寄存器

LED 显示器接口模块包括显示存储器 RAM、显示字符寄存器和显示地址寄存器。

① 显示存储器 RAM

用来存储显示数据，容量为 16×8 位，对应 16 个数码显示器。

② 显示字符寄存器

用于存放要显示的字符的字形码。在显示过程中它与显示扫描配合，轮流从显示 RAM 中读出要显示的信息并依次送到被选中的显示器，循环不断地刷新显示字符，使显示器件呈现稳定的显示字符。8 位显示寄存器分为 A、B 两组 $OUTA_0$～$OUTA_3$ 和 $OUTB_0$～$OUTB_3$，构成一个 8 段的字形码，作为“段控”信号送到每位显示器。

③ 显示地址寄存器

存放读/写显示 RAM 的地址指针，指出显示字符从哪一位开始以及每次读出或写入之后地址是否自动加 1。

（4）寄存器端口地址

82C79A 只分配了两个端口地址，一个数据端口（30CH），一个命令/状态端口（30DH）。但它有 8 个命令字，因此出现端口地址共享的问题。为此，采用在命令字中加特征位的方法识别共享端口中的命令字。

2. 编程命令与状态字

82C79A 芯片可执行的命令共有 8 条，命令字的一般格式如表 10.4 所示。其中，高 3 位为特征位，产生 8 种编码对应着 8 个不同的命令字。低 5 位是命令参数位，表示不同命令字的含义。

表 10.4　　82C79A 的命令字

序号	命令名称	特征码和命令参数							
		D_7	D_6	D_5	D_4	D_3	D_2	D_1	D_0
0	设置键盘及显示方式*	0	0	0	D	D	K_2	K_1	K_0
1	设置扫描频率*	0	0	1	P	P	P	P	P
2	读 FIFO RAM*	0	1	0	AI	×	A_2	A_1	A_0
3	读显示 RAM	0	1	1	AI	A_3	A_2	A_1	A_0
4	写显示 RAM*	1	0	0	AI	A_3	A_2	A_1	A_0
5	禁写显示 RAM/消隐	1	0	1	×	IWA	IW	BBL	ABLB
6	清除	1	1	0	CD_2	CD_1	CD_0	CF	CA
7	结束中断/设置错误方式	1	1	1	E	×	×	×	×

注：标有“×”的位无用

命令字中的 0、1、2、4 号命令（打*号者）是 82C79A 编程必须使用的，这 4 个命令都是用作 82C79A 的初始化，其中，0 号命令用于设置键盘及显示方式，1 号命令用于设置扫描频率，2 号命令指定读 FIFO RAM，4 号命令指定写显示 RAM。而初始化后的实际输入/输出操作是从（向）82C79A 的数据口读（写）数据来实现的。

（1）0 号命令：设置键盘及显示工作方式

● 000：命令特征码。

- K_0：用来设定扫描方式。K_0=0 为编码扫描；K_0=1 为译码扫描。
- K_2K_1：用来设定输入方式。有 4 种键盘输入方式，如表 10.5 所示。

表 10.5　　键盘工作方式

K_2	K_1	方式
0	0	扫描键盘输入，双键锁定
0	1	扫描键盘输入，N 键轮回
1	0	（扫描传感器输入）
1	1	（选通输入）

在键盘输入方式中，双键锁定和 N 键轮回是多键同时按下时的两种不同处理方式。当在双键锁定方式下检测到两键同时按下时，只把后释放的键当作有效键；当在 N 键轮回方式下检测到有若干键按下时，键盘扫描能根据它们被发现的顺序依次将相应键盘数据送入 FIFO RAM 中。

另外，82C79A 输入方式还有扫描传感器输入和选通输入，都不是用于键盘输入的，而是用于矩阵传感器和普通的并行输入，故不作介绍。

- DD：用来设定显示输出方式。有 4 种显示输出方式，如表 10.6 所示。

表 10.6　　显示输出方式

D	D	方式
0	0	8 个字符显示，左进方式
0	1	16 个字符显示，左进方式
1	0	8 个字符显示，右进方式
1	1	16 个字符显示，右进方式

在显示输出方式中，左进方式是指显示字符从最左一位（最高位）开始，逐个向右顺序输出，左进方式也是手机拨号的显示方式；右进方式是指显示字符从最右一位开始，最高位从右边进入，以后逐个左移。右进方式也是计算器的显示方式。

例如，要求扫描键盘输入，双键锁定，8 个字符显示，右进方式，键盘和 LED 显示器的扫描方式为编码扫描，则 82C79A 的工作方式命令为 00010000B。

（2）1 号命令：设置扫描频率

- 001：命令特征码。
- PPPPP：用来设定对外部输入 CLK 的分频系数 N（N 值可为 2～31），以便获得 82C79A 内部要求的 100kHz 的扫描频率。PPPPP 为分频系数的 5 位二进制数。

例如，外部提供的时钟 LCK 为 2.5MHz，要求产生 100kHz 的扫描频率，则设置扫描频率的命令为 00111001B。

（3）2 号命令：读 FIFO RAM

- 010：命令特征码。
- A_2～A_0：用来指定读取键盘 FIFO RAM 中字符的起始地址，A_2～A_0 可有 8 种编码，以指定 FIFO RAM 中的 8 个地址单元任意一个作为读取的起始地址。
- AI：自动地址增量标志位。当 AI=1 时，每次读出 FIFO RAM 后，地址自动加 1 指向下一存储单元；当 AI=0 时，读出后地址不变（即不自动加 1，但可由人工改变地址）。

需要特别指出的是，该命令并不是实际从 FIFO RAM 中读取数据，而是仅指定是读取键盘的

FIFO RAM，而不是读取显示器 RAM，因此，若要实现读键盘的数据，还必须接着在该命令后面从数据端口读数。

例如，要求从键盘 FIFO RAM 读 1 个字节数据，从 0 位开始读取，读数据后地址不自动加 1，其程序段为如下。

```
MOV DX,30DH          ;82C79A 命令端口
MOV AL,40H           ;指定读 FIFO RAM，地址不自动加 1
OUT DX,AL
MOV DX,30CH          ;82C79A 数据端口
IN AL,DX             ;读 1 个字节数据
```

（4）4 号命令：写显示 RAM

- 100：命令特征码。
- A_0～A_3：用来指定写显示 RAM 中字符的起始地址，A_0～A_3 可有 16 种编码，以指定显示 RAM 中的 16 个地址单元任意一个作为写的起始地址。
- AI：自动地址增量标志。当 AI=1 时，每次写后地址自动增 1，当 AI=0 时，写后地址不变。一旦数据写入，82C79A 的硬件便自动管理显示 RAM 的输出并同步扫描信号。

同样，需要特别指出的是，该命令并不是实际向显示器 RAM 中写入数据，而是仅指定是写入显示器的 RAM，而不是写入键盘的 FIFO RAM，因此若要实现写入显示器数据，还必须接着在该命令后面从数据端口写入数据。

例如，如果要求向显示器 RAM 写入数据，并且从 0 位起，地址自动加 1，其程序段如下。

```
MOV DX,30DH        ;82C79A 的命令口
MOV AL,90H         ;写显示 RAM 命令，从 0 位起，地址自动加 1
OUT DX,AL
MOV SI,OFSET BUF
MOV DX,30CH        ;82C79A 的数据口
MOV AL,[SI]        ;从内存单元中取显示代码送显示 RAM
OUT DX,AL
```

后面还有 4 个命令字，不常使用，故不做介绍，可参考文献[25]。

（5）状态字

82C79A 芯片的状态字主要用来指示 FIFO RAM 中待取走的字符数和有无错误发生。其格式如图 10.7 所示。

D_7	D_6	D_5	D_4	D_3	D_2	D_1	D_0
Du	S/E	O	U	F	N	N	N

图 10.7　状态字格式

8 位状态字中的 D_0～D_4 这 5 位是常用的，用于查询方式，其中，D_4 位表示“空”，D_3 表示位“满”，D_2～D_0 表示键盘存储区里是否尚有未取走的字符。其他位使用较少。

- O：超出标志位。当向已满的 FIFO RAM 中写入使 FIFO RAM 中的字符个数 n>8 而产生重叠时，O 被置为 1。
- U：“空”标志位。当 FIFO RAM 中的字符个数 n=0 时，U 被置为 1。
- F：“满”标志位。当 FIFO RAM 中的字符个数 n=8 时，F 被置为 1。
- NNN：表示 FIFO RAM 中待 CPU 取走的字符个数为 n。

例如，当要求采用查询方式从键盘 FIFO RAM 读取数据时，先应该查状态寄存器是否有数据可读。这可以查标志位“空”“满”或者查待 CPU 取走的字符个数 n，其程序段如下。

```
LOOP1:MOV DX,30DH          ;状态口
      IN AL,DX             ;读状态字
      TEST AL,07H          ;检查是否有待 CPU 取走的字符
      JZ LOOP1             ;无，再查
```

10.5 LED 显示器接口电路设计

例 10.1 LED 显示器接口电路设计。

1. 要求

设计一个 8 位 LED 显示器，要求从 0 位开始显示 13579H 这 6 个字符，显示方式为左进，采用编码扫描。

2. 分析

采用 82C79A 作为 LED 显示器接口可以实现上述要求。另外，为了实现编码扫描要外加扫描译码器和提供 LED 显示器的驱动电路。

3. 设计

（1）硬件设计

接口由 82C79A 芯片、扫描译码器 7445 和段驱动器 7406 组成，如图 10.8 所示。图中的 82C79A 为接口的核心，主管显示器与 CPU 之间的连接，执行控制命令；扫描译码器 7445 负责 LED 显示器的动态扫描，作为“位控”信号控制 8 位显示器的哪一位点亮；反向器驱动器 7406 为 LED 的 8 段字型码提供电流驱动，作为“段控”信号控制 8 段显示器的哪一段发光。

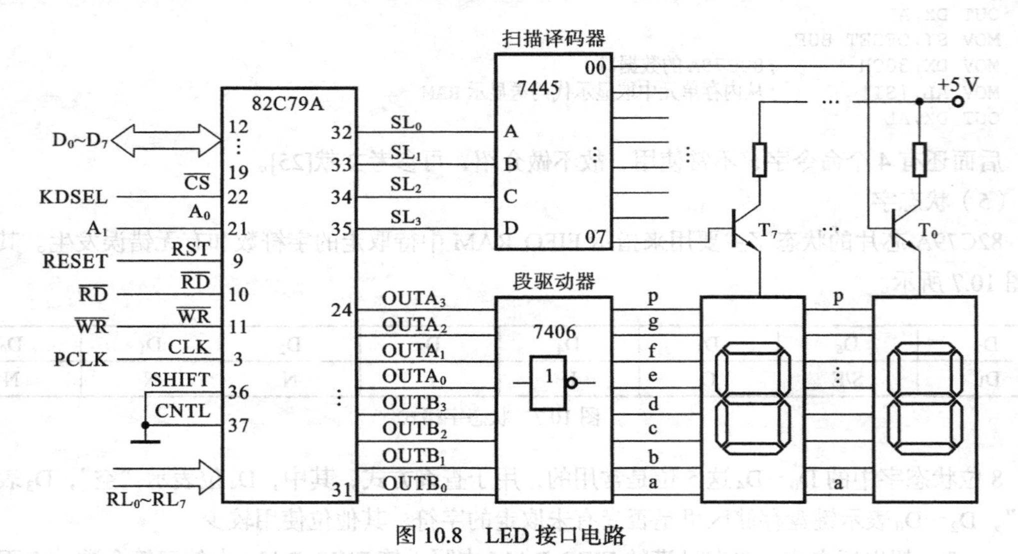

图 10.8 LED 接口电路

图 10.8 中，8 个 LED 显示器相同的段连到一起，由 7406 驱动，实现段控。LED 显示器为共阳极，每个阳极通过开关三极管及限流电阻与+5V 连接，三极管的导通与截止由 7445 的 8 个输出端控制，实现 8 位显示器的位控。当 82C79A 的扫描信号 SL_0~SL_3 经 7445 译码所产生的输出信号循环变化时，就可以使各位显示器轮流点亮或熄灭，实现 LED 显示器的动态扫描。

图中的 LED 显示器为共阳极，但段控使用 7406 反相驱动，因此字形码与共阴极的一样，见表 10.1。

（2）软件设计

下面是从 0 位开始显示 13579H 这 6 个字符的程序，6 个字符的字形码存放在内存的 BUF 区。LED 显示器的汇编语言程序段如下。

```
CODE SEGMENT
      ASSUME CS:CODE, DS:CODE
        ORG  100H
BEGIN:JMP START
      BUF DB 06H,4FH,6DH,07H,67H,76H  ;6 个字符的字形码
START: MOV AX,CODE
        MOV CS,AX
        MOV DS,AX
        ;82C79A 初始化
        MOV DX,30DH           ;82C79A 的命令口
        MOV AL,00H            ;设置显示方式：8 字符显示，左端输入，编码扫描
        MOV DX,AL
        MOV AL,39H            ;设置分频系数 25，产生 100kHz 扫描频率
        OUT DX,AL
        MOV AL,90H            ;指定写显示 RAM 命令，从 0 位起，地址自动加 1
        OUT DX,AL

        MOV SI,OFSET BUF      ;显示字符首址
        MOV CX,06H            ;显示字符数
        ;显示器显示字符
      L:MOV DX, 30CH          ;82C79A 的数据口
        MOV AL,[SI]           ;从内存单元中取显示代码送显示 RAM
        OUT DX,AL
        INC SI                ;缓存地址加 1
        DEC CX                ;字数减 1
        JNZ L                 ;未完，继续
        MOV AX,4C00H          ;已完，返回
        INT 21H
CODE ENDS
        END BEGIN
```

//LED 显示器的 C 语言程序如下。

```
unsigned char display[6]={0x06,0x4f,0x6d,0x07,0x67,0x76};
outportb(0x30d,0x00);                  //显示方式：8 字符显示，左端输入，编码扫描
outportb(0x30d,0x39);                  //分频系数 25，产生 100kHz 扫描频率
outportb(0x30d,0x90);                  //指定写显示 RAM 命令，从 0 位起，地址自动加 1
for(i=0;i<6;i++)
{
    outportb(0x30c,display[i]);        //从内存单元中取显示代码送显示 RAM
    delay(50);                         //延时
}
```

4. 讨论

（1）HELLO 这 5 个字符的字形码在内存区的存放顺序与在显示器上的顺序相反，这是什么原因？

（2）如果显示的字符不是从第 0 位，而是从第 2 位或第 3 位开始显示，程序要如何修改？

10.6 矩阵键盘接口电路设计

例 10.2 键盘接口电路设计。

1. 要求

设计一个键盘接口，连接24键的矩阵键盘。键盘采用编码扫描、双键锁定工作方式。要求从键盘读取10个字符代码。外部时钟CLK=2.5MHz。

2. 分析

为了实现24键的键盘矩阵，采用3行8列的结构形式。同时为了满足编码扫描工作方式，故使用82C79A的3根扫描输出信号SL_0～SL_2，接至译码器74LS156的输入端，经译码后，产生低电平有效的3根输出线$\overline{Y}_0$～$\overline{Y}_2$，作为键盘矩阵的3个行扫描信号。键盘矩阵的8个列线的一端与82C79A的返回信号RL_0～RL_7相连接，另一端通过电阻接高电平（+5V）。

3. 设计

（1）硬件设计

根据上述分析，24键的键盘矩阵接口电路原理如图10.9所示。82C79A的两个端口地址：30DH为命令/状态端口，30CH为数据端口。

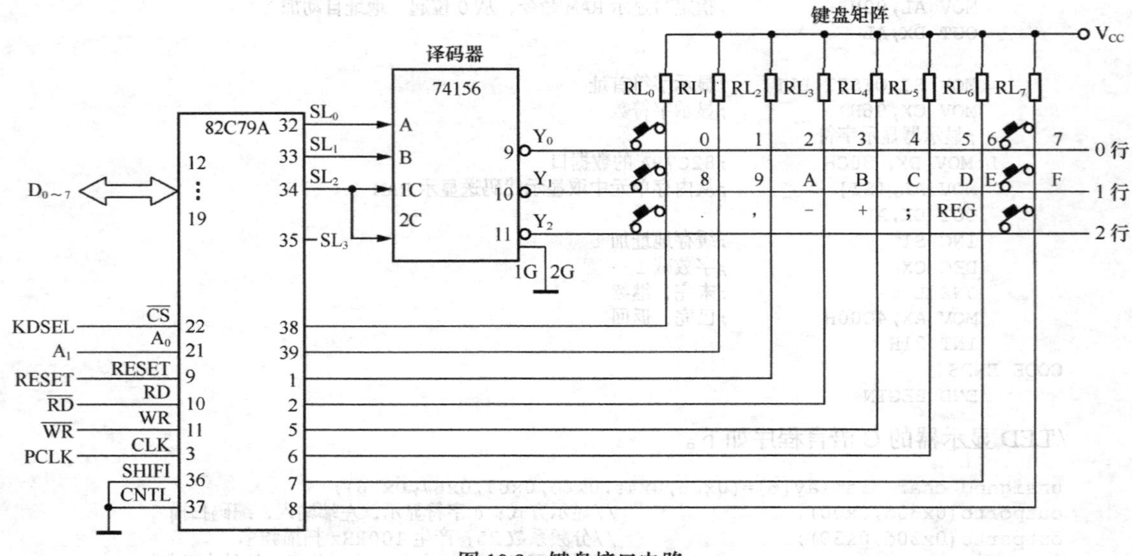

图10.9 键盘接口电路

（2）软件设计

键盘输入汇编语言程序段如下。

```
CODE SEGMENT
      ASSUME CS:CODE, DS:CODE
        ORG  100H
START:JMP BEGIN              ;从0100H处执行第一条指令
        BUF DB 10 DUP(0)
BEGIN:MOV AX,CODE
        MOV DS,AX            ;设置数据段的段地
        MOV  DX,30DH         ;82C79A初始化
        MOV  AL,00H          ;设置键盘输入工作方式（编码扫描、双键锁定）
        OUT  DX,AL
        MOV  AL,39H          ;设置分频系数为25，产生100kHz扫描频率
        OUT  DX,AL

        MOV  DI,OFSETBUF
        MOV  CX,10
```

```
LOOP1: MOV  DX,30DH        ;查状态字
       IN  AL,DX
       TEST  AL,07H        ;检查是否有待 CPU 取走的字符
       JZ   LOOP1          ;无，再查
       MOV  AL,40H         ;有，指定读 FIFO  RAM，地址不自动加 1
       OUT  DX,AL
       MOV  DX,30CH        ;读数据
       IN   AL,DX          ;从键盘读取数据
       MOV [DI],AL         ;存入内存 BUF
       INC DI
       DEC CX
       JNZ LOOP1

       MOV AX,4C00H        ;退出
       INT21H
CODE   ENDS
       END START
```

执行此程序段后，可从内存区 BUF 中读取被键入的 10 个字符的代码。

//键盘输入 C 语言程序段如下。

```
unsigned char buf[10];
unsigned char i;
outportb(0x30d,0x00);                     //设定键盘输入工作方式(编码扫描、双键锁定)
outportb(0x30d,0x39);                     //设置分频系数为 25，产生 100kHz 扫描频率
for(i=0;i<10;i++)
{
    while(inportb(0x30d)&0x07==0x00);   //检查是否有待 CPU 取走的字符
    outportb(0x30d,0x40);               //有，指定读 FIFO  RAM
    buf[i]=inportb(0x30c);              //读键盘，并存入内存 BUF
}
```

10.7　打印机接口

打印机是微型计算机系统中一种常用的输出设备。目前打印机技术正朝着高速度、低噪声、美观清晰和彩色打印的方向发展。打印机的种类很多，性能差别也很大。当前流行的有针式打印机、激光打印机、喷墨式打印机等。

由于打印接口直接面向的对象是打印机接口标准，而不是打印机本身，所以打印机接口的设计要按照打印机接口标准的要求来进行，这一点与前面讨论过的串行通信接口是面向通信标准类似。本节先讨论打印机接口标准，然后进行打印机接口设计。

10.7.1　并行打印机接口标准

并行打印机接口标准 Centronics 对接口信号线定义、工作时序及连接器做了规定，任何型号的打印机接口都必须遵循。Centronics 也是绘图仪的接口标准。

1. 信号线定义

Centronics 标准定义了 36 芯插头/座，其中数据线 8 根、控制输入线 4 根、状态输出线 5 根、+5V 电源线 1 根、地线 15 根，另有 3 根未用。具体信号线的名称、引脚号及功能如表 10.7 所示。

在 Centronics 标准定义的信号线中，最主要的是 8 根并行数据线 $DATA_1$～ $DATA_8$，2 根握手联络信号线 $\overline{STROBE}$ 、 $\overline{ACK}$ 及 1 根状态线 BUSY，应重点了解。

表 10.7　　并行打印接口标准 Centronics 的信号定义

插座号	信号名称	方向	功能说明	插座号	信号名称	方向	功能说明
1	$\overline{\text{STROBE}}$	入	选通	13	SLCT	出	联机
2	DATA_0	入	数据最低位	14	$\overline{\text{AUTOFEEDXT}}$	入	自动走纸
3	DATA_1	入		16	逻辑地		
4	DATA_2	入		17	机架地		
5	DATA_3	入		19～30	地		双绞线的回线
6	DATA_4	入		31	INIT	入	初始化命令(复位)
7	DATA_5	入		32	$\overline{\text{ERROR}}$	出	无纸、脱机、出错指示
8	DATA_6	入		33	地		
9	DATA_7	入	数据最高位	35	+5V		通过 4.7kΩ 电阻接+5V
10	$\overline{\text{ACK}}$	出	打印机准备好	36	$\overline{\text{SLCTIN}}$	入	允许打印机工作
11	BUSY	出	打印机忙	15，18	不用（未定义）		
12	PE	出	无纸(纸用完)	34			

注：表中的“入”“出”方向是从打印机的立场出发的。

2．工作时序

Centronics 标准对打印机接口的工作时序，即打印机与 CPU 之间传送数据的过程做了规定，如图 10.10 所示。

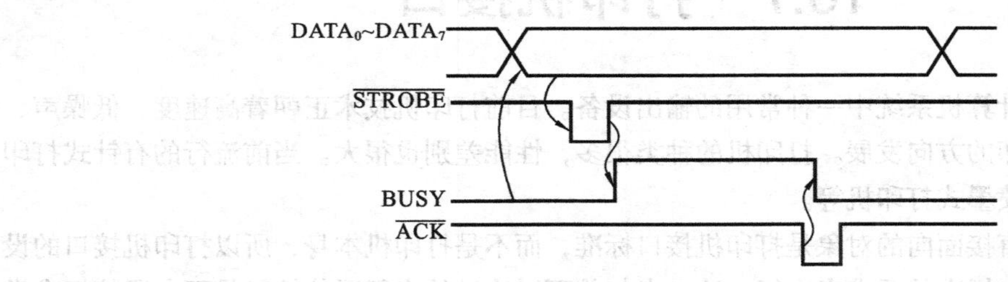

图 10.10　并行打印机接口标准工作时序

打印机与 CPU 之间传送数据的过程是按照 Centronics 打印机接口标准的工作时序进行的，以查询方式为例，其工作步骤如下。

（1）当 CPU 要求打印机打印数据时，CPU 首先查询 BUSY。若 BUSY=1，打印机忙，则等待；当 BUSY=0，打印不忙时，才送数据。

（2）CPU 通过并行接口，把数据送到 DATA_1～DATA_8 数据线上，此时数据并未进入打印机。

（3）CPU 再送出一个数据选通信号 $\overline{\text{STROBE}}$（负脉冲），把数据线上的数据输入到打印机的内部缓冲器。

（4）打印机在收到数据后，通过引脚 11 向 CPU 发出“忙”（置 BUSY=1）信号，表明打印机正在处理输入的数据。等到输入的数据处理完毕（打印完 1 个字符或执行完 1 个功能操作），打印机撤销“忙”信号，置 BUSY=0。

（5）打印机在引脚 10 上送出一个回答信号 $\overline{ACK}$ 给主机，表示上一个字符已经处理完毕。CPU 在接到打印机的回答信号 $\overline{ACK}$ 后，给打印机发下一个字符。如此重复工作，直到把全部字符打印出来。

以上是采用查询方式的数据交换过程，若采用中断方式，则不用查 BUSY 信号，而是利用回答信号 $\overline{ACK}$ 去申请中断，在中断服务程序中向打印机发送打印数据。

3. 打印机连接器

Centronics 接口标准对打印机连接器规定为 D-36 芯插头/插座。而台式 PC 机配置的打印机接口插座简化为 D-25 芯，去掉了 Centronics 中的一些未使用的信号线和地线。很明显，打印机接口标准的连接器与 PC 机的打印机接口插座不兼容，因此要对两者信号线的排列做一些调整，要特别注意两者相应信号线的对接。具体如图 10.11 所示。

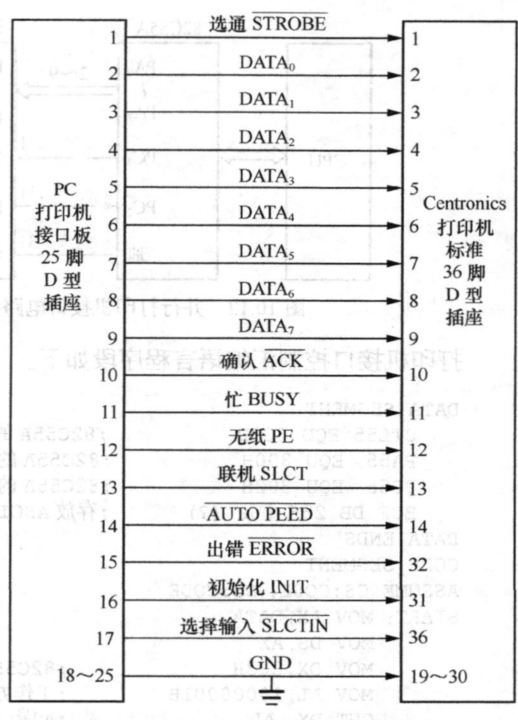

图 10.11　打印机与 PC 机并口信号线连接图

10.7.2　并行打印机接口电路设计

例 10.3　并行打印机接口电路设计。

1. 要求

为某应用系统配置一个并行打印机接口，通过接口采用查询方式把存放在 BUF 缓冲区的 256 个字符（ASCII 码）送去打印。

2. 分析

由于打印机接口面向的对象是打印机接口标准而不是打印机本身，因此打印机接口硬件电路设计要以标准所定义的信号线为依据，而软件设计应以接口标准所规定的工作时序为依据。

3. 设计

（1）打印机接口电路设计

打印机接口电路原理框图如图 10.12 所示。

该电路的设计思路是：按照 Centronics 标准对打印机接口信号线的定义，最基本的信号线需要 8 根数据线（$DATA_1$～$DATA_8$），1 根控制线（STROBE, $\overline{STB}$），1 根状态线（BUSY）和 1 根地线。为此，采用 82C55A 作打印机的接口比较合适。选用 82C55A 的 A 端口做数据口输出 8 位打印数据，工作方式为 0 方式。分配 PC_7 做控制信号，由它输出 1 个负脉冲作为选通信号 STROBE，将数据线上的数据输入打印机缓冲器，这实际上是用软件的方法来产生选通信号。另外，分配 PC_2 做状态线来接收打印机的忙状态信号 BUSY，这样就满足了打印机 Centronics 接口标准中主要信号线的要求。

（2）接口控制程序设计

打印机控制程序的流程是根据打印接口标准 Centronics 的工作时序要求拟订的，其程序框图如图 10.13 所示。

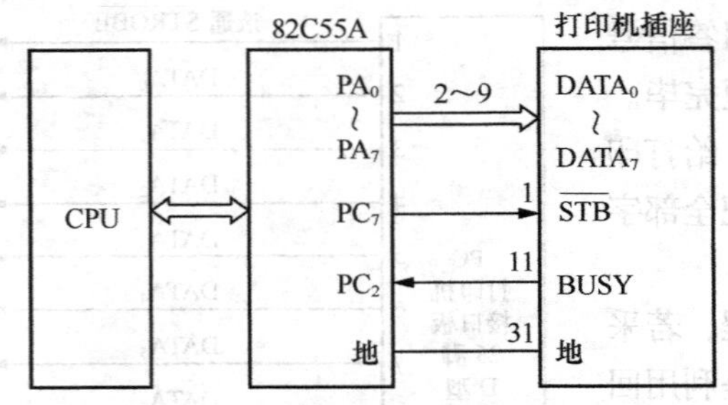

图 10.12　并行打印机接口电路框图

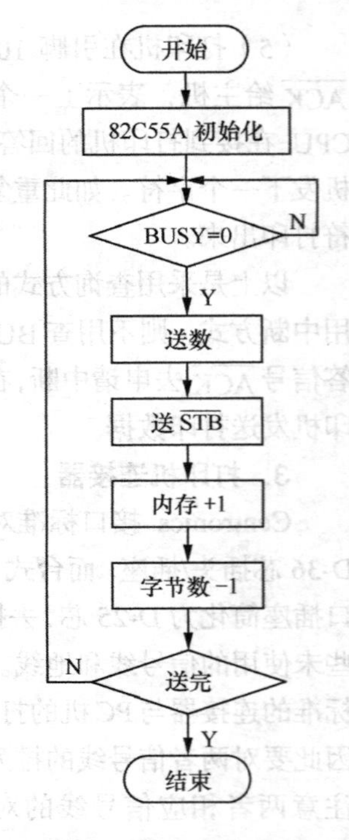

图 10.13　打印控制程序流程图

打印机接口控制汇编语言程序段如下。

```
DATA SEGMENT
   CTL55 EQU 303H                  ;82C55A 的控制口
   PA55  EQU 300H                  ;82C55A 的 A 端口
   PC55  EQU 302H                  ;82C55A 的 C 端口
   BUF DB 256 DUP (?)              ;存放 ASCII 字符的储存区
DATA ENDS
CODE SEGMENT
ASSUME CS:CODE, DS:CODE
START: MOV AX,DATA
      MOV DS,AX
      MOV DX,303H                  ;82C55A 初始化
      MOV AL,10000001B             ;工作方式字
      OUT DX, AL                   ;A 端口 0 方式，输出
                                   ;C4～C7 输出，C0～C3 输入
      MOV AL,00001111B             ;PC7 位置高，使 STB=1
      OUT DX,AL
      MOV SI,OFFSET BUF            ;打印字符的内存首址
      MOV CX,0FFH                  ;打印字符个数

    L:MOV DX,302H                  ;查打印机状态
      IN AL,DX                     ;查打印机是否忙，即 BUSY 是否等于 0 (PC2=0)
      AND AL,04H
      JNZ L                        ;忙，则等待

      MOV DX,300H                  ;不忙，向打印机发数据
      MOV AL,[SI]                  ;从内存取数
      OUT DX,AL                    ;送数到 A 端口

      MOV DX,303H                  ;再向打印机发 STB 信号
      MOV AL,00001110B             ;置 STB 信号为低 (PC7=0)
      OUT DX,AL                    ;负脉冲宽度 (延时)
      NOP
      NOP
      MOV AL,00001111B             ;置 STB 为高 (PC7=1)
      OUT DX,AL

      INC SI                       ;内存地址+1
      DEC CX                       ;字符数-1
      JNZ L                        ;未完，继续
      MOV AX,4C00H                 ;已完，退出
      INT21H
CODE ENDS
      END START
```

//打印机接口控制 C 语言程序段如下。

```
#define CTL55 0x303
#define PA55  0x300
#define PB55  0x301
```

```
#define PC55  0x302
unsigned char buf[256];
void main()
{
    unsigned char i;
    outportb(0x303,0x81);                    //A端口0方式，输出，C4～C7输出，C0～C3输入)
    outportb(0x303,0x0f);                    //PC7位置高，使STB=1
    for(i=0;i<256;i++)
    {
        while(inportb(0x302)&0x04!=0);   //忙，则等待;不忙，则向A端口送数
        outportb(0x300,buf[i]);              //送数到A端口
        outportb(0x303,0x0e);                //置STB信号为低(PC7=0)
        delay(1);                            //负脉冲宽度(延时)
        outportb(0x303,0x0f);                //置STB为高(PC7=1)
    }
}
```

习 题 10

1. 什么是人机交互接口？基本人机交互设备有哪些？
2. 试分别说明线性键盘和矩阵键盘的结构与工作原理。
3. 矩阵键盘的行扫描方式与列扫描方式有什么不同？
4. 什么是 7 段数码显示器所使用的字形码？
5. 7 段字形码的格式是怎样的？试采用字形码构造一个共阴极的字符串“HELLO”。
6. LED 数码显示器动态显示字符是采用什么方法实现的？
7. 简要说明 LED 数码显示器的扫描过程。
8. 矩阵键盘扫描与 LED 显示器扫描有什么不同？
9. 可编程接口芯片 82C79A 具有哪两种接口功能？
10. 82C79A 的编程模型包括哪些内容？
11. 如何利用 82C79A 设计一个 LED 数码显示器接口？（参考例 10.1）
12. 如何利用 82C79A 设计一个键盘接口？（参考例 10.2）
13. 了解并行打印机接口标准的工作时序对编写打印机控制程序有什么意义？
14. 如何利用 82C55A 设计一个并行打印机接口？（参考例 10.3）

第11章 USB设备接口

USB是目前微机系统中一种通用的外部设备总线，它具有结构灵活、接口形式简单、扩展和连接方便、传输速度高、适用范围广等特点。在便携式设备和移动设备广泛应用的今天，基于USB总线的设备几乎无处不在，已成为当代微机系统的标准配置。学习USB总线技术的相关概念和USB系统结构，以及掌握USB总线设备接口的设计方法是本章的主要目标。

11.1 USB总线概述

USB（Universal Serial Bus）技术是目前广泛应用于计算机系统及各种智能设备的一种串行总线技术，为主机与设备的连接及扩展提供了一种简单、高速和通用的方式。

USB物理层采用差分串行通信方式，信号线少，且信号之间的干扰小，传输带宽高。另外，USB总线支持设备的动态配置、热插拔和电源管理等特性，是一种较灵活的外部设备总线。目前，USB总线及接口已成为微机系统中标准配置，许多早期其他类型接口的IO设备也都实现了接口的USB化，如PS2接口的键盘鼠标、并行接口的打印机、PCI接口的网卡等。

USB的发展经历了1.0、1.1、2.0和3.0四个规范版本，USB3.0为目前最新版本，在近两年面市的微机主板或笔记本电脑中一般都配有USB3.0的接口，并且市面上已有较多的USB3.0接口的移动硬盘和U盘等产品出售。USB规范定义了实施USB和设计USB产品的统一技术和接口标准，不同版本的规范在技术实现及性能特性上有较大的差异，但版本之间遵循向下兼容的原则，因此，早期生产的USB设备仍可以在新USB主机上使用，使得USB总线具有很强的生命力并得到了广泛的应用和发展。

11.1.1 USB技术的发展

USB1.1的接口采用全速（12Mb/s）和慢速（1.5Mb/s）两种不同的速度。其中，慢速应用于人机接口设备上，主要用于连接鼠标、键盘等设备。USB1.1具有热插拔和即插即用的特点，可同时连接多达127台设备，但是，还是有若干缺点。例如，热插拔多次后往往会造成系统死机，连接过多的设备就会导致传输速度变慢等；在USB接口设备被广泛应用后，许多的设备如移动硬盘、光盘刻录机、扫描仪、视频会议的CCD及卡片阅读机等便成为USB接口非常流行的应用，若同时将这些设备连接到PC机上，将使USB1.1技术面临考验。

USB2.0的高传输速度能够有效地解决USB1.1设备的传输瓶颈问题。USB2.0利用传输时序的缩短（微帧）及相关传输技术，将整个传输速度从原本12Mb/s提高到480Mb/s，1GB的数据在

1 分钟之内就可传输完毕，这是 USB1.1 的 40 倍。另外，USB2.0 与 USB1.1 一样，也具有向下兼容的特性，更重要的是，在连接端口扩充的同时，各种采用 USB2.0 的设备仍可维持 480Mb/s 的传输速度。在 USB2.0 规范制定出来之后，像 USB 接口视频会议的 CCD 和 CD ROM 光驱读取速度受限制等问题也都迎刃而解，已普遍采用 USB 接口的打印机、扫描仪等计算机外围设备，也可以有更快的传输速度。

USB2.0 在兼容性方面采用向下兼容的做法，可向下支持各种以 USB1.1 为传输接口的外围产品，但若要达到 480Mb/s 的速度，还是需要使用 USB2.0 规范的 USB 集线器，并且各个外围设备也要重新嵌入新的芯片组及驱动程序才可以达到这个要求。USB2.0 对许多消费电子的应用拥有相当大的吸引力，如视频会议 CCD、扫描仪、打印机以及外部存储设备（硬盘以及光驱）。

USB3.0 是目前最新的 USB 总线标准，该标准向下兼容各 USB 版本，并采用对偶单纯形四线制差分信号线传输数据，即在原 USB2.0 的四线制半双工传输基础上，增加四根传输线，进行异步双向数据传输，将最大传输带宽提升为 5.0Gb/s，是 USB2.0 的 10 倍。USB 3.0 还引入了新的电源管理机制，支持待机、休眠和暂停等状态，为需要大电量的设备提供更好的电源管理支持。在实际设备应用中，顺应此前的“全速 USB”（FullSpeed USB）和“高速 USB”（HighSpeed USB）定义，USB3.0 被称为“超速 USB”（SuperSpeed USB）。由于 USB3.0 属于全新技术，本书旨在介绍 USB 基本知识，因此，讲解原理时仍以 USB1.1 和 USB2.0 为主。对于 USB3.0 中使用的新技术未展开讨论，可参考文献[32]。

11.1.2　USB 标准的设计目标及使用特点

USB 的工业标准是对 PC 现有的体系结构的扩充，其设计目标就是使不同厂家所生产的设备可以在一个开放的体系下广泛使用。为此，USB 标准的设计具有如下特色。

（1）综合了不同 PC 的结构和体系特点，易于扩充多个外围设备；

（2）协议灵活，综合了同步和异步数据传输，且支持 480Mb/s 的数据传输速率；

（3）充分支持对音频和压缩视频等实时数据的传输；

（4）提供了一个价格低廉的标准接口，广泛接纳各种设备。

USB 规范提供了多种选择，以满足不同系统和部件及相应的功能，其应用具有如下特点。

（1）提供全速、低速和高速 3 种传输速率。主模式为全速模式，速率为 12Mb/s。为适应一些不需要很大吞吐量和很高实时性的设备如鼠标等，USB 还提供低速方式，速率为 1.5Mb/s。USB2.0 增加了高速模式，速率达到 480Mb/s，适用于一些视频输入/输出产品，并可能替代 SCSI 接口标准。

（2）设备安装和配置容易。安装 USB 设备不必再打开机箱，所有 USB 设备支持热插拔，系统对其进行自动配置，彻底抛弃了过去的跳线和拨码开关设置。

（3）易于扩展。通过使用 HUB 扩展可接多达 127 个外设。标准 USB 电缆长度为 3m（低速为 5m），通过 HUB 或中继器可以达到 30m。

（4）使用灵活。USB 共有 4 种传输模式：控制传输、同步传输、中断传输和块传输，以适应不同设备的需要。

（5）能够采用总线供电。USB 工作在 5V 电压下，总线提供最大达 500mA 的电流。

（6）实现成本低。USB 对系统与 PC 的集成进行优化，适合于开发低成本的外设。

11.2 微机 USB 系统结构

本节从 USB 系统的组成、USB 通信模型、USB 数据流模型以及 USB 数据传输方式几个方面来介绍微机 USB 系统结构。

11.2.1 USB 系统的组成

一个 USB 系统由 USB 主机、USB 设备和 USB 总线组成，如图 11.1 所示。通常将连接 USB 主机和 USB 设备的通道（包括物理通道和逻辑通道）称为 USB 总线。USB 总线是由主机一侧的 USB 总线控制器、USB 设备一侧的 USB 设备接口以及连接两者的 USB 电缆组成的。

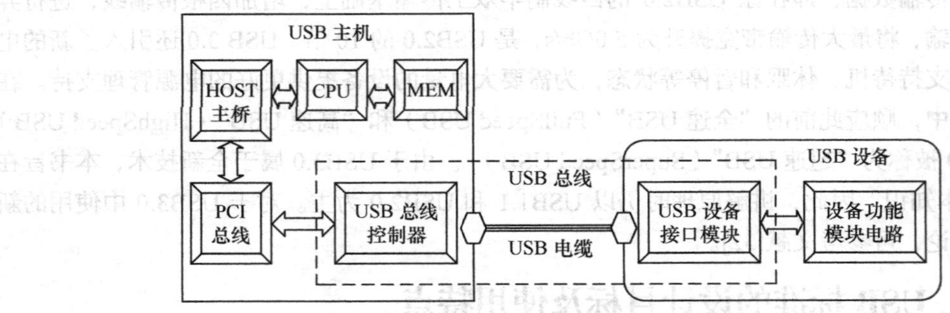

图 11.1　微机系统 USB 总线构成

接入 USB 总线中的设备，必须按照 USB 规范要求设计相应的 USB 设备接口，实现与 USB 主机的连接和数据交换。

USB 总线连接了 USB 主机和 USB 设备。在 USB 系统中有一类称为 USB 集线器（HUB）的特殊设备，该类设备可以接到 USB 总线控制器的根节点上，也可以接到其他节点上，用于扩展 USB 节点，一个节点可以支持一个设备的接入。USB 总线的体系架构为如图 11.2（a）所示的阶梯式星形拓扑结构。从图 11.2（a）中可看出，每个集线器都在星形的中心，节点代表某个设备和功能模块，从主机到集线器，或是从集线器到集线器，每条线段都是点对点连接。这种集线器级联的方式使得外设的扩展很容易。

USB 协议规定最多允许 5 级集线器进行级联。对于 USB 设备而言 USB 集线器是透明的，即从逻辑上来看各个设备都是直接与主机相连，其逻辑结构如图 11.2（b）所示。

1. USB 主机

USB 主机是一台带有 USB 主机接口的普通计算机，它是 USB 系统的核心，一个 USB 系统中有且仅有一台 USB 主机。主机通过 USB 主机接口（USB 总线控制器）与外部 USB 设备进行通信。在设计中，USB 主机接口都必须提供基本相同的功能，即对主机及设备来讲都必须满足一定的规范要求。USB 主机接口主要包括以下功能。

- 产生帧：USB 系统采用帧同步方式传输数据。在全速方式下，帧时间为 1ms，即每隔 1ms 产生一个帧开始令牌 SOF（Start-of-Frame），标志一个新帧的开始。在高速传输时采用高速微帧，微帧时间为 125μs，1ms 内可产生 8 个微帧 SOF 令牌。在帧停止令牌 EOF（End-of-Frame）期间停止一切传输操作。

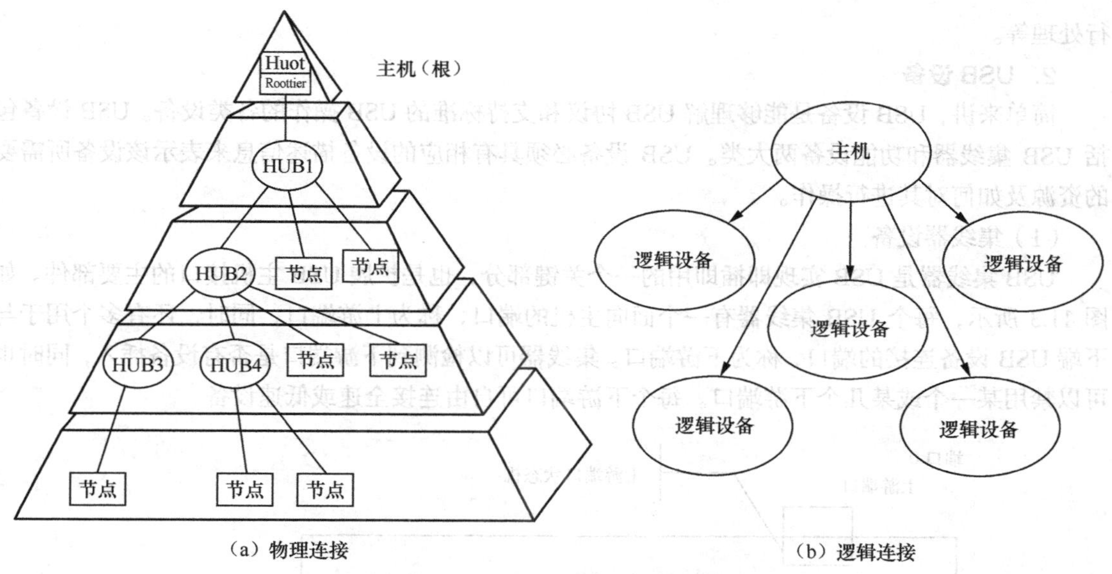

（a）物理连接　　（b）逻辑连接

图 11.2　USB 主机和 USB 设备的连接

- 传输差错控制与错误统计：为保证 USB 总线的传输可靠性，USB 主机接口必须能够发现超时错、协议错以及数据丢失或无效传输等几种错误，并能够统计错误在传输过程中出现的次数，以便决定是重新传输还是报告错误。
- 状态处理：状态处理（State Handling）作为主机的一部分，USB 总线控制器报告及管理它的状态。USB 总线控制器具有一系列 USB 系统管理的状态。USB 总线控制器的总的状态与根集线器及总体的 USB 状态密不可分，它的任何一个对设备来说可见的状态的改变都应反映设备状态的相应改变，从而保证 USB 总线控制器与设备之间的状态是一致的。
- 串行/并行数据转换：USB 采用串行方式传输数据。对于数据发送，USB 总线控制器要将主机需传输的并行数据转化为串行数据，并加上 USB 协议信息后送到传输单元，而对于接收的数据进行反向操作。不管是作为主机接口的一部分，还是作为设备接口的一部分，串行接口引擎（SIE）都必须处理 USB 传输过程中的串行/并行数据转换工作。在主机上，串行接口引擎是主机接口的一部分。
- 数据处理：USB 总线控制器处理来自主机的输入/输出数据的请求，接收来自 USB 系统的数据并将其传输给 USB 设备，或从 USB 设备接收数据送给 USB 系统。USB 系统和 USB 总线控制器之间进行数据传输时的格式是基于具体的实现系统，同时也要符合传输协议的要求。

从用户的角度看，USB 主机所具有的功能如下。

- 检测 USB 设备的插入和拔出。
- 管理主机与设备之间的数据流。
- 对设备进行必要的控制。
- 收集各种状态信息。
- 对插入的设备供电。

这些功能都由主机上客户软件（用户应用程序）和 USB 系统软件（如 USB 主机驱动程序）来实现。客户软件与其对应的 USB 设备进行通信，实现各个 USB 设备的功能应用。系统软件对 USB 设备和客户软件之间的通信进行管理，并完成 USB 系统中一些共同的工作。例如，USB 设备的枚举和配置、参与各种类型的数据传输、电源管理以及报告设备和总线的一些状态信息并进行处理等。

2. USB 设备

简单来讲，USB 设备是能够理解 USB 协议和支持标准的 USB 操作的各类设备。USB 设备包括 USB 集线器和功能设备两大类。USB 设备必须具有相应的设备描述信息来表示该设备所需要的资源及如何对其进行操作。

（1）集线器设备

USB 集线器是 USB 实现即插即用的一个关键部分，也是扩展 USB 主机接口的主要部件。如图 11.3 所示，每个 USB 集线器有一个面向主机的端口，称为上游端口，同时，还有多个用于与下端 USB 设备连接的端口，称为下游端口。集线器可以检测到下游端口是否有设备插入，同时也可以禁用某一个或某几个下游端口。每个下游端口可自由连接全速或低速设备。

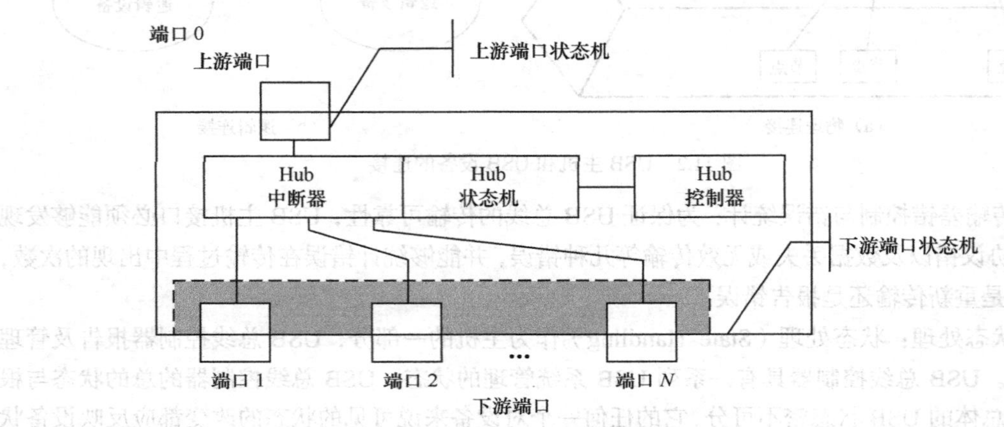

图 11.3　USB 集线器结构图

一个 USB 集线器由控制器和中继器两部分组成。中继器是一个上游端口和下游端口之间由协议控制的开关。它由硬件产生复位、休眠和恢复信号。控制器提供接口寄存器用于与主机通信。主机根据集线器特定的状态，使用控制命令对集线器进行配置，检查各端口并对它们进行控制。

（2）USB 功能设备

USB 功能设备是具有特定应用功能的设备。它能发送数据到主机，也可以接收来自主机的数据和控制信息，如 USB 鼠标、键盘、数字游戏杆、扬声器和打印机等都属于功能设备。对于微机系统而言，由于系统通常提供了标准的外设接口，因此，针对 USB 应用的开发关键是进行 USB 设备接口的开发，而对于嵌入式系统或定制开发的系统，还需要考虑 USB 主机侧接口的设计与开发，以使其能够支持现有的 USB 设备，如让定制开发的智能设备支持 U 盘或 USB 键盘、鼠标等。本书重点讨论 USB 功能设备接口的应用设计及相关知识。

3. USB 电缆

USB 电缆是 4 芯电缆，分上游插头和下游插头，分别与集线器扩展的节点及外设或下一个集线器进行连接。USB 系统使用两种电缆：用于全速通信的包有防护物的双绞线和用于低速通信的不带防护物的非双绞线（同轴电缆）。

11.2.2　USB 通信模型及数据流模型

前面各章所介绍的并行接口技术中，主机和设备接口之间都是通过并行总线进行数据传输。所谓并行传输是主机与外设之间通过多根数据线，以一个或多个数据字节为单位进行数据传输，且并行总线除数据总线之外，还包括地址总线和控制总线。因此，设备接口电路通过地址线编址（地址译码），将设备接口寄存器作为系统的 I/O 或存储器地址空间，主机系统可通过 I/O 或存储器操作指令直接对设备接口寄存器或存储单元进行读写操作，从而实现对设备的控制和数据交换。

在串行总线中，主机和设备之间是通过串行方式进行数据传输，即是在一个串行传输通道中一位一位地实现所有地址、数据和控制信号的传输，因此，串行方式数据传输对数据格式有要求，且设备接口无法直接分配到主机系统中 I/O 或存储器地址，主机也无法直接通过 I/O 或存储器操作指令，实现对设备接口的控制和数据传输。主机与设备之间是通过不同的“交换包”来实现控制指令的下发及数据的传输的，而设备接口则需要接收和解析主机传输的各种“交换包”来响应主机的各类请求。从系统整体来看，USB 系统的主机与设备之间的数据交换是建立在通信的基础上的，其通信模型如图 11.4 所示。

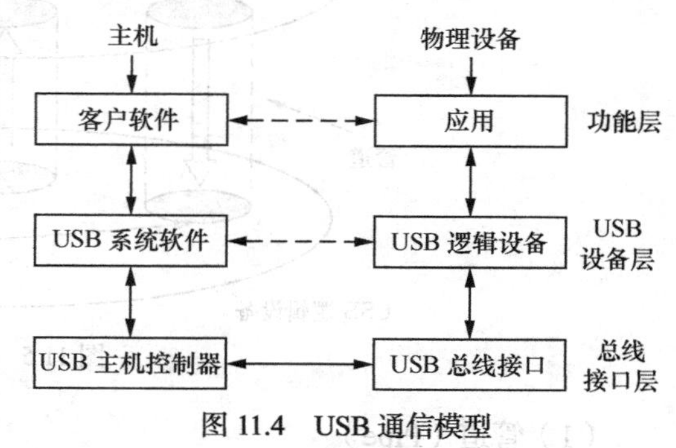

图 11.4　USB 通信模型

1. USB 通信的层次模型

USB 通信模型主要分为三层，即总线接口层、USB 设备层和功能层（应用层）。总线接口层主要由底层的硬件接口及相应的 USB 电缆组成。底层硬件接口包括了主机侧的 USB 主机控制器与 USB 设备侧的 USB 总线接口模块，该层建立了 USB 主机与 USB 设备之间的物理传输通道，是实现通信的基础。其中，总线接口层与接口技术紧密相关，也是本章讨论的重点内容。

USB 设备层由主机侧的 USB 系统软件、USB 设备侧的 USB 逻辑设备及其间的逻辑通道组成，它们完成 USB 设备的一些基本的、共有的工作。USB 系统软件是指在某一操作系统上支持 USB 的软件，如 USB 总线驱动程序（USBD）和设备驱动程序，它通过封装底层硬件接口操作，提供设备级的服务支持及标准的 API 接口，该层建立了 USB 主机与 USB 设备间的逻辑传输通道。USB 逻辑设备是通过对 USB 设备的配置和描述来定义的，一个 USB 逻辑设备对应一组设备的配置及其分配的资源，关于对逻辑设备概念的理解参见 11.4.3 节设备的配置及描述。由于 USB 设备层的存在，在进行客户软件开发时，开发人员面向的是 USB 逻辑设备，即 USB 系统软件提供的标准编程接口，而不必关注底层的设备管理与具体的通信实现，大大降低了 USB 应用开发的工作量和难度。

功能层由主机侧的客户软件和 USB 设备侧的应用模块组成，它们实现单个 USB 设备特定的功能。客户软件通过设备层提供的标准接口，实现对应用模块的控制和数据传输，并根据应用需求进行分析、计算、处理、传输和展现。虽然 USB 设备的应用会因实际需求而千差万别，但对客户软件开发而言，其面向的 USB 设备的标准编程接口却是一致的，所以，对于所有这些设备，主机都可以用同样的方式来管理它们。

在 USB 系统中，USB 主机与 USB 设备之间的是采用主从结构的通信方式，即所有的操作和数据传输都是由 USB 主机发起，USB 设备根据主机的请求进行响应，这一点对于后续理解 USB 设备接口开发至关重要。USB 主机在 USB 系统中是一个起协调作用的实体，它的责任是控制所有对 USB 的访问，一个 USB 设备想要访问总线必须由主机给予它使用权。主机还负责监督 USB 的拓扑结构。

2. USB 通信逻辑模型

从主机侧的软件角度来看，USB 主机与 USB 设备之间是通过管道来实现数据传输的。如

图 11.5 所示。管道是由主机上的软件与设备接口中的端点构成的一个传输通道。管道的特性由端点的特性决定。在设备开发时，可以将管道分配给不同的设备功能模块，从而建立起客户软件与应用的逻辑通道，如图 11.4 中功能层所示。客户软件可以通过管道与设备功能模块进行数据的交换，设备功能模块根据收到的命令或数据予以响应和执行操作。

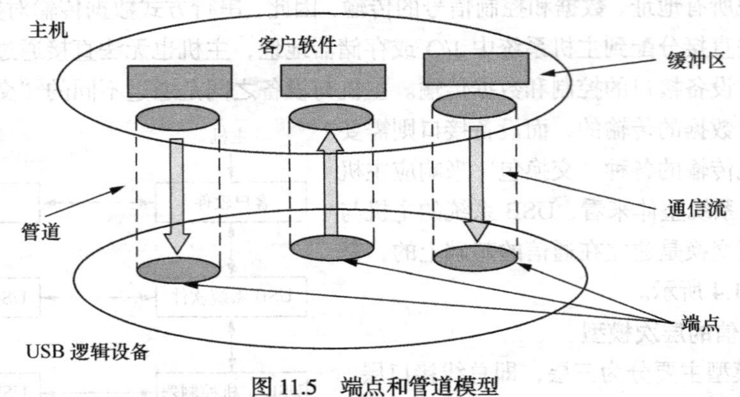

图 11.5　端点和管道模型

（1）管道（Pipe）

管道是设备端点和主机的逻辑连接通道。管道体现了主机缓存和端点间传输数据的能力，各管道之间的数据流动是相互独立的，它是一个抽象出来的接口。从 USB 通信模型来看，管道在底层是由 USB 总线接口层的物理链路和 USB 设备层的逻辑链路组成，通过管道进行数据传输最终还是通过 USB 接口层中的物理链路进行传输，只不过，系统软件将底层的硬件接口进行了封装，客户软件对管道的操作，最终都由系统软件转化成对设备接口的操作，从而简化客户程序的开发。在一个传输发生之前，主机与设备之间必须先建立一个管道。对于客户软件来讲，管道是客户软件与设备之间进行数据传输的唯一方式。

根据实际应用需求不同，不同管道的特性也有所不同，如传输类型、传输方向、传输大小和传输方式等。每条管道的特性都是由设备端点的特性所决定，设备端点的特性是通过设备的配置和相关的描述符来定义，一旦端点的特性被定义，该管道就确定了一种唯一的通信方式。因此，设备提供给主机软件的接口实际上是由设备来定义，主机系统软件则根据设备提供的信息进行设备的配置并分配资源，客户软件则通过对设备的枚举来获取相应设备的地址及资源，并建立管道，实现与设备的数据交换。

根据数据传输方式的不同，USB 协议定义了两种不同类型的管道，分别是流管道（Stream Pipe）和消息管道（Message Pipe）。其中，消息管道对于传输的数据有固定的格式要求，如 USB 系统中默认的控制管道属于消息管道。流管道对于其中传输的数据没有格式要求。

① 消息管道。

所谓消息是指具有特定含义的数据。消息管道顾名思义就是说其中所传输的数据具备特定的含义，如请求、数据或状态等不同含义的数据，通信双方需要根据约定对数据进行解析、确认和响应，因此，消息管道需要对传输的数据约定一种格式，以便通信双方能够达成一致的理解以及可靠地传输和确认。从消息管道的特点来看，适于命令的传输或数据量较小的传输场合。通常来讲，大多数消息管道的通信流是单方向的，但也允许双向的信息流。例如，默认控制管道也是一个消息管道，它有两个相同地址的端点，一个用于输入，一个用于输出，但两个地址必须相同。消息管道支持控制传输，关于传输方式的介绍，见 11.2.3 节内容。

② 流管道。

流管道中的数据是流的形式，不具备特定的含义，在通信的过程中，双方不用解析数据的内容。数据所表达的信息由接收该数据的应用程序负责解析，因此，流管道中传输的数据内容不具有 USB 要求的格式。数据从管道流进的顺序与流出时的顺序是一样的，即在流管道中传输的数据遵循先进先出原则，流管道中的通信流总是单方向的。客户端软件与 USB 设备采用流管道进行数据传输时，必须建立不同方向的流管道，因为 USB 系统软件同一时间只能将一个流管道提供给一个客户端软件使用，流管道支持同步、中断和批量等传输类型。

（2）端点（Endpoint）

端点是 USB 设备中的逻辑连接点。每个设备都有一个或多个端点。端点是一个 USB 设备中唯一可寻址的部分，是主机和设备之间数据通信的源或目的。端点在硬件上就是一个有一定深度的 FIFO。每一个 USB 设备都有一组互相独立的端点，每个端点与主机之间有 4 种可选的数据传输方式，在设备配置时设备必须指明每个端点的传输方式。设备端点及其配置相关内容见 11.4 节和 11.5 节 USB 设备接口及设计。

USB 协议中规定，每个 USB 设备都必须有一个端点 0，其特性是默认的，不需要通过描述符来配置。端点 0 通常由输入和输出两个端点组成，主机软件与端点 0 之间建立默认双向管道（Default Pipe）。在设备未配置前，默认管道是主机软件与设备间通信的唯一通道，可用于配置设备和实现对设备的一些基本的控制功能。除了端点 0，其余的端点在完成设备配置之前是不能和主机通信的。在设备配置时，设备必须在配置描述符中描述端点及端点的特性并报告主机，待主机确认后，这些端点才被激活。端点的特性包括端点号、通信方向、端点支持的最大包大小、带宽要求，以及支持的传输方式等。通常，低速 USB 设备最多只能有 2 个端点（不含端点 0），而全速设备最多能有 15 个端点。

对于每一个接入 USB 主机的设备，在完成设备的接入和配置工作后，都有一个由主机分配的唯一的地址，而各个设备上的端点都有设备确定的端点号和通信方向。每个端点只支持单向通信（除端点 0 外），方向以 USB 主机为参考，要么是输入端点，数据流方向是从设备到主机；要么是输出端点，数据流方向是从主机到设备。设备地址、端点号和通信方向三者结合起来就唯一确定了各个端点的特性。

USB 系统软件不会让多个请求同时使用同一个消息管道。一个设备的每个消息管道在一个时间段内，只能为一个消息请求服务，多个客户软件可以通过默认控制管道发出它们的请求，但这些请求到达设备的次序是按先进先出的原则。正常情况下，在上一个消息未被处理完之前，是不能向消息管道发下一个消息的。但在有错误发生的情况下，主机会取消这次消息传输，并且不等设备将已接收的数据处理完，就开始下一次的消息传输。

3. USB 数据流模型

如图 11.4 所示，在主机端数据流经过客户软件层、USB 系统软件层（USBD、HCD）和主机控制器 3 层，在设备端数据流经过 USB 总线接口层、USB 设备层和功能层 3 层。在编程时，客户软件通过 USB 系统软件提供的编程接口操作对应的设备，而不是直接操作内存或 I/O 端口来实现。

图 11.6 所示是主机侧详细的数据通信流。以信号从主机流向设备为例来看看数据的流动情况。客户软件经 USBD（USB Driver）传输给系统软件的数据是不具有 USB 通信格式的数据。系统软件对这些数据分帧，实现带宽分配，而后交给 USB 主机控制器。主机控制器对数据实现传输事务，按 USB 格式打包，再经串行接口引擎（SIE）后将数据最终转化为符合 USB 电气特征的差分码并

从 USB 电缆发往总线接口层，然后传给设备层。数据到达设备层后的操作是一个逆过程，在设备层中将数据解码，发往不同端点的数据包被分开，并正确排列，帧结构被拆除，数据成为非 USB 格式的形式后被送往各端点，实现通信。

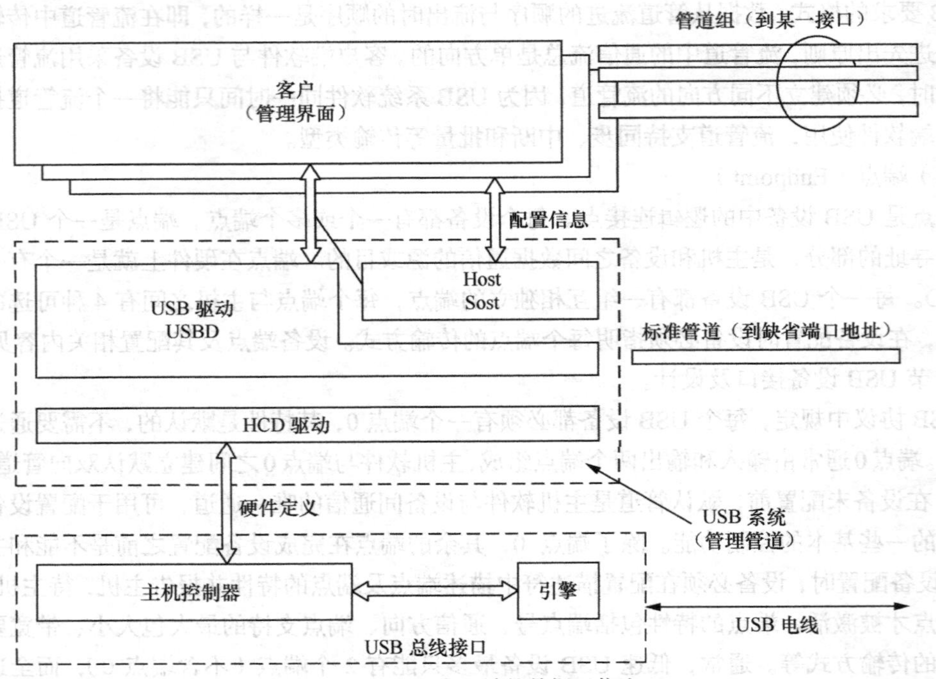

图 11.6 USB 主机端的数据通信流

在主机侧，有 HCD 和 USBD 两个接口层。HCD（Host Control Driver，主机控制驱动）是对主机控制器硬件的一个抽象，提供主机控制器硬件与 USB 系统软件（USBD）之间的软件接口。不同 PC 的主机控制器硬件实现并不一样，但有了 HCD，USB 系统软件就可以不理会各种 HCD 具有何种资源、数据如何打包等问题，尤其是 HCD 隐藏了怎样实现根集线器的细节。

USBD 是客户软件和 HCD 的接口，能让客户方便地对设备进行控制和通信，是 USB 系统中十分重要的一环。USBD 结构如图 11.7 所示。实际上从客户软件的角度看，USBD 控制所有的 USB 设备，而客户对设备的控制和所要发送的数据只要交给 USBD 就可以了。USBD 为客户软件提供命令机制（接口）和管道机制（接口）。客户软件通过命令接口可以访问所有设备的端点 0 且与默认管道通信，从而实现对设备的配置和其他一些基本的控制工作。管道接口允许客户和设备实现特定的通信功能。

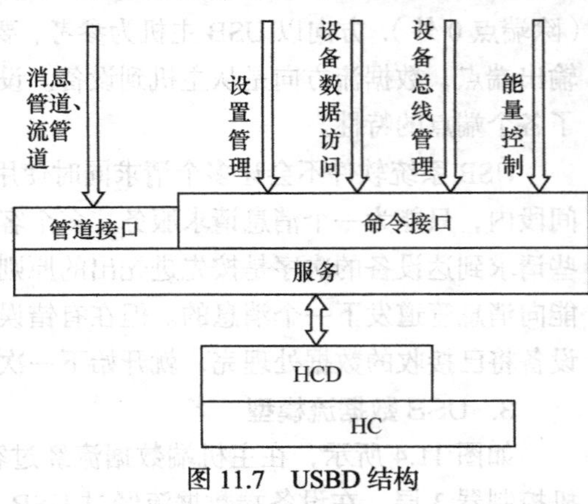

图 11.7 USBD 结构

11.2.3 USB 数据传输类型与传输方式

USB 协议定义了主机与 USB 设备之间数据传输的 4 种类型，这些传输类型由管道的特性所决定，即由 USB 设备端点的特性所决定。在实际应用中，可根据不同的应用特点，将设备端点设置成不同的传输类型，以满足不同的传输需求。但是，一旦配置完成后，一个端点只能使用一种数据传输类型。

USB 传输类型实质是 USB 数据流类型，USB 数据流类型有控制信号流、块数据流、中断数据流、实时数据流 4 种。控制信号流的作用是当 USB 设备加入系统时，USB 系统软件与设备之间建立起控制信号流来发送控制信号，这种数据流不允许出错或丢失。块数据流通常用于发送大量数据。中断数据流是用于传输少量随机输入信号的，包括事件通知信号、输入字符或坐标等，它们应该以不低于 USB 设备所期望的速率进行传输。实时数据流用于传输连续的固定速率的数据，它所需的带宽与所传输数据的采样率有关。因为实时数据流要求固定速率和低延时，USB 系统专门对此进行了特殊设计，尽量保持低误码率和较大的缓冲区。

与 USB 数据流类型对应，USB 有 4 种基本的传输方式，了解 USB 主机与设备之间的数据传输方式及其特点，是理解如何配置和描述 USB 设备端点的关键。

1. 控制（Control）传输方式

控制传输是双向的，它的传输有 2～3 个阶段：Setup 阶段、Data 阶段（可有可无）和 Status 阶段。在 Setup 阶段，主机送命令给设备；在 Data 阶段，传输的是 Setup 阶段所设定的数据；Status 阶段，设备返回握手信号给主机。

USB 协议规定每一个 USB 设备必须要用端点 0 来完成控制传输，当 USB 设备第一次被 USB 主机检测到时，它用于和 USB 主机交换信息，提供设备配置、对外设设定、传送状态这类双向通信。传输过程中若发生错误，则需重传。

控制传输主要是用作配置设备，也可以作为设备的其他特殊用途。例如，对数码相机设备，可以传送暂停、继续、停止等控制信号。

2. 批（Bulk）传输方式

批（块）传输可以是单向，也可以是双向。它用于传送大批数据，这种数据的时间性不强，但要确保数据的正确性。在批的传输过程中出现错误，则重传。其典型的应用是扫描仪输入、打印机输出、静态图片输入。

3. 中断（Interrupt）传输方式

中断传输是单向的，且仅输入到主机，它用于不固定的、少量的数据传送。当设备需要主机为其服务时，向主机发送中断信息以通知主机，像键盘、鼠标之类的输入设备采用这种方式。USB 的中断是查询（Polling）类型。主机要频繁地请求端点输入，USB 设备在全速情况下，其端点查询周期为 1～255ms；对于低速情况，查询周期为 10～255ms。因此，最快的查询频率是 1kHz。在信息的传输过程中，如果出现错误，则需在下一个查询周期中重传。

4. 等时（Isochronous）传输方式

等时（同步）传输可以单向也可以双向，用于传送连续性、实时的数据。这种方式的特点是要求传输速率固定（恒定），时间性强，忽略传送错误，即传输中数据出错也不重传，因为这样会影响传输速率。传送的最大数据包是 1024B/ms。视频设备、数字声音设备和数码相机采用这种方式。

以上 4 种传输类型方式的实际传输过程分别如下。

（1）控制传输：总线空闲状态→主机发设置（SETUP）标志→主机传送数据→端点返回成功信息→总线空闲状态。

（2）块传输（输入）：当端点处于可用状态，并且主机接收数据时，总线空闲状态→发送 IN 标志以示允许输入→端点发送数据→主机通知端点已成功收到→总线空闲状态。

（3）块传输（输出）：当端点处于可用状态，并且主机发送数据时，总线空闲状态→发送OUT标志以示将要输出→主机发送数据→端点返回成功→总线空闲状态；当端点处于暂不可用或外设出错状态时，总线空闲→发IN（或OUT）标志以示允许输入（或输出）→端点（主机）发送数据→端点请求重发或外设出错→总线空闲状态。

（4）中断传输：当端点处于可用状态，总线空闲状态→主机发IN标志以示允许输入→端点发送数据→端点返回成功信息→总线空闲状态；当端点处于暂不可用或外设出错状态时，总线空闲状态→主机发IN标志以示允许输入→端点请求重复或外设出错→总线空闲状态。

（5）等时传输：总线空闲状态→主机发IN（或OUT）标志以示允许输入（或输出）→端点（主机）发送数据→总线空闲状态。

11.3 USB接口与信号定义

11.3.1 USB物理特性与电气特性

USB电缆由电源线（V_{BUS}）、地线（GND）和两根数据线（D_+和D_-）共4根线组成。数据在D_+和D_-间通过差分方式以全速或低速传输，如图11.8所示。

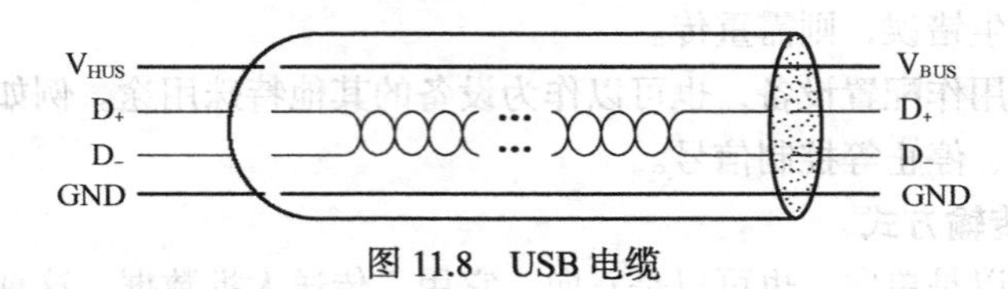

图11.8 USB电缆

电缆中V_{BUS}和GND提供USB设备的电源。V_{BUS}使用+5V电源。USB对电缆长度的要求很宽，最长可为5m。每个USB单元通过电缆只能提供有限的能源。主机对那种直接相连的USB设备提供电源供其使用，并且每个USB设备都可能有自己的电源。那些完全依靠电缆提供能源的设备称作总线供能设备。相反，那些可提供能源来源的设备称作自供电设备。集线器也可由与之相连的USB设备提供电源。

USB主机与USB系统有相互独立的电源管理系统。USB的系统软件可以与电源管理系统共同处理电源部件的挂起、唤醒等。

1. USB输出驱动特性

USB采用差分驱动输出的方式在USB电缆上传输信号。信号的低电平必须低于0.3V（可用1.5kΩ电阻接3.6V电压），信号高电平必须高于2.8V（可用15kΩ电阻接地）。输出驱动必须支持三态工作，以支持双向半双工的数据传输。

全速设备的输出驱动要求更为严格，其电缆的特性阻抗范围必须在76.5～103.5Ω，传输的单向延迟小于26 ns，驱动器阻抗范围必须在28～44Ω。对于用CMOS技术制成的驱动器，由于它们的阻抗很小，可以分别在D_+和D_-驱动器串上一个阻抗相同的电阻，以满足阻抗要求并使两路平衡。图11.9所示是一个USB全速CMOS驱动器电路。

所有USB集线器和全速设备的上游端口（Upstream Port）的驱动器都必须是全速的。集线器上游端口发送数据的实际速率可以为低速，但其信号必须采用全速信号的定义。低速设备上游端口的驱动器电路是低速的。

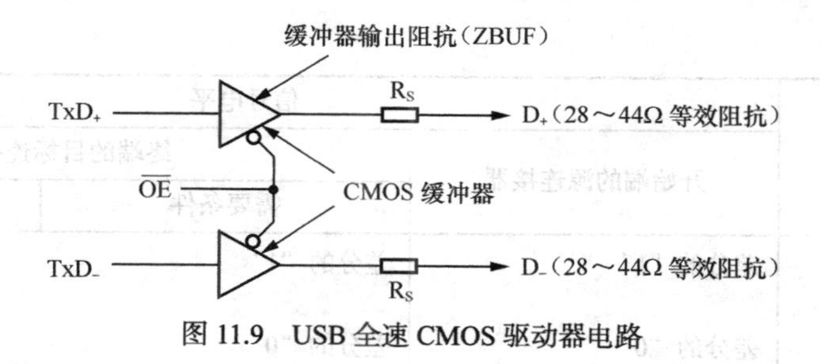

图 11.9 USB 全速 CMOS 驱动器电路

2. USB 接收特性

所有 USB 设备、集线器和主机都必须有一个差分数据接收器和两个单极性接收器。差分接收器能分辨 D_+和 D_-数据线之间小至 200mV 的电平差。两个单极性接收器分别用于 D_+和 D_-数据线，它们的开关阈值电压为 0.8V 和 2.0V。

图 11.10（a）、（b）分别是 USB 上游端口和下游端口的收发器电路图。

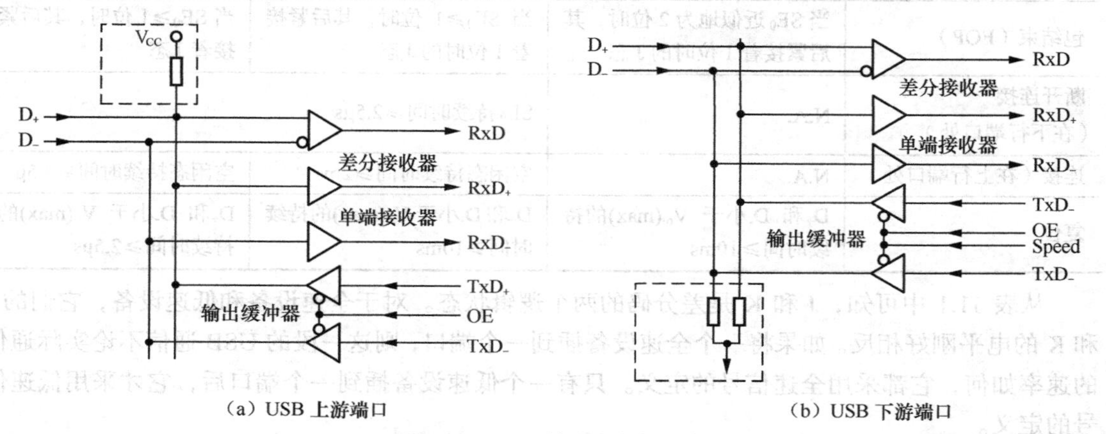

（a）USB 上游端口　　　　（b）USB 下游端口

图 11.10 USB 端口收发器电路

11.3.2 USB 信号定义

表 11.1 从物理上对 USB 各种信号作了一个归纳。表 11.1 的第二列表示对信号源端驱动电路的要求，第三列表示信号接收端的接收电路具有的灵敏度要求。

表 11.1　　　　信号电平的定义

总线状态	信号电平		
	开始端的源连接器	终端的目标连接器	
		需要条件	接收条件
差分的“1”	$D_+>V_{oh}(min)$ $D_-<V_{ol}(max)$	$D_+-D_->200$ mV $D_+>V_{ih}(min)$	$D_+-D_->200$ mV
差分的“0”	$D_->V_{oh}(min)$ $D_+<V_{ol}(max)$	$D_--D_+>200$ mV $D_->V_{ih}(min)$	$D_--D_+>200$ mV
单终端“0”(SE0)	D_+和 $D_-<V_{ol}(max)$	D_+和 $D_-<V_{il}(max)$	D_+和 $D_-<V_{ih}(min)$
数据 J 态：高速	差分的“0”	差分的“0”	
数据 J 态：低速	差分的“1”	差分的“1”	

续表

总线状态	信号电平		
	开始端的源连接器	终端的目标连接器	
		需要条件	接收条件
数据 K 态：高速 低速	差分的“1” 差分的“0”	差分的“1” 差分的“0”	
空闲态：高速 低速	N.A.	$D_->V_{ihz}(min)$ $D_+>V_{il}(max)$ $D_+>V_{ihz}(min)$ $D_-<V_{il}(max)$	$D_->V_{ihz}(min)$ $D_+<V_{ih}(min)$ $D_+>V_{ihz}(min)$ $D_-<V_{ih}(min)$
唤醒状态	数据 K 状态	数据 K 状态	
包开始（SOP）	数据线从空闲态转到 K 态		
包结束（EOP）	当 SE_0 近似地为 2 位时，其后紧接着 1 位时的 J 态	当 $SE_0 \geq 1$ 位时，其后紧接着 1 位时的 J 态	当 $SE_0 \geq 1$ 位时，其后紧接着 J 态
断开连接（在下行端口处）	N.A.	SE_0 持续时间≥2.5μs	
连接（在上行端口处）	N.A.	空闲态持续时间≥2ms	空闲态持续时间≥2.5μ
复位	D_+ 和 D_- 小于 $V_{ol}(max)$ 的持续时间≥10ms	D_+ 和 D_- 小于 $V_{il}(max)$ 的持续时间≥10ms	D_+ 和 D_- 小于 $V_{il}(max)$ 的持续时间≥2.5μs

从表 11.1 中可知，J 和 K 是差分码的两个逻辑状态。对于全速设备和低速设备，它们的 J 和 K 的电平刚好相反。如果将一个全速设备插到一个端口，则这一段的 USB 通信不论实际通信的速率如何，它都采用全速信号的定义。只有一个低速设备插到一个端口后，它才采用低速信号的定义。

11.3.3 USB 数据编码与解码

USB 使用一种不归零反向 NRZI（None Return Zero Invert）编码方案。在该编码方案中，“1”表示电平不变，“0”表示电平改变。图 11.11 列出了一个数据流的 NRZI 编码，在图 11.11 所示的第二个波形中，一开始的高电平表示数据线上的 J 态，后面就是 NRZI 编码。

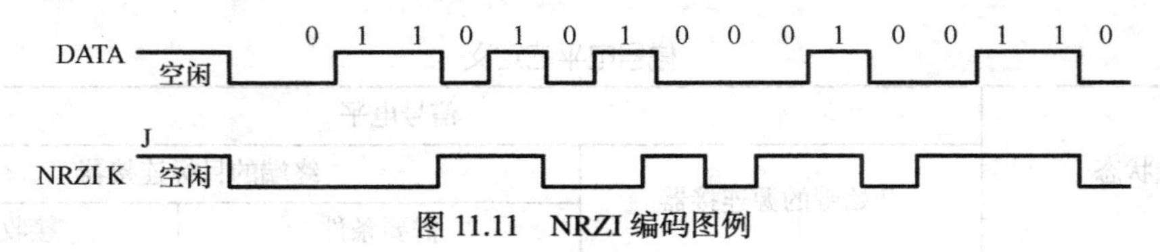

图 11.11 NRZI 编码图例

USB 用总线上电平的跳变作为时钟来保持数据发送端和接收端的时钟同步。因此，在数据传输时，总线上电平的跳变必须有足够的频率。根据 NRZI 编码规定，如果发送端要连续发送一串逻辑二进制“1”，则在这期间总线上电平会一直保持不变，通信双方的时钟可能会失步。针对这种可能出现的情况，USB 规定了比特填充（Bit Stuffing）机制。在数据进行 NRZI 编码之前，当数据发送端在连续发送 6 个逻辑“1”后，它自动插入一个逻辑“0”。这样，总线上的电平至少每 6 个比特时间就能跳变一次。

与之对应，在数据接收端也有一个自动识别被插入的“0”并将其舍弃的机制。如果接收端发现有连续 7 个逻辑“1”，则认为是一个比特填充错误。它将丢弃整个数据包，并等待发送端重新发送数据。

图 11.12 是一个比特填充的图例。可以发现，SYNC 信号在逻辑上其实是“10000000B”，数据以 00000001 的顺序在总线上发送。经过比特填充和 NRZI 编码后变为总线上的“KJKJKJKK”信号。

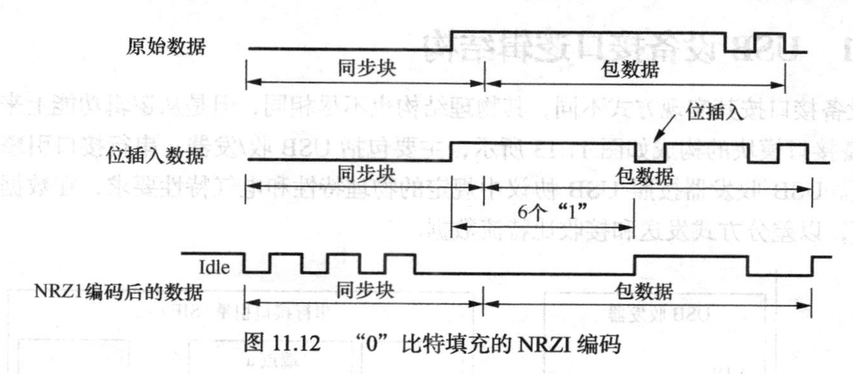

图 11.12　“0”比特填充的 NRZI 编码

11.4　USB 设备接口设计基础知识

USB 设备接口设计涉及 USB 总线一系列 USB 协议，包括物理层面（硬件）和逻辑层面（软件）的标准与规范。这无疑增加了设计的难度，但只要了解与认识了相关的协议标准，按规范进行设计也就能够实现设计目标。为此，本节要讨论几个需要重点理解的问题，以作为 USB 接口设计的基础知识。

首先，要了解 USB 系统结构。USB 设备作为 USB 系统中的一部分，需要与 USB 主机进行交互，因此，有必要从整体上了解 USB 系统的结构及各组成部分的主要功能及作用，包括 USB 系统的组成、USB 通信模型、USB 数据类型及传输方式以及 USB 信号定义等，它们是 USB 系统工作的基本原理，也是 USB 设备接口设计的基本依据，这些内容在 11.2 节已进行了介绍。

其次，要深入理解实现 USB 通信的基本方法，它们是 USB 设备接口设计需要应用的基本技术，有如下几点。

（1）USB 设备接口控制器逻辑结构。USB 设备接口控制器是完成 USB 总线上数据收发和控制的关键，不同厂家的控制器，其逻辑结构也不尽相同。USB 设备接口控制器通常需要配置微控制器，由微控制器通过接口实现对 USB 设备控制器的控制操作。

（2）USB 设备的状态及转换。USB 设备从连接到 USB 主机一直到设备从 USB 主机拔出的过程中，存在多种设备状态之间的转换，当状态转换发生时，也会相应触发 USB 设备的标准操作，从而完成设备在不同状态时的相关事务处理。

（3）USB 设备的配置和描述。USB 设备通过描述符来描述设备固有信息及资源配置情况，并在 USB 设备的相关标准操作和请求响应例程中返回相应的描述符信息给主机，为主机识别、配置和为设备分配资源提供相关信息。

（4）USB 设备的标准操作及请求。USB 设备是通过响应 USB 主机下发的标准操作和请求来实现设备的配置、设备动作和数据传输的，USB 设备接口开发的任务之一就是编写 USB 设备的标准操作和请求的响应例程，因此，理解 USB 设备所支持的标准操作和请求是进行 USB 设备接口设计与应用开发的关键。

（5）USB 设备接口控制器及设备接口固件程序设计。USB 设备接口控制器根据 USB 设备的功能与应用要求不同有不同的选择，要在 USB 设备接口设计方案中进行分析与确定。一般来讲，USB 设备接口控制器是以内嵌式接口模块的形式集成在微控制器内部，如在 C8051F340 单片机内部就自带了一个 USB 设备接口控制器。

11.4.1 USB 设备接口逻辑结构

USB 设备接口按其实现方式不同，其物理结构也不尽相同，但是从逻辑功能上来看，通常一个 USB 设备接口模块的构成如图 11.13 所示，主要包括 USB 收/发器、串行接口引擎和相应的数据缓存构成。USB 收发器按照 USB 协议中规定的物理特性和电气特性要求，在数据传输控制逻辑的控制下，以差分方式发送和接收比特流数据。

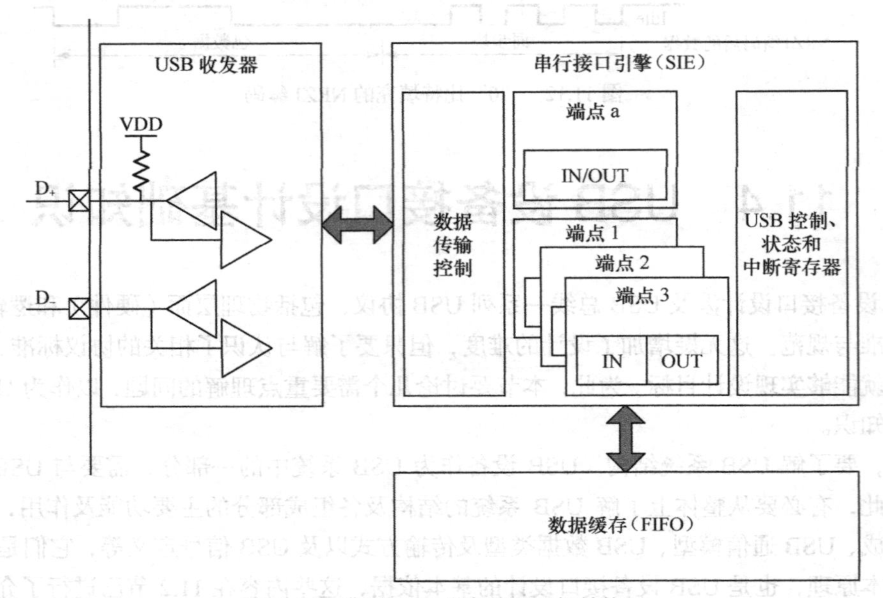

图 11.13 典型 USB 设备接口逻辑结构图

串行接口引擎实际上是 USB 设备接口的控制逻辑的核心，也是对外的接口。串行接口引擎最主要的功能是实现并-串和串-并的转换、控制 USB 收发器发送和接收串行数据、记录发送和接收的状态以及通过中断请求通知外部 USB 主控制器。串行接口引擎主要由数据传输控制逻辑、USB 控制、状态和中断寄存器以及多组端点组成，每个端点都配有一定深度的 FIFO，USB 控制器可通过编程方式来为端点分配不同大小和方向的 FIFO。总之，串行接口引擎提供了记录 USB 设备状态、实现 USB 接口控制以及记录设备产生的中断的一组寄存器，为外部 USB 主控制器提供操控 USB 设备的接口。

数据缓存是由一定大小的数据存储单元构成的 FIFO，存储大小决定了 FIFO 的深度及缓存的能力。根据实际需要，可分别为数据的发送和接收定义不同的 FIFO。数据缓存可以看作串行接口引擎的工作场所，对于发送数据操作，串行引擎可将待发送的数据写入发送的 FIFO 中，主机通过向串行接口引擎发出发送命令来启动传输。串行接口引擎在接收到发送命令时，首先检查相关状态，然后从 FIFO 中依次取出待发送的数据，进行并-串转换，最后控制 USB 收/发器将转换后的数据发送到 USB 主机，发送完成后，串行接口引擎更新相应的状态位并产生中断，以通知外部 USB 控制器进行处理。对于数据接收操作与发送操作正好相反，串行引擎控制 USB 收/发器接收到数据后，将接收到的串行数据转换成并行数据，并存入接收 FIFO 中，接收完成后，同样会更新相关的状态标志位并产生中断，以通知外部 USB 控制器进行后续处理。

USB 协议规定，USB 设备接口需定义一组以上的端点。端点是一个逻辑连接点，对于 USB 主机而言，也是 USB 设备中唯一可寻址的部分。端点是主机和设备之间数据通信的源或目的。对于 USB 设备接口本身而言，端点是由具有一定深度的 FIFO 组成，因此，端点实际上是设备内部与 USB 主机系统之间的桥梁，也是构成逻辑设备的关键。

从 USB 设备功能模块应用开发的角度来看，其核心的任务是从不同的 FIFO 中读取数据，或将设备产生的数据写入 FIFO 中，以传输给主机的客户软件实现应用功能。

11.4.2　USB 设备状态及转换

一个 USB 设备可以在逻辑上分为三层：总线接口层、设备层和（应用）功能层。总线接口层处于最底层，它的工作是发送和接收数据包。设备层是中间层，它的功能有点像一个路由器，把总线接口层的数据分发到各个端点。最上层是功能层，实现设备特定的功能。

本节主要讲述所有 USB 设备的中间层的一些共同特征和操作。实际上设备的功能层正是通过调用这些特征和操作来实现和主机的通信的。

USB 设备有几个可能的状态值，其中某些状态是可见的，而有些是不可见的。对于 USB 设备的开发者，要关心的是那些可见的状态。USB 设备的可见状态有：插入、上电、默认、地址、配置和挂起。图 11.14 是 USB 设备的状态图。下面结合 USB 的总线枚举过程，就这些状态的转化做一个说明。USB 设备的状态转化图，实际上就是 USB 主机与 USB 设备之间进行联络和通信的步骤及循环过程。

1．插入

设备插入（Attached）USB 集线器或主机根集线器的下游端口后，设备端的程序应该由 D_+和 D_-数据线发出一个大于 2.5μs 的闲置（Idle）信号，让主机知道有设备插入。全速设备的闲置信号是 D_+高电平，D_-低电平；低速设备与之相反，D_+低电平，D_-高电平。这样，主机不仅能检测到是否有设备插入，也能同时辨别插入的是全速设备还是低速设备。

2．上电

USB 协议允许设备有总线供电和自供电两种供电方式。对于自供电的设备，它自带的电源可以在被插入之前就对设备供电。但无论哪种方式，设备的 USB 接口都是由主机或集线器通过 V_{BUS}总线对其供电的。这里所指的上电状态就是指 V_{BUS}开始对设备 USB 接口供电的状态。

3．默认

设备上电后，它等待接收来自主机的复位（Reset）信号。复位后，设备处于默认状态。它具有一个默认地址 0，等待主机给它分配一个唯一的非 0 地址，并对它进行配置。

4．地址

主机分配给设备一个非 0 的唯一地址，使设备进入地址状态。在分配地址的过程中，主机仍然用默认地址 0 和设备进行通信，读取设备的设备描述符。在设备描述符中，设备报告主机它的默认管道端点 0 的有效数据负载。

5．配置

一个设备在被正式起用之前必须被主机配置。设备先向主机报告它的配置描述符，其中包括接口和端点的信息；然后，主机根据配置描述符，向设备写一个配置值。这时，设备就可以正常工作了。当主机要对设备重新配置时，它必须先取消原来的配置。

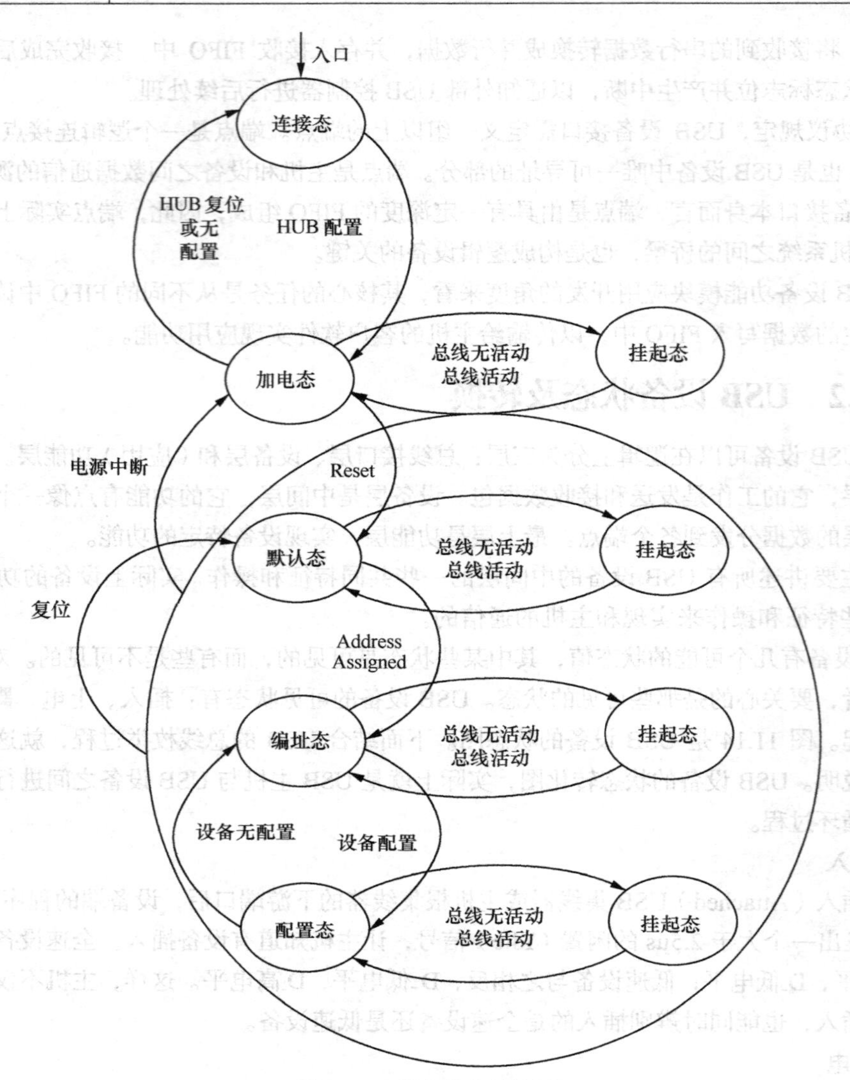

图 11.14 设备状态转换图

6. 挂起

当设备发现 3ms 内总线上没有数据传输时，自动进入挂起状态，保持原有的内部状态值。当总线上有动作时，设备退出挂起状态，返回原来状态。

以下给出在 C 语言程序中，6 种设备状态的宏定义。

```
//设备状态代码定义
#define  DEV_ATTACHED          0x00        // 设备处于插入状态
#define  DEV_POWERED           0x01        // 设备处于上电状态
#define  DEV_DEFAULT           0x02        // 设备处于默认状态
#define  DEV_ADDRESS           0x03        // 设备处于地址状态
#define  DEV_CONFIGURED        0x04        // 设备处于配置状态
#define  DEV_SUSPENDED         0x05        // 设备处于挂起状态
```

以上宏分别定义了 USB 设备的插入、上电、默认、地址、配置、挂起 6 种状态的状态代码。

11.4.3 USB 设备的配置及描述符

在前面的内容中我们了解到 USB 总线具有即插即用、动态配置以及支持不同种类的设备接入等特性，那么，设备是如何实现对这些特性的支持呢？对于一种通用型的总线而言，要实现设备的动态配置和对不同功能类型的支持，必须要求设备具备自我标识和提供各类信息的能力。USB 系统中，是通过描述符以及对设备的配置来为主机系统提供设备识别、资源分配以及设备相关信息的。一个描述符是具有确定格式的一个数据结构。USB 协议中定义了 5 种标准的描述符，分别是设备、配置、字符串、接口和端点描述符。每个描述符都以一个说明该描述符大小的一个字节宽度的域为开始，再跟上一个说明该描述符类型（类型码）的一字节宽的域，后续的字节内容就随各描述符所要描述的信息不同而不同。标准描述符类型常量定义如表 11.2 所示。

表 11.2　描述符类型

描述符类型	数值
设备	1
配置	2
字符串	3
接口	4
端点	5

在 C 语言程序中，通常用宏定义来代替设备描述符类型常量，在设备描述符定义中引用相应的宏名来指定描述符的类型。按照各类描述符的标准结构，用 C 语言的结构体定义描述符的数据结构。

描述符数据结构定义——USB 协议已定义了描述符的结构，不同语言对其定义方式不同，根据描述符结构体各字段的含义，按实际要求对各字段进行赋值。在单片机系统中该值将固化到代码区（ROM）中，成为固化到设备中的配置信息。

设备描述符宏定义，参照表 11.2 关于设备描述符类型常量定义。

```
//标准描述符类型代码定义
#define  DSC_DEVICE        0x01        // 设备描述符类型码
#define  DSC_CONFIG        0x02        // 配置描述符类型码
#define  DSC_STRING        0x03        // 字符串描述符类型码
#define  DSC_INTERFACE     0x04        // 接口描述符类型码
#define  DSC_ENDPOINT      0x05        // 端点描述符类型码
```

以上宏分别定义了 5 种类型的描述符的代码，该代码由 USB 协议规定。描述符中的 bDescriptorType 引用了该宏，用于指明该描述符是属于哪种类型，如表 11.3 所示。

从主机系统角度来看，一个 USB 设备，可以是一个单功能设备，也可以同时将几个功能设备和一个 HUB 集成在一起，组成一个复合的多功能设备。USB 协议中定义了 5 类描述符，为设备的配置提供必备的信息，USB 设备接口可通过响应主机的标准请求，将这 5 类描述符信息发送给 USB 主机，从而使主机能够识别、标识和配置设备。

图 11.15 表示了设备描述符、配置描述符、接口描述符及端点描述符之间的逻辑关系，字符串描述符作为可选项，未包含在该图中。如图 11.15 所示，一个设备对主机表现为一组端点，一组相关的端点称为一个接口。一个设备可以有多组接口，每一种接口的组合称为一个配置。一个设备可以有多种配置，但在任何时刻系统只允许一种配置有效。在设备插入时，主机通过缺省管道读取设备的各种描述符，并选取一种配置。设备在完成配置后，就在主机中分配了一定的资源，客户软件就可以通过对设备的枚举获取相应的设备信息，并

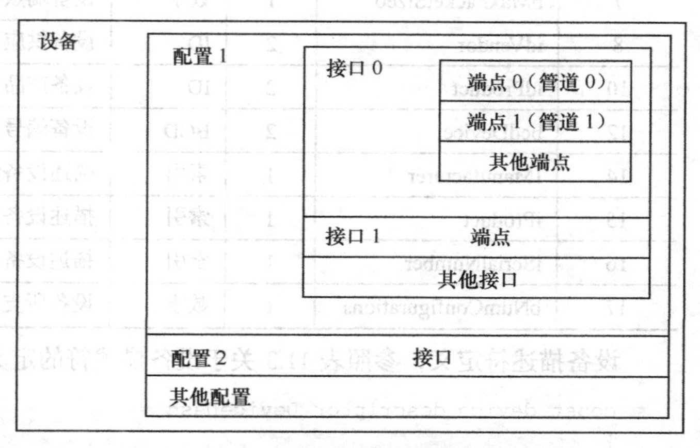

图 11.15　USB 功能设备各类描述符间的关系

建立与设备的管道，实现对设备的操作与数据交互。

1. 设备描述符

设备描述符描述了一个USB设备的通用信息，包括设备的识别、设备的分类、设备资源分配以及设备的驱动程序安装等方面的信息。每个USB设备有且仅有一个设备描述符。设备描述符所包含的内容及其数据结构如表11.3所示，在USB设备开发时，需要进行填写。

需要强调的是，由于每个设备都具有一个缺省的端点 0，该端点是作为设备与主机进行通信的默认端点，除了最大分组尺寸外，其特征都由USB规范来规定，而不需要通过端点描述符来定义。从这个意义上来看，可将端点0理解为是设备级的端点，作为整个设备共享的资源。

表11.3　　设备描述符的数据格式

偏移量	域	字长	数值	说明
0	bLength	1	数字	设备描述符的大小，以字节为单位
1	bDescriptorType	1	常数	设备描述符类型，取值为1
2	bcdUSB	2	BCD	设备版本号，用BCD码表示（如2.10代表0x210）
4	bDeviceClass	1	类型	设备类型代码，（由USB指定）：如果该域复位为0，则在一个配置中的每一个接口都要说明它的类型信息，并且不同的接口相互独立工作；如果该域设置为1和0xFF之内的某个数值，则该设备就可以在不同的接口上支持不同类型规范，而且接口可能不会相互独立地进行工作
5	bDeviceSubClass	1	子类型	设备子类型代码（由USB分配）：这些代码由bDevciceClass域内的数值来限定；若bDevciceClass域复位为0，该域也必须复位为0；如果bDevciceClass域未被置为0xFF，所有的数值都被保留用于USB分配
6	bDeviceProtocol	1	协议	设备协议代码(由USB分配)：这些代码由bDevciceClass和bDevciceSubClass域内的数值进行限定。如果该域复位为0，那么该设备就不是使用基于一个设备的某一类型的协议；如果该域被置为0xFF，该设备所使用的就是基于一个设备的由供应商特定的协议
7	bMaxPacketSize0	1	数字	设备端点0的最大包大小（仅8、16、32或64有效）
8	idVendor	2	ID	设备供应商ID（由USB分配）
10	idProduct	2	ID	设备产品ID（由厂家分配）
12	bcdDevice	2	BCD	设备编号，BCD码小数形式的设备发行号
14	IManufacturer	1	索引	描述设备制造商的字符串描述符的索引
15	iProduct	1	索引	描述设备产品的字符串描述符索引
16	iSerialNumber	1	索引	描述设备序列号的字符串描述符的索引
17	bNumConfigurations	1	数字	设备所支持的配置的个数

设备描述符定义，参照表11.3关于设备描述符的定义。

```
const device_descriptor DeviceDesc =
{
   18,                  // bLength              设备描述符长度
   DSC_DEVICE,          // bDescriptorType      设备描述符类型
   0x1001,              // bcdUSB               设备 USB 版本号，BCD 码
   0x00,                // bDeviceClass         设备类型号
```

```
    0x00,           // bDeviceSubClass       设备子类型号
    0x00,           // bDeviceProtocol       设备协议
    0x40,           // bMaxPacketSize0       设备端点 0 最大包大小
    0xC410,         // idVendor              设备供应商 ID
    0x0000,         // idProduct             设备产品 ID
    0x0000,         // bcdDevice             设备编号，BCD 码
    0x01,           // iManufacturer         设备制造商字符串描述符索引
    0x02,           // iProduct              设备产品名称字符串描述符索引
    0x00,           // iSerialNumber         设备序列号字符串描述符索引
    0x01            // bNumConfigurations    设备的配置数量
};
```

2. 配置描述符

配置描述符描述了某个设备配置的信息，如表 11.4 所示。配置描述符中的一个关键域是 bConfigureVale，该域作为识别某个配置的标识，当设备将其值作为响应主机的 Set_Configuration 请求的参数提供给主机时，表示设备通知主机使该配置生效。

配置描述符描述了配置所能支持的接口数，每一个接口都可以独立工作。当主机请求配置描述符时，所有相关的接口和端点描述符都会被返回。一个 USB 设备可具有一个或多个配置描述符。每一个配置都有一个或多个接口，并且每个接口都有一个以上的端点。在单个配置中，一个端点不会在接口之间共享，除非该端点被同一个接口的可替换的设置所使用。端点也可以在具有不同配置的一部分接口之间共享。一旦完成了配置，设备还可以支持对配置进行有限的调整。如果某个接口有可替换的设置，在配置之后就会选择这个可替换的设置。在一个接口中，一个同步端点所允许的最大分组尺寸大小也可以被调整。

表 11.4　配置描述符的数据格式

偏移量	域	字长	数值	说明
0	bLength	1	数字	配置描述符的大小，以字节为单位
1	bDescriptorType	1	常数	配置描述符类型，取值为 2
2	wTotalLength	2	数字	配置所返回的数据的整个长度。包括为该配置所返回的所有描述符（配置、接口、端点和类型或具体的供应商）的联合长度
4	bNumInterfaces	1	数字	配置所支持的接口数
5	bConfigurationValue	1	数字	配置值，作为识别某个配置的标识，用以选择这一配置
6	iConfiguration	1	索引	配置的字符串描述符索引
7	BmAttributes	1	位图	配置属性，说明电源供电方式：D7 总线供电；D6 自供电；D5 远程唤醒；D4..0 保留（复位为 0）。若既从总线又从本地获得电源供应的设备配置，要对 D7 和 D6 都进行置 1。如果设备配置支持远程唤醒功能，则 D5 应该设置为 1
8	bMaxPower	1	mA	配置的最大电流，当设备处于完全可操纵时，一个配置内 USB 设备从总线上所消耗的最大功率，用 2mA/单位来表示（例如，50 单位=100mA）。 注意：一个设备配置要报告该配置是总线供电，还是自供电

配置描述符定义，参照表 11.4 关于配置描述符的定义。

```
const configuration_descriptor ConfigDesc =
{
   0x09,            // Length              配置描述符长度
   DSC_CONFIG,      // bDescriptorType     配置描述符类型
   0x2000,          // Totallength         配置所返回数据的总长度
```

```
    0x01,                   // NumInterfaces           配置所支持的接口数量
    0x01,                   // bConfigurationValue     配置值，作为识别某个配置的标识
    0x00,                   // iConfiguration          配置的字符串描述符索引
    0x80,                   // bmAttributes            配置的属性，供电方式
    0x0F                    // MaxPower                配置的最大电流
};
```

3. 接口描述符

接口描述符如表11.5所示，它描述了一个配置所提供的某个接口。一个配置可提供一个以上的接口，每一个接口都有自己的端点描述符来描述该配置内的一个端点集。当一个配置支持的接口多于一个时，在Get_Configuration请求所返回的数据中，某个接口的端点描述符紧跟在该接口描述符之后。一个接口描述符总是作为一个配置描述符的一部分而返回的。它不能用一个Get_Descriptor或Set_Descriptor请求来直接访问。

表11.5　　接口描述符的数据格式

偏移量	域	字长	数值	说明
0	bLength	1	数字	接口描述符的大小，以字节为单位
1	bDescriptorType	1	常数	接口描述符类型，取值为4
3	bInterfaceNumber	1	数字	接口序列号。非0值，指出在该配置所同时支持的接口阵列中的索引
4	bAlternateSetting	1	数字	用于为上一个域所标识的接口选择可供替换的设置
5	bNumEndpoints	1	数字	接口所支持的端点数（不包括端点0）。如果该值为0，那么该端点就只能利用端点0
6	bInterfaceClass	1	类型	接口类型代码（由USB分配置）： 如果该位复位为0，那么该接口就不属于任何一种USB所规定的设备类型；如果该位设置为0xFF，接口类型就是由供应商所特定的。其他所有的数值都保留而由USB进行分配
7	bInterfaceSubClass	1	子类型	接口子类型代码（由USB分配）： 这些代码由bInterfaceClass域内的数值来限定。如果bInterfaceClass域复位为0，那么该域也必须复位为0；如果bInterfaceClass域未被设置为0～0xFF，所有的数值都保留而由USB进行分配
8	bInterfaceProtocol	1	协议	接口协议代码（由USB分配）： 这些代码由bInterfaceClass域和bInterfaceSubClass域内的数值来加以限定；如果一个接口支持特定类型的请求，该代码标识出该设备所使用的由设备类型规范所定义的协议类型。 如果该域复位为0，那么在该接口上该设备就没有使用一个特定类型的协议；如果该域被置为0xFF，那么在该接口上该设备就使用了一个由供应商所指定的协议
9	iInterface	1		接口字符串描述符的索引

一个接口可以包括可更换的设置，这样可以允许端点和/或其特性在设备被配置之后发生改变。对于一个接口来说，缺省设置总是可更换的设置0。Set_Interface用于选择一个可更换的设置或返回到缺省设置。Get_Interface请求返回所选择的可更换的设置。

更换的设置允许设备配置的一部分发生变化，而同时其他接口可以继续工作。如果一个配置具有更换的设置可用于一个或多个接口，那么每个设置都包括了一个分离的描述符和其相应的端点。

如果一个设备配置用两个更换的设置来支持单个接口，那么配置描述符后会跟上一个 bInterfaceNumber 和 bAlternateSetting 域复位为 0 的接口描述符，然后是用于该设置的端点描述符，再跟上另外一个接口描述符及其相应的端点描述符。第二个接口描述符的 bInterfaceNumber 域也应该置为 0，但是第二个接口描述符内的 bAlternateSetting 域应该设置为 1。

如果一个接口只使用端点 0，那么接口描述符后就不会跟有端点描述符，并且该接口将标识一个请求接口，这时使用端点 0 相连的缺省管道。在这种情况下，bNumEndpoint 也会被置为 0。一个接口描述符决不会在端点号内包含端点 0。

接口描述符定义，参照表 11.5 关于接口描述符的定义。

```
const interface_descriptor InterfaceDesc =
{
    0x09,               // bLength                  接口描述符长度
    DSC_INTERFACE,      // bDescriptorType          接口描述符类型
    0x00,               // bInterfaceNumber         接口序列号
    0x00,               // bAlternateSetting        接口可替换的设置
    0x02,               // bNumEndpoints            接口所支持的端点数
    0x00,               // bInterfaceClass          接口类型代码
    0x00,               // bInterfaceSubClass       接口子类型代码
    0x00,               // bInterfaceProcotol       接口协议
    0x00                // iInterface               接口字符串描述符的索引
};
```

4. 端点描述符

端点描述符如表 11.6 所示。该描述符包括了主机确定每一个端点的带宽请求所要求的信息。一个端点描述符总是作为一个配置描述符内的一部分而返回。不能利用 Get_Descriptor 或 Set_Descriptor 请求来直接对其访问。端点 0 没有端点描述符。

表 11.6 端点描述符的数据格式

偏移量	域	字长	数值	说明
0	bLength	1	数字	端点描述符的大小，以字节为单位
1	bDescriptorType	1	常数	端点描述符类型，取值为 5
2	bEndpointAddress	1	端点号与方向	端点号(地址)及传输方向、地址的编码(端点号)如下。 Bit0..3：端点号 Bit4..6：保留，应复位为 0 Bit7：表示方向(对于控制端点应忽略) 0 输出端点 1 输入端点
3	bmAttributes	1	位图	端点的属性，说明 USB 数据传输类型 Bit0..1：传输类型 00 控制 01 同步 10 批量 11 中断 其他所有比特均保留

续表

偏移量	域	字长	数值	说明
4	wMaxPacketSize	2	数字	端点发送和接收的最大包的大小(分组尺寸)。 对于同步端点，该数值用来保留每一帧数据传输预计所要求的总线时间，管道实际所使用的带宽可能小于所保留的数值。设备还可以利用标准的、非 USB 定义的机制来报告它实际使用的带宽。 对于中断、批量和控制端点，可能会发送更小的数据量，因而会终止这一传输，主机可能重新启动或不重启
6	bInterval	1	数字	端点轮询时间，用来进行数据传输的端点所需的时间间隔，用毫秒（ms）来表示。 对同步端点，必须置为 1。对中断端点，取值范围是 1～255。对批量和控制端点，应当忽略该域

端点 1 的描述符定义，参照表 11.6 关于端点描述符的定义。

```
const endpoint_descriptor Endpoint1Desc =
{
    0x07,                   // bLength                         端点描述符的大小
    DSC_ENDPOINT,           // bDescriptorType                 端点描述符类型
    0x81,                   // bEndpointAddress                端点号及传输方向
    0x03,                   // bmAttributes                    端点的属性，数据传输方式
    0x0800,                 // MaxPacketSize（小端地址模式）   端点发送和接收的最大包的大小
    10                      // bInterval                       端点轮询时间间隔
};
```

端点 2 的描述符定义，参照表 11.6 关于端点描述符的定义。

```
const endpoint_descriptor Endpoint2Desc =
{
    0x07,                   // bLength                         端点描述符的大小
    DSC_ENDPOINT,           // bDescriptorType                 端点描述符类型
    0x02,                   // bEndpointAddress                端点号及传输方向
    0x03,                   // bmAttributes                    端点的属性，数据传输方式
    0x4000,                 // MaxPacketSize(小端地址模式)     端点发送和接收的最大包的大小
    10                      // bInterval                       端点轮询时间间隔
};
```

11.4.4 USB 设备的标准操作及请求

所有的 USB 设备都会对设备缺省管道上来自于主机的请求做出响应，这些请求是利用控制传输而产生的。请求和请求参数则是在 Setup 分组中传送到设备的。每一个 Setup 分组都有 8 个字节，如表 11.7 所示。

表 11.7　　Setup 分组数据格式

偏移量	域	字长	数值	说明
0	bmRequestType	1	位图	请求特征(属性): D7 数据传输方向 0＝ 主机至设备，1＝ 设备至主机 D6..5 请求类型 0＝ 标准，1＝ 类型，2＝ 供应商，3＝ 保留 D4..0 请求的对象 0＝ 设备，1＝ 接口，2＝ 端点，3＝ 其他， 4..31＝ 保留

续表

偏移量	域	字长	数值	说明
1	bRequest	1	数值	请求代码
2	wValue	2	数值	根据不同的请求（由 bRequest 请求代码决定），其具体值的含义不同。该值的含义参见表 11.9
4	wIndex	2	索引偏移量	根据不同的请求（由 bRequest 请求代码决定），其具体值的含义不同。该值的含义参见表 11.9，最典型的是用来传递索引或偏移量
6	wLength	2	计数	传输的数据字节数。如果存在一个数据阶段，指出要传输的数据字节数；若没有数据阶段，则被忽略

在 C 语言中，可以通过结构体来定义 Setup 包数据类型。

```
//定义 setup 包结构体
typedef struct
{
    BYTE bmRequestType;
    BYTE bRequest;
    WORD wValue;
    WORD wIndex;
    WORD wLength;
} setup_buffer;
```

USB 主机是通过控制传输向默认端点 0 发送 Setup 包来向设备发起标准请求和传递参数的，以上结构体定义了 Setup 包的数据格式，该格式由 USB 协议定义。其格式说明参见表 11.7。

1. bmRequestType

该域说明了某个请求的特征，指明了在控制传输的第二阶段中数据传输的方向。如果 wLength 域为 0，就意味着没有数据阶段，方向位（D_7）的状态就会被忽略。

请求可以指向设备、设备上的一个接口或设备上的某个端点，它们是请求的接收者，即被请求的对象。当一个接口域的端点被指定后，wIndex 域为接口域端点的索引值。

不同的 bmRequestType 位图定义，代表不同的请求特性，以下是 C 语言中定义针对不同对象的请求类型代码。

```
//定义 bmRequestType 位图
#define  IN_DEVICE              0x00
#define  OUT_DEVICE             0x80
#define  IN_INTERFACE           0x01
#define  OUT_INTERFACE          0x81
#define  IN_ENDPOINT            0x02
#define  OUT_ENDPOINT           0x82

//定义 wIndex 位图
#define  IN_EP1                 0x81
#define  OUT_EP1                0x01
#define  IN_EP2                 0x82
#define  OUT_EP2                0x02
```

2. bRequest

该域的值为一个特定的请求代码。bmRequestType 域中的“请求类型位”确定了该域的含义。本规范仅定义了复位时 bRequest 域的值，该值代表某一个标准的请求，标准设备请求代码，如表 11.8 所示。

表 11.8 标准设备请求代码

bRequest	数值
GET_STATUS	0
CLEAR_FEATURE	1
保留	2
SET_FEATURE	3
保留	4
SET_ADDRESS	5
GET_DESCRIPTOR	6
SET_DESCRIPTOR	7
GET_CONFIGURATION	8
SET_CONFIGRATION	9
GET_INTERFACE	10
SET_INTERFACE	11
SYNCH_FRAME	12

标准请求码及请求例程原型定义如下。

```
//标准请求代码定义
#define  GET_STATUS              0x00    // GET_STATUS 请求码
#define  CLEAR_FEATURE           0x01    // CLEAR_FEATURE 请求码
#define  SET_FEATURE             0x03    // SET_FEATURE 请求码
#define  SET_ADDRESS             0x05    // SET_ADDRESS 请求码
#define  GET_DESCRIPTOR          0x06    // GET_DESCRIPTOR 请求码
#define  SET_DESCRIPTOR          0x07    // SET_DESCRIPTOR 请求码（未用）
#define  GET_CONFIGURATION       0x08    // GET_CONFIGURATION 请求码
#define  SET_CONFIGURATION       0x09    // SET_CONFIGURATION 请求码
#define  GET_INTERFACE           0x0A    // GET_INTERFACE 请求码
#define  SET_INTERFACE           0x0B    // SET_INTERFACE 请求码
#define  SYNCH_FRAME             0x0C    // SYNCH_FRAME 请求码（未用）
```

以上宏定义了 USB 设备标准请求代码，USB 协议中也规定了标准请求代码的值，其值参见表 11.8。

3. wValue

这个域中的内容是根据 bRequest 请求代码而变化的。它用于向该请求指定的设备传递一个参数。

例如定义标准特性选择符的 wValue 值代码如下。

```
// 定义标准特性选择符的 wValue 值
#define  DEVICE_REMOTE_WAKEUP 0x01
#define  ENDPOINT_HALT        0x00
```

4. wLength

这个域说明了在控制传输中的第二个阶段所传输的数据长度。数据传输的方向（主机至设备或设备至主机）由 bRequest 域中的方向比特指定。

本节描述了为所有 USB 设备定义的标准设备请求。表 11.9 给出了标准设备请求对应的代码。其中各列的表头代码 setup 包中的各字段内容，bmRequestType 域与 bRequest 域的不同代码的组合，决定了 wValue 和 wIndex 等域的含义。例如，表中第二行 bmRequestType 值 00000000B、00000001B、00000010B 分别表示主机发起的对设备、接口和端点的标准请求，其请求代码为清除特性（CLEAR_FEATURE），即清除设备、接口或端点的特性。因此，wValue 的值代表的是所要清除的某个特性的选择符。由于标准请求通过默认端点 0 通信，因此，wIndex 固定为接口端点 0，又由于该请求并非数据传输，因此，wLength 为零，Data 为无。

表 11.9　　标准设备请求数据格式

bmRequestType	bRequest	wValue	wIndex	wLength	Data
00000000B 00000001B 00000010B	CLEAR_FEATURE	特性选择符	接口端点 0	零	无
10000000B	GET_CONFIGURATION	零	零	1	配置数值
10000000B	GET_DESCRIPTOR	描述符类型和描述符索引	零或语言 ID	描述符长度	描述符
10000001B	GET_INTERFACE	零	接口	1	可替换的接口
10000000B 10000001B 10000010B	GET_STATUS	零	接口端点 0	2	设备，接口，或端点状态
00000000B	SET_ADDRESS	设备地址	零	零	无

续表

bmRequestType	bRequest	wValue	wIndex	wLength	Data
00000000B	SET_CONFIGURATION	配置值	零	零	无
00000000B	SET_DESCRIPTOR	描述符类型和描述符索引	零或语言 ID	描述符长度	描述符
00000000B 00000001B 00000010B	SET_FEATURE	特性选择符	接口端点 0	零	无
00000001B	SET_INTERFACE	更换设置	接口	零	无
10000010B	SYNCH_FRAME	零	端点	2	帧标号

标准请求例程，以下例程由特定的标准请求码来调用。

```
void Get_Status(void);
void Clear_Feature(void);
void Set_Feature(void);
void Set_Address(void);
void Get_Descriptor(void);
void Get_Configuration(void);
void Set_Configuration(void);
void Get_Interface(void);
void Set_Interface(void);
```

11.4.5 USB 设备接口控制器

本节介绍 Silicon Laboratories 公司的 C8051F340 单片机内部的 USB 设备接口控制器。

C8051F340 器件是完全集成的混合信号片上系统型 MCU，它内部集成了一个完整的全速/低速 USB 功能控制器（USB0），也就是所谓内嵌式接口模块，用于实现 USB 设备（C8051F340 不能被用作 USB 主设备）的功能。USB 功能控制器（USB0）由串行接口引擎（SIE）、USB 收/发器（包括匹配电阻和可配置上拉电阻）、1KB FIFO 存储器和时钟恢复电路（可以不用晶振）组成，不需要外部元件。C8051F340 器件逻辑结构如图 11.16 所示。该芯片内部 USB 接口部分与 CIP-51 单片机内核之间通过内部总线相连。

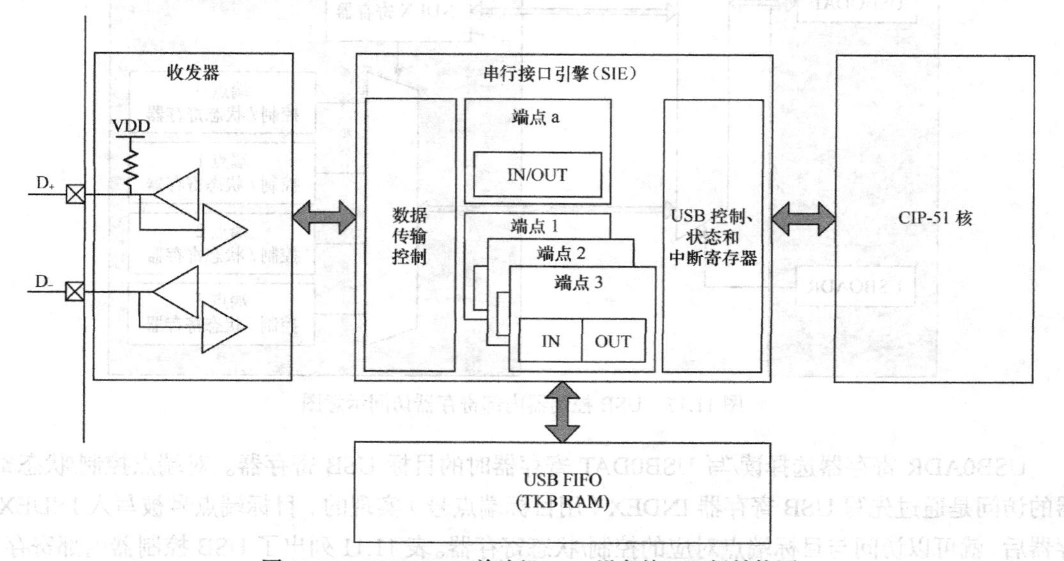

图 11.16 C8051F340 单片机 USB 设备接口逻辑结构图

C8051F340 单片机的片内 USB 控制器包含 8 个端点，其中端点 0 为输入/输出端点，是设备默认端点，端点 1～端点 3 分别为具备输入和输出两种不同方向的端点，可设定为不同的传输方式，每个端点可分配一定深度的 FIFO，用于接收主机下发的数据，或将设备数据上传给主机。USB 控制器 8 个端点的地址，如表 11.10 所示。端点地址的格式参见表 11.6 端点描述符的数据格式中的 bEndpointAddress 定义。

表 11.10　USB 控制器端点地址

端点	相应管道	USB 协议地址
端点 0	端点 0 输入（IN）	0x00
	端点 0 输出（OUT）	0x00
端点 1	端点 1 输入（IN）	0x81
	端点 1 输出（OUT）	0x01
端点 2	端点 2 输入（IN）	0x82
	端点 2 输出（OUT）	0x02
端点 3	端点 3 输入（IN）	0x83
	端点 3 输出（OUT）	0x03

USB0 控制器的内部寄存器是通过两个特殊功能寄存器来访问的，这两个特殊功能寄存器是：USB0 地址寄存器（USB0ADR）和 USB0 数据寄存器（USB0DAT），如图 11.17 所示。

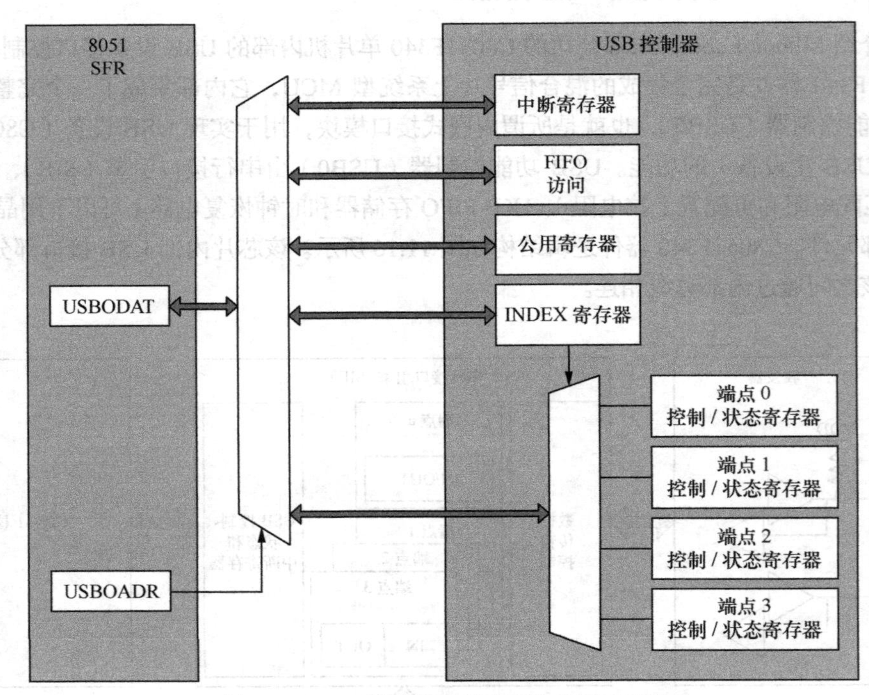

图 11.17　USB 控制器内部寄存器访问示意图

USB0ADR 寄存器选择读/写 USB0DAT 寄存器时的目标 USB 寄存器。对端点控制/状态寄存器的访问是通过先写 USB 寄存器 INDEX（用目标端点号）实现的。目标端点号被写入 INDEX 寄存器后，就可以访问与目标端点对应的控制/状态寄存器。表 11.11 列出了 USB 控制器内部寄存器。

表 11.11　　USB 控制器内部寄存器

USB 寄存器名称	USB 寄存器地址（SFR）	说明
中断寄存器		
IN1INT	0x02	端点 0 和端点 1～3 输入中断标志
OUT1INT	0x04	端点 1～3 输出中断标志
CMINT	0x06	公共 USB 中断标志
IN1IE	0x07	端点 0 和端点 1～3 输入中断使能
OUT1IE	0x09	端点 1～3 输出中断使能
CMIE	0x0B	公共 USB 中断使能
公共寄存器		
FADDR	0x00	功能地址
POWER	0x01	电源管理
FRAMEL	0x0C	帧号低字节
FRAMEH	0x0D	帧号高字节
INDEX	0x0E	端点索引选择
CLKREC	0x0F	时钟恢复控制
FIFOn	0x20～0x23	端点 0～3 FIFO
索引寄存器		
E0CSR	0x11	端点 0 控制/状态
EINCSRL		端点输入控制/状态低字节
EINCSRH	0x12	端点输入控制/状态高字节
EOUTCSRL	0x14	端点输出控制/状态低字节
EOUTCSRH	0x15	端点输出控制/状态高字节
E0CNT	0x16	端点 0 FIFO 中的接收字节数
EOUTCNTL		端点输出包计数低字节
EOUTCNTH	0x17	端点输出包计数高字节

USB0ADR 和 USB0DAT 分布于 CIP-51 内核的特殊功能寄存器区，通过 CIP-51 核的指令可以对该寄存器进行读写操作，从而实现对 USB 控制器内部寄存器的间接访问。通过定义寄存器读、写操作的宏，可以实现对以上寄存器的读写操作。

```
#define READ_BYTE(addr, target) { USB0ADR = (0x80 | addr); \
                                  while(USB0ADR & 0x80);    \
                                  target = USB0DAT; }
#define WRITE_BYTE(addr, data) { USB0ADR = (addr);         \
                                 USB0DAT = data; }
#define POLL_READ_BYTE(addr, target) { while(USB0ADR & 0x80); \
                                       READ_BYTE(addr, target); }
#define POLL_WRITE_BYTE(addr, data) { while(USB0ADR & 0x80);  \
                                      WRITE_BYTE(addr, data); }
```

例如，要读取公共中断标志寄存器的值，可以通过以下宏调用实现。

```
BYTE bCommon;
POLL_READ_BYTE(CMINT, bCommon);  //读所有中断状态位
```

执行完此语句后，即可将 CMINT 中的数据读取到 bCommon 变量中。关于 C8051F340 单片机的 USB 控制器的内部寄存器的结构及定义请参见文献[33]。

11.5 USB设备接口设计

11.5.1 USB设备接口设计方案

目前，USB设备接口设计一般有以下几种方案。

一是采用可编程的逻辑器件（FPGA），利用EDA开发软件和编程工具来实现USB设备接口设计。这种方案优点是针对性强，硬件电路无冗余度，所有接口功能集成于一块芯片上。缺点是开发周期长，小批量时成本高，并且对USB协议底层及其实现的原理要有深入的理解。

二是采用专用的USB设备集成芯片（IC），此种方案一般用于标准USB设备之中，可把USB接口与设备功能紧密结合起来，实现特定的功能。优点是针对性强，不需要设计固件，只需完成接口电路的设计和设备驱动程序的设计。缺点是灵活性太差。

三是选用通用的可编程USB接口芯片，这是USB接口应用设计最常用的一种方案。此方案将接口应用逻辑与USB接口逻辑分离，USB接口芯片仅完成USB总线接口功能，应用逻辑需另外设计，并且USB接口芯片需要微控制器配合完成相关的USB总线操作。目前，许多微控制器中集成了内嵌式的USB接口模块，使应用电路设计更加简洁。此方案的优点是通用性强，开发周期短，开发时只需关注接口应用逻辑，不需要了解USB底层协议的实现，但是，需要用户开发相应的固件程序来处理USB总线的标准操作和请求。可见，采用通用可编程USB接口芯片进行USB设备接口设计的关键是固件程序的设计。

本节以自带USB设备接口控制器的单片机C8051F340为例，介绍USB设备接口固件程序开发的思路。微机USB接口应用开发还涉及USB驱动程序等内容，由于篇幅原因，未展开讨论，可参见文献[34]。

11.5.2 USB设备接口设计要求

采用C8051F340单片机系统的USB控制器设计一个USB设备接口固件程序，使该设备在接入主机系统后，能够由系统识别、配置，并完成驱动程序安装。主机通过应用程序，能够建立与设备的读写通道，并实现对设备数据的读写操作。

11.5.3 实现步骤及关键例程设计

（1）定义一个单功能设备，设备中含有一个配置描述符，该配置描述符中含一个接口描述符，该接口描述符中含有两个端点描述符，一个用于向主机输入（IN端点），一个用于接收主机输出（OUT端点）。

（2）有关描述符的定义、标准请求码定义及标准请求函数原型的定义，已分别在11.4.3节和11.4.4节的C语言程序段中作了介绍，此处主要列出USB标准操作例程及USB中断服务例程。

```
//定义端点状态
#define  EP_IDLE          0x00        //端点处于空闲状态
#define  EP_TX            0x01        //端点处于发送状态
#define  EP_RX            0x02        //端点处于接收状态
#define  EP_HALT          0x03        //端点处于停机状态
#define  EP_STALL         0x04        //端点处于复位状态
#define  EP_ADDRESS       0x05        //端点处于地址状态
```

```
// USB 标准操作例程
void Usb_Resume(void);              // USB 恢复操作例程
void Usb_Reset(void);               // USB 复位操作例程，USB 总线复位后调用
void Handle_Setup(void);            // 处理端点 0 的 setup 包的例程
void Handle_In1(void);              // 处理端点 1 的输入包的例程
void Handle_Out2(void);             // 处理端点 2 的输出包的例程
void Usb_Suspend(void);             // 处理 USB 挂起事务的例程，当 USB 总线挂起后调用

//其他例程
void USB0_ISR(void);                           // USB 中断处理例程
void Force_Stall(void);                        // 强制产生 stall
void Delay(void);                              // 延时函数
void Fifo_Read (BYTE, unsigned int, BYTE *);   // 读 FIFO 函数
void Fifo_Write (BYTE, unsigned int, BYTE *);  // 写 FIFO 函数
```

（3）关键例程设计及调用。

```
//通过 FIFO 读/写操作函数，将待发送的数据或接收到的数据存储到 FIFO
idata BYTE OUT_PACKET[];        // 定义输出包字节数组，主机发送给设备的数据将存放于此
idata BYTE IN_PACKET[];         // 定义输入包字节数组，设备待发送给主机的数据将存放于此
BYTE USB_State;                 // 保持当前 USB 状态
setup_buffer Setup;             // 定义当前设备 setup 包缓冲区
unsigned int DataSize;          // 返回数据大小
unsigned int DataSent;          // 已发送数据总数(大小)
BYTE* DataPtr;                  // 数据返回值指针

// 保持每个端点的状态值
BYTE Ep_Status[3] = {EP_IDLE, EP_IDLE, EP_IDLE};
```

USB 中断服务例程是整个 USB 设备接口程序设计的关键，也是其他标准操作和请求处理的入口。在 USB 设备接口程序设计时，首先通过对 USB 的各类中断事件进行识别，判断是 USB 状态改变触发的中断还是由于对管道的操作而产生的中断，然后分别调用相应的例程进行处理。USB 设备中断服务例程如下。

```
//----------------------------------------------------------------------------
// USB 设备中断服务例程
//----------------------------------------------------------------------------
void USB0_ISR(void) interrupt 8          //USB 中断服务例程
{
   BYTE bCommon, bIn, bOut;
   POLL_READ_BYTE(CMINT, bCommon);       //读所有中断状态位
   POLL_READ_BYTE(IN1INT, bIn);          //读输入端点中断标志位
   POLL_READ_BYTE(OUT1INT, bOut);        //读输出端点中断标志位
   {
      if (bCommon & rbRSUINT)            //是否为唤醒操作?
      {
         Usb_Resume();                   //处理唤醒事件中断
      }
      if (bCommon & rbRSTINT)            //是否为唤醒操作?
      {
         Usb_Reset();                    //处理复位事件中断
      }
      if (bIn & rbEP0)                   //是否为端点 0 触发中断
      {
         Handle_Setup();                 //处理 Setupt 包
      }
      if (bIn & rbIN1)                   //是否为端点 1 产生的输入中断
      {
         Handle_In1();                   //处理端点 1 输入请求
      }
      if (bOut & rbOUT2)                 //是否为端点 2 产生的输出中断
```

```
        {
          Handle_Out2();                    //处理端点 2 输出请求
        }
        if (bCommon & rbSUSINT)             //是否为挂起操作
        {
          Usb_Suspend();                    //调用挂起处理例程
        }
    }
}
```

由于主机主要通过端点 0 来发送标准请求和传递参数，因此，需要根据端点 0 的状态，进一步处理 Setup 包，并调用相应例程响应主机的标准请求。

另外，在主机中，客户应用程序可以通过对指定管道的读写实现向 USB 设备读写数据，USB 设备中的处理端点 1 输入例程 Handle_In1（ ）就是用来响应主机上客户软件读操作请求的，而处理端点 2 输出例程 Handle_Out2（ ）就是用来响应主机上客户软件写操作请求的。

由于这三个例程涉及主机标准请求操作和设备的读写操作，是 USB 设备接口程序开发的关键，因此，下面列出此三个例程的详细代码，其他例程由于与设备具体功能相关，且相对简单，因此不作深入介绍。

```
//-----------------------------------------------------------------------------
// 处理 Setup 例程
//-----------------------------------------------------------------------------
void Handle_Setup(void)
{
   BYTE ControlReg,TempReg;                // 定义临时变量存放端点控制寄存器信息
   POLL_WRITE_BYTE(INDEX, 0);              // 选择端点 0
   POLL_READ_BYTE(E0CSR, ControlReg);      //读取端点 0 的控制寄存器
   if (Ep_Status[0] == EP_ADDRESS)         // 处理设置功能地址命令
   {
     POLL_WRITE_BYTE(FADDR, Setup.wValue.c[LSB]);
     Ep_Status[0] = EP_IDLE;
   }
   if (ControlReg & rbSTSTL)               // 处理 stall 命令
   {
     POLL_WRITE_BYTE(E0CSR, 0);            // STST 位清零
     Ep_Status[0] = EP_IDLE;
     return;
   }
   if (ControlReg & rbSUEND)               // If last setup transaction was ended
   {                                       // prematurely then set
     POLL_WRITE_BYTE(E0CSR, rbDATAEND);
     POLL_WRITE_BYTE(E0CSR, rbSSUEND);     // Serviced Setup End bit and return EP0
     Ep_Status[0] = EP_IDLE;               // to idle state
   }
   if (Ep_Status[0] == EP_IDLE)            // If Endpoint 0 is in idle mode
   {
     if (ControlReg & rbOPRDY)             // 若端点 0 接收到主机发出的数据
     {
       Fifo_Read(FIFO_EP0, 8, (BYTE *)&Setup);   //从端点 0 的 FIFO 中读取 Setup 包
//以下三条语句将读取的字节转换成大端模式，以便可以和 16 位整型数据正确进行比较
       Setup.wValue.i = Setup.wValue.c[MSB] + 256*Setup.wValue.c[LSB];
       Setup.wIndex.i = Setup.wIndex.c[MSB] + 256*Setup.wIndex.c[LSB];
       Setup.wLength.i = Setup.wLength.c[MSB] + 256*Setup.wLength.c[LSB];
       switch(Setup.bRequest)              // 根据 setup 包的请求码，调用相应的标准请求例程
       {
         case GET_STATUS:
           Get_Status();
           break;
         case CLEAR_FEATURE:
```

```
            Clear_Feature();
            break;
         case SET_FEATURE:
            Set_Feature();
            break;
         case SET_ADDRESS:
            Set_Address();
            break;
         case GET_DESCRIPTOR:
            Get_Descriptor();
            break;
         case GET_CONFIGURATION:
            Get_Configuration();
            break;
         case SET_CONFIGURATION:
            Set_Configuration();
            break;
         case GET_INTERFACE:
            Get_Interface();
            break;
         case SET_INTERFACE:
            Set_Interface();
            break;
         default:
            Force_Stall();                    //若是无效请求，则向主机发送 stall
            break;
      }
   }
}

if (Ep_Status[0] == EP_TX)                    // 判断端点是否有数据要发送给主机
{
   if (!(ControlReg & rbINPRDY))              // 确保不会覆盖上一个数据包
   {
      POLL_READ_BYTE(E0CSR, ControlReg);
      if ((!(ControlReg & rbSUEND)) || (!(ControlReg & rbOPRDY)))
      {
         TempReg = rbINPRDY;
         if (DataSize >= EP0_PACKET_SIZE)
         {
            Fifo_Write(FIFO_EP0, EP0_PACKET_SIZE, (BYTE *)DataPtr);
            DataPtr  += EP0_PACKET_SIZE;
            DataSize -= EP0_PACKET_SIZE;
            DataSent += EP0_PACKET_SIZE;
         }
         else
         {
            Fifo_Write(FIFO_EP0, DataSize, (BYTE *)DataPtr);
            TempReg |= rbDATAEND;
            Ep_Status[0] = EP_IDLE;
         }
         if (DataSent == Setup.wLength.i)
         {
            TempReg |= rbDATAEND;
            Ep_Status[0] = EP_IDLE;
         }
         POLL_WRITE_BYTE(E0CSR, TempReg);
      }
   }
}
}
```

```
//--------------------------------------------------------------------------------
// 端点 1 用于数据输入管道，处理主机读操作请求例程
//--------------------------------------------------------------------------------
void Handle_In1()
{
   BYTE ControlReg;
   POLL_WRITE_BYTE(INDEX, 1);      //设置端点 1 为当前操作的端点
   POLL_READ_BYTE(EINCSR1, ControlReg);   //读取端点 1 控制寄存器值
   if (Ep_Status[1] == EP_HALT)
   {
      POLL_WRITE_BYTE(EINCSR1, rbInSDSTL);
   }

   else
   {
      if (ControlReg & rbInSTSTL)
      {
         POLL_WRITE_BYTE(EINCSR1, rbInCLRDT);
      }
      if (ControlReg & rbInUNDRUN)
      {
         POLL_WRITE_BYTE(EINCSR1, 0x00);
      }
      Fifo_Write(FIFO_EP1, EP1_PACKET_SIZE, (BYTE *)IN_PACKET);
      POLL_WRITE_BYTE(EINCSR1, rbInINPRDY);
}

//--------------------------------------------------------------------------------
// 端点 2 用于主机数据输出通道，处理主机写数据操作例程
// 将主机传输到端点 2 的 FIFO 中的数据读取到指定数组
//--------------------------------------------------------------------------------
void Handle_Out2()
{
   BYTE Count = 0;
   BYTE ControlReg;
   POLL_WRITE_BYTE(INDEX, 2);              //设置端点 2 为当前操作的端点
   POLL_READ_BYTE(EOUTCSR1, ControlReg);   //读取端点 2 控制寄存器值
   if (Ep_Status[2] == EP_HALT)
   {
      POLL_WRITE_BYTE(EOUTCSR1, rbOutSDSTL);
   }
   else
   {
      if (ControlReg & rbOutSTSTL)
      {
         POLL_WRITE_BYTE(EOUTCSR1, rbOutCLRDT);
      }
      POLL_READ_BYTE(EOUTCNTL, Count);
      if (Count != EP2_PACKET_SIZE)
      {
         POLL_WRITE_BYTE(EOUTCNTL, rbOutFLUSH);
      }
      else
      {
         Fifo_Read(FIFO_EP2, EP2_PACKET_SIZE, (BYTE*)OUT_PACKET);
      }
      POLL_WRITE_BYTE(EOUTCSR1, 0);
   }
}

//--------------------------------------------------------------------------------
```

```
// 主函数main
//-----------------------------------------------------------------------------
void main()
{
   ……      //系统其他部件初始化
   void USB0_Init(void);    //USB设备接口控制器初始化例程
   while(1);   //主程序进入循环，等待中断事件产生和相关例程调用
}
```

（4）小结。

从以上的固件程序设计案例，对照前述章节所介绍的 USB 设备接口的相关知识，可知 USB 设备固件程序开发的关键及关注重点如下。

① 设备配置及描述。在固件程序中，需要通过描述符来描述设备的相关信息和资源配置，如设备描述符定义了设备的厂商 ID、设备 ID 等表征设备 ID 的信息，在主机进行设备枚举、配置、资源分配和驱动程序安装时，会通过标准的请求来获取相关的信息。各类描述符数据字段的定义，可参见 11.4.3 节内容。

② 设备响应主机的各种标准请求和操作。设备状态的改变及主机对 USB 设备的管理都是通过 USB 总线的标准操作或请求进行的。USB 设备接口模块需要对主机的标准请求或操作进行响应，以配合完成设备状态的改变或相应的处理工作。设备的标准操作及请求可参见 11.4.4 节内容。

③ 响应系统数据传输请求。对于 USB 设备应用而言，其关键是响应主机的数据传输请求，因此，USB 设备接口固件程序设计中，通常要设计响应主机输入和输出数据传输操作的例程。

④ 设备功能逻辑设计。从接口的角度来看，以上的 USB 设备接口控制器的固件程序已完成 USB 设备的标准操作和请求的处理。并且实现了主机系统对设备读写操作的功能，即提供了主机与设备进行数据交换处理的例程，而设备逻辑功能的设计只需要封装该例程即可。设备功能逻辑的设计未进行介绍。

习 题 11

1. 采用 USB 接口有哪些优点？试举例说明。
2. USB 总线标准有哪几个版本？其特点各是什么？
3. USB 总线设计的目标是什么？
4. USB 信息在数据线上是以何种方式进行传输的？各种信号状态是如何区分的？
5. 串行总线与并行总线有何区别？
6. 微机系统中，USB 系统由哪几部分构成？USB 系统通信模型是怎样的？
7. 什么是 USB 主机？USB 主机在 USB 系统中有何作用？
8. 什么是 USB 设备？USB 集线器有何作用？
9. USB 主机与 USB 设备间如何进行通信？
10. 如何理解端点、管道及设备描述符的概念？
11. USB 有哪几种数据传输方式？各传输方式的特点是什么？
12. USB 固件程序设计有哪些主要内容？

第 12 章 无线通信接口

随着移动互联网及物联网时代的来临，无线通信技术的应用也越来越广泛，已深入到人们生活和工作的各个方面，包括日常使用的手机、无绳电话、无线鼠标/键盘、无线传感器等。其中GPRS、3G/4G、WLAN、ZigBee、蓝牙、无线射频都是当代最热门的无线通信技术。

相对于有线通信而言，无线通信采用了新的传输介质——电磁波来实现信号的传输。从通信应用的角度来讲，无线传输与有线传输的差别在于传输介质及链路的不同。通常一个无线通信系统是由专业的无线模块来实现无线通信底层的信号处理和信号传输。由于对无线通信底层的处理需考虑电磁波的物理特性，且对信号处理有较高的要求，因此，专业的通信公司会设计和生产通用的无线通信芯片，并提供相应的接口电路来简化无线产品的开发与应用。甚至，有些无线通信模块会设计成独立的通信子系统，通过串行接口和标准化的指令，向外部系统提供交互接口。从这个角度来看，无线通信技术可以看作接口应用的一种延展，也是接口技术的另外一种体现形式。

本章将介绍现代无线通信技术中的几种常用的接口技术以及无线通信设备开发的基本思路。

12.1 SPI 串行设备接口与无线收发器芯片

目前，无线通信网络根据不同的应用场合及无线传输的特性，已发展出了多种不同的网络类型，如 WiFi、WiMax、NFC、ZigBee、3G/4G、SmartAir 等，这些类型的无线通信网络都由相应的网络协议所定义。不同的无线网络的解决方案因其实现方式不同，其接口形式也不同。本节从接口技术的角度介绍一种简单的无线通信接口方案，即通过微控制器的 SPI 接口扩展无线收发器，完成无线传输的任务，以此来阐述接口技术在无线通信中应用的思路和方式。

从网络技术角度来讲，无线通信技术还包括网络协议的内容。不同的组网方式及网络类型，其网络协议不同，应用范围及场景也不同，如 ZigBee 网络、wifi 网络等。由于网络技术相关知识有一套完整的体系，不属于本课程教学范围，因此未展开讨论。

12.1.1 SPI 串行设备接口简介

串行外设接口（Serial Peripheral Interface，SPI），是一种同步串行外设接口，它可以使微控制器与各种外围设备以串行方式进行通信以交换信息，如外置的 FLASHRAM、网络控制器、LCD 显示驱动器、A/D 转换器、无线射频模块等，是一种高效、数据位数可编程设置的高速输入/输出串行接口。由于 SPI 接口通信线路少，一般只用 4 根连接线即可完成所有的数据通信和控制操作，不占用 MCU 的数据总线和地址总线，极大地节约了系统的硬件资源。SPI 总线系统可与各个厂家生产的多种标准外围元器件直接接口，能够方便和经济地扩展系统存储容量和外设。因此，现在几乎所有微控制器芯片都提供对 SPI 的支持。目前高速 SPI 的时钟频率已达到 60MHz 甚至更高。

12.1.2 SPI 工作方式与原理

SPI 是以主从方式工作的，这种模式通常有一个主元器件和一个或多个从元器件，图 12.1 是单个从元器件的 SPI 通信系统，图 12.2 是多个从元器件的 SPI 通信系统。SPI 的通信是由主元器件发起的，从元器件响应，并通过 SPI 主、从元器件接口完成数据的交换。

图 12.1 单个从元器件构成的 SPI 通信系统

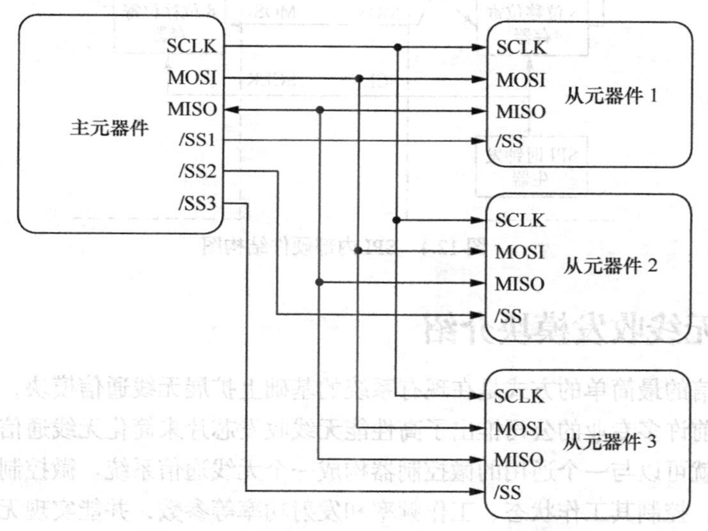

图 12.2 多个从元器件构成的 SPI 通信系统

SPI 由 4 种信号构成，信号线的定义如下。

（1）MOSI（SDO 串行数据输出）：主元器件数据输出，从元器件数据输入。

（2）MISO（SDI 串行数据输入）：主元器件数据输入，从元器件数据输出。

（3）SCLK（SCK 串行移位时钟）：时钟信号，由主元器件产生。

（4）/SS（CS 片选信号）：从元器件使能信号，由主元器件控制。

通信时，/SS（CS）决定了唯一的与主设备通信的从设备，如果没有 CS 信号，则只能存在一个从设备，称为点对点通信，在此情况下，SPI 接口不需要进行寻址操作，且为全双工通信，显得简单高效。

SPI 接口是在 CPU 和外围低速器件之间进行同步串行数据传输，主设备通过移位时钟来发起通信。在主器件的移位脉冲下，数据按位传输，高位在前，低位在后，以主设备为参照，数据在时钟的上升（或下降）沿由 SDO 输出，在紧接着的下降（或上升）沿由 SDI 读入，如图 12.3 所示。SPI 支持全双工通信，数据传输速度总体来说比 I^2C 总线要快，速度可达到几 Mb/s。

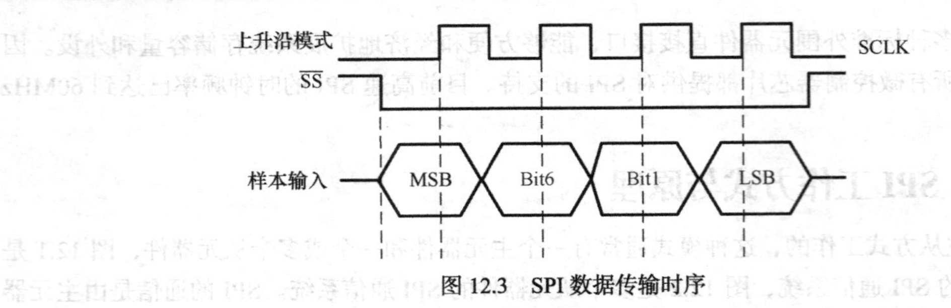

图 12.3 SPI 数据传输时序

SPI 内部硬件实际上是两个简单的移位寄存器，如图 12.4 所示。传输的数据为 8 位，在主元器件产生的从元器件使能信号和移位脉冲下，数据按位传输，高位在前，低位在后。如图 12.3 所示，在 SCLK 的下降沿上数据改变，同时一位数据被存入移位寄存器。

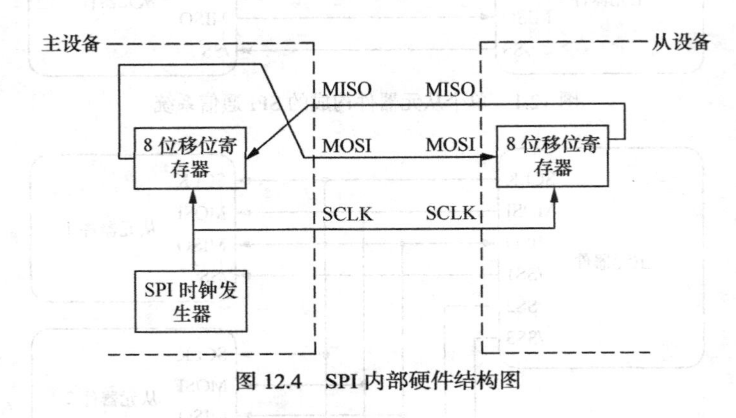

图 12.4 SPI 内部硬件结构图

12.1.3 无线收发模块介绍

实现无线通信的最简单的方式是在现有系统的基础上扩展无线通信模块，形成具备无线传输能力的系统。目前许多专业的公司推出了高性能无线收发芯片来简化无线通信系统的设计，只需很少的外围元件就可以与一个通用的微控制器构成一个无线通信系统。微控制器可以通过与无线收发芯片的接口，控制其工作状态、工作频率和发射功率等参数，并能实现无线数据传输。无线通信芯片与微控制器间的接口方式有很多种，SPI 和 UART 等串行接口简单高效，是一种较好的接口方式。本书案例将以 Nordic 公司推出的 nRF903 高性能单片无线收发芯片为例，介绍其结构及原理，并定义一个简单的通信协议来实现无线数据传输，在后续章节将简要介绍目前流行的 ZigBee 网络技术。

1. nRF903 结构与工作原理

nRF903 是一款高性能的单片无线收发芯片，只需很少的外围元器件就可以与一个通用的微控制器构成一个无线通信系统，nRF903 可工作在工业、科学和医疗（ISM）频段（433MHz/868MHz/915MHz），通过配置寄存器可实现不同工作频段的选择。nRF903 的配置是通过其提供的 SPI 接口实现的。nRF903 与微控制器的数据交换则是通过 WART 串行接口的方式实现。nRF903 的逻辑结构及外围元器件连接如图 12.5 所示。

从内部结构来看，nRF903 芯片包括发射电路、接收电路和接口电路。nRF903 仅支持半双工的通信方式，即其发射电路和接收电路是分时工作的，不能同时发射和接收。nRF903 的外围电路主要由振荡电路、滤波电路和天线电路（连接在 AN1 和 ANT2 脚，图中未画出）组成。由图 12.5

可见，该芯片只需很少的外围电路，即可构成一个无线收发模块，可大大降低无线通信系统的成本，提高系统的可靠性。

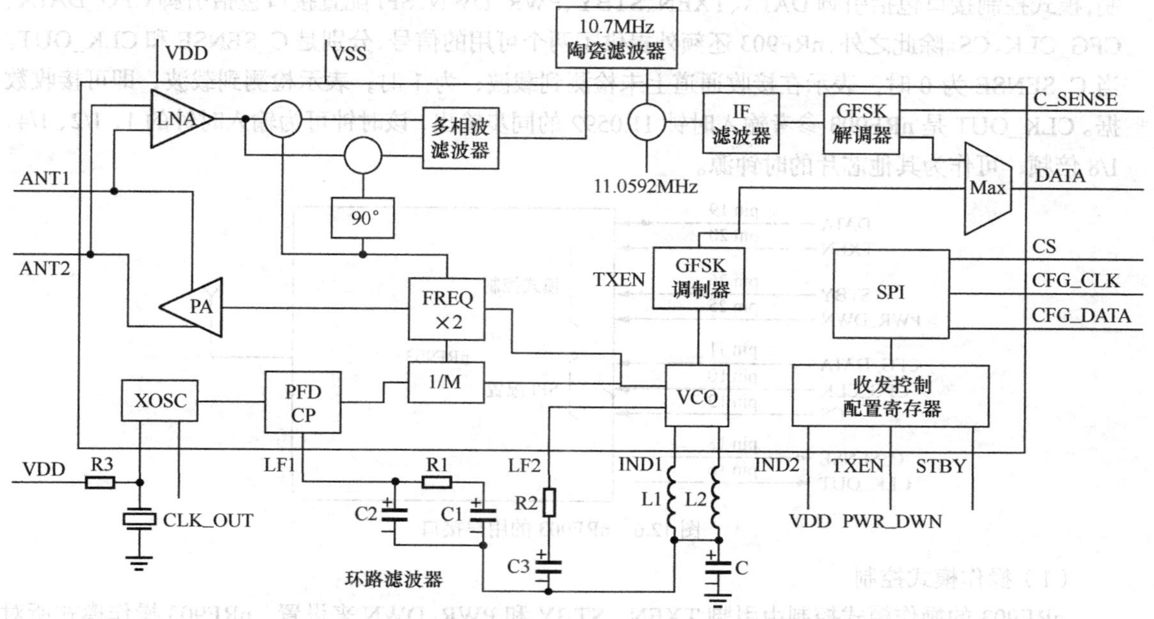

图 12.5　nRF903 逻辑结构和外围元件连接

（1）发射电路

发射电路由 GFSK 调制器、压控振荡器（VCO）、频率合成器、功率放大器和天线电路组成。数字信号从 DATA 脚输入，经过 GFSK 调制器、VCO 和频率合成器后得到带有发射数据信息的高频信号，高频信号经过功率放大器（PA）放大后从天线发射出去。

（2）接收电路

接收电路由天线电路、低噪声放大器（LNA）、多相波滤波器、滤波器（IF）和 GFSK 解调器组成。当 nRF903 设置为接收方式时，天线会感应无线电信号，经过低噪声放大器（LNA）放大后，进入两级混频和滤波电路，第 1 级混频、滤波得到 10.7126MHz 的信号，第 2 级混频和滤波得到 345.6kHz 的中频信号，该中频信号经过 GFSK 解调器后得到数字信号，解调后的数字信号从 DATA 脚输出。

（3）接口电路

nRF903 的工作状态、工作频率和发射功率等工作参数可以通过收发控制和配置寄存器进行设备的控制。nRF903 提供了 SPI 接口（引脚 CFG_DATA、CFG_CLK 和 CS）访问收发控制和配置寄存器，TXEN 用于设置芯片的工作方式（发送或接收）。另外，nRF903 也提供了收发数据的 UART 串行接口（引脚 DATA、C_SENSE），当处于不同的工作模式时，DATA 的方向不同。当为接收时，DATA 为输出，当为发送时，DATA 为输入。C_SENSE 为接收器的状态，当该引脚被置 1 时，表示接收到数据，此时从 DATA 读取的数据才有意义。

（4）外围电路

发射电路和接收电路中频率合成器和混频器所需的基准频率由外接 11.0592MHz 的晶振实现。外围电路还需要接一个 10.7MHz 的陶瓷滤波器和一个由电阻、电容和电感组成的环路滤波器。

2. nRF903 接口

nRF903 提供给用户的接口如图 12.6 所示，该接口按功能可分为两组，分别是配置和模式控制，模式控制接口包括引脚 DATA、TXEN、STBY、PWR_DWN，SPI 配置接口包括引脚 CFG_DATA、CFG_CLK、CS。除此之外，nRF903 还额外提供了两个可用的信号，分别是 C_SENSE 和 CLK_OUT。当 C_SENSE 为 0 时，表示在接收通道上未检测到载波；为 1 时，表示检测到载波，即可接收数据。CLK_OUT 是 nRF903 参考输入时钟 11.0592 的同步输出，该时钟可为输入时钟的 1、1/2、1/4、1/8 倍频，可作为其他芯片的时钟源。

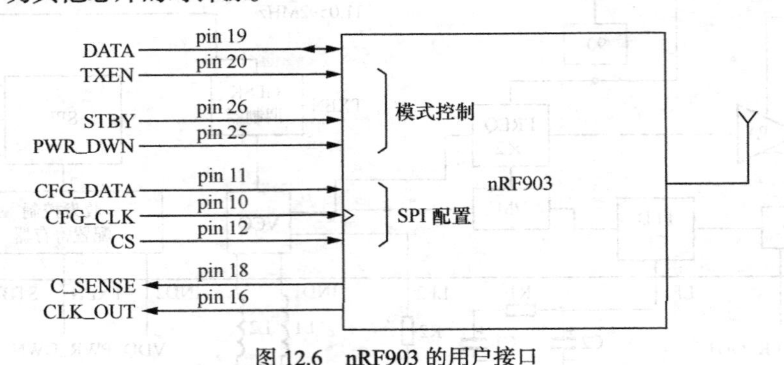

图 12.6　nRF903 的用户接口

（1）操作模式控制

nRF903 的操作模式控制由引脚 TXEN、STBY 和 PWR_DWN 来设置，nRF903 操作模式所对应的信号的设置如表 12.1 所示。

表 12.1　nRF903 操作模式设置

操作模式	STBY	PWR_DWN	TXEN
常规操作。接收模式	0	0	0
常规操作。发送模式	0	0	1
低功耗。所有电路处于休眠状态	0	1	X
等待。仅 XOSC 和 CLK_OUT 处于活动状态，在配置前 CLK_OUT 频率为 11.0592MHz	1	0	X
缺省（接收）模式。SPI 单元的配置被覆盖，868MHz，接收模式，通道#0，输出时钟频率为 1.3824MHz	1	1	0
缺省（发送）模式。SPI 单元的配置被覆盖，868MHz，发送模式，通道#0，输出功率 10dBm，输出时钟频率为 1.3824MHz	1	1	1

（2）配置寄存器

nRF903 内部含有一个 14 位的配置寄存器，用来设置 4 个工作参数，分别是频段、频道数值（频道中心位置）、输出功率和时钟输出频率。配置字的格式如表 12.2 所示。

表 12.2　nRF903 配置字格式

位	参数	符号	描述	长度（位）
0~1	频段	FB	“00”FB = (433.92±0.87)MHz “01”FB = (869±1)MHz “10”FB = (915±13)MHz “11”未使用	2

续表

位	参数	符号	描述	长度（位）
2~9	频道数值	CH	$f_{centre\_433MHz}=433.152\times10^6+CH\times153.6\times10^3Hz$ $f_{centre\_868MHz}=868.1856\times10^6+CH\times153.6\times10^3Hz$ $f_{centre\_915MHz}=902.0928\times10^6+CH\times153.6\times10^3Hz$	8
10～11	输出功率	P_{OUT}	输出功率 ≈ -8dBm + 6dBm × P_{OUT} dBm	2
12～13	时钟输出频率	$f_{\mu P\_clk}$	"00" $\mu P=f_{X\text{-}tal}$MHz "01" $\mu P=f_{X\text{-}tal}/2$MHz "10" $\mu P=f_{X\text{-}tal}/4$MHz "11" $\mu P=f_{X\text{-}tal}/8$MHz	2
		总计		14

例如，若要设置 nRF903 工作于 868MHz 频段，频道号为 5，收发器与微控制器共享同一时钟源，此时配置字的计算如下。

（1）设置频段

nRF903 工作于 868 频段，参考表 12.2 配置字格式，FB=01b。

（2）设置频道数值

nRF903 频道数值为 5，参考表 12.2 配置字格式，CH=00000101b，根据 $f_{centre_868MHz}=868.1856\times10^6+CH\times153.6\times10^3[Hz]$得到，$f_{centre\_868MHz}=868.9536MHz$。

（3）设置输出功率

将输出功率设置为最小，以减少在传输模式时的电流损耗，$P_{OUT}=00b$。

（4）设置输出到外部微控制器的频率

将微控制器的工作频率设为与 nRF903 一致，即 $f_{\mu P\_clk}=00b$。根据以上的设置，14 位的配置字为（MSB）00000000010101b。

12.2 无线通信接口的设计

12.2.1 设计要求

采用带有内嵌 SPI 接口的单片机 C8051F340 与无线收发模块芯片 nR903 组成无线通信接口，实现无线数据传输。

12.2.2 硬件连接

nRF903 与 C8051F340 单片机的接口原理图如图 12.7 所示。nRF903 信号线可分为 4 组，第一组包括 CLK_OUT 和 C_SENSE 两个信号，分别连接到 C8051F340 P1 端口的 P1.0 和 P1.1 引脚，用于监测 nRF903 的状态。CLK_OUT 是 nRF903 的时钟输出信号，可作为单片机的系统时钟源，14 位配置字的最后两位用于设置该输出时钟的分频系数，见表 12.2。在本例中，并未以该输出作为 C8051F340 单片机的时钟源，而是通过 P1.0 引脚来监测 nRF903 的振荡器工作是否正常，单片机的时钟由片内振荡器提供，这样可以提高系统的可靠性。C_SENSE 是载波检测信号，连接到 C8051F340 的 P1.1 引脚，是程序进行数据接收的判断依据，只有存在载波时接收数据才有意义。

第二组包括 CFG_DATA、CFG_CLK 和 CS 3 个信号，分别连接到 C8051F340 的 SPI 接口的 3 个引脚（MOSI、SCK、NSS），用于 nRF903 的配置字的写入。在本例中，nRF903 是作为 SPI 从设备，通过 C8051F340 的 SPI 接口，可将 14 位的配置字写入 nRF903 的配置寄存器中，实现对频段、通道、输出功率和输出时钟频率的配置。关于 C8051F340 单片机的 SPI 接口使用可参见参考文献[35]。

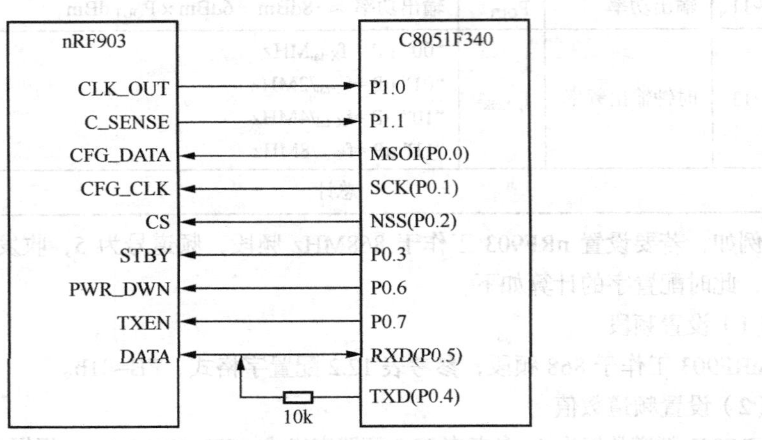

图 12.7　无线通信接口硬件信号连接图

第三组包括 STBY、PWR_DWN 和 TXEN 3 个信号，分别连接到 C8051F340 P0 端口的 P0.3、P0.6、P0.7 引脚，用于 nRF903 工作模式的控制。各种工作模式的控制信号组合如表 12.1 所示。其中，单片机通过连接 TXEN 脚的 P0.7 控制发射或接收方式。发射和接收方式之间的切换需要数毫秒时间稳定，这一点在通信软件设计时需要考虑。

第四组包括 DATA 信号，该信号为双向信号，分别连接在 C8051F340 的 RXD 和 TXD 引脚，RXD 和 TXD 之间通过一个 10kΩ 的电阻隔离，用于 nRF903 与 C8051F340 之间的数据传输。由于 nRF903 是一种半双工的无线通信元器件，发射和接收数据共用一个引脚 DATA，因此不能同时发射和接收数据，其方向受 TXEN 信号的控制。在发送时，DATA 上来自主机（单片机）的数据流会直接调制成电磁波发射出去；在接收时，收到载波后，nRF903 会解调成数字信号通过 DATA 输出到主机（单片机）。

本例通信双方的程序都是通过单片机 C8051F340 的 UART 串行接口来进行通信，由于有 nRF903 接口芯片，实际上相当于用无线通信链路取代了传统的串行通信线电缆。对于软件而言，物理层的比特流的传输是透明的，这叫做无线通信中的串口数据透明传输。因此，无线通信接口芯片可大大简化无线通信的应用开发。

12.2.3　软件程序流程

图 12.7 所示是硬件连接，它既适用于发送端，也适用于接收端。发送和接收功能的选择可通过程序来进行。在实际应用中，通常有一个设备被设置为发送模式，另一个设备被设置为接收模式。从硬件连接图 12.7 中可以看出，在发送端，数据通过微控制器的串行通信接口将待传输的数据以串行的方式传输到 nRF903 无线通信接口芯片，并调制成无线载波信号传输出去；在接收方，nRF903 无线通信接口芯片接收到载波信号后，将其解调成数据信号并通过微控制器的串行接口接收该数据，从而实现无线数据传输。整个传输的过程 nRF903 实现了比特流数据的无线传输。由于数据的

传输实际上是由微控制器的串行接口控制的，因此，串行接口的波特率决定了无线通信的速率。

在无线传输的过程中，nRF903 主要实现了物理层功能，即实现比特波的传输。在无线通信和组网技术中，为满足不同通信和组网需求，通常会制定不同的网络协议或规范，这些网络协议或规范能够确保不同应用环境下的通信链路及数据传输的稳定和可靠性，保证数据传输速度的要求以及解决网络互连互通问题，如后面将要介绍的 Zigbee 协议，就属于不同的无线网络协议。本例中，为了保证无线通信的可靠性，设计了一个简单的通信协议，该通信协议数据帧由包头、地址、数据和校验码 4 部分组成，采用固定帧长度。

本例中给出了无线通信的接收和发射软件程序流程，所设计的软硬件接口适合在 ISM 频段的无线通信系统中应用。

由于微控制器与无线通信接口芯片通过串行通信接口连接，因此，在设备初始化时，需要先对 C8051F340 的 UART 口进行初始化，并完成对 nRF903 的工作参数的配置。为了得到可以调节的波特率和进行差错控制，选择 C8051F340 的 UART 工作方式 3。

综合考虑无线通信的相互干扰和要求有较高的通信效率，数据帧的长度要适当，最好能在 10ms 以内传输完，采用如图 12.8 定义的数据帧格式可以满足要求。

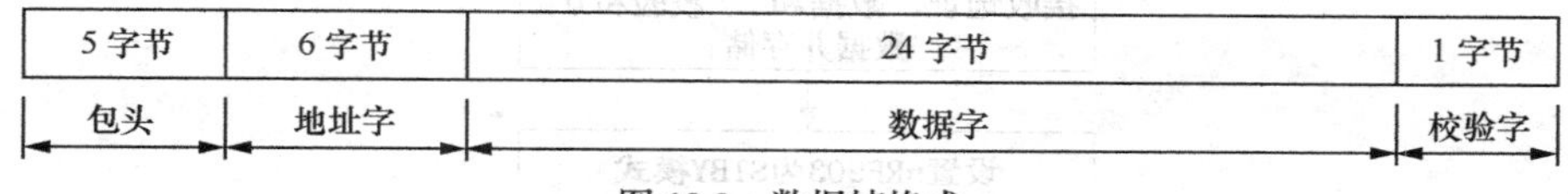

图 12.8　数据帧格式

数据帧由包头（5 字节）、地址字（6 字节）、数据字（24 字节）、校验字（1 字节）4 部分组成。数据帧中包头定义为 0FFFFFFFFB3h，该字段进行接收和发射数据帧同步。地址字是设备地址，该地址要求在本无线通信系统内不重复，并且应该减少与其他同频率通信的系统在该部分内容重复，采用以太网的 MAC 地址字节数，即 6 个字节。数据字是该数据帧要传输的内容，固定为 24 字节。如果要传输的内容超过 24 字节，可以分解成多个数据帧进行传输。校验字为 1 个字节，本例中采用 XOR 方式，即校验字由数据帧的地址和数据部分通过 XOR 运算生成。如果接收到的数据帧的校验和 0 与本地生成的校验字不匹配，说明数据帧有错误，则要求重传。微控制器程序根据此规则进行差错控制。

图 12.7 所示为硬件连接原理图，其发射子程序流程如图 12.9 所示。发射子程序先设置 nRF903 为发射模式；产生数据帧，包括生成校验和 0；等待数毫秒时间使 nRF903 发射电路稳定；再按照如图 12.8 所示的数据帧的顺序逐个发送每个字节；发射完毕使 nRF903 转为等待模式。

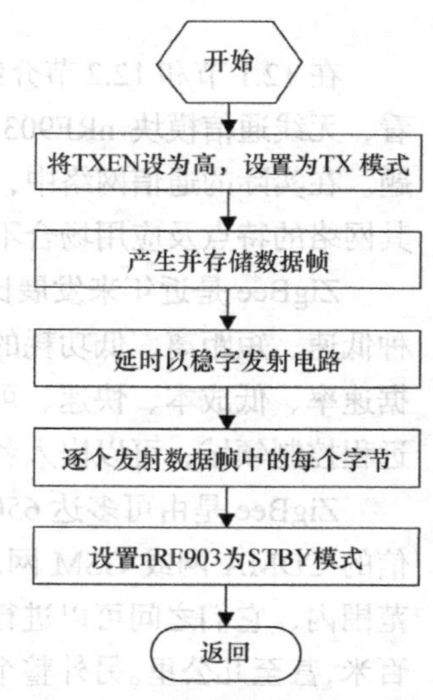

图 12.9　无线通信发射子程序流程图

图 12.10 是无线通信的接收子程序流程图。接收子程序先设置 nRF903 为接收模式并等待数毫秒后，检测 C_SENSE 是否为高，若 C_SENSE 为高则说明存在接收数据，否则继续等待。当接收到同步字节后（以 0B3h 为标志），说明后续接收的字节为地址、数据和/校验和 0。接收子程序对接收的数据帧进行校验，如果发现数据异常（例如/校验和 0 错），则要求重传；若无异常，则解析数据并返回给主程序处理。

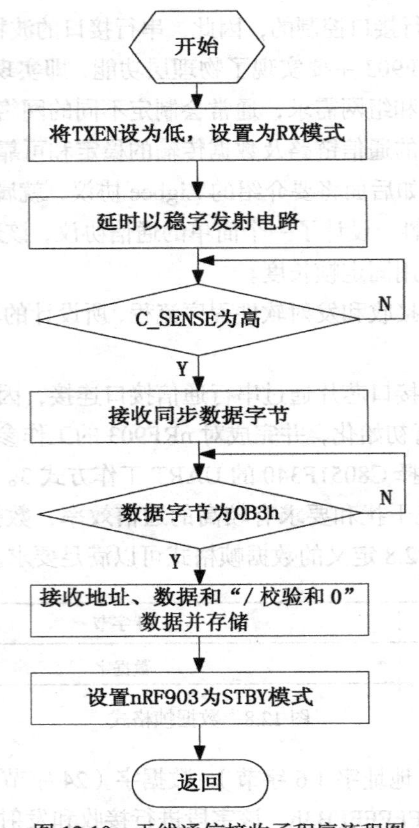

图 12.10　无线通信接收子程序流程图

12.3　ZigBee 网络简介

在 12.1 节和 12.2 节介绍了无线通信的基本原理及无线数据传输接口电路，从网络层次模型来看，无线通信模块 nRF903 属于物理层实现方案，它只解决了比特流数据以无线方式发和收的问题。在实际的通信网络中，通常是由网络协议约定组网的模式及通信的规范。不同的网络协议，其网络的特点及应用场合不同。

ZigBee 是近年来发展比较迅速的一种无线通信技术。它是基于 IEEE802.15.4 个域网标准的一种低速、短距离、低功耗的无线组网协议。其特点是近距离、低复杂度、自组织、低功耗、低数据速率、低成本、快速、可靠、安全，支持大量节点和多种网络拓扑，主要适合用于自动控制和远程控制领域，可以嵌入各种设备。

ZigBee 是由可多达 65000 个无线数传模块组成的一个无线数传网络平台，类似现有的移动通信的 CDMA 网或 GSM 网。每一个 ZigBee 网络数传模块类似移动网络的一个基站，在整个网络范围内，它们之间可以进行相互通信。每个网络节点间的距离可以从标准的 75m，到扩展后的几百米，甚至几公里。另外整个 ZigBee 网络还可以与现有的其他各种网络连接。与移动通信的 CDMA 网或 GSM 网不同的是，ZigBee 网络主要是为工业现场自动化控制数据传输而建立的，因而，它必须具有简单、使用方便、工作可靠、价格低的特点，而移动通信网主要是为语音通信而建立的，每个基站价值一般都在百万元人民币以上，而每个 ZigBee“基站”却不到 1000 元人民币。每个

ZigBee 网络节点（FFD）本身可以作为监控对象，例如其所连接的传感器既可直接进行数据采集和监控，还可以自动中转别的网络节点传过来的数据资料。除此之外，每一个 ZigBee 网络节点还可在自己信号覆盖的范围内和多个不承担网络信息中转任务的孤立的子节点（RFD）无线连接。

12.3.1　ZigBee 的技术特点

传统的无线协议很难满足无线传感器的低花费、低能量、高容错性等的要求，这种情况下，ZigBee 协议应运而生。ZigBee 可在数千个微小的传感器之间相互协调实现通信。这些传感器只需要很少的能量，以接力的方式通过无线电波将数据从一个传感器传到另一个传感器，所以它们的通信效率非常高。

ZigBee 是一种无线连接，可工作在 2.4GHz（全球流行）、868MHz（欧洲流行）和 915 MHz（美国流行）3 个频段上，分别具有最高 250kbit/s、20kbit/s 和 40kbit/s 的传输速率，它的传输距离在 10～75m 的范围内，但可以继续增加。作为一种无线通信技术，ZigBee 具有如下特点。

（1）低功耗。由于 ZigBee 的传输速率低，发射功率仅为 1mW，而且采用了休眠模式，功耗低，因此 ZigBee 设备非常省电。据估算，ZigBee 设备仅靠两节 5 号电池就可以维持长达 6 个月到 2 年的使用时间，这是其他无线设备望尘莫及的。

（2）成本低。ZigBee 模块的初始成本在 6 美元左右，估计很快就能降到 1.5～2.5 美元，并且 ZigBee 协议是免专利费的。低成本对于 ZigBee 也是一个关键的因素。

（3）时延短。通信时延和从休眠状态激活的时延都非常短，典型的搜索设备时延 30ms，休眠激活的时延是 15ms，活动设备信道接入的时延为 15ms。因此 ZigBee 技术适用于对时延要求苛刻的无线控制（如工业控制场合等）应用。

（4）网络容量大。一个星形结构的 ZigBee 网络最多可以容纳 254 个从设备和一个主设备，一个区域内可以同时存在最多 100 个 ZigBee 网络，而且网络组成灵活。

（5）可靠。采取了碰撞避免策略，同时为需要固定带宽的通信业务预留了专用时隙，避开了发送数据的竞争和冲突。MAC 层采用了完全确认的数据传输模式，每个发送的数据包都必须等待接收方的确认信息。如果传输过程中出现问题可以进行重发。

（6）安全。ZigBee 提供了基于循环冗余校验（CRC）的数据包完整性检查功能，支持鉴权和认证，采用了 AES-128 的加密算法，各个应用可以灵活确定其安全属性。

采用 ZigBee 技术实现无线传输的应用十分广泛，特别适合下列应用环境。

需要数据采集或监控的网点多；要求传输的数据量不大，而要求设备成本低；要求数据传输可靠性高，安全性高；设备体积很小，不便放置较大的充电电池或者电源模块；电池供电；地形复杂，监测点多，需要较大的网络覆盖；现有移动网络的覆盖盲区；使用现存移动网络进行低数据量传输的遥测遥控系统；使用 GPS 效果差，或成本太高的局部区域移动目标的定位应用；智慧标签；无线传感器网。

12.3.2　ZigBee 网络层次模型及协议栈简介

ZigBee 协议基于开放系统互连（OSI）参考模型（RM），如图 12.11 所示。从下到上分别为物理层（PHY）、媒体（介质）访问控制层（MAC）、网络层（NWK）、应用层（APL）等。其中物理层和媒体访问控制层遵循 IEEE 802.15.4 标准的规定。PHY 层由射频收发器以及底层的控制模块构成，前面介绍的无线收发模块的内容属于 PHY 层，该层与接口技术紧密相关。MAC 子层为高层访问物理信道提供点到点通信的服务接口。

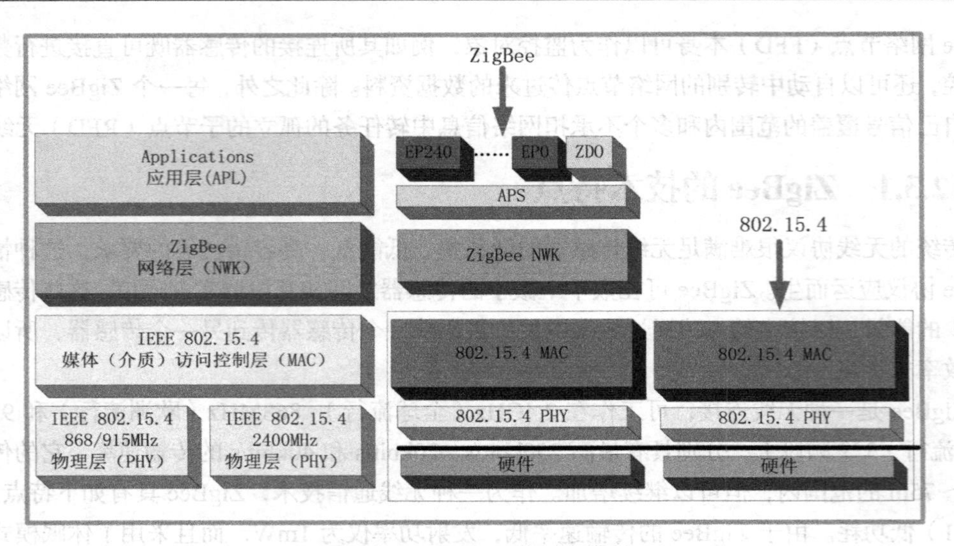

图 12.11　ZigBee 网络层次模型

学习 ZigBee 技术，关键是对 ZigBee 协议栈的理解。ZigBee 协议栈结构如图 12.12 所示，由 ZigBee 堆栈层，包括应用层（APL）和网络层（NWK）以及 802.15.4 协议所定义的媒体（介质）访问层（MAC）和物理层（PHY）组成，ZigBee 堆栈层协议由 ZigBee 联盟负责，IEEE 则制定物理层和链路层标准。应用层把不同的应用映射到 ZigBee 网络上，可以通过 ZigBee 设备对象（ZDO）对网络层参数进行配置和访问，包括安全属性设置和多个业务数据流的汇聚等功能。网络层负责设备到设备的通信，并负责网络中设备初始化所包含的活动、消息路由和网络发现。MAC 层负责相邻设备间的单跳数据通信。它负责建立与网络的同步，支持关联和去关联以及 MAC 层安全，它能提供两个设备之间的可靠链接。物理层定义了物理无线信道和 MAC 子层之间的接口，如无线射频应该具备的特征，它支持两种不同的射频信号，分别位于 2450MHz 波段和 868/915MHz 波段。

图 12.12　ZigBee 协议栈结构图

ZigBee 堆栈的不同层与 802.15.4 MAC 通过服务接入点（SAP）进行通信。SAP 是某一特定层提供的服务与上层之间的接口。ZigBee 堆栈的大多数层有两个接口：数据实体接口和管理实体接口。数据实体接口的目标是向上层提供所需的常规数据服务。管理实体接口的目标是向上层提供访问内部层参数、配置和管理数据的机制。

从应用的角度看，通信的本质就是端点到端点的连接。例如，一个带开关组件的设备与带一个或多个灯组件的远端设备进行通信，目的是将这些灯点亮。所有端点都使用应用支持子层（APS）提供的服务。APS 通过网络层和安全服务提供层与端点相接，并为数据传送、安全和绑定提供服务，因此能够适配不同但兼容的设备，如带灯的开关。

1. 物理层（PHY）

IEEE 802.15.4 标准为低速率无线个人域网（LR-WPAN）定义了 OSI 模型开始的两层。PHY 层定义了无线射频应该具备的特征，它支持两种不同的射频信号，分别位于 2450MHz 波段和 868/915MHz 波段。2450MHz 波段射频可以提供 250kb/s 的数据速率和 16 个不同的信道。868/915MHz 波段中，868MHz 支持 1 个数据速率为 20kb/s 的信道，915MHz 支持 10 个数据速率为 40kb/s 的信道。

物理层提供的服务是由硬件和软件共同实现的，其定义了物理无线信道（对于 2.4GHz 频段，有 16 个信道，编号为 11～26）和 MAC 子层之间的接口，提供物理层数据服务和物理层管理服务。通过该接口可以唤醒层管理服务功能，同时也负责维护与物理层相关的一些管理对象的数据库。

物理层通过物理层数据服务接入点（PD-SAP）和物理层管理服务接入点（PLME-SAP）与 MAC 层通信，PD-SAP 支持在对等的 MAC 层实体间进行 MAC 协议数据单元传送，PLME-SAP 则在 MAC 层管理实体之间提供管理命令的传送。物理层主要完成如下任务。

（1）无线收发机的激活与关闭；

（2）当前信道的能量检测；

（3）接收数据包的链路质量标识；

（4）为载波侦听多路访问/冲突防止（CSMS-CA）提供空闲信道评估（CCA）；

（5）工作信道选择；

（6）数据发送和接收。

信道能量检测为网络层提供信道选择依据，其取值范围是 0x00～0xff。它主要测量目标信道中接收信号的功率强度，链路质量标识为网络层或应用层提供接收数据帧无线信号的强度和质量信息。

2. 媒体（介质）访问控制层（MAC）

MAC 层负责相邻设备间的单跳数据通信。它负责建立与网络的同步，支持关联和去关联以及 MAC 层安全，它能提供两个设备之间的可靠链接。

与物理层类似，MAC 层也包括管理实体（ME）和数据实体（DE）。MAC 层管理实体提供可唤醒 MAC 层管理服务的服务接口，同时也维护一个与 MAC 层相关的管理对象数据库（MIB）。

MAC 层与物理层之间通过 PLME-SAP 和 PD-SAP 进行通信，通过 MAC 层数据实体服务接入点（MLDE-SAP）和 MAC 层管理实体服务接入点（MLME-SAP）向业务相关子层提供 MAC 层数据和管理服务。另外，MAC 层能支持多种 LLC 标准，通过业务相关会聚子层（SSCS）协议承载 802.2 类型的 LLC 标准。MAC 层功能如下。

（1）当节点为网络协调器时，产生信标（beacon）帧；

（2）在信标帧之间进行同步；

（3）支持个人区域网（PAN）的关联与去关联；

（4）支持节点安全机制；

（5）对信道接入使用 CSMA-CA 机制；

（6）处理和维护有保证的时隙（GTS）机制；

（7）在两个对等 MAC 实体间提供可靠的链接。

ZigBee 中的 MAC 和物理层协议是网状网络的应用基础，高容错和低功耗的特点保证网状网络所必须考虑基于拓扑控制和功率控制以及网络自组特性。而且对于经典的隐藏终端和暴露终端问题、协议的接入公平性问题、服务质量问题等都有良好的解决。在网状网络中，MAC 层的传输调度策略会影响数据包延迟、带宽性能，影响网络层路由性能，所以网络层必须感知 MAC 层性能的变化，才能以自适应的方式改变路由，改善网络性能。

3. 网络层（NWK）

网络层对于 ZigBee 协议非常重要，每一个 ZigBee 节点都包含网络层，ZigBee 网络层主要实现组建网络，为新加入网络方分配地址、路由发现、路由维护等。另外网络层还提供一些必要的函数，确保 ZigBee 的 MAC 层正常工作，并且为应用层提供合适的服务接口，这种结构使得网络的应用基本能够实现。为了向应用层提供其接口，网络层提供了两个必须的功能服务实体，它们分别为网络层数据服务实体（NLDSE）和网络层管理服务实体（NLMSE）。NLDE 通过网络层数据实体服务接入点（NLDE-SAP）提供数据传输服务，网络层管理实体（NLME）通过网络层管理实体服务接入点（NLDE-SAP）提供网络管理服务。网络层管理实体利用网络层数据实体完成一些网络的管理工作，并且网络层管理实体完成对网络信息库（NIB）的维护和管理。

4. 应用层（APL）

ZigBee 应用层由 3 个部分组成：应用子层、ZDO 和制造商定义的应用对象（App Obj）。APS 通过网络层和安全服务提供层与端点相接，并为数据传送、安全和绑定提供服务，可以适配不同但兼容的节点，并且提供了这样的接口：在 NWK 层和 APL 层间，从 ZDO 到供应商的应用对象的通用服务集。ZigBee 中的应用层框架（APL Framework）为驻扎在 ZigBee 节点中的应用对象提供活动的环境。最多可以定义 240 个相对独立的应用程序对象（ZDO），任何一个对象的端点编号从 1 到 240，端点号 0 固定用于 ZDO 数据接口，应用程序可以通过这个端点与 ZigBee 协议栈的其他层通信；另外一个端点 255 固定用于所有应用对象广播数据的数据接口功能。端点 241～254 保留（给为了扩展使用），用户不能使用。

12.3.3 ZigBee 网络中的设备

ZigBee 网络是由不同类型的设备构成的，不同类型的设备在网络中承担不同的角色，其对资源的要求也不尽相同。ZigBee 网络中的设备可分为协调器（Coordinator）、路由器（Router）、终端设备（EndDevice）3 种不同功能的成员，每种都有自己的功能要求。

（1）ZigBee 协调器

是启动和配置网络的一种设备。协调器可以保持间接寻址用的绑定表格，支持关联，同时还能设计信任中心和执行其他活动。一个 ZigBee 网络只允许有一个 ZigBee 协调器。

（2）ZigBee 路由器

是一种支持关联的设备，能够将消息转发到其他设备。ZigBee 网格或树形网络可以有多个 ZigBee 路由器。ZigBee 星形网络不支持 ZigBee 路由器。

（3）ZigBee 终端设备

可以执行它的相关功能，并使用 ZigBee 网络到达其他需要与其通信的设备。它的存储器容量要求最少。

然而需要特别注意的是，网络的不同架构会很大程度上影响设备所需的资源。NWK 支持的网络拓扑有星形、树形和网格形，其中，星形网络对资源的要求最低。

12.3.4 ZigBee 无线通信开发解决方案的选择

相对蓝牙、红外的点对点通信和 WLAN 的星状通信，ZigBee 的协议比较复杂。根据当前不同的解决方案，基于 ZigBee 进行无线通信应用开发时，我们有多种选择。一是选择无线通信接口芯片自主开发 ZigBee 协议，二是采用 ZigBee 芯片厂商提供的芯片及相应的 ZigBee 协议栈，三是直接选择已经带有了 ZigBee 协议的无线通信模块。三种方式各有优缺点，可根据实际需要及产品开发周期的要求进行选择。

第一种解决方案开发周期长，人力和技术储备要求较高。目前，市场上的 ZigBee 射频收发芯片实际上只是一个符合物理层标准的芯片，它只负责调制解调无线通信信号，所以必须结合单片机才能完成对数据的接收发送和协议的实现。例如前面 12.1.3 节介绍的 nRF903 芯片与单片机 C8051F340 两种芯片配合使用。而把射频部分和单片机部分集成在一起的单芯片方式，如 TI 公司的 CC2430 芯片，它的好处是不需要额外的一个单片机，节约成本，简化设计电路，但这种单芯片也并没有包含 ZigBee 协议在里面。

这两种情况都需要用户根据单片机的结构和寄存器的设置，并参照物理层部分的 IEEE802.15.4 协议和网络层部分的 ZigBee 协议，自己去开发所有的软件部分。这个工程量对于做实际应用的用户来讲是很大的，开发周期以及测试周期都非常长，且产品质量也很难保障。

第二种方案，其主要是在第一种方案的基础上，提供了 ZigBee 协议栈的实现，即许多 ZigBee 芯片公司都提供适合相应芯片的 ZigBee 协议栈的固件程序，此种方式可节省用户实现具体协议的开发时间，在一定程度上降低了工作量和开发难度，但也只提供一种协议的功能，并没有提供一个对用户的应用接口，因此不具备真正的可应用性和可操作性。用户如何才能不用考虑无线通信内部的实现过程而很简单轻松地就把数据发送出去或接收进来，甚至不用考虑路由的实现，而完成与远方设备的数据传输，这些问题在实现了 ZigBee 协议栈的芯片中都无法简单实现。ZigBee 协议栈只能说它有了协议的所有组成部分，但还需要实现应用与协议栈的对接。简单来讲，基于协议栈的应用开发需要用户根据完整的协议代码和自己上层的通信协议，去修改和完善协议栈中的内容，才能完成简单的数据无线收发，而要完成路由选择，或整个网络的通信，其复杂程度随之升高，调试测试的时间则会更长，这对于一般应用开发的用户未必能够承受。

第三种解决方案，采用 ZigBee 应用模块，称为透传模块方式。这种 ZigBee 应用模块在硬件上设计紧凑，体积小，采用贴片式焊盘设计，可以内置 Chip 或外置 SMA 天线，通信距离从 100m 到 2500m 不等，还包含了 ADC、DAC、比较器、多个 IO、I^2C 等接口和用户的产品相对接。软件上包含了完整的 ZigBee 协议栈，并有自己的 PC 上的配置工具，采用串口和用户产品上的模块进行通信，并可以对模块进行发射功率、信道等网络拓扑参数的配置，使用起来简单方便。对应用开发的用户来讲，甚至不用了解 ZigBee 的协议细节，即可完成基于 ZigBee 的应用开发。

ZigBee 无线应用模块的好处在于用户不需要考虑模块中程序是如何运行的，只需要将待传输的数据通过模块接口（如串行接口）传输到模块里，然后模块会按照预先配置好的网络结构和网络中的目的地址节点进行收发通信。发送模块会自动把数据用无线方式发送出去，接收模块会进行数据校验，如数据无误，则通过串口接收进来。不过大多数用户应用 ZigBee 技术，都会有自己的数据处理方式，以致每个节点设备都会拥有自己的 CPU 以便对数据进行处理，所以仍可以把模块看作一种已经集成射频、协议和程序的芯片子系统。目前，国内有很多厂商提供 ZigBee 无线通信模块及 ZigBee 无线组网方案，采用 ZigBee 应用模块对于应用开发而言是最简单的一种方式。但是，由于不同应用场景对通信模块的要求不同，因此，在某些特定的应用环境中，仍需要根据需求来定制开发无线通信模块。

习 题 12

1. 试描述几种无线通信技术应用案例，并介绍其特点。
2. 无线通信收发器由哪几部分组成？其通信流程是怎样的？
3. 试描述 SPI 的特点、组成及基本原理。
4. SPI 有哪几种工作方式？如何选择不同的工作方式？
5. 试对比分析无线通信接口与串行通信接口通信应用开发的异同。
6. ZigBee 网络有何特点？
7. ZigBee 网络分为哪几层？各层主要特点是什么？
8. 进行 ZigBee 通信开发有哪些选择方案？其特点分别是什么？

第 13 章 基于 FPGA 的接口电路设计

基于 FPGA 的接口电路具有设计灵活、集成度高、体积小、功耗低等优点，而且其具有可重复编程能力，易于实现整个系统的功能重构。本章先简要介绍 FPGA 的基本原理、设计方法和开发工具，然后讨论用于逻辑设计的硬件描述语言 Verilog HDL，最后采用 Verilog HDL 语言设计可编程并行接口芯片 8255A 的功能电路，以此作为例子来学习基于 FPGA 的接口芯片的设计方法。

13.1 接口电路实现的技术趋势

传统的接口设计中往往需要专用的接口芯片，如串行接口 8251、并行接口 8255、USB 接口和 PCI 接口芯片等。采用这些专用芯片的优点是功能强、可靠性高、可缩短开发周期；缺点是用户可能只使用到接口芯片的部分功能，会造成一定的资源浪费，并且在设计上也缺乏灵活性，增加板上的组件，导致产品成本的增加。

现在的接口卡设计中，很多情况下需要若干个接口芯片按一定的逻辑组成为一个部件，或者直接与 CPU 同在主板上，或是一个板卡插在系统总线插槽上，这样将导致接口卡体积、功耗都会比较大。另外，接口有不同的电平规范，除了 TTL、CMOS 接口电平之外，LVDS、HSTL、GTL/GTL+、SSTL 等新的电平标准逐渐被很多电子产品采用。在这样的混合电平环境中，如果用传统的电平转换芯片实现接口会导致电路复杂性提高。

随着电子技术和 EDA 技术的发展，接口电路的设计开发方法也发生了巨大变化。FPGA 是一种新兴的可编程逻辑器件，可以取代现有的微机接口芯片，实现微机系统中的存储器接口、地址译码等多种功能，具有更高的密度、更快的工作速度和更大的编程灵活性，接口逻辑都可以在 FPGA 内部来实现，大大简化了外围电路的设计，故它被广泛应用于各种电子类产品中。当系统升级时，只需对可编程器件重新进行逻辑设计，而不用更新 PCB 版图。这种方案设计灵活，节约系统的逻辑资源，具有较高的性价比。在多电平混合环境里，利用 FPGA 支持多电平共存的特性，可以大大简化设计方案，降低设计风险。

FPGA 的逻辑规模已经从最初的 1000 余可用门电路发展到现在的数千万个可用门电路。FPGA 技术之所以具有巨大的市场吸引力，其根本原因在于：FPGA 可以解决电子系统小型化、低功耗、高可靠性等问题。现在已经有越来越多的用户使用 FPGA 自行设计所需的接口电路芯片。

13.2 FPGA设计基础

13.2.1 FPGA的工作原理

FPGA是在PAL、GAL、EPLD、CPLD等可编程器件的基础上进一步发展的产物。它是作为专用集成电路（ASIC）领域中的一种半定制电路而出现的，既解决了定制电路的不足，又克服了原有可编程器件门电路数有限的缺点。FPGA的主要特点就是完全由用户通过软件进行配置和编程，从而完成某种特定的功能，且可以反复擦写。在修改和升级时，不用额外改变PCB电路板，只是在计算机上修改和更新程序，使硬件设计工作成为软件开发工作，缩短了系统设计的周期，提高了实现的灵活性并降低了成本，因此获得了广大硬件工程师的青睐。

PROM、EPROM、E^2PROM的可编程原理是通过加高压或紫外线导致三极管或MOS管内部的载流子密度发生变化来实现所谓的可编程。FPGA则不同，它采用了逻辑单元阵列LCA（Logic Cell Array）这样一个新概念，内部包括可配置逻辑模块CLB（Configurable Logic Block）、输出/输入模块IOB（Input Output Block）和内部连线（Interconnect）三个部分。通过改变CLB和IOB的触发器状态实现多次重复的编程。

由于FPGA需要被反复烧写，它实现组合逻辑的基本结构不可能像ASIC那样通过固定的与非门来完成，而只能采用一种易于反复配置的结构，查找表可以很好地满足这一要求。目前主流FPGA都采用了基于SRAM工艺的查找表结构，也有一些军品和宇航级FPGA采用Flash或者熔丝与反熔丝工艺的查找表结构，通过烧写文件改变查找表内容的方法来实现对FPGA的重复配置。

根据数字电路的基本知识可以知道，对于一个n输入的逻辑运算，不管是与或非运算还是异或运算等，最多只可能存在2^n种结果。所以如果事先将相应的结果存放于存储单元，就相当于实现了与非门电路的功能。FPGA的原理也是如此，它通过烧写文件去配置查找表的内容，从而在相同的电路情况下实现了不同的逻辑功能。

查找表（Look-Up-Table，LUT）本质上就是一个RAM块。例如，对于使用4输入的LUT，每一个LUT可以看成一个有4位地址线的16×1的RAM块。当用户通过原理图或HDL（Hardware Description Language）硬件语言描述了一个逻辑电路以后，PLD/FPGA开发软件会自动计算逻辑电路的所有可能结果，并把真值表（即结果）事先写入RAM，这样，每输入一个信号进行逻辑运算就等于输入一个地址进行查表，找出地址对应的内容，然后输出即可。4输入与门的例子见表13.1。

表13.1　4输入“与”门实例

实际逻辑电路		LUT的实现方式	
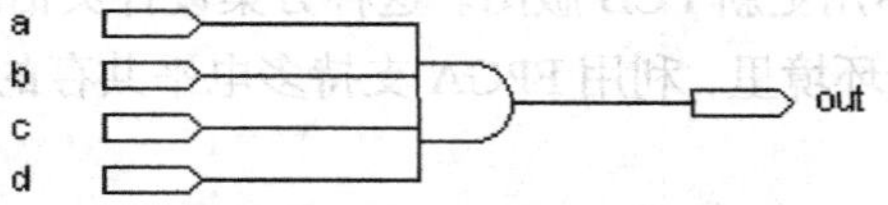 a b c d out		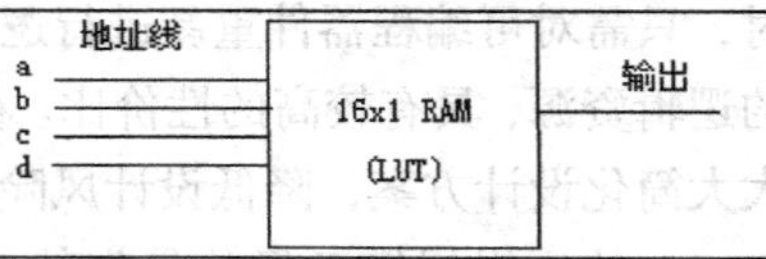 地址线 a b c d 16x1 RAM (LUT) 输出	
a,b,c,d输入	逻辑输出	地址	RAM中存储的内容
0000	0	0000	0
0001	0	0001	0
……	0	……	0
1111	1	1111	1

从表 13.1 中可以看出，LUT 具有和逻辑电路相同的功能。只需将输出的值事先存放在一个 16 × 1 的 SRAM 或者 Flash 中，然后用 a、b、c、d 做地址索引查找输出，就可以代替与门运算，得到等价的结果。实际上，LUT 具有更快的执行速度和更大的规模。由于基于 LUT 的 FPGA 具有很高的集成度，其器件密度从数万门到数千万门不等，可以完成极其复杂的时序与组合逻辑电路功能，所以适用于高速、高密度的高端数字逻辑电路设计领域。

FPGA 市场占有率最高的两大公司 Xilinx 和 Altera 公司生产的 FPGA 都是基于 SRAM 工艺的，基于 SRAM 工艺的 FPGA 芯片不具备非易失特性，因此断电后将丢失内部逻辑配置，需要在使用时外接一个非易失片外存储器（PROM、Flash 存储器等）以保存程序。上电时，FPGA 将外部存储器中的数据读入片内 RAM，完成配置后，进入工作状态；掉电后 FPGA 恢复为白片，内部逻辑消失。这样 FPGA 不仅能反复使用，还无需专门的 FPGA 编程器，只需通用的 EPROM、PROM 编程器即可。Actel、QuickLogic 等公司还提供反熔丝技术的 FPGA，具有抗辐射、耐高低温、低功耗和速度快等优点，在军品和航空航天领域中应用较多，但这种 FPGA 不能重复擦写，开发初期比较麻烦，费用也比较昂贵。Lattice 是 ISP（In-System Programming）技术的发明者，在小规模 PLD 应用上有一定的特色。

13.2.2　FPGA 的设计流程

典型 FPGA 的开发流程一般包括电路功能设计、设计输入、功能仿真、综合优化、综合后仿真、实现与布局布线、后仿真、板级仿真以及芯片编程与调试等主要步骤。这些工作都是利用 EDA 开发软件和编程工具来完成的。

1. 电路功能设计

在 FPGA 设计项目开始之前，必须有系统功能的定义和模块的划分，并且根据任务要求，如系统的功能和复杂度，对工作速度和器件本身的资源、成本以及连线的可布性等方面进行权衡，选择合适的设计方案和合适的器件类型。一般都采用自顶向下的设计方法，把系统分成若干个基本单元，然后再把每个基本单元划分为下一层次的基本单元，一直这样做下去，直到可以直接使用 EDA 元件库为止。

2. 设计输入

“设计输入”是将所设计的系统或电路以开发软件要求的某种形式表示出来，并输入给 EDA 工具的过程。常用的方法有硬件描述语言（HDL）和原理图输入方法等。原理图输入方式是一种最直接的描述方式，在可编程芯片发展的早期应用比较广泛，它将所需的器件从元件库中调出来，画出原理图。这种方法虽然直观并易于仿真，但效率很低，且不易维护，不利于模块构造和重用。更主要的缺点是可移植性差，当芯片升级后，所有的原理图都需要作一定的改动。目前，在实际开发中应用最广的就是 HDL 语言输入法，利用文本描述设计，可以分为普通 HDL 和行为 HDL。普通 HDL 有 ABEL、CUR 等，支持逻辑方程、真值表和状态机等表达方式，主要用于简单的小型设计。而在中大型工程中，主要使用行为 HDL，其主流语言是 Verilog HDL 和 VHDL。这两种语言都是美国电气与电子工程师协会（IEEE）的标准，其共同的突出特点有：语言与芯片工艺无关，利于自顶向下设计，便于模块的划分，可移植性好，具有很强的逻辑描述和仿真功能，而且输入效率很高。除了 IEEE 标准语言外，还有厂商自己的语言。也可以用 HDL 为主，原理图为辅的混合设计方式，以发挥两者各自的特色。

3. 功能仿真

“功能仿真”也称为前仿真，是在编译之前对用户所设计的电路进行逻辑功能验证，此时的仿真没有延迟信息，仅对初步的功能进行检测。仿真前，要先利用波形编辑器和 HDL 等建立波形文件和测试向量，仿真结果将会生成报告文件和输出信号波形，从中便可以观察各个节点信号的变化。如果发现错误，则返回修改逻辑设计。

4. 综合优化

"综合优化"就是将较高级抽象层次的描述转化成较低层次的描述。综合优化根据目标与要求优化所生成的逻辑连接，使层次设计平面化，供 FPGA 布局布线软件进行实现。就目前的层次来看，综合优化（Synthesis）是指将设计输入编译成由与门、或门、非门、RAM、触发器等基本逻辑单元组成的逻辑连接网表，而并非真实的门级电路。真实具体的门级电路需要利用 FPGA 制造商的布局布线功能，根据综合后生成的标准门级结构网表来产生。为了能转换成标准的门级结构网表，HDL 程序的编写必须符合特定综合器所要求的风格。由于门级结构、RTL 级的 HDL 程序的综合是很成熟的技术，故所有的综合器都可以支持到这一级别的综合。

5. 综合后仿真

"综合后仿真"是检查综合结果是否和原设计一致。在仿真时，把综合生成的标准延时文件反标注到综合仿真模型中去，可估计门延时带来的影响。但这一步骤不能估计线延时，因此和布线后的实际情况还有一定的差距，并不十分准确。目前的综合工具较为成熟，对于一般的设计可以省略这一步，但如果在布局布线后发现电路结构和设计意图不符，则需要回溯到综合后仿真来确认问题之所在。在功能仿真中的软件工具一般都支持综合后仿真。

6. 实现与布局布线

"实现"是将综合生成的逻辑网表配置到具体的 FPGA 芯片上，布局布线是其中最重要的过程。"布局"是将逻辑网表中的硬件原语和底层单元合理地配置到芯片内部的固有硬件结构上，并且往往需要在速度最优和面积最优之间做出选择。"布线"根据布局的拓扑结构，利用芯片内部的各种连线资源，合理正确地连接各个元件。目前，FPGA 的结构非常复杂，特别是在有时序约束条件时，需要利用时序驱动的引擎进行布局布线。布线结束后，软件工具会自动生成报告，提供有关设计中各部分资源的使用情况。由于只有 FPGA 芯片生产商对芯片结构最为了解，所以布局布线必须选择芯片开发商提供的工具。

7. 时序仿真

"时序仿真"也称为后仿真，是指将布局布线的延时信息反标注到设计网表中来检测有无时序违规现象，即不满足时序约束条件或器件固有的时序规则，如建立时间、保持时间等。时序仿真包含的延迟信息最全，也最精确，能较好地反映芯片的实际工作情况。由于不同芯片的内部延时不一样，不同的布局布线方案也给延时带来不同的影响，因此在布局布线后，通过对系统和各个模块进行时序仿真，分析其时序关系，估计系统性能，以及检查和消除竞争冒险是非常有必要的。

8. 板级仿真

"板级仿真"主要应用于高速电路设计中，对高速系统的信号完整性、电磁干扰等特征进行分析，一般都用第三方工具进行仿真和验证。

9. 芯片编程与调试

设计的最后一步就是芯片编程与调试。芯片编程是指产生使用的数据文件，即位数据流文件（Bitstream Generation），然后将编程数据下载到 FPGA 芯片中。其中，芯片编程需要满足一定的条件，如编程电压、编程时序和编程算法等。

逻辑分析仪（Logic Analyzer，LA）是 FPGA 设计的主要调试工具，但需要引出大量的测试管脚，且 LA 价格昂贵。目前，主流的 FPGA 芯片生产商都提供了内嵌的在线逻辑分析仪（如 Xilinx

ISE 中的 ChipScope、Altera QuartusII 中的 SignalTapII 以及 SignalProb）来解决上述矛盾，它们只需要占用芯片少量的逻辑资源，具有很高的实用价值。

13.2.3　FPGA 的开发工具

FPGA 开发工具包括软件工具和硬件工具两种。其中硬件工具主要是 FPGA 厂商或第三方厂商开发的 FPGA 开发板及其下载线，另外还包括示波器、逻辑分析仪等板级的调试仪器。软件工具方面，针对 FPGA 设计的各个阶段，FPGA 厂商和 EDA 软件公司提供了很多优秀的 EDA 工具。充分利用各种 EDA 工具的优势，能够提高系统性能和开发效率，对 FPGA 的开发非常重要。

全球 CPLD/FPGA 产品 60%以上是由 Altera 和 Xilinx 提供的。可以说 Altera 和 Xilinx 共同决定了 PLD 技术的发展方向。下面将简要介绍 Altera 和 Xilinx 公司开发的 FPGA 开发工具。

1. Xilinx 的 ISE

Xilinx 是全球领先的可编程逻辑完整解决方案的供应商，研发、制造并销售应用范围广泛的高级集成电路、软件设计工具以及定义系统级功能的 IP（Intellectual Property）核，长期以来一直推动着 FPGA 技术的发展，其开发的软件也不断升级换代，由早期的 Foundation 系列发展到目前的 ISE14.x 和 Vivado 套件。

ISE 的全称为 Integrated Software Environment，即“集成软件环境”，是 Xilinx 公司的 FPGA/CPLD 的综合性集成设计平台。ISE 具有界面良好、操作简单的特点，再加上 Xilinx 的 FPGA 芯片占有很大的市场，使得 ISE 成为非常通用的 FPGA 工具软件。ISE 提供了包括代码编写、库管理以及 HDL 综合、仿真、下载等几乎所有 FPGA 开发流程所需的工具。

2. Xilinx 的 Vivado

Vivado 是 Xilinx 公司于 2012 年推出的新一代集成设计环境，它并不是 ISE 的升级版，它是全新的另一个 Xilinx FPGA 的开发工具，是为高端 FPGA 专门开发的一款开发工具。

Vivado 的设计理念与其前身 ISE 相比有着显著的进步：更加强调以 IP 核为中心的系统级设计思想；允许设计者在多个方案中探索最优的实现方法；提供了更高效的时序收敛能力；提供设计者对 FPGA 时序以及布局布线高效的控制能力等。同时，高级综合工具 Vivado HLS 也是 Vivado 集成开发环境的一大亮点，使得设计者可以使用高级编程语言对 FPGA 进行建模，并通过高级综合工具 HLS 将设计模型自动转换成 RTL 级的描述。

3. Altera 的 Quartus II

Altera 秉承了创新的传统，是世界上“可编程芯片系统（SOPC）”解决方案的倡导者。Altera 结合带有软件工具的可编程逻辑技术、知识产权（IP）和技术服务，在世界范围内为 14000 多个客户提供高质量的可编程解决方案。

Altera Quartus Ⅱ作为一种可编程逻辑的设计环境，由于其强大的设计能力和直观易用的接口，受到了数字系统设计者的欢迎。

13.3　用 Verilog HDL 进行电路设计

电路设计是 FPGA 开发的基础，只有设计好电路后才能一步步地在 FPGA 上实现所设计的电路。硬件描述语言（HDL）是一种用于设计电子系统硬件的计算机语言，它采用软件编程的方式来描述电子系统的逻辑功能、电路结构和连接形式。

13.3.1 HDL 简介

HDL 语言采用文本形式来描述电子系统硬件电路的行为、结构和数据流，数字电路系统的设计可以采用从顶层到底层逐层描述的设计思想。即用一系列分层次的模块来表示极其复杂的数字系统，并利用 EDA 工具逐层进行仿真验证，再把其中需要变为实际电路的模块组合，经过自动综合工具转换成门级电路网表，接下去再利用自动布局布线工具把网表转换为要实现的具体电路结构。HDL 语言包含以下主要特征。

（1）HDL 语言既包含一些高级程序设计语言的结构形式，同时也兼顾描述硬件线路的具体结构。

（2）通过使用结构级行为描述，可以在不同的抽象层次描述设计。HDL 语言采用自顶向下的数字系统设计方法。

（3）HDL 语言是并行处理的，具有同一时刻执行多任务的能力，这和一般高级语言串行执行的特征是不同的。

（4）HDL 语言具有时序的概念，一般高级语言是没有时序概念的，但在硬件电路中从输入到输出总是有延时存在的，为了描述这一特征，需要引入时延的概念。HDL 语言不仅能描述硬件电路的功能，还可以描述电路的时序。

学习 HDL 需要注意以下几点。

（1）了解 HDL 的可综合性问题。HDL 有两种用途，即系统仿真和硬件实现。如果程序只用于仿真，那么几乎所有的语法和编程方法都可以使用。但如果程序是用于硬件实现（如用于 FPGA 设计），那么就必须保证程序“可综合”，即程序的功能可以用硬件电路实现。不可综合的 HDL 语句在软件综合时将被忽略或者报错。切记一点，“所有的 HDL 描述都可以用于仿真，但不是所有的 HDL 描述都能用硬件实现。”

（2）用硬件电路设计思想来编写 HDL。学好 HDL 的关键是充分理解 HDL 语句和硬件电路的关系。编写 HDL，就是在描述一个电路，在写完一段程序以后，应当对生成的电路有一些大体上的了解，而不能用纯软件的设计思路来编写硬件描述语言代码。要做到这一点，需要多实践，多思考，多总结。

（3）语法掌握贵在精，不在多。30%的基本 HDL 语句就可以完成 95%以上的电路设计，很多生僻的语句并不能被所有的综合软件所支持，在程序移植或者更换软件平台时，容易产生兼容性问题，也不利于其他人阅读和修改。建议多用心钻研常用语句，理解这些语句的硬件含义，这比多掌握几个新语法要有用得多。

HDL 发展至今已有 30 多年的历史，并成功地应用于设计的各个阶段：建模、仿真、验证和综合等。HDL 虽然没有图形输入那么直观，但功能更强，可以进行大规模、多个芯片的数字系统的设计。目前世界上最流行的 HDL 是 VHDL 和 Verilog HDL，两者均为 IEEE 标准，被广泛地应用于基于可编程逻辑器件的项目开发中。

13.3.2 VHDL 和 Verilog HDL 的区别

VHDL 和 Verilog HDL 都是用于逻辑设计的硬件描述语言，并且都已成为 IEEE 标准。相比而言，Verilog HDL 具有更强的生命力。

Verilog HDL 和 VHDL 的共同特点在于：都能形式化地抽象表示电路的行为和结构；支持逻辑设计中层次与范围的描述；可以简化电路行为的描述；具有电路仿真与验证机制；支持电路描

述由高层到低层的综合转换；与实现工艺无关；便于管理和设计重用。

与 VHDL 相比，Verilog HDL 最大的优势在于它非常容易掌握，只要有 C 语言的编程基础，很快就能够掌握。而 VHDL 不是很直观，需要有 Ada 编程基础，一般需要半年以上的专业培训才能掌握。因此 Verilog HDL 作为学习 HDL 设计方法的入门和基础是比较合适的。学习掌握 Verilog HDL 建模、仿真和综合技术不仅可以使读者对数字电路设计技术有更进一步的了解，而且可以为以后学习高级的行为综合和物理综合打下坚实的基础。

传统观点认为 Verilog HDL 在系统级抽象方面比 VHDL 略差一些，而在门级开关电路描述方面 Verilog HDL 要强得多，不太适合特大型系统，较为适合系统级、算法级、寄存器传输级、逻辑级、门级和电路开关级的设计，而对于特大型（千万门级以上）的系统级设计，则 VHDL 更为适合。但经过 Verilog 2001 标准的补充后，系统级和可综合性能方面都有大幅度的提高。当然，这两种 HDL 语言都还在不断发展完善，都在朝着更高级描述语言的方向前进。

13.3.3　基于 HDL 的电路设计方法

在 EDA 出现以前，硬件电路的设计采用传统的自下而上的设计方法。这种方法从最底层选择具体的器件开始，并用这些器件进行逻辑设计，完成系统各个独立功能块的设计，再将各功能块连接起来，完成整个系统的设计。只有系统设计完成后才能进行仿真和调试，使得系统设计时存在的问题只有在后期才能被发现，一旦考虑不周，修改很麻烦，甚至会前功尽弃，不得不重新设计，大大增加设计的周期和成本。

利用 HDL 进行电路设计是采用自上而下的模块化设计，与传统方法正好相反。这种方法是从系统级开始，把系统功能划分为若干个模块，然后再将这些模块划分为下一层次的更小模块，直到可用 EDA 元件实现为止。利用完全独立于目标器件物理结构的硬件描述语言，在模块的基本功能或行为级上对设计的模块进行描述和定义，结合多层次的仿真技术，在确保设计的可行性和正确性的前提下，完成整个系统的功能设计。这种方法最突出的优点是，在设计周期开始就做好了系统分析，从总体设计起的每一层都进行仿真，有利于尽早发现问题，避免设计工作的浪费，从而使设计的成本和周期大大降低。另外，由于设计是由一个个模块构成的，各个模块是相互独立的，每个模块只要其端口定义好后，对其内部逻辑进行修改是不会对其他模块产生任何影响的，因此，可以实现模块的复用，减轻设计的工作量，降低设计的成本，在排查错误时也只需要对出错的模块进行修改，而不需要修改其他模块。

13.3.4　Verilog HDL 的模块结构

Verilog 的基本设计单元是模块。模块描述某个设计的功能或结构以及与其他模块通信的外部接口，模块是并行运行的，通常需要一个高层模块通过调用其他模块的实例来定义一个封闭的系统。

例 13.1　二选一多路选择器的 Verilog 实现，如图 13.1 所示。

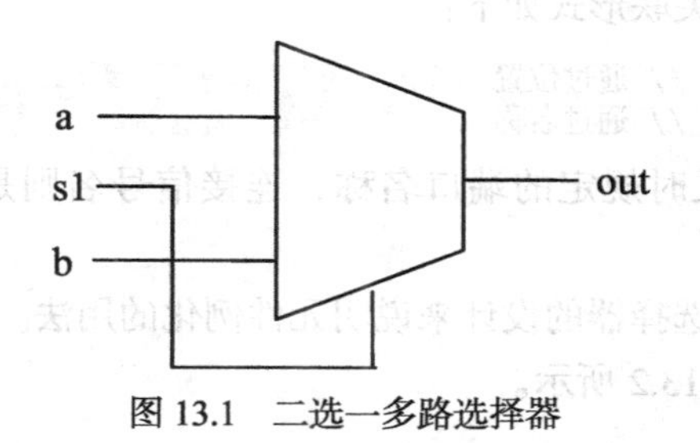

图 13.1　二选一多路选择器

```
module mux21(out, a, b, s1)
    input  a,b,s1;
    output  out;
    reg out;
    always@(s1 or a or b)
       if(!s1) out=a;
       else out=b;
endmodule
```

这里，模块 mux21 有 4 个端口，3 个输入端口 a、b 和 s1，1 个输出端口 out。由于没有定义端口的位数，所有端口都默认是 1 位；由于没有定义端口 a、b 和 s1 的数据类型，这 3 个端口都默认是线网型数据类型。输出端口 out 定义为 reg 类型。如果没有明确的说明，则端口都是线网型的，且输入端口只能是线网型的。

可见，Verilog 模块位于 module 和 endmodule 声明语句之间，包含 4 个主要部分：端口定义、I/O 说明、内部信号说明和功能定义。

Verilog HDL 有如下两大类数据类型。

（1）wire 型。线网类型表示 Verilog 结构化元件间的物理连线，它的值由驱动元件的值决定，如连续赋值的输出。如果没有驱动元件连接到线网，线网的缺省值为 z。

（2）reg 型。寄存器类型表示一个抽象的数据存储单元，它只能在 always 语句和 initial 语句中被赋值，并且它的值从一个赋值到另一个赋值被保存下来。寄存器类型的变量具有 x 的缺省值。

13.3.5　Verilog HDL 语言的描述方法

在 Verilog 中描述一个模块的功能时有 3 种不同的描述形式：行为描述、数据流描述和结构化描述。在一个系统中，3 种描述风格基本上都可能用到。在主模块与子模块调用时一般采用结构化描述。在设计一般模块时，根据具体情况，可以用行为描述，也可以用数据流描述。对于一个复杂系统的描述来讲，单用一种描述方法是不够的，通常是几种描述方法混合使用。

1．结构化描述形式

结构化描述是通过元件实例进行描述的方法，就像在电路图输入方式下调入库元件一样，键入元件的名称和相连的引脚即可。首先设计好每个元件，然后利用这些元件设计更复杂的电路。这种设计方法可以直接描述电路的组成和连接，将一个电路由哪些基本元件构成以及它们之间的连接表示清楚。也可以用来描述系统的结构，可以对一个系统通过自顶向下设计所得到的模块及其相互关系进行清晰的描述。

例化语句使得一个模块能够在另外一个模块中被引用。例化语句是要对所使用的模块与当前设计实体中其他组件及端口信号的连接方法加以说明，其格式是：

模块名　实例名（端口关联）；

端口关联指明了模块和外部端口信号、模块和模块之间的连接。端口可以通过位置或名称关联，但不能混合使用。端口关联形式如下：

```
连接信号名                    // 通过位置
.端口名(连接信号名)           // 通过名称
```

其中端口名是模块定义时规定的端口名称，连接信号名则是加到当前模块的实际信号的名称。

下面用一个三选一多路选择器的设计来说明元件例化的用法。三选一多路选择器采用两个二选一多路选择器组成，如图 13.2 所示。

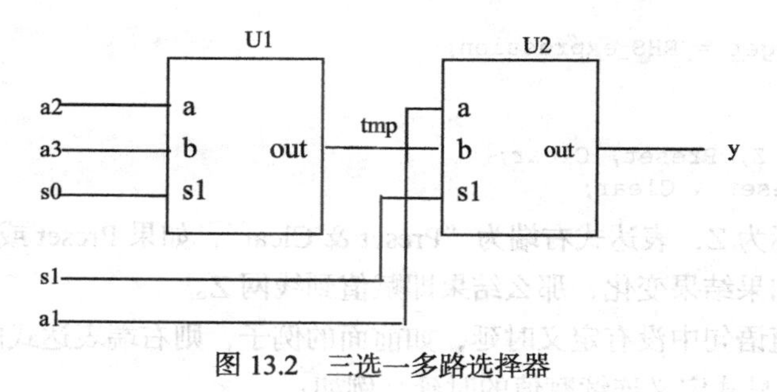

图 13.2　三选一多路选择器

例 13.2　三选一多路选择器的例化设计。

例 13.1 完成了二选一多路选择器的设计，将它看作一种元件，利用元件例化语句描述三选一多路选择器。

```
module mux31(y, a1, a2, a3,s0,s1)
    input  a1, a2, a3,s0,s1;
    output  y;
    reg y;
    wire tmp;
    mux21  U1(tmp, a2,a3,s0);
    mux21  U2(
          .out(y),
          .a(a1),
          .b(tmp),
          .s1(s1)
          );
endmodule
```

实例化 U1 时采用的是位置关联，tmp 对应输出端口 out，a2 对应 a, a3 对应 b, s0 对应 s1，必须严格按照定义的端口顺序一一对应。

实例化 U2 时采用的是名称关联，.out 是 mux21 元件的端口，它与信号 y 相连，端口名与连接信号名一一对应，可以不必严格按照定义的端口顺序对应，提高了程序的可读性和可移植性。

Verilog 中定义了 26 个有关门级的关键字，可以用于门级结构建模，比较常用的有 8 个：and（与门）、nand（与非门）、nor（或非门）、or（或门）、xor（异或门）、xnor（异或非门）、buf（缓冲器）、not（非门）。一个逻辑电路是由许多逻辑门和开关组成的，通过门元件实例可以直观地描述其结构。例如: and A1　（Out1,In1,In2）；表示单元 A1 是一个以输出为 Out1 并带有两个输入 In1 和 In2 的两输入与门。

2. 数据流描述形式

数据流描述就是用 assign 连续赋值语句描述电路或系统中信号的传送关系。数据流模型中使用的 assign 语句是并行语句。这是由于在一个电路或系统中，可以有许多信号在不同的路径上传输，或者说，在同一时间有若干信号在同时传输。并行语句的执行是可以同时进行的。当然，这里所谓的“同时”并不是绝对的。一方面传送时可以指定时延，如果时延不同，执行的时间就不同。另外，几路信号可以同时传送，同一个通路的信号在经过几个器件传送时，也会有先后，也不会“同时”。

并行语句书写的顺序不能代表其执行的顺序，这和软件中的高级语言是不一样的。

连续赋值语句将值赋给线网（连续赋值不能为寄存器赋值），连续赋值语句右边所有的变量受持续监控，只要这些变量有一个发生变化，整个表达式即被重新计算；如果结果值有变化，新结果就赋给左边的线网。这种方式只能用于实现组合逻辑电路。它的格式如下：

```
assign LHS_target = RHS_expression;
```

例如，

```
    wire [3:0] Z, Preset, Clear;
assign Z = Preset & Clear;
```

连续赋值的目标为 Z，表达式右端为“Preset & Clear”，如果 Preset 或 Clear 变化，就计算右边的整个表达式，如果结果变化，那么结果即赋值到线网 Z。

如果在连续赋值语句中没有定义时延，如前面的例子，则右端表达式的值立即赋给左端表达式，时延为 0。可以显式定义连续赋值的时延，例如：

```
assign #6 Ask = Quiet||Late;
```

该语句规定右边表达式从计算出结果到其将值赋给左边目标需经过 6 个时间单位时延。例如，如果在时刻 5，Late 值发生变化，则计算赋值表达式右端的值，并且 Ask 在时刻 11（=5+6）被赋予新值。图 13.3 举例说明了时延的概念。

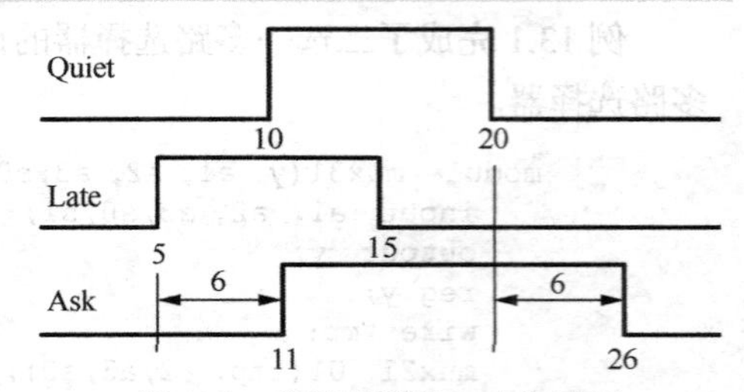

图 13.3　连续赋值语句中的时延

对于每个时延定义，总共能够指定 3 类时延值：上升时延、下降时延、关闭时延。

时延定义的语法如下。

```
assign # (rise, fall, turn-off)  LHS_target = RHS_expression;
```

下面用 4 条语句来解释如何灵活利用时延，根据变量的 0、1 变化来设计电路。

```
assign #4 Ask = Quiet || Late;
assign # (4,8) Ask = Quick;
assign # (4,8,6) Arb = & DataBus;
assign Bus = MemAddr [7:4];
```

在第 1 个赋值语句中，上升时延、下降时延、截止时延和传递到 x 的时延相同，都为 4。在第 2 个语句中，上升时延为 4，下降时延为 8，传递到 x 和 z 的时延相同，是 4 和 8 中的最小值，即 4。在第 3 个赋值中，上升时延为 4，下降时延为 8，截止时延为 6，传递到 x 的时延为 4（4、8 和 6 中的最小值）。在最后一个语句中，所有的时延都为 0。

上升时延对于向量线网目标意味着什么呢？如果右端从非 0 向量变化到 0 向量，那么就使用下降时延。如果右端值到达 z，那么使用下降时延；否则使用上升时延。

例 13.3　3-8 译码器电路设计。

本例使用数据流模型化的设计方法，并参考 3-8 译码器的逻辑电路，可以简单地设计出 3-8 译码器的代码模块如下。

```
module decoder3x8(a,b,c,en,z);
      input a,b,c,en;
      output [0:7] z;
      wire nota,notb,notc;

      assign #1  nota = ~a;
      assign #1  notb = ~b;
      assign #1  notc = ~c;
      assign #2  z[0] = nota & notb & notc & en;
      assign #2  z[1] = a & notb & notc & en;
      assign #2  z[2] = nota & b & notc & en;
      assign #2  z[3] = a & b & notc & en;
      assign #2  z[4] = nota & notb & c & en;
```

```
        assign #2  z[5] = a & notb & c & en;
        assign #2  z[6] = nota & b & c & en;
        assign #2  z[7] = a & b & c & en;
    endmodule
```

3. 行为描述形式

在 Verilog 中，initial 语句和 always 语句是设计一个行为建模的主要机制，主要用于电路和系统的功能实现。initial 和 always 语句都是并行执行的，区别在于 initial 语句只执行一次，而 always 语句则是不断重复地运行。

（1）initial 语句

initial 语句在仿真开始时执行，即在 0 时刻开始执行，且在仿真过程中只执行一次，在执行完一次后，该 initial 就被挂起，不再执行。如果仿真中有两个 initial 语句，则同时从 0 时刻开始并行执行。

initial 语句是面向仿真的，是不可综合的，通常被用来描述测试模块的初始化、监视、波形生成等功能。其格式为：

```
initial  begin/fork
        块内变量说明
        时序控制 1 行为语句 1;
        时序控制 2 行为语句 2;
        ……
        时序控制 n 行为语句 n;
end/join
```

其中，begin…end 是顺序块，里面的语句是顺序执行的，与 C 语言等高级编程语言相似；fork…join 是并行块，里面的语句是并行执行的。当块内只有一条语句且不需要定义局部变量时，begin/fork…end/join 可以省略。

时序控制可以是时延控制，即等待一个确定的时间；或事件控制，即等待确定的事件发生或某一特定的条件为真。注意 initial 语句在仿真的 0 时刻开始执行。initial 语句根据进程语句中出现的时间控制在以后的某个时间完成执行。

例 13.4　带有顺序过程的 initial 语句。

在此例中，顺序过程包含时延控制的过程性赋值语句。

```
parameter APPLY_DELAY = 5;
reg[0:7]Port_A;
.. .
initial
    begin
      Port_A ='h20;
      #APPLY_DELAY Port_A= 'hF2;
      #APPLY_DELAY Port_A= 'h41;
      #APPLY_DELAY Port_A= 'h0A;
end
```

运行时，Port_A 值的变化情况将如图 13.4 所示。

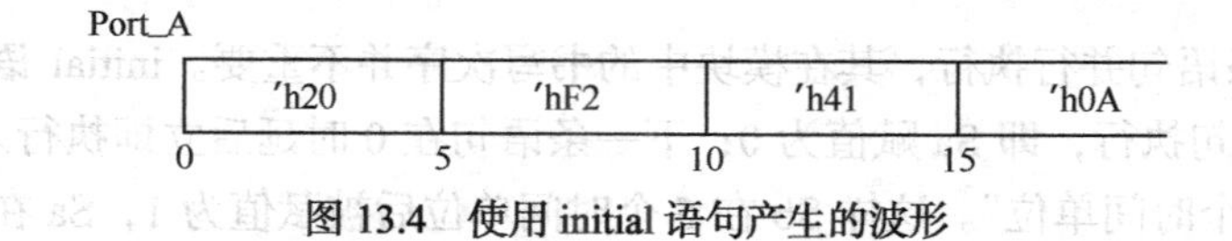

图 13.4　使用 initial 语句产生的波形

（2）always 语句

与 initial 语句相反，always 语句是一直重复执行的，且可被综合。always 语句的格式与 initial

语句类似：

```
always @(敏感事件列表)  begin/fork
      块内变量说明
      时序控制 1 行为语句 1;
      时序控制 2 行为语句 2;
      ……
      时序控制 n 行为语句 n;
end/join
```

敏感事件表是可选项，但在实际工程中却很常用，而且是比较容易出错的地方。敏感事件表的目的就是触发 always 语句的执行，而 initial 后面不允许有敏感事件表。

敏感事件表由一个或多个事件表达式构成，事件表达式就是启动的条件，例如，

```
always @(a or b or c)  begin
  ……
end
```

always 过程块的多个事件表达式所代表的触发条件是：只要 a、b、c 信号的电平有任意一个发生变化，begin…end 语句就会被触发。

过程语句和时延控制（时序控制）的描述方式与 initial 语句大致相同。值得注意的是，always 语句的执行必须带有某种时序控制。

always 过程块主要对硬件功能的行为进行描述，可以实现锁存器和触发器，也可以用来实现组合逻辑。利用 always 实现组合逻辑时，要将所有的信号放进敏感列表，而实现时序逻辑时，不一定要将所有的结果放进敏感列表。敏感信号列表未包含所有输入的情况称为不完整事件说明，有时可能会引起综合器的误解，产生许多意想不到的结果。

（3）两种语句的综合使用

一个模块中可以包含任意多个 initial 或 always 语句。这些语句相互并行执行，即这些语句的执行顺序与其在模块中的顺序无关。一个 initial 语句或 always 语句的执行产生一个单独的控制流，所有的 initial 和 always 语句在 0 时刻开始并行执行。

例 13.5　initial 语句和 always 语句的综合使用。

```
module TestXorBehavior;
  reg Sa, Sb, Zeus ;
  initial
  begin
    Sa = 0;
    Sb = 0;
    #5 Sb = 1;
    #5 Sa = 1;
    #5 Sb = 0;
  end
always @ (Sa or Sb) Zeus = Sa ^ Sb ;
always @ (Zeus)
     $display ("At time %t, Sa = %d, Sb = %d, Zeus = %b",
               $time, Sa, Sb, Zeus);
endmodule
```

模块中的 3 条语句并行执行，其在模块中的书写次序并不重要。initial 语句执行时促使顺序过程中的第一条语句执行，即 Sa 赋值为 0；下一条语句在 0 时延后立即执行。initial 语句中的第 3 行表示“等待 5 个时间单位”。这样 Sb 在 5 个时间单位后被赋值为 1，Sa 在另外 5 个时间单位后被赋值为 1。执行顺序过程最后一条语句后，initial 语句被永远挂起。

第一条 always 语句等待 Sa 或 Sb 上的事件发生。只要有事件发生，就执行 always 语句内的

语句，然后 always 语句重新等待发生在 Sa 或 Sb 上的事件。注意根据 initial 语句对 Sa 和 Sb 的赋值，always 语句将在第 0、5、10 和 15 个时间单位时执行。

同样，只要有事件发生在 Zeus 上，就执行第 2 条 always 语句。在这种情况下，系统任务$display 被执行，然后 always 语句重新等待发生在 Zeus 上的事件。下面是模块仿真运行产生的输出。

在时刻 5, Sa = 0, Sb = 1, Zeus = 1；

在时刻 10, Sa = 1, Sb = 1, Zeus = 0；

在时刻 15, Sa = 1, Sb = 0, Zeus = 1。

（4）时序控制

Verilog 提供了两种类型的显示时序控制，一种是延迟控制，在这种类型的时序控制中通过表达式定义开始遇到这一语句和真正执行这一语句之间的延迟时间。另外一种是事件控制，这种时序控制是通过表达式来完成的，只有当某一事件发生时才允许语句继续向下执行。

时延可以细分为两种：语句间时延和语句内时延。下面是语句间时延的例子。

```
Sum=(A^B)^Cin;
#4 T1=A&Cin;
```

在第二条语句中的时延规定赋值延迟 4 个时间单位执行，即第一条语句执行后等待 4 个时间单位再执行第二条语句。下面是语句内时延的例子。

```
Sum=#3 (A^B)^Cin;
```

该赋值中的时延意味着首先计算右边表达式的值，等待 3 个时间单位再赋值给 Sum。

事件控制方式有两种类型：边沿触发事件控制和电平触发事件控制。边沿触发事件是指指定信号的边沿跳变时发生指定的行为，分为信号的上升沿和下降沿控制，上升沿用 posedge 关键字来描述，下降沿用 negedge 关键字来描述；电平触发事件是指指定信号的电平发生变化时发生指定的行为。

例 13.6　边沿触发事件计数器。

```
reg[4:0] cnt;
always @(posedge clk)  begin
   if(reset)    cnt=0;
   else cnt=cnt+1;
end
```

带有事件控制的进程或过程语句的执行，必须等到指定事件发生。例 13.6 中，如果 clk 信号有上升沿，那么 cnt 信号就会加 1，完成计数功能。这种边沿计数器在同步分频电路中有着广泛的应用。

例 13.7　电平触发计数器。

```
reg[4:0] cnt;
always @(a or b or c)  begin
   if(reset)    cnt=0;
   else cnt=cnt+1;
end
```

只要 a、b、c 信号的电平有变化，cnt 信号的值就会加 1，这可用于记录 a、b、c 变化的次数。

13.4　并行接口 8255A 的 FPGA 设计

13.4.1　模块划分

本系统设计采用自顶向下的模块化设计思想，从芯片结构入手，将要设计的芯片分成若干个的子模块，逐一设计调试。这样各个模块相互独立，不会因为某个模块的改变而改动其他模块，并且在功能仿真的时候，出现逻辑错误时可以很快地定位到相应的模块，方便排错。

根据 8255A 的内部结构方框图对 8255A 的模块进行分析，整个结构方框图可以看成是 8255A 的顶层模块结构图，8255A 和 CPU、8255A 和外设通信的信号引脚就是顶层模块的端口。顶层模块往下，可以将 8255A 分解为 8255 内核和外围逻辑，如图 13.5 所示。在内核模块中，A、B、C 口以及数据总线都先行设计成单向的，即输入和输出分离，因为在 FPGA 中直接实现总线和双向 I/O 口较难。外围逻辑的主要任务就是将内核单向数据线（Din，Dout，PAin，PAout，PBin，PBout，PCin，PCout）综合设计成双向数据线（D，PA，PB，PC），由于 C 口需要按位操作，所以将外围逻辑分为 2 种模块，一个是 8 位的数据传输方向控制模块（IOB），用于数据总线、A 口和 B 口的传输方向的控制；一个是 1 位的数据传输方向控制模块（IOB1），用于 C 口的数据传输方向的控制。

内核模块应该产生 Den、PAen、PBen、PCen 信号，分别用于控制数据线、A 口、B 口和 C 口当前应使用 In 还是 Out 部分，其中 PCen 是逐位控制的，有 8 条线，依次控制 C 口的第 0～7 位。这样，在 in/out/en 信号的共同作用下利用总线结构扩展成外部特征与 8255A 完全相同的器件。

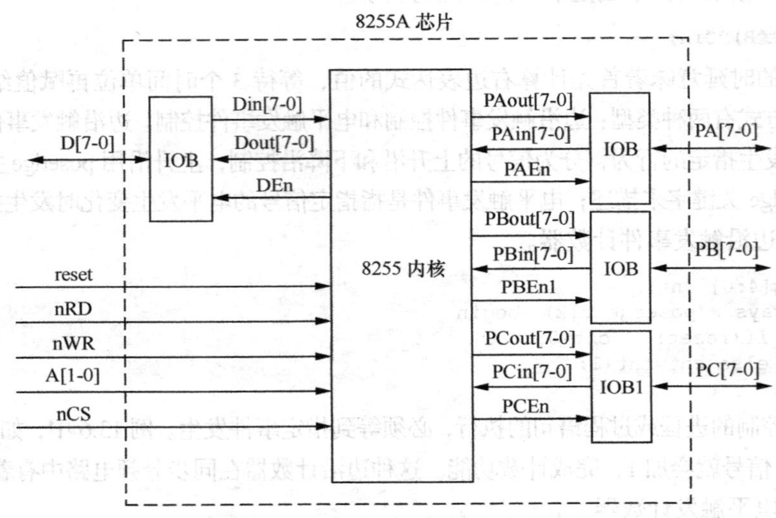

图 13.5　8255A 的 FPGA 总体设计框图

13.4.2　顶层主模块设计

主模块定义了芯片的外部端口，同时还定义了若干内部连线，用于连接内核模块和其他外围模块，采用元件例化语句，将 8255A 内核设计和外围逻辑设计组装起来，形成完整的 8255A 功能。主要代码如下：

```
    // 实例化语句，信号端口通过位置关联
    T8255A
T(reset,nCS,nRD,nWR,A,Din,PAin,PBin,PCin,DEn,PAEn,PBEn,PCEn,Dout,PAout,PBout,PCout); //
内核模块
     IOB     BD(Dout,Din,Den,D);        // 内部数据总线的传输方向控制模块
     IOB     BA(PAout, PAin,PAEn,PA);  // A 口的传输方向控制模块
     IOB     BB(PBout, PBin,PBEn,PB);   // B 口的传输方向控制模块
     IOB1    BC(PCout, PCin,PCEn,PC);   // C 口的传输方向控制模块
```

13.4.3 IOB 模块和 IOB1 模块设计

IOB 模块将内核的单向数据总线综合设计成双向的数据总线，该模块 8 位数据一起输入/输出；IOB1 模块将内核口 C 的单向数据总线设计成双向的数据总线，该模块是按位控制的。IOB 模块代码如下：

```
module  IOB( Din, Dout, InEn,  Dbus );
  input[7:0]   Din;
  input       InEn;    // InEn 等于 0 时输入,等于 1 时输出
  output[7:0]  Dout;
  inout[7:0]   Dbus;
  assign Dbus = (InEn)? Din:8'hzz;
  assign Dout = (InEn)? Dout:Dbus;
endmodule
```

IOBI 可参照 IOB 模块进行设计。

13.4.4 8255A 内核模块设计

根据 8255A 芯片的逻辑功能，将 8255A 内核模块进一步分为控制模块、多路数据选择模块、A 口模块、B 口模块和 C 口模块 5 大模块。

在 8255A 芯片中，口 A 和口 B 是输入和输出锁存/缓冲，而口 C 是输出锁存/缓冲，输入缓冲没有锁存。据此可将 PA、PB 细分为输入和输出两个子模块，其中输入模块用于处理 PA/PB 的输入锁存/缓冲，输出模块用于处理 PA/PB 的输出锁存/缓冲。但 C 口由于某些情况下在某些位输入时，另一些位输出，所以 PC 不能简单地拆成输入和输出两块，而是 PCin 和 PCout 同时接入 C 口，而且口 C 有时候需要做控制和状态信息的通道，所以将口 C 的输入输出在一个模块中处理。

1. 控制模块

控制模块负责管理所有的内部或外部数据信息、控制字或状态字的传送过程。它接收从 CPU 的地址总线和控制总线来的信号，根据控制字和 CPU 读/写/复位控制信号解析出相应的控制信号。

控制模块的输入包括复位信号 reset、片选信号 nCS、端口选择信号 A[1-0]、写信号 nWR、读信号 nRD 以及来自总线的输入数据 Din（包括控制字，命令字，数据等），由于在方式 1 和方式 2 时，C 口部分联络信号也有控制作用，如 nSTB 信号能够决定是否允许 A 输入，因此，PCin 也作为控制模块的一个输入信号。控制模块应该在这些输入信号的作用下产生相应的控制信号，控制所有其他模块，模块对数据处理后应该输出的信号包括如下几种。

（1）选路信号 DoutSelect，控制多路数据选择模块，决定 Dout 输出哪路信号；

（2）锁存允许信号 PAInLd、PAOutLd、PBInLd、PBOutLd 和 PCOutLd，控制各个口是否接收输入或输出。PAInLd 和 PAOutLd 信号分别用于选通 A 口输入和输出模块；PBInLd 和 PBOutLd 信号分别用于选通 B 口输入和输出模块，规定 0 有效，允许数据输入/出；PAOutLd 是 C 口输出允许信号，与前 4 个信号不同的是，PAOutLd 是逐位控制，控制 PC 的各位是用来传送数据，还是作联络口使用，当 C 口的某位作为数据口使用时，相应位的 PCOutLd = 0；否则，相应位的 PCOutLd = 1。

（3）输入输出选择信号 DEn、PAEn、PBEn 和 PCEn，输出给外围逻辑模块。

（4）控制信号 CtrlData，由于 C 口的作用与 8255A 的工作方式有关，它除了作数据口以外，还有其他用途，如作按位控制用、作专用联络信号等，所以控制逻辑要根据接收的命令字解析出足够的控制信号输出给 C 口模块。

2. 多路数据选择模块

该模块的本质就是一个多路选择器，它接收来自控制模块的选路信号后将选中的数据输出，包括 PAin、PAInBuf、PBin、PBInBuf、PCin 和 PC_Status 等。

3. 口 A 和口 B 输入/输出模块

口 A 和口 B 都有一个输入模块和一个输出模块，且口 A 和口 B 都有 8 位数据输入锁存器/缓冲器和 8 位数据输出锁存器/缓冲器。以口 A 为例分析，口 A 输入模块的输入信号为外设对口 A 的 8 位输入信号 PAIn 以及控制模块发送过来的输入锁存允许信号 PAInLd 和全局复位信号 reset，在 PAInLd 作用下，将 PAin 锁存输出到多路数据选择模块。口 A 输出模块接收来自控制模块的全局复位信号 reset 和输出锁存允许信号 PAOutLd 以及 CPU 对口 A 的 8 位输入信号 Din，在 PAOutLd 作用下，将 Din 锁存输出给外设。

4. C 口输出及控制模块

C 口既可以作为普通的数据通道，又可以作为控制和状态信息的通道，该模块负责 C 口的数据输入/输出以及准确地产生和接收联络信号，要在不同工作方式、不同 I/O 方向下产生相应的逻辑，一位一位地控制 PCout 和 PCStatus，是一个比较复杂且比较重要的模块。

该模块的输入包括 CPU 传递过来的数据信号 Din 和控制模块解析出来的控制信号 CtrlData、读写使能信号、锁存允许信号 PCOutLd，在作为普通数据通道时还要接收口 C 输入的数据信号 PCin，而作为普通数据通道时则将数据锁存或者缓冲输出，否则作为状态信息通道将读取的状态 PCStatus 输出反馈给 CPU。

综上所述，各个模块之间的数据流如图 13.6 所示。

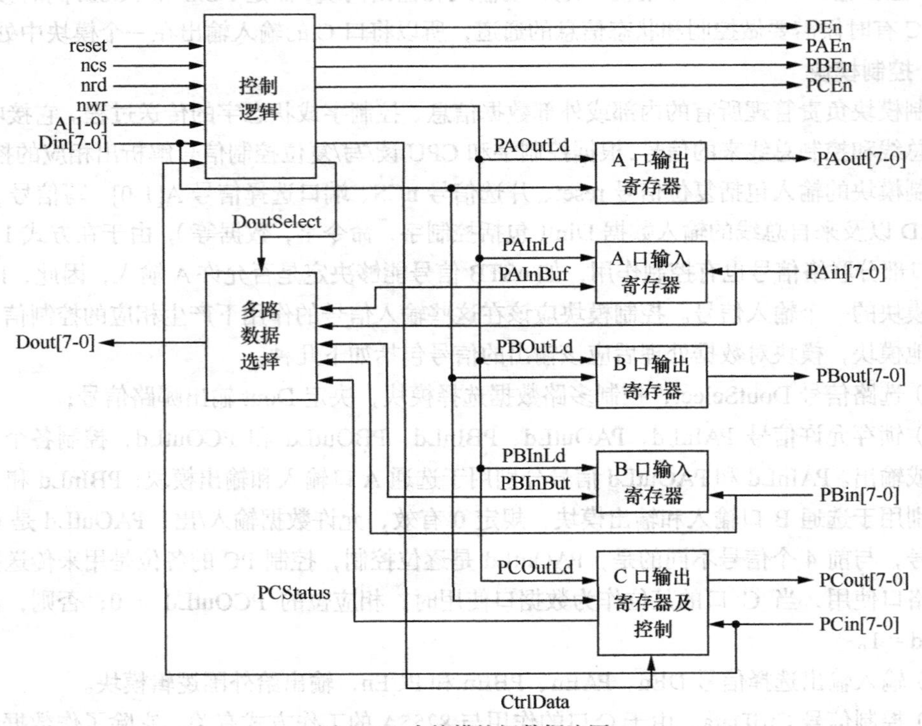

图 13.6　内核模块间数据流图

5. 内核模块代码设计

内核模块引进了两条内部数据总线 Din 和 Dout，所有 8 位数据的输/入输出，在 8255A 内核内部都是通过这两条总线实现的，对外设的数据线也是输入和输出分离。模块内还定义了若干内部连线，用于内核中各模块间的连接，采用元件例化语句，将图 13.6 中各模块设计组装起来，形成完整的 8255A 内核功能。主要代码如下。

```
assign reset = (nCS)?1'b1:rst;
//实例化
CtrlLogic U1(reset,nCS,nRD,nWR,A,Din,PCin[4],PCin[2],PCin[6],PCin[2],DEn,PAEn,PBEn,PCEn,
     PAInLd,PBInLd,PAOutLd,PBOutLd,PCOutLd,CtrlData,DoutSelect);
DoutMux  U2(PAin,PAInBuf,PBin,PBInBuf,PCStatus,DoutSelect,Dout);
PCIO  U3(reset,nRD,nWR,A,Din,PCin,CtrlData,PCOutLd,PCStatus,PCout);
PAIn  U4( reset, PAin, PAInLd, PAInBuf);
PAOut U5( reset,Din, PAOutLd,PAout);
PBIn  U6( reset, PBin, PBInLd, PBInBuf);
PBOut U7( reset,Din, PBOutLd,PBout);
```

13.4.5　控制模块设计

本模块是 8255A 内核设计的关键，控制模块首先通过片选信号、地址信号、读信号和写信号的组合逻辑来给出口 A 读使能信号、写使能信号和口 B 读使能信号、写使能信号。

1. 控制字的判断

判断控制字是工作方式选择字还是对口 C 的按位置位/复位控制字。如是前者，则将控制字分解成控制字标志位（1 位）、A 组方式（2 位）、A 口 I/O 口标识位（输入还是输出）、口 C 高四位 I/O 标识位、B 组工作方式（1 位）、口 B 的 I/O 标识位以及口 C 低四位 I/O 标识位；如是后者，则将控制字分解成控制字标志位（1 位）、置位/复位位选择（3 位）和对选中的位的置位/复位标识位（1 位）。实现该功能的 always 语句如下。

```
  always @ (reset or nCS or A or nWR or Din)  //控制字寄存器赋值
if(reset)       //复位,寄存器全部清零
……
else if(nCS==1'b0 && A==2'b11 && nWR==1'b0 && Din[7]==1'b1) // 写入方式选择控制字
 begin
  ControlFlag = 1'b1;
  ModeA = (Din[6])? 2'b10:{Din[6:5]};
      PAIO = ~Din[4];
      PCUpIO = ~Din[3];
      ModeB = Din[2];
      PBIO = ~Din[1];
      PCLowIO = ~Din[0];
 end
  else if(nCS==1'b0 && A==2'b11 && nWR==1'b0 && Din[7]==1'b0)  // 按位置位/复位控制字
   begin
      ControlFlag = 1'b0;
      BitSelect = Din[3:1];
      PCRS = Din[0];
   end
```

2. C 口控制信号 CtrlData 的产生

将解析出的相关控制字寄存器的值合成赋值给寄存器 CtrlData，输出控制 C 口模块，对应的 always 语句如下。

```
  always @ (reset or ControlFlag or ModeA or ModeB or PAIO or PBIO) //CtrlData 输出给
C 口模块
    if(reset)    CtrlData = 7'b0000000;
    else   CtrlData = {PCRS,ControlFlag,ModeA,ModeB,PAIO,PBIO};
```

3. 输入/输出选择信号的产生

图 13.5 中数据总线外围逻辑模块的输入/输出选择信号 DEn 由写信号 nWR 和读信号 nRD 决定是使用总线的 In 还是 Out。A 口、B 口和 C 口的输入/输出选择信号则判断当前的工作方式之后，根据控制字分解出来的 3 个端口当前工作于输入还是输出状态的信号来执行相应操作。

```
always @ (reset or nRD or nWR)    // DEn
  if(reset)  DEn = 1'b0;
  else if(!nWR)   DEn = 1'b0;
  else if(!nRD)   DEn = 1'b1;
  else  DEn = 1'b0;
```

PAEn 受到控制字中工作方式 ModeA 和传输方向 PAIO 的控制。在方式 0 和 1 时，PAEn 等于控制字中的 PAIO；方式 2 时，PAEn 还应该取决于 nACK 信号。由于 B 口只有方式 0 和 1，因此 PBEn 只取决于控制字中的 PBIO。

```
always @ (reset or ModeA or PAIO or nSTBA or nACKA) // PAEn
  if(reset)   PAEn = 1'b0;    //复位清 0
  else if(ModeA!=2'b10)  PAEn = PAIO; //A 口工作于方式 0/1,由输入输出方向决定
  else          //A 口工作于方式 2,,由 nACK 等信号决定
   begin
     if(nSTBA==1'b0)   PAEn = 1'b0;
     else if(nACKA==1'b0)   PAEn = 1'b1;
     else  PAEn = PAIO;
   end
always @ (reset or ModeB or PBIO)        // PBEn
  if(reset)    PBEn = 1'b0;   //复位清 0;
   else     PBEn = PBIO;   //由输入输出方向决定;
```

PCEn 是逐位控制的，各位的值与 A/B 口的工作方式和传输方向有关。当 A 口和 B 口均工作于方式 0 即 ModeA = 0 和 ModeB = 0 时，PC 作数据口使用，PCEn 等于方式控制字中的 PCIO；当 A 口为方式 1 或 2 时，PC 的部分引脚作专用的联络信号使用，PCEn 的高 5 位（即 PCEn[7-3]）由 A 口的方式和传输方向有关；当 B 口为方式 1 时，PCEn 的低 3 位（即 PCEn[2-0]）由 B 口的方式和传输方向有关。

```
  always @ (reset or ModeB or PCLowIO)      //PCEn[2-0], 低三位由 B 口决定
    if(reset)   PCEn[2:0] = 3'b000;
    else if(ModeB==1'b1)   PCEn[2:0] = {1'b0,1'b1,1'b1};   //B 口方式 1,固定
else   PCEn[2:0] = {3{PCLowIO}};    //B 口方式 0, 由输入输出方向决定
  always @ (reset or ModeA or PCUpIO or PCLowIO or PAIO) //PCEn[7-3],高 5 位,由 A 口决定
    if(reset)    PCEn[7:3] = 5'b00000;
    else if(ModeA==2'b10)  PCEn[7:3] = 5'b10101;   //A 口方式 2,固定
    else if(ModeA==2'b01)    //A 口方式 1,与方向有关;
     begin
         if(PAIO==1'b0)    PCEn[7:3] = {{2{PCUpIO}},1'b1,1'b0,1'b1};  //A 口方式 1 输入
         else  PCEn[7:3] = {1'b1,1'b0,{2{PCUpIO}},1'b1};      //A 口方式 1 输出
     end
    else   PCEn[7:3] = {{4{PCUpIO}},PCLowIO};   //A 口方式 0
```

4. A 口和 B 口的锁存允许信号的产生

A/B 模块的锁存允许信号由地址信号以及读写信号给出。例如，nCS = 0、A[1:0] = 2’b00 和 nRD = 0 时，PAInLd = 0，表示选中 A 口输入模块；nCS = 0、A[1:0] = 2’b00 和 nWR = 0 时，PAOutLd = 0，表示选中 A 口输出模块。

```
always @ (reset or A or nRD)   //PAInLd
  if(reset)   PAInLd = 1'b0;         //复位清 0;
  else if(nCS==1'b0 && A==2'b00 && nRD==1'b0) PAInLd = 1'b0; //A 口选中,读
  else   PAInLd = 1'b1;            //其他情况
```

```
always @ (reset or A or nRD)      //PBInLd
 if(reset)  PBInLd = 1'b0;      //复位清 0
 else if(nCS==1'b0 && A==2'b01 && nRD==1'b0) PBInLd = 1'b0;  //B 口选中,读
 else    PBInLd = 1'b1;      //其他情况;
```

5. C 口的锁存允许信号的产生

PCOutLd 是用来标识 PC 的某一位是用来传送数据，还是用在置位/复位操作当中。与其他 4 个锁存信号不同的是，PCOutLd 是逐位控制的。在方式选择控制字的情况下，当 C 口的某些位作为数据口使用时，相应位的 PCOutLd = 0；作联络口使用时，相应位的 PCOutLd = 1；PC 口作数据口使用共有以下 4 种情况。

（1）ModeA = 0 时 PC[7-5]用于输入/输出数据；

（2）ModeB = 0 时 PC[2:0]用于输入/输出数据；

（3）ModeA = 1 且 A 口输入时，PC7 和 PC6 位用于输入/输出数据；

（4）ModeA = 1 且 A 口输出时，PC5 和 PC4 位用于输入/输出数据。

```
always @ (reset or ControlFlag or ModeA or ModeB or  Din[3:0] or PAIO) //PCOutLd
 if(reset)   PCOutLd = 8'b00000_000;
 else if(ControlFlag==0)     //置位复位控制字，PC 在按位操作中，PCOutLd 为 0 的位被选中
  begin
      case( Din[3:1] )
        3'b000:   PCOutLd = 8'b11111110 ;
        3'b001:   PCOutLd = 8'b11111101 ;
        3'b010:   PCOutLd = 8'b11111011 ;
        3'b011:   PCOutLd = 8'b11110111 ;
        3'b100:   PCOutLd = 8'b11101111 ;
        3'b101:   PCOutLd = 8'b11011111 ;
        3'b110:   PCOutLd = 8'b10111111 ;
        3'b111:   PCOutLd = 8'b01111111 ;
        default:  PCOutLd = 8'b11111111 ;
    endcase
  end
 else      //方式选择控制字,作数据 I/O 的相应位为 0;
  if(ModeA==2'b00 && ModeB==1'b0)   PCOutLd = 8'b00000000;  //A 口方式 0,B 口方式 0;
  else if(ModeA==2'b00 && ModeB==1'b1)  PCOutLd = 8'b00000111;   //A 口方式 0,B 口方
式 1;
  else if(ModeA==2'b01 && PAIO==1'b0 && ModeB==1'b0) PCOutLd = 8'b00111000;//A
方式 1 输入,B 方式 0      else if(ModeA==2'b01 && PAIO==1'b0 && ModeB==1'b1) PCOutLd =
8'b00111111; //A 方式 1 输入,B 方式 1     else if(ModeA==2'b01 && PAIO==1'b1 && ModeB==1'b0)
PCOutLd = 8'b11001000; //A 方式 1 输出,B 方式 0
  else if(ModeA==2'b01 && PAIO==1'b1 && ModeB==1'b1) PCOutLd = 8'b11001111; //A
方式 1 输出,B 方式 1
  else if(ModeA==2'b10 && ModeB==1'b0)   PCOutLd = 8'b11111000;   //A 口方式 2,B
口方式 0
  else if(ModeA==2'b10 && ModeB==1'b1)  PCOutLd = 8'b11111111;    //A 口方式 2,B 口
方式 1
  else   PCOutLd = 8'b00000000;   //其他情况;
```

6. 选路信号 DoutSelect 的产生

多路数据选择模块的选路信号由地址信号以及被选中端口当前工作方式给出。例如，地址信号是 00，则选中口 A，若当前 A 组工作于方式 0，则选中不锁存的数据 PAin，若当前 A 组工作于方式 1/2，则选中锁存的数据 PAInBuf。

```
always @ (reset or A or nRD or ModeA or ModeB) //输出给 Dout_Mux 的选路信号
 if(reset)   Dout_Select = 3'b000;
 else if(nRD==1'b0)
  case (A)
```

```
        2'b00 :       //  数据端口 A
          if ( ModeA == 2'b00)  Dout_Select = 3'b000 ;   // 工作于方式 0, 口 A 输入数据不
锁存
          else   Dout_Select = 3'b001 ;     // 口 A 输入数据锁存
        2'b01 :       //  数据端口 B
          if (ModeB == 1'b0)   Dout_Select = 3'b010 ; //  口 B 输入数据不锁存
          else    Dout_Select = 3'b011 ;     // 口 B 输入数据锁存
        2'b10 : Dout_Select = 3'b100 ;      // 数据端口 C, 口 C 输入数据不锁存
        2'b11 : Dout_Select = 3'b110 ;
      endcase
    else   Dout_Select = Dout_Select;
endmodule
```

13.4.6 C 口输出及控制模块设计

该模块负责 C 口数据的输入/输出以及准确地产生和接收联络信号，该模块还要产生 A 口、B 口在方式 1/2 的 IBFA（A 输入缓冲器满）、IBFB（A 输入缓冲器满）、nOBFA（A 输出缓冲器满）、nOBFB（B 输出缓冲器满）等信号，是设计 8255A 的难点和重点。

1. 解析控制信号 CtrlData

在该模块内，首先用 6 条 assign 语句将控制模块送来的 CtrlData 信号中的各控制标识位信息赋值给相关内部线型变量，CtrlData 中含有置位/复位位、命令字的标志位、A 口方式、A 口 I/O、B 口方式、B 口 I/O 等信息。

```
assign  PCRS    = CtrlData[6];
assign  Flag    = CtrlData[5];
assign  ModeA   = CtrlData[4:3];
assign  ModeB   = CtrlData[2];
assign  PAIO    = CtrlData[1];
assign  PBIO    = CtrlData[0];
```

2. 方式 1/2 的选通和响应信号

当口 A 或 B 工作于方式 1 和 2 时，8255A 每个通道各有 3 个控制信号，其中一对用于和外设联络。A 口输入时，外设通过引脚 PC4 发送数据选通信号 STB，这个信号把发进给 CPU 的数据送到通道的数据锁存器锁存，B 口输入时，外设通过引脚 PC2 发送数据选通信号 STB；A 口输出时，外设通过引脚 PC6 发送响应信号 ACK，表明外设已经从通道的输出线上接收到了 CPU 输出的数据，B 口输出时，则外设通过引脚 PC2 发送响应信号 ACK。用 4 条 assign 语句生成方式 1/2 的 A/B 口选通和响应信号。

```
assign  nSTBA    = PCIn[4];
assign  nSTBB    = PCIn[2];
assign  nACKA    = PCIn[6];
assign  nACKB    = PCIn[2];
```

3. C 口的输出数据 PCOut

当 A/B 口工作于方式 0 时，C 口是作为普通的数据端口，读操作时，由 PCin 输入，经多路选择模块送给 CPU，写操作时，由 Din 经 C 口由 PCout 输出；当 A/B 口工作在方式 1/2 时，PC 的各引脚中部分作专用联络信号，部分作 I/O，PC 口的信号线中传输数据还是传输联络信号取决于 PCOutLd。

所以 PCOut 的输出是根据两条线索来完成的，一条线索是判断口 C 是做数据口还是联络口，第二条线索是当口 C 作联络口时根据口 A/B 的模式和 I/O 来对口 C 各位进行相应的操作。例如，PCout[1]的处理描述为：

```
if(PC1 是数据口)  PCout[1]为输出口，将内部总线数据 Din[1]输出
else if(B 为输入口)  PCout[1]为 B 口的输入缓冲器满信号 IBFB
else  PCout[1]为 B 口的输出缓冲器满信 nOBFB
```

C 口的输出数据 PCOut 需要按位（比如从高位到低位）依次处理，下面仅给出处理第 7 位和第 6 位的代码。

```
  always @ (reset or Flag or PCOutLd or PCOutD)   //PCOut
    if(reset)   PCOut = 8'b00000000;  //复位清 0;
    else if(Flag==1'b0)               //置位/复位操作;
      case(PCOutLd)
        8'b11111110:  PCOut = {PCOut[7:1],PCRS};
        8'b11111101:  PCOut = {PCOut[7:2],PCRS,PCOut[0]};
        8'b11111011:  PCOut = {PCOut[7:3],PCRS,PCOut[1:0]};
        8'b11110111:  PCOut = {PCOut[7:4],PCRS,PCOut[2:0]};
        8'b11101111:  PCOut = {PCOut[7:5],PCRS,PCOut[3:0]};
        8'b11011111:  PCOut = {PCOut[7:6],PCRS,PCOut[4:0]};
        8'b10111111:  PCOut = {PCOut[7],PCRS,PCOut[5:0]};
        8'b01111111:  PCOut = {PCRS,PCOut[6:0]};
        default:     PCOut = 8'b11111111;
      endcase
else   PCOut = PCOutD;
  //高位到低位依次处理 C 口输出数据
  always @ (reset or PCOutLd[7] or nOBFA or Din[7]) //PCOutD[7]
    if(PCOutLd[7]==1'b0)   PCOutD[7] = Din[7];
    else     PCOutD[7] = nOBFA;
  always @ (reset or PCOutLd[6] or Din[6])         //PCOutD[6]
    if(PCOutLd[6]==1'b0)   PCOutD[6] = Din[6];
    else      PCOutD[6] = PCOut[6];
```

4. C 口的状态字 PCStatus

当 A/B 口工作在方式 1/2 时，C 口是作为控制和状态端口，被用来产生或接收 8255A 与外设之间的联络信号，用读指令读口 C，得到的是状态字 PCStatus，C 口的状态字和 I/O 引脚是有区别的。

PCStatus 的输出也是根据两条线索来完成的，一条线索是判断口 C 是做数据口还是联络口，第二条线索是当口 C 作联络口时根据口 A/B 的模式和 I/O 来对口 C 各位进行相应的操作。例如，PCStatus[4]的处理描述为：

```
 if(PC4 是数据口)  PCStatus[4]为输入口 ，将 PCIn[4]读入
else if(A 口为方式 1 输出)  PCStatus[4]为 I/O，将 PCIn[4]读入
else if(A 口为方式 1 输入或为方式 2)PCStatus[4]为 A 口输入中断允许信号 INTEAIn
else  锁存原值;
```

C 口的状态字 PCStatus 也需要按位依次处理，下面仅给出处理第 7 位的代码。

```
  always @ (reset or PCStatusBuf)      //PCStatus
    if(reset)  PCStatus = 8'b00000000;
    else   PCStatus = PCStatusBuf;
  //从高位到低位依次处理口 C 状态字 PCStatus
  always @ (PCOutLd[7] or PCIn[7] or ModeA or PAIO or PCOut[7])  //PCStatusBuf[7]
    if(PCOutLd[7]==1'b0)  PCStatusBuf[7] = PCIn[7];
    else if(ModeA==2'b01 && PAIO==1'b0)   PCStatusBuf[7] = PCIn[7];
    else  if((ModeA==2'b01  && PAIO==1'b1) || ModeA==2'b10)      PCStatusBuf[7]  =
PCOut[7];
    else   PCStatusBuf[7] = PCStatus[7];
```

5. 产生方式 1/2 的联络信号

当口 A 或口 B 工作于方式 1 或 2 时，8255A 还需要产生一些联络信号，例如，A 口工作于方式 1 输入时，需要产生输入缓冲器满信号 IBFA。方式 1/2 的联络信号的产生要依据时序图，这可以通过有限状态机来实现，其中最重要的是分析时序图，画出状态转移图。以 IBFA 为例，由 8255A

方式 1 的输入时序图可以分析出：A 口数据选通信号 nSTBA 的下降沿将 IBFA 置位,只要 CPU 没有把数据读走，IBFA 就始终维持高电平，直到读信号 nRD 上升沿才使之复位。为此，将整个时序分成 3 个状态：缓冲器空、A 口选通和读 A 口。系统复位时进入“缓冲器空”状态，如果 nSTBA 有效（下降沿），说明外设把数据送到 A 口锁存，IBFA 应该变高，状态转移到“A 口选通”，这时，等待读信号 nRD 有效，CPU 读 A 口数据，状态转移到“读 A 口”，如果 nRD 变无效（上升沿），数据被取走，状态转移到“缓冲器空”，如图 13.7 所示。

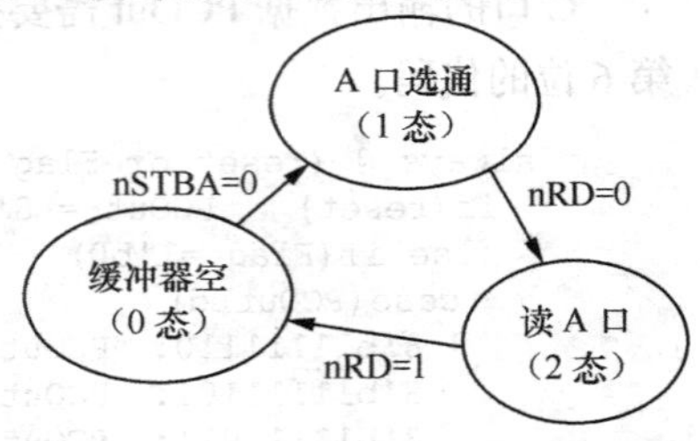

图 13.7　A 口方式 1 输入时序状态机

IBFA 信号的产生用了 2 个 always 块，一个完成状态转移寄存，另一个完成状态译码和输出，代码如下。

```
    always @ (reset or ModeA or PAIO or nSTBA or nRD) //IBFA: 由 nSTBA 信号置位,由 nRD 上升沿复位;
        if(reset)   IBFAstate=2'd0;
        else
          case(IBFAstate)
            2'd0:   if(ModeA!=2'b00 && PAIO==1'b0 && nSTBA==1'b0) IBFAstate=2'd1;
                   else  IBFAstate=2'd0;
            2'd1:   if(nRD==1'b0 && A==2'b00 )    IBFAstate=2'd2;
                   else  IBFAstate=2'd1;
            2'd2:   if(nRD==1'b1)  IBFAstate=2'd0;
                   else  IBFAstate=2'd2;
            default:    IBFAstate=2'd0;
          endcase

      always @ (IBFAstate)
       if(IBFAstate==2'd1 || IBFAstate==2'd2) IBFA = 1'b1;
       else  IBFA = 1'b0;
```

13.4.7　A/B 口输入/输出模块设计

这 4 个模块应该接收来自控制逻辑模块的输入/输出使能信号，在该信号的作用下决定是否输入或输出。在输入和输出模块中都需要锁存/缓冲，这是通过设计锁存器/缓冲器来实现的，口 A 输入模块代码设计如下。

```
    module  PAIn(reset, PAIn, PAInLd, PAInBuf);
      input          reset;
      input[7:0]      PAIn;          //口 A 输入信号
      input          PAInLd;         //口 A 输入使能信号
      output[7:0]     PAInBuf;       //口 A 输入寄存器
      reg[7:0]       PAInBufQ;       //口 A 输入锁存器 Q 端
      reg[7:0]       PAInBufD;       //口 A 输入锁存器 D 端
      assign     PAInBuf = PAInBufQ ;                  //口 A 输入锁存器 Q 端连接 A 口输入
      always @ (PAInLd or PAIn)
        begin
          if(PAInLd==1'b0)   PAInBufD = PAIn;          //输入使能信号有效，缓冲输入数据
          else   PAInBufD = PAInBufQ;                  //输入使能信号无效，锁存输入数据
        end
      always @ (reset or PAInLd or PAIn)               //该块产生锁存器
        begin
          if(reset)  PAInBufQ = 8'h00;                 //复位，清 0
          else   PAInBufQ = PAInBufD;
        end
    endmodule
```

口 A 输出模块代码设计如下。口 B 的输入/出模块代码设计仿照口 A。

```
module  PAOut( reset,Din, PAOutLd,PAOut);
   input          reset;
   input[7:0]      Din;
   input          PAOutLd;          //口 A 输出使能信号
   output[7:0]     PAOut;           //口 A 输出信号
   reg[7:0]        PAOutQ;          //口 A 输出锁存器 Q 端
   reg[7:0]       PAOutD;          //口 A 输出锁存器 D 端
   assign     PAOut = PAOutQ ;                       //口 A 输出锁存器 Q 端连接 A 口输出
   always @ (PAOutLd or Din)
      begin
         if(PAOutLd==1'b0)   PAOutD = Din;       //输出使能信号有效，缓冲输出数据
         else   PAOutD = PAOutQ;                    //输出使能信号无效，锁存输出数据
      end
   always @ (reset or PAOutLd or Din)          //该块产生锁存器
      begin
         if(reset)  PAOutQ = 8'h00;                 //复位，清 0
         else   PAOutQ = PAOutD;
      end
endmodule
```

13.4.8　多路数据选择模块设计

该模块应该接收来自控制逻辑模块的选路信号 DoutSelect，在该信号的作用下选中相应的数据通路输出，always 语句如下。

```
always @ (DoutSelect or PAin or PAInBuf or PBin or PBInBuf or PCStatus)
  case(DoutSelect)
     3'b000:       Dout  = PAin;
     3'b001:       Dout  = PAInBuf;
     3'b010:       Dout  = PBin;
     3'b011:       Dout  = PBInBuf;
     3'b100:       Dout  = PCStatus;
     default:      Dout  =8'bzzzzzzzz;
```

13.5　8255A 的功能仿真

在代码编译通过后，要对其功能进行仿真，以验证电路的逻辑功能。使用 Xilinx 的 ISE 仿真后的波形如图 13.8 所示。

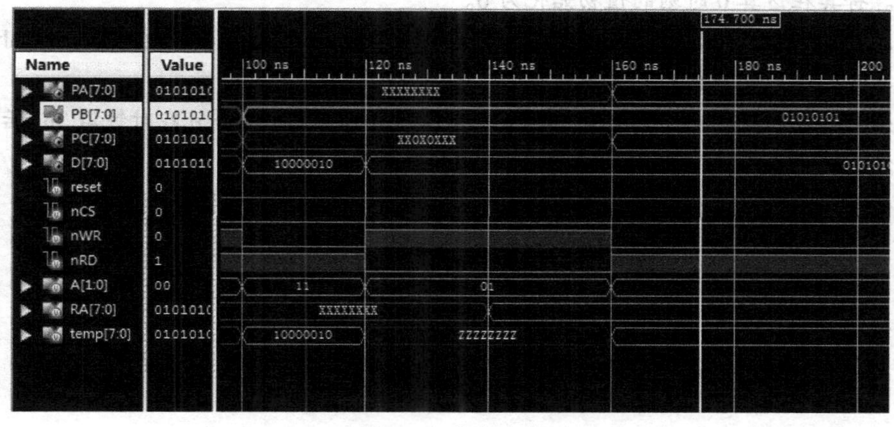

图 13.8　仿真波形

如图 13.8 所示，首先向 D 口写入控制字，然后读入 B 口数据，写入到寄存器 RA 中，最后把 RA 中的数据通过 8255A 的数据总线（D）输出到 A 口，图 13.8 中的信号正确。当然功能仿真的通过并不代表加载到 FPGA 片中也成功，只有真正通过了 FPGA 的硬件调试，才能说明系统设计是成功的。

习 题 13

1. 什么是硬件描述语言？ 它的主要作用是什么？
2. 目前符合 IEEE 标准的硬件描述语言有哪两种？它们各有什么特点？
3. 简述利用 EDA 开发软件和编程工具对 FPGA 芯片进行开发的流程。
4. 简述硬件电路的自上而下设计方法和硬件描述语言的关系。
5. 什么叫综合？通过综合产生的是什么？
6. FPGA 的设计中的仿真需要在几个层面上进行？每个层面的仿真有什么意义？
7. 说明 Verilog 模块的基本结构。
8. reg 型和 wire 型变量的差别是什么？
9. 使用基本门描述如图 13.9 所示的优先编码器电路模型。

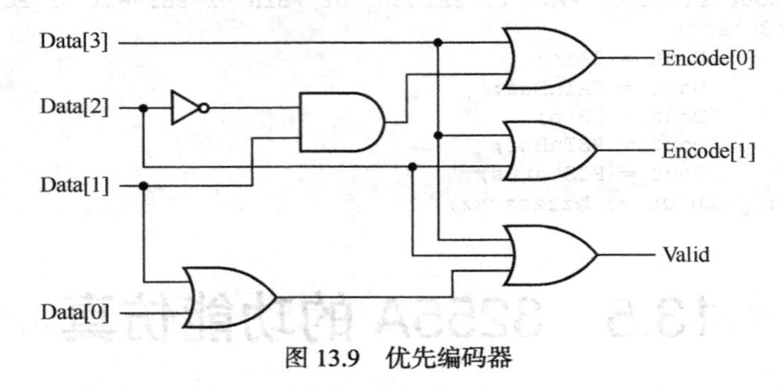

图 13.9　优先编码器

10. 使用连续赋值语句，描述如图 13.9 所示的优先编码器电路的行为。

11. 设计一个周期为 40 个时间单位的时钟信号，其占空比为 25%。使用 always 和 initial 块进行设计。将其在仿真 0 时刻的值初始化为 0。

12. 怎样理解边沿触发和电平触发的不同？边沿触发的 always 块和电平触发的 always 块各表示什么类型的逻辑电路行为？为什么？

13. 若 Clk 在 5ns 时有一个正沿，State 在时钟边沿前值为 5，并且在时钟沿 3ns 后改变为 7，按如下条件，下面两个 always 语句中 A 和 B 上的值是多少？

```
always @ (posedge Clk)
#7 A = State;
always @ (posedge Clk)
B = #7 State;
```

14. 使用 always 语句设计 3-8 译码器电路。

15. 用 Verilog HDL 语言设计定时/计数器芯片 8253 的一个计数通道的功能电路。

参考文献

［1］［美］Barry B Brey. Intel 微处理器全系列：结构、编程与接口．5 版．金惠华，艾明晶，尚利宏，译．北京：电子工业出版社，2001.

［2］Triebel W A. The 80386，80486，and Pentium Processor Hardware，software，and Interfacing. Engelewood Cliffs，NJ：Prentice Hall，1998.

［3］王元珍，曹忠升，韩宗芬. 80X86 汇编语言程序设计．武汉：华中科技大学出版社，2012.

［4］徐建民．汇编语言程序设计．北京：电子工业出版社，2012.

［5］曹计昌，卢萍，李开．C 语言程序设计．北京：科学出版社，2012.

［6］苏小红，陈惠鹏，孙志刚．C 语言大学实用教材．2 版．北京：电子工业出版社，2012.

［7］［美］Tom Shanley，Don Anderson．PCI 系统结构．4 版．刘晖，冀然然，夏意军，译．北京：电子工业出版社，2010.

［8］Tom Shanley，Don Anderson. PCI System Architecture. Boston，MA USA：Addison Wesley Longman Publishing Co.，2002.

［9］Haruyasu Hayasaka，Hiroaki Haramiishi，Naohiko Shimizu. The Design of PCI Bus Interface. IEEE. 2003，15（2）.

［10］武安河．Windows 2000/XP WDM 设备驱动程序开发．北京：电子工业出版社，2012.

［11］［美］坎特．Windows WDM 设备驱动程序开发指南．孙义，陈剑瓯，译．北京：机械工业出版社，2000.

［12］张帆，史彩成等．Windows 驱动开发技术详解．北京：电子工业出版社，2008.

［13］Chris Cant. Writing Windows WDM Device Drivers. R&D Press，2003.

［14］PCI9054 Date Book. PLX Technology. Inc.，2000.

［15］PCI SDK-LITE. V3. 4. PLX Technology. INC.，2000.

［16］Compuware DriverStudio. V3. 1 Help Document. Compuware Corporation.，2003.

［17］［美］David A. Solomon，Mark E. Russionvich．Windows 2000 内部揭密．詹剑锋，译．北京：机械工业出版社，2009.

［18］周立功．PDIUSBD12 USB 固件编程与驱动开发．北京：北京航空航天大学出版社，2003.

［19］肖踞雄，翁铁成，宋中庆等．USB 技术及应用．北京：清华大学出版社，2003.

［20］王朔 李刚．USB 接口器件 PDIUSBD12 的接口应用设计．单片机与嵌入式系统，2002.

［21］刘乐善，欧阳星明，刘学清．微型计算机接口技术及应用．武汉：华中科技大学出版社，2000.

［22］刘乐善，周功业，杨柳．32 位微型计算机接口技术及应用．武汉：华中科技大学出版社，2006.

［23］刘乐善，李畅，刘学清．微型计算机接口技术及应用．3 版．武汉：华中科技大学出版社，2012.

［24］刘乐善，李畅，刘学清．微型计算机接口技术与汇编语言．北京：人民邮电出版社，2013.

[25] 汪德彪，郭杰，王玉宋等．MCS-51 单片机原理及接口技术．北京：电子工业出版社，2007.

[26] 邵时．微机接口技术．北京：清华大学出版社，2000.

[27] I²C Specific Information.Philips semiconductors.

[28] 袁文波等．FPGA 从实战到提高．北京：中国电力出版社，2007.

[29] 夏宇闻．Verilog 数字系统设计教程．北京：北京航空航天大学出版社，2008.

[30] 徐文波，田耘．Xilinx FPGA 开发实用教程．北京：清华大学出版社，2012.

[31] 田耘等．Xilinx ISE Design Suite 10.x FPGA 开发指南．北京：人民邮电出版社，2008.

[32] Universal Serial Bus 3.0 Specification，Revision 1.0.

[33] C8051F340/1/2/3/4/5/6/7 全速 USB FLASH 微控制器数据手册．新华龙电子有限公司，2010.

[34] 张帆，史彩成等．Windows 驱动开发技术详解．北京：电子工业出版社，2008.

[35] SingleChipRFTransceivernRF903．www．nvlsi．no．2002.

[36] 易志明，林凌，李刚等．SPI 总线在 51 系列单片机系统中的实现．国外电子元器件，2003（9）：21-23.

[37] 卜玉明．SPI 串行总线在单片机 8031 应用系统中的设计与实现．工业控制计算机，2000，13（1）：59-60，24.

[38] 李文仲，段朝玉等．ZigBee 无线网络技术入门与实战．北京：北京航空航天大学出版社，2007.

[39] 秦健．无线通信芯片 nRF903 与 89C51 的接口设计．电子工程师，2004，30（19）.

[40] 周武斌．ZigBee 无线组网技术的研究．中国学位论文全文数据库，2009（5）.